세상이 변해도
배움의 즐거움은
변함없도록

시대는 빠르게 변해도
배움의 즐거움은
변함없어야 하기에

어제의 비상은
남다른 교재부터
결이 다른 콘텐츠
전에 없던 교육 플랫폼까지

변함없는 혁신으로
교육 문화 환경의 새로운 전형을
실현해왔습니다.

비상은 오늘, 다시 한번
새로운 교육 문화 환경을 실현하기 위한
또 하나의 혁신을 시작합니다.

오늘의 내가 어제의 나를 초월하고
오늘의 교육이 어제의 교육을 초월하여
배움의 즐거움을 지속하는 혁신,

바로, 메타인지학습을.

상상을 실현하는 교육 문화 기업 비상

메타인지학습
초월을 뜻하는 meta와 생각을 뜻하는 인지가 결합된 메타인지는
자신이 알고 모르는 것을 스스로 구분하고 학습계획을 세우도록 하는
궁극의 학습 능력입니다. 비상의 메타인지학습은 메타인지를 키워주어
공부를 100% 내 것으로 만들도록 합니다.

내신 만점 **유형서**

만렙

중등수학

1/2

"만렙으로 나의 수학 실력을 최대치까지 올려 보자!"

1 수학의 모든 빈출 문제가 만렙 한 권에!

너무 쉬워서 시험에 안 나오는 문제, NO
너무 어려워서 시험에 안 나오는 문제, NO
전국의 기출문제를 다각도로 분석하여 시험에 잘 나오는 문제들로만 구성

2 중요한 핵심 문제는 한 번 더!

수학은 반복 학습이 중요!
각 유형의 대표 문제와 시험에 잘 나오는 문제는 두 번씩 풀어 보자.
중요 문제만을 모아 쌍둥이 문제로 풀어 봄으로써 실전에 완벽하게 대비

3 만렙의 상 문제는 필수 문제!

수학 만점에 필요한 필수 상 문제들로만 구성하여 실력은 탄탄해지고
수학 만렙 달성

구성

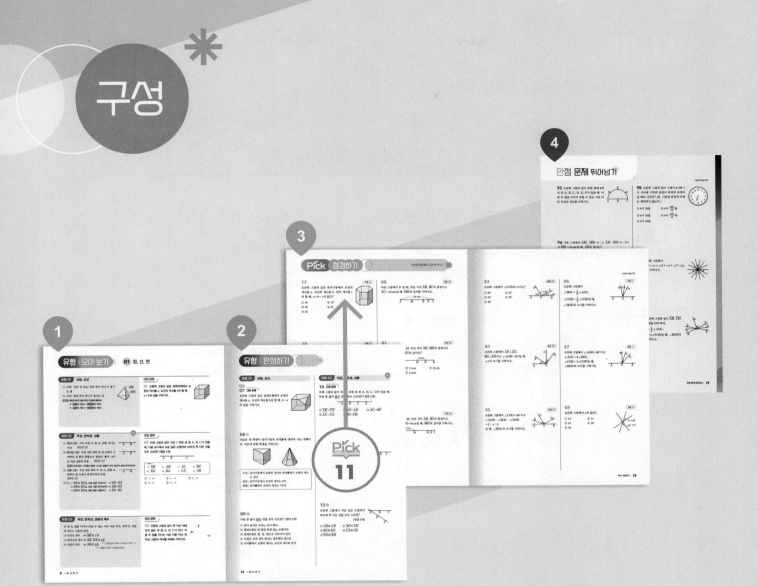

① **유형 모아 보기** ＞ ② **유형 완성하기** ＞ ③ **Pick 점검하기** ＞ ④ **만점 문제 뛰어넘기**

소단원별 핵심 유형의
개념과 대표 문제를
한눈에 볼 수 있다.

대표 문제와 유사한 문제를
한 번 더 풀고
다양한 최신 빈출 문제를
유형별로 풀어 볼 수 있다.

'유형 완성하기'에 있는
핵심 문제(Pick)의
쌍둥이 문제를
풀어 볼 수 있다.

시험에 잘 나오는 상 문제를
풀어 볼 수 있다.

차례

III

입체도형

IV

통계

1.

점, 선, 면, 각

유형 01 ｜ 교점, 교선

(1) **교점**: 선과 선 또는 선과 면이 만나서 생기는 점

(2) **교선**: 면과 면이 만나서 생기는 선

참고 평면으로만 둘러싸인 입체도형에서
➡ (교점의 개수)=(꼭짓점의 개수)
➡ (교선의 개수)=(모서리의 개수)

대표 문제

01 오른쪽 그림과 같은 정육면체에서 교점의 개수를 a, 교선의 개수를 b라 할 때, $a+b$의 값을 구하시오.

유형 02 ｜ 직선, 반직선, 선분 🔴중요

(1) **직선 AB**: 서로 다른 두 점 A, B를 지나는 직선 기호 $\overleftrightarrow{AB}$

(2) **반직선 AB**: 직선 AB 위의 한 점 A에서 시작하여 점 B의 방향으로 한없이 뻗어 나가는 직선 AB의 부분 기호 $\overrightarrow{AB}$

참고 반직선은 시작점과 뻗어 나가는 방향이 모두 같아야 같은 반직선이다.

(3) **선분 AB**: 직선 AB 위의 두 점 A, B를 포함하여 점 A에서 점 B까지의 부분 기호 $\overline{AB}$

주의 (1) $\overleftrightarrow{AB}$와 $\overleftrightarrow{BA}$는 서로 같은 직선이다. ➡ $\overleftrightarrow{AB}=\overleftrightarrow{BA}$
(2) $\overrightarrow{AB}$와 $\overrightarrow{BA}$는 서로 다른 반직선이다. ➡ $\overrightarrow{AB}\neq\overrightarrow{BA}$
(3) $\overline{AB}$와 $\overline{BA}$는 서로 같은 선분이다. ➡ $\overline{AB}=\overline{BA}$

대표 문제

02 아래 그림과 같이 직선 l 위에 세 점 A, B, C가 있을 때, 다음 보기에서 서로 같은 도형끼리 바르게 짝 지은 것을 모두 고르면? (정답 2개)

보기
ㄱ. $\overrightarrow{AB}$　ㄴ. $\overleftrightarrow{AB}$　ㄷ. $\overrightarrow{AC}$　ㄹ. $\overrightarrow{BC}$
ㅁ. $\overrightarrow{BA}$　ㅂ. $\overleftrightarrow{BA}$　ㅅ. $\overrightarrow{CA}$　ㅇ. $\overrightarrow{CB}$

① ㄱ, ㄹ　　② ㄴ, ㅇ　　③ ㄷ, ㄹ
④ ㅁ, ㅂ　　⑤ ㅅ, ㅇ

유형 03 ｜ 직선, 반직선, 선분의 개수

두 점 A, B를 이어서 만들 수 있는 서로 다른 직선, 반직선, 선분의 개수는 다음과 같다.

(1) 직선의 개수 ➡ $\overleftrightarrow{AB}$의 1개

(2) 반직선의 개수 ➡ $\overrightarrow{AB}$, $\overrightarrow{BA}$의 2개

(3) 선분의 개수 ➡ $\overline{AB}$의 1개

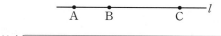

(반직선의 개수)=(직선의 개수)×2
(선분의 개수)=(직선의 개수)

대표 문제

03 오른쪽 그림과 같이 한 직선 위에 있지 않은 세 점 A, B, C가 있다. 이 중 두 점을 지나는 서로 다른 직선, 반직선, 선분의 개수를 차례로 구하시오.

유형 04　선분의 중점

점 M이 선분 AB의 중점일 때

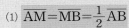

(1) $\overline{AM}=\overline{MB}=\dfrac{1}{2}\overline{AB}$

(2) $\overline{AB}=2\overline{AM}=2\overline{MB}$

[참고] 두 점 M, N이 선분 AB의 삼등분점
일 때

➡ $\overline{AM}=\overline{MN}=\overline{NB}=\dfrac{1}{3}\overline{AB}$

대표 문제

04 오른쪽 그림에서 점 M은 $\overline{AB}$
의 중점이고, 점 N은 $\overline{MB}$의 중점
일 때, 다음 중 옳지 <u>않은</u> 것은?

① $\overline{AB}=2\overline{MB}$ 　　　　② $\overline{MN}=\dfrac{1}{4}\overline{AB}$

③ $\overline{NB}=\dfrac{1}{3}\overline{AB}$ 　　　④ $\overline{NB}=\dfrac{1}{2}\overline{AM}$

⑤ $\overline{AB}=\dfrac{4}{3}\overline{AN}$

유형 05　두 점 사이의 거리 (1)
　　　　　－ 선분의 중점 이용하기

(1) 두 점 M, N이 각각 $\overline{AC}$, $\overline{CB}$의 중점
일 때 → $\overline{AM}=\overline{MC}$, $\overline{CN}=\overline{NB}$

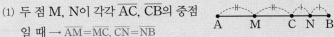

① $\overline{AB}=\overline{AC}+\overline{CB}=2(\overline{MC}+\overline{CN})=2\overline{MN}$

② $\overline{MN}=\overline{MC}+\overline{CN}=\dfrac{1}{2}(\overline{AC}+\overline{CB})=\dfrac{1}{2}\overline{AB}$

(2) 두 점 M, N이 각각 $\overline{AB}$, $\overline{AM}$의 중
점일 때 → $\overline{AM}=\overline{MB}$, $\overline{AN}=\overline{NM}$

① $\overline{AM}=\dfrac{1}{2}\overline{AB}$

② $\overline{AN}=\dfrac{1}{2}\overline{AM}=\dfrac{1}{4}\overline{AB}$
　　　　$\llcorner\dfrac{1}{2}\overline{AB}$

대표 문제

05 다음 그림에서 두 점 M, N은 각각 $\overline{AB}$, $\overline{AM}$의 중점
이고 $\overline{AB}=24\,\text{cm}$일 때, $\overline{NB}$의 길이를 구하시오.

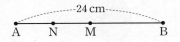

유형 06　두 점 사이의 거리 (2)

오른쪽 그림에서 $3\overline{AB}=4\overline{BC}$이면

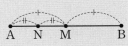

$\overline{AB}=\dfrac{4}{3}\overline{BC}$이므로

$\overline{AC}=\overline{AB}+\overline{BC}=\dfrac{4}{3}\overline{BC}+\overline{BC}=\dfrac{7}{3}\overline{BC}$

➡ $\overline{BC}=\dfrac{3}{7}\overline{AC}$

[참고] $\overline{AB}:\overline{BC}=a:b$ ➡ ① $b\overline{AB}=a\overline{BC}$, $\overline{AB}=\dfrac{a}{b}\overline{BC}$

② $\overline{AB}=\dfrac{a}{a+b}\overline{AC}$

대표 문제

06 다음 그림에서 점 M은 $\overline{BC}$의 중점이고, $5\overline{AB}=3\overline{BC}$
이다. $\overline{MC}=5\,\text{cm}$일 때, $\overline{AC}$의 길이를 구하시오.

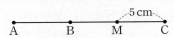

유형 완성하기

유형 01 교점, 교선

Pick

07 대표 문제

오른쪽 그림과 같은 입체도형에서 교점의 개수를 a, 교선의 개수를 b라 할 때, $b-a$의 값을 구하시오.

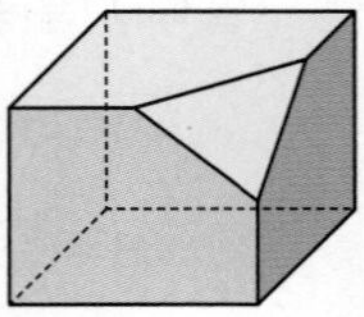

08 하

다음은 세 학생이 삼각기둥과 육각뿔에 대하여 나눈 대화이다. 바르게 말한 학생을 구하시오.

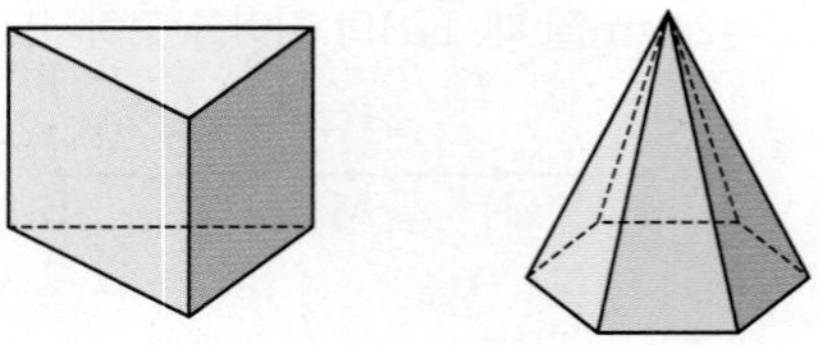

> 수진: 삼각기둥에서 교점의 개수와 육각뿔에서 교점의 개수는 같아.
> 찬호: 삼각기둥에서 교선의 개수는 9야.
> 태현: 육각뿔에서 교선의 개수는 7이야.

09 중

다음 중 옳지 않은 것을 모두 고르면? (정답 2개)

① 점이 움직인 자리는 선이 된다.
② 평면도형은 한 평면 위에 있는 도형이다.
③ 입체도형은 점, 선, 면으로 이루어져 있다.
④ 교점은 선과 선이 만나는 경우에만 생긴다.
⑤ 사각뿔에서 교점의 개수는 교선의 개수와 같다.

유형 02 직선, 반직선, 선분

중요

10 대표 문제

아래 그림과 같이 직선 l 위에 네 점 A, B, C, D가 있을 때, 다음 중 옳지 않은 것을 모두 고르면? (정답 2개)

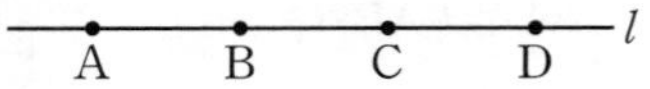

① $\overleftrightarrow{AB}=\overleftrightarrow{CD}$ ② $\overrightarrow{AB}=\overrightarrow{AD}$ ③ $\overrightarrow{AC}=\overrightarrow{BC}$
④ $\overrightarrow{AC}=\overrightarrow{CA}$ ⑤ $\overline{BD}=\overline{DB}$

Pick

11 하

오른쪽 그림과 같이 직선 l 위에 세 점 A, B, C가 있을 때, 다음 중 $\overrightarrow{AC}$와 같은 것은?

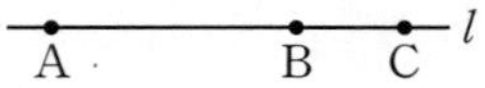

① $\overrightarrow{AB}$ ② $\overrightarrow{BA}$ ③ $\overleftrightarrow{AC}$
④ $\overrightarrow{BC}$ ⑤ $\overline{AC}$

12 중

오른쪽 그림에서 서로 같은 도형끼리 바르게 짝 지은 것을 모두 고르면? (정답 2개)

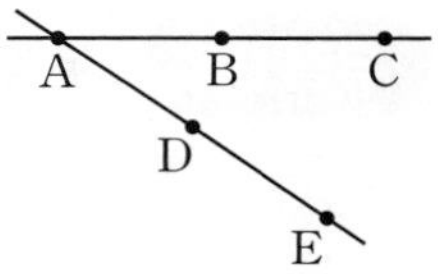

① $\overrightarrow{AB}$와 $\overrightarrow{AD}$ ② $\overleftrightarrow{AC}$와 $\overleftrightarrow{AD}$
③ $\overrightarrow{BC}$와 $\overrightarrow{BA}$ ④ $\overrightarrow{CA}$와 $\overrightarrow{CB}$
⑤ $\overleftrightarrow{DA}$와 $\overleftrightarrow{ED}$

· 정답과 해설 2쪽

13 중

아래 그림과 같이 직선 l 위에 5개의 점 A, B, C, D, E가 있을 때, 다음 중 $\overrightarrow{BC}$를 포함하는 것은 모두 몇 개인지 구하시오.

$$\overrightarrow{AC}, \quad \overrightarrow{BC}, \quad \overrightarrow{BE}, \quad \overrightarrow{CB}, \quad \overrightarrow{CD}, \quad \overrightarrow{CE}, \quad \overrightarrow{ED}$$

14 중 多 보기

다음 중 옳은 것을 모두 고르면?

① 한 점을 지나는 직선은 2개이다.
② 서로 다른 두 점을 지나는 직선은 하나뿐이다.
③ 시작점이 같은 두 반직선은 서로 같다.
④ 방향이 같은 두 반직선은 서로 같다.
⑤ 두 점 A, B를 잇는 선 중에서 가장 짧은 선은 $\overline{AB}$이다.
⑥ 반직선의 길이는 직선의 길이의 $\frac{1}{2}$이다.

유형 03 직선, 반직선, 선분의 개수

15 대표 문제

오른쪽 그림과 같이 어느 세 점도 한 직선 위에 있지 않은 네 점 A, B, C, D가 있다. 이 중 두 점을 지나는 서로 다른 반직선의 개수를 a, 선분의 개수를 b라 할 때, $a+b$의 값을 구하시오.

A • D •
B • C •

16 중

오른쪽 그림과 같이 원 위에 5개의 점 A, B, C, D, E가 있을 때, 이 중 두 점을 지나는 서로 다른 직선, 반직선의 개수를 차례로 구하면?

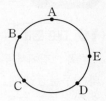

① 5, 10
② 5, 15
③ 10, 15
④ 10, 20
⑤ 20, 20

17 중 서술형

다음 그림과 같이 직선 l 위에 네 점 A, B, C, D가 있다. 이 중 두 점을 이어서 만들 수 있는 서로 다른 직선의 개수를 x, 반직선의 개수를 y, 선분의 개수를 z라 할 때, $x+y+z$의 값을 구하시오.

A B C D l

18 중

오른쪽 그림과 같이 세 점 A, B, C는 한 직선 위에 있고 점 D는 그 직선 위에 있지 않을 때, 다음을 구하시오.

•D
A B C

(1) 네 점 중 두 점을 지나는 서로 다른 직선의 개수
(2) 네 점 중 두 점을 지나는 서로 다른 반직선의 개수

유형 04 선분의 중점

19 대표 문제

오른쪽 그림에서 두 점 B, C가 $\overline{AD}$ 의 삼등분점일 때, 다음 보기 중 옳 은 것을 모두 고른 것은?

┌ 보기 ┐
ㄱ. $\overline{BD}=2\overline{AB}$ ㄴ. $2\overline{BD}=\overline{AC}$
ㄷ. $\overline{BC}=\dfrac{1}{2}\overline{AC}$ ㄹ. $\overline{BD}=\dfrac{1}{3}\overline{AD}$

① ㄱ, ㄴ   ② ㄱ, ㄷ   ③ ㄴ, ㄷ
④ ㄴ, ㄹ   ⑤ ㄷ, ㄹ

20 중

다음 그림에서 점 C는 $\overline{AD}$의 중점이고 점 B는 $\overline{AC}$의 중점일 때, ㈎~㈐에 알맞은 수를 구하시오.

A ─── B ─── C ─────── D

$\overline{AC}=$ ☐㈎ $\overline{AB}$, $\overline{AD}=$ ☐㈏ $\overline{AB}$, $\overline{BC}=$ ☐㈐ $\overline{AD}$

Pick
21 중

아래 그림에서 두 점 M, N은 $\overline{AB}$의 삼등분점이고 점 O는 $\overline{AB}$의 중점일 때, 다음 중 옳은 것은?

A ─── M ─── O ─── N ─── B

① $\overline{AB}=2\overline{AM}$
② $\overline{AN}=\dfrac{2}{3}\overline{MB}$
③ $\overline{AO}=\overline{NB}$
④ $\overline{MN}=\dfrac{1}{3}\overline{AN}$
⑤ $\overline{MO}=\dfrac{1}{3}\overline{OB}$

유형 05 두 점 사이의 거리 (1) – 선분의 중점 이용하기 ⓒ중요

22 대표 문제

다음 그림에서 두 점 M, N은 각각 $\overline{AB}$, $\overline{MB}$의 중점이고 $\overline{AB}=12\,cm$일 때, $\overline{AN}$의 길이는?

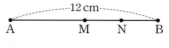

① 6 cm   ② 7 cm   ③ 8 cm
④ 9 cm   ⑤ 10 cm

Pick
23 하

다음 그림에서 두 점 M, N은 각각 $\overline{AB}$, $\overline{BC}$의 중점이고 $\overline{MN}=5\,cm$일 때, $\overline{AC}$의 길이를 구하시오.

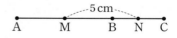

24 중

다음 그림에서 두 점 B, C는 $\overline{AD}$의 삼등분점이고, 두 점 M, N은 각각 $\overline{AB}$, $\overline{CD}$의 중점이다. $\overline{AD}=18\,cm$일 때, $\overline{MN}$의 길이를 구하시오.

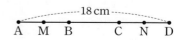

25 중
다음 그림에서 점 M은 $\overline{AB}$의 중점이고 $\overline{AN}=\overline{NM}$, $\overline{NB}=9\,cm$일 때, $\overline{AM}$의 길이를 구하시오.

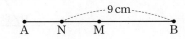

유형 06 두 점 사이의 거리 (2)

26 대표 문제
다음 그림에서 점 M은 $\overline{BC}$의 중점이고, $\overline{AB}:\overline{BC}=2:3$이다. $\overline{BM}=9\,cm$일 때, $\overline{AC}$의 길이는?

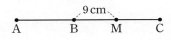

① 28 cm ② 29 cm ③ 30 cm
④ 31 cm ⑤ 32 cm

27 중
다음 그림에서 두 점 M, N은 각각 $\overline{AB}$, $\overline{BC}$의 중점이고, $3\overline{AB}=\overline{BC}$이다. $\overline{MN}=20\,cm$일 때, $\overline{AB}$의 길이는?

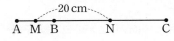

① 10 cm ② 11 cm ③ 12 cm
④ 13 cm ⑤ 14 cm

28 중 서술형
다음 그림에서 $\overline{AC}=2\overline{CD}$, $\overline{AB}=2\overline{BC}$이고 $\overline{AD}=27\,cm$일 때, $\overline{BC}$의 길이를 구하시오.

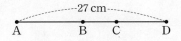

29 중
다음 그림에서 점 Q는 $\overline{BC}$의 중점이고 $\overline{AB}:\overline{BC}=3:1$, $\overline{AP}:\overline{PB}=1:2$이다. $\overline{AC}=16\,cm$일 때, $\overline{PQ}$의 길이를 구하시오.

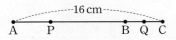

30 상
한 직선 위에 있는 네 점 A, B, C, D가 다음 조건을 모두 만족시킬 때, $\overline{AB}$의 길이를 구하시오.

조건
(개) $\overline{AD}$의 길이는 8 cm이다.
(내) 점 C는 $\overline{BD}$의 중점이다.
(대) 점 D는 $\overline{AC}$의 삼등분점 중 점 C에 가까운 점이다.

유형 07 각

(1) 각 AOB: 두 반직선 OA, OB로 이
루어진 도형

기호 ∠AOB, ∠BOA, ∠O, ∠a
  └ 각을 나타내기도 하고, 그 각의
    크기를 나타내기도 한다.

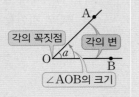

(2) 각의 분류

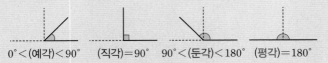

0°<(예각)<90°   (직각)=90°   90°<(둔각)<180°   (평각)=180°

참고 0°보다 크고 90°보다 작은 각을 예각, 90°보다 크고 180°보다 작은
각을 둔각이라 한다.

대표 문제

31 오른쪽 그림을 보고, 다음 보기
중 옳지 않은 것을 모두 고른 것은?

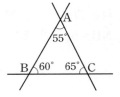

보기
ㄱ. ∠ABC=60°   ㄴ. ∠BCA=65°
ㄷ. ∠BAC=55°   ㄹ. ∠CBA=55°

① ㄱ   ② ㄹ   ③ ㄱ, ㄴ
④ ㄷ, ㄹ   ⑤ ㄱ, ㄴ, ㄷ

유형 08 **평각을 이용하여 각의 크기 구하기**

∠AOB=180°일 때,
∠BOC=∠a이면 ∠AOC=180°−∠a

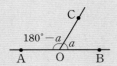

대표 문제

32 오른쪽 그림에서 ∠x의 크기
를 구하시오.

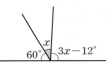

유형 09 **직각을 이용하여 각의 크기 구하기** 🔵중요

∠AOB=90°일 때,
∠BOC=∠a이면 ∠AOC=90°−∠a

대표 문제

33 오른쪽 그림에서 ∠x의 크기를 구하
시오.

유형 10 각의 크기의 비가 주어졌을 때, 각의 크기 구하기

오른쪽 그림에서
$\angle x + \angle y + \angle z = 180°$이고
$\angle x : \angle y : \angle z = a : b : c$이면

$\Rightarrow \angle x = 180° \times \dfrac{a}{a+b+c}$

$\angle y = 180° \times \dfrac{b}{a+b+c}$

$\angle z = 180° \times \dfrac{c}{a+b+c}$

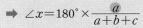

대표 문제

34 오른쪽 그림에서
$\angle a : \angle b : \angle c = 3 : 4 : 5$일 때,
$\angle a$의 크기를 구하시오.

유형 11 각의 크기 사이의 조건이 주어졌을 때, 각의 크기 구하기

오른쪽 그림에서 $\angle COD = \angle a$일 때

(1) $\angle AOC = 2\angle COD$이면

$\Rightarrow \angle AOC = 2\angle a$

(2) $\angle COB = 4\angle COD$이면

$\Rightarrow \underline{\angle BOD = 3\angle a}$
$\quad\quad \angle COB - \angle COD$

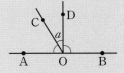

대표 문제

35 오른쪽 그림에서
$\angle AOC = 2\angle BOC$,
$\angle COE = 2\angle COD$일 때,
$\angle BOD$의 크기는?

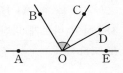

① 83°   ② 86°   ③ 90°

④ 94°   ⑤ 96°

유형 12 시침과 분침이 이루는 각의 크기 구하기

(1) 시침은 1시간에 30°만큼, 1분에 0.5°만큼 움직인다.

(2) 분침은 1시간에 360°만큼, 1분에 6°만큼 움직인다.

(3) 시침과 분침이 모두 시계의 12를 가리킬 때부터 x시 y분이 될 때까지

① 시침이 움직인 각도 ➡ $30° \times x + 0.5° \times y$

② 분침이 움직인 각도 ➡ $6° \times y$

대표 문제

36 오른쪽 그림과 같이 시계가 2시 30분을 가리킬 때, 시침과 분침이 이루는 각 중에서 작은 쪽의 각의 크기를 구하시오. (단, 시침과 분침의 두께는 생각하지 않는다.)

유형 07　각

37 대표 문제

오른쪽 그림을 보고, 다음 중 옳지 않은 것을 모두 고르면? (정답 2개)

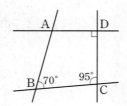

① $\angle ABC = 70°$

② $\angle ADC = 180°$

③ $\angle BCD = 95°$

④ $\angle CBA = 70°$

⑤ $\angle CDA = 95°$

38 하

다음 보기 중 오른쪽 그림에서 $\angle a$, $\angle b$, $\angle c$를 점 A, B, C, D, E를 사용하여 바르게 나타낸 것을 차례로 고르시오.

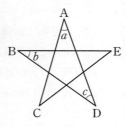

┌ 보기 ┐
ㄱ. $\angle ACE$　　ㄴ. $\angle ADB$　　ㄷ. $\angle BEC$
ㄹ. $\angle CAD$　　ㅁ. $\angle CEB$　　ㅂ. $\angle EBD$

39 하

오른쪽 그림을 보고, 다음 중 둔각인 것을 모두 고르면? (정답 2개)

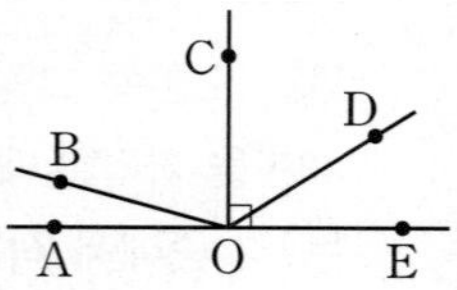

① $\angle AOC$

② $\angle AOD$

③ $\angle AOE$

④ $\angle BOC$

⑤ $\angle BOE$

유형 08　평각을 이용하여 각의 크기 구하기

40 대표 문제

오른쪽 그림에서 $\angle x$의 크기를 구하시오.

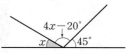

Pick
41 중

오른쪽 그림에서 $\angle BOC$의 크기를 구하시오.

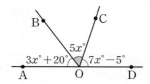

42 중

오른쪽 그림에서 $y - x$의 값은?

① 4　　　　② 5

③ 6　　　　④ 7

⑤ 8

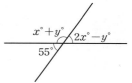

43 중　서술형

오른쪽 그림에서 $\angle DOE = 90°$, $\angle AOB = 25°$, $\angle COE = 120°$일 때, $\angle a + 2\angle b$의 크기를 구하시오.

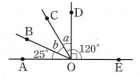

유형 09 직각을 이용하여 각의 크기 구하기 중요

44 대표 문제

오른쪽 그림에서 x의 값을 구하시오.

$3x°-20°$
$2x°+40°$

Pick

45 하

오른쪽 그림에서 $\angle AOC=90°$, $\angle BOD=90°$, $\angle COD=60°$일 때, $\angle x$, $\angle y$의 크기를 각각 구하시오.

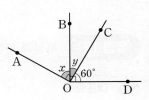

46 중

오른쪽 그림에서 $2\angle x-\angle y$의 크기를 구하시오.

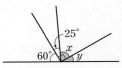
$25°$
$60°$ x y

47 중

오른쪽 그림에서 $\angle AOC=90°$, $\angle BOD=90°$이고 $\angle AOB+\angle COD=50°$일 때, $\angle BOC$의 크기를 구하시오.

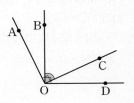

유형 10 각의 크기의 비가 주어졌을 때, 각의 크기 구하기

48 대표 문제

오른쪽 그림에서 $\angle a : \angle b : \angle c=4 : 5 : 6$일 때, $\angle b$의 크기를 구하시오.

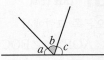

Pick

49 중

오른쪽 그림에서 $\angle AOB=90°$이고 $\angle BOC : \angle COD=1 : 4$일 때, $\angle COD$의 크기를 구하시오.

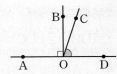

50 상

오른쪽 그림에서 $\angle a : \angle b=2 : 3$, $\angle a : \angle c=1 : 2$일 때, $\angle c$의 크기는?

① $65°$ ② $70°$
③ $75°$ ④ $80°$
⑤ $85°$

유형 11 각의 크기 사이의 조건이 주어졌을 때, 각의 크기 구하기

Pick
51 대표 문제
오른쪽 그림에서
∠AOB=3∠BOC,
∠COE=4∠COD일 때,
∠BOD의 크기를 구하시오.

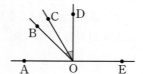

52 중
오른쪽 그림에서
$\angle AOB = \angle BOC = \dfrac{5}{2} \angle COD$일
때, ∠AOB의 크기는?

① 65°   ② 70°
③ 75°   ④ 80°
⑤ 85°

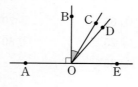

Pick
53 중
오른쪽 그림에서 ∠AOB=90°이고
$\angle BOC = \dfrac{1}{4} \angle AOC$,
$\angle COD = \dfrac{1}{5} \angle DOE$일 때,
∠BOD의 크기를 구하시오.

54 중
오른쪽 그림에서 ∠AOB=60°
이고 ∠BOD=3∠DOE,
$\angle COD = \dfrac{1}{2} \angle DOE$일 때,
∠BOC의 크기는?

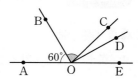

① 60°   ② 65°   ③ 70°
④ 75°   ⑤ 80°

유형 12 시침과 분침이 이루는 각의 크기 구하기

55 대표 문제
오른쪽 그림과 같이 시계가 8시 23분을 가리킬 때, 시침과 분침이 이루는 각 중에서 작은 쪽의 각의 크기를 구하시오. (단, 시침과 분침의 두께는 생각하지 않는다.)

56 상
오른쪽 그림과 같이 시계가 7시와 8시 사이에 시침과 분침이 서로 반대 방향을 가리키며 평각을 이루는 시각을 구하시오. (단, 시침과 분침의 두께는 생각하지 않는다.)

• 정답과 해설 6쪽

유형 13 **맞꼭지각과 그 성질** 중요

(1) **교각**: 두 직선이 한 점에서 만날 때 생기는 네 개의 각

➡ $\angle a$, $\angle b$, $\angle c$, $\angle d$

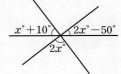

(2) **맞꼭지각**: 교각 중 서로 마주 보는 두 각

➡ $\angle a$와 $\angle c$, $\angle b$와 $\angle d$

(3) **맞꼭지각의 성질**: 맞꼭지각의 크기는 서로 같다.

➡ $\angle a = \angle c$, $\angle b = \angle d$

참고 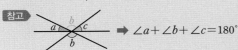 ➡ $\angle a + \angle b + \angle c = 180°$

대표 문제

57 오른쪽 그림에서 x의 값은?

① 35   ② 38

③ 42   ④ 44

⑤ 45

유형 14 **맞꼭지각의 성질의 활용**

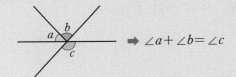 ➡ $\angle a + \angle b = \angle c$

대표 문제

58 오른쪽 그림에서 $x - y$의 값은?

① 130   ② 135

③ 140   ④ 145

⑤ 150

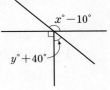

유형 15 **맞꼭지각의 쌍의 개수**

두 직선이 한 점에서 만날 때 생기는 맞꼭지각은
∠a와 ∠c, ∠b와 ∠d의 2쌍

참고 서로 다른 n개의 직선이 한 점에서 만날 때
생기는 맞꼭지각의 쌍의 개수
➡ $n(n-1)$쌍

대표 문제

59 오른쪽 그림과 같이 세 직선이 한
점에서 만날 때 생기는 맞꼭지각은 모
두 몇 쌍인지 구하시오.

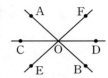

유형 16 **직교와 수선** 중요

(1) **직교**: 두 직선 AB와 CD의 교각이 직
각일 때, 이 두 직선은 직교한다고 한다.
기호 $\overleftrightarrow{AB} \perp \overleftrightarrow{CD}$

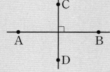

(2) **수직과 수선**: 직교하는 두 직선은 서로
수직이고, 한 직선을 다른 직선의 수선이라 한다.

(3) **수직이등분선**: 선분 AB의 중점 M을
지나고 선분 AB에 수직인 직선 l을
선분 AB의 수직이등분선이라 한다.
➡ $l \perp \overline{AB}$, $\overline{AM} = \overline{BM}$

(4) **수선의 발**: 직선 l 위에 있지 않은 점
P에서 직선 l에 수선을 그어 생기는
교점 H를 점 P에서 직선 l에 내린
수선의 발이라 한다.

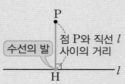

(5) **점과 직선 사이의 거리**: 점 P와 직선 l 사이의 거리는 점 P에서
직선 l에 내린 수선의 발 H까지의 거리이다.
➡ $\overline{PH}$의 길이

대표 문제

60 오른쪽 그림과 같은 사다리꼴
ABCD에 대한 설명으로 다음 중
옳지 않은 것은?

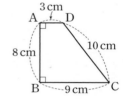

① $\overline{BC}$와 직교하는 선분은 $\overline{AB}$이다.
② $\overline{AB}$와 수직으로 만나는 선분은
$\overline{AD}$, $\overline{BC}$이다.
③ 점 D에서 $\overleftrightarrow{AB}$에 내린 수선의 발은 점 A이다.
④ 점 C와 $\overleftrightarrow{AB}$ 사이의 거리는 9 cm이다.
⑤ 점 D와 $\overline{BC}$ 사이의 거리는 10 cm이다.

유형 13 **맞꼭지각과 그 성질** 중요

Pick

61 대표 문제

오른쪽 그림에서 x의 값은?

① 15 　　② 20

③ 25 　　④ 30

⑤ 35

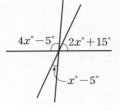

62 하

오른쪽 그림에서 ∠AOC의 크기를 구하시오.

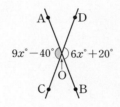

Pick

63 중

오른쪽 그림에서 $x+y$의 값을 구하시오.

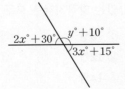

64 중

오른쪽 그림에서 ∠b+∠c=200°일 때, ∠a의 크기를 구하시오.

65 중

오른쪽 그림에서 ∠AOF의 크기는?

① 95° 　　② 98°

③ 100° 　　④ 102°

⑤ 105°

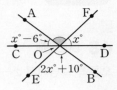

66 중

오른쪽 그림에서 ∠x－∠y의 크기는?

① 10° 　　② 15°

③ 20° 　　④ 25°

⑤ 30°

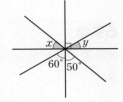

67 중

오른쪽 그림에서 ∠a : ∠b=3 : 2일 때, ∠AOE의 크기를 구하시오.

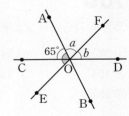

유형 14 맞꼭지각의 성질의 활용

68 대표 문제

오른쪽 그림에서 $x-y$의 값은?

① 60 ② 70
③ 80 ④ 90
⑤ 100

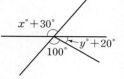

69 중

오른쪽 그림에서 $x-y$의 값을 구하시오.

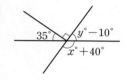

70 중

오른쪽 그림에서 $\angle x + \angle y$의 크기는?

① 52° ② 94°
③ 104° ④ 146°
⑤ 152°

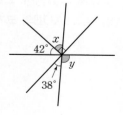

유형 15 맞꼭지각의 쌍의 개수

71 대표 문제

오른쪽 그림과 같이 한 평면 위에 세 직선이 있을 때 생기는 맞꼭지각은 모두 몇 쌍인가?

① 3쌍 ② 4쌍
③ 5쌍 ④ 6쌍
⑤ 7쌍

72 중

오른쪽 그림과 같은 방패연에서 찾을 수 있는 맞꼭지각은 모두 몇 쌍인가?

① 10쌍 ② 11쌍
③ 12쌍 ④ 13쌍
⑤ 14쌍

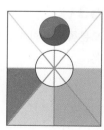

유형 16 직교와 수선 중요

73 대표 문제

오른쪽 그림과 같은 직사각형 ABCD에 대한 설명으로 옳은 것을 다음 보기에서 모두 고른 것은?

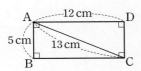

보기

ㄱ. $\overline{AB}$와 $\overline{BC}$는 직교한다.

ㄴ. 점 C에서 $\overline{AB}$에 내린 수선의 발은 점 A이다.

ㄷ. $\overline{BC}$의 수선은 $\overline{AB}$, $\overline{CD}$이다.

ㄹ. 점 A와 $\overline{CD}$ 사이의 거리는 13 cm이다.

ㅁ. 점 D와 $\overline{BC}$ 사이의 거리는 5 cm이다.

① ㄱ, ㄴ, ㄷ   ② ㄱ, ㄴ, ㄹ   ③ ㄱ, ㄷ, ㅁ

④ ㄴ, ㄷ, ㄹ   ⑤ ㄷ, ㄹ, ㅁ

74 중

오른쪽 그림과 같은 직각삼각형 ABC에서 점 A와 $\overline{BC}$ 사이의 거리를 a cm, 점 C와 $\overline{AB}$ 사이의 거리를 b cm라 할 때, $a+b$의 값은?

① 9.6   ② 10.8

③ 12.8   ④ 14

⑤ 14.4

Pick 75 중 서술형

다음 그림과 같은 평행사변형 ABCD에서 점 A와 직선 BC 사이의 거리를 x cm, 점 A와 직선 CD 사이의 거리를 y cm라 할 때, $x+y$의 값을 구하시오.

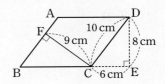

Pick 76 중

오른쪽 그림에 대한 설명으로 다음 중 옳지 **않은** 것은?

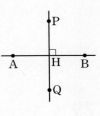

① ∠AHQ=90°

② $\overleftrightarrow{PQ} \perp \overleftrightarrow{AB}$

③ $\overleftrightarrow{PQ}$ 는 $\overleftrightarrow{AB}$의 수선이다.

④ 점 A와 $\overleftrightarrow{PQ}$ 사이의 거리는 $\overline{PH}$의 길이와 같다.

⑤ 점 Q에서 $\overleftrightarrow{AB}$에 내린 수선의 발은 점 H이다.

77 〔유형 01〕

오른쪽 그림과 같은 육각기둥에서 교점의 개수를 a, 교선의 개수를 b, 면의 개수를 c 라 할 때, $a+b-c$의 값은?

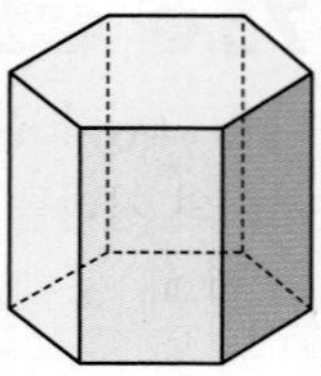

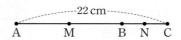

① 18   ② 19

③ 20   ④ 21

⑤ 22

78 〔유형 02〕

다음 그림과 같이 직선 l 위에 네 점 A, B, C, D가 있을 때, 오른쪽 표에서 직선 l 또는 $\overrightarrow{DC}$와 같은 도형이 있는 칸을 모두 색칠할 때 나타나는 자음을 구하시오.

$\overleftrightarrow{BC}$	$\overleftrightarrow{AB}$	$\overrightarrow{DA}$
$\overrightarrow{AC}$	$\overleftrightarrow{CD}$	$\overrightarrow{AC}$
$\overrightarrow{BA}$	$\overrightarrow{BC}$	$\overrightarrow{DB}$

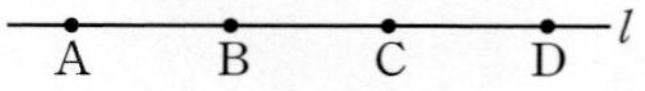

A B C D l

79 〔유형 04〕

아래 그림에서 점 M은 $\overline{AB}$의 중점이고, 두 점 C, D는 각각 $\overline{AM}$, $\overline{MB}$의 중점일 때, 다음 중 옳지 <u>않은</u> 것은?

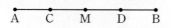

A C M D B

① $\overline{AB}=2\overline{CD}$

② $\overline{AD}=\overline{BC}$

③ $\overline{CM}=\dfrac{1}{3}\overline{AB}$

④ $\overline{AM}=\dfrac{2}{3}\overline{BC}$

⑤ $\overline{AB}=\dfrac{4}{3}\overline{BC}$

80 〔유형 05〕

다음 그림에서 두 점 M, N은 각각 $\overline{AB}$, $\overline{BC}$의 중점이고 $\overline{AC}=22\,cm$일 때, $\overline{MN}$의 길이를 구하시오.

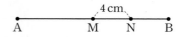

─22 cm─
A M B N C

81 〔유형 05〕

다음 그림에서 두 점 M, N은 각각 $\overline{AB}$, $\overline{MB}$의 중점이고 $\overline{MN}=4\,cm$일 때, $\overline{AN}$의 길이는?

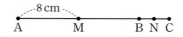

─4 cm─
A M N B

① 10 cm   ② 11 cm   ③ 12 cm

④ 13 cm   ⑤ 14 cm

82 〔유형 06〕

다음 그림에서 두 점 M, N은 각각 $\overline{AB}$, $\overline{BC}$의 중점이고, $\overline{AB}=4\overline{BC}$이다. $\overline{AM}=8\,cm$일 때, $\overline{MN}$의 길이를 구하시오.

─8 cm─
A M B N C

83

유형 08

오른쪽 그림에서 ∠COD의 크기는?

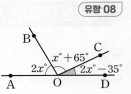

① 20°　　　② 25°

③ 30°　　　④ 35°

⑤ 40°

84

유형 09

오른쪽 그림에서 $\overline{AO} \perp \overline{CO}$, $\overline{BO} \perp \overline{DO}$이고 ∠AOB=35°일 때, ∠$x$의 크기를 구하시오.

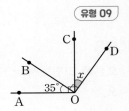

85

유형 10

오른쪽 그림에서 ∠COD=90°이고

∠AOB : ∠BOC : ∠DOE

=2 : 4 : 3

일 때, ∠BOC의 크기를 구하시오.

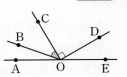

86

유형 11

오른쪽 그림에서

$\angle BOC = \frac{1}{5} \angle AOC$,

$\angle COD = \frac{1}{5} \angle COE$일 때,

∠BOD의 크기를 구하시오.

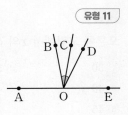

87

유형 11

오른쪽 그림에서 ∠AOB=90°이고

∠AOC=6∠BOC,

∠COE=3∠COD일 때,

∠BOD의 크기를 구하시오.

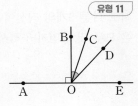

88

유형 13

오른쪽 그림에서 x의 값은?

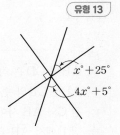

① 12　　　② 14

③ 16　　　④ 18

⑤ 20

· 정답과 해설 8쪽

89 유형 14

오른쪽 그림에서 x의 값은?

① 30 　　② 35

③ 40 　　④ 42

⑤ 45

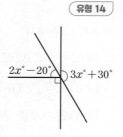

90 유형 15

서로 다른 5개의 직선이 한 점에서 만날 때 생기는 맞꼭지각
은 모두 몇 쌍인지 구하시오.

91 유형 16

오른쪽 그림에서 $\overline{AH}=\overline{BH}$이고
$\angle AHD=90°$, $\overline{AB}=10$, $\overline{CD}=14$
일 때, 다음 보기 중 옳은 것을 모두
고르시오.

보기
ㄱ. $\overleftrightarrow{AB}$와 $\overleftrightarrow{CD}$는 직교한다.
ㄴ. $\overleftrightarrow{AB}$는 $\overline{CD}$의 수직이등분선이다.
ㄷ. 점 C와 $\overleftrightarrow{AB}$ 사이의 거리는 7이다.
ㄹ. 점 D에서 $\overleftrightarrow{AB}$에 내린 수선의 발은 점 H이다.

서술형 문제

92 유형 06

다음 그림에서 점 B는 $\overline{AD}$의 중점이고, $\overline{AD}:\overline{DE}=2:1$,
$\overline{AB}:\overline{BC}=3:1$이다. $\overline{AE}=27\,cm$일 때, $\overline{AC}$의 길이를 구
하시오.

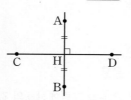

93 유형 13

오른쪽 그림에서 $x+y$의 값을 구하시
오.

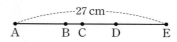

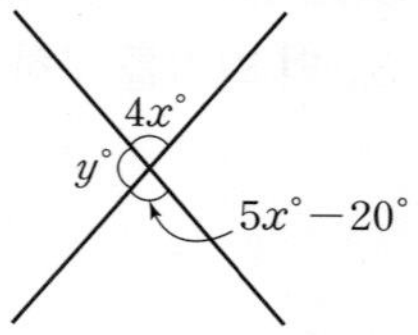

94 유형 16

오른쪽 그림에서 점 A와 $\overline{BC}$ 사
이의 거리를 $x\,cm$, 점 C와 $\overline{AB}$
사이의 거리를 $y\,cm$, 점 D와
$\overline{AB}$ 사이의 거리를 $z\,cm$라 할
때, $x+y+z$의 값을 구하시오.

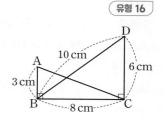

만점 문제 뛰어넘기

• 정답과 해설 9쪽

95 오른쪽 그림과 같이 반원 위에 6개의 점 A, B, C, D, E, F가 있을 때, 이 중 두 점을 이어서 만들 수 있는 서로 다른 직선의 개수를 구하시오.

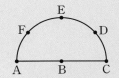

96 다음 그림에서 $\overline{AM} : \overline{MB} = 2 : 3$, $\overline{AN} : \overline{NB} = 5 : 2$이고 $\overline{MN} = 22$ cm일 때, $\overline{AB}$의 길이는?

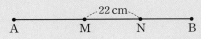

① 64 cm   ② 66 cm   ③ 68 cm

④ 70 cm   ⑤ 72 cm

97 네 점 A, B, C, D가 다음 조건을 모두 만족시킬 때, $\overline{AD}$의 길이를 모두 구하시오.

> **조건**
> ㈎ 네 점 A, B, C, D가 한 직선 위에 있다.
> ㈏ $\overline{AB} = \dfrac{1}{3}\overline{BC}$
> ㈐ 점 D는 $\overline{AB}$의 중점이다.
> ㈑ $\overline{AC} = 24$ cm

98 오른쪽 그림과 같이 시계가 6시와 7시 사이에 시침과 분침이 완전히 포개어질 때의 시각은? (단, 시침과 분침의 두께는 생각하지 않는다.)

① 6시 32분   ② 6시 $\dfrac{360}{11}$분

③ 6시 33분   ④ 6시 $\dfrac{370}{11}$분

⑤ 6시 34분

99 오른쪽 그림에서 $\angle a + \angle b + \angle c + \angle d + \angle e + \angle f + \angle g$의 크기를 구하시오.

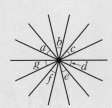

100 오른쪽 그림과 같이 $\overleftrightarrow{AB}$, $\overleftrightarrow{CD}$, $\overleftrightarrow{EF}$의 교점을 O라 하자. $\angle AOC = \dfrac{1}{4}\angle AOG$, $\angle GOD = 5\angle FOD$일 때, $\angle BOE$의 크기를 구하시오.

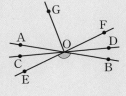

2.

위치 관계

유형 01 점과 직선, 점과 평면의 위치 관계

(1) 점과 직선의 위치 관계
  ① 점 A는 직선 l 위에 있다.
    └ 직선 l이 점 A를 지난다.
  ② 점 B는 직선 l 위에 있지 않다.
    └ 직선 l이 점 B를 지나지 않는다. 점 B는 직선 l 밖에 있다.

(2) 점과 평면의 위치 관계
  ① 점 A는 평면 P 위에 있다.
  ② 점 B는 평면 P 위에 있지 않다.
  참고 평면은 보통 대문자 P, Q, R, …로 나타낸다.

대표 문제

01 오른쪽 그림에 대한 설명으로 다음 중 옳지 <u>않은</u> 것은?

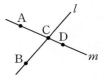

① 점 B는 직선 m 위에 있지 않다.
② 점 C는 직선 l 위에 있지 않다.
③ 두 점 A, C는 같은 직선 위에 있다.
④ 직선 l은 점 D를 지나지 않는다.
⑤ 직선 m은 점 A를 지난다.

유형 02 평면에서 두 직선의 위치 관계 [중요]

(1) 두 직선의 평행: 한 평면 위의 두 직선 l, m이 서로 만나지 않을 때, 두 직선 l, m은 서로 평행하다고 한다.
  기호 $l /\!/ m$
  참고 평행한 두 직선을 평행선이라 한다.

(2) 평면에서 두 직선의 위치 관계
  ① 한 점에서 만난다.
  ② 일치한다.
  ③ 평행하다.

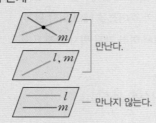

대표 문제

02 한 평면 위에 있는 서로 다른 세 직선 l, m, n에 대하여 $l /\!/ m$, $m \perp n$일 때, 두 직선 l, n의 위치 관계는?

① 일치한다.　　　　② 직교한다.
③ 평행하다.　　　　④ 만나지 않는다.
⑤ 꼬인 위치에 있다.

유형 03 평면이 정해질 조건

다음과 같은 경우에 평면이 하나로 정해진다.
(1) 한 직선 위에 있지 않은 서로 다른 세 점이 주어질 때
(2) 한 직선과 그 직선 밖의 한 점이 주어질 때
(3) 한 점에서 만나는 두 직선이 주어질 때
(4) 서로 평행한 두 직선이 주어질 때

대표 문제

03 다음 중 한 평면이 정해질 조건이 <u>아닌</u> 것은?

① 평행한 두 직선
② 한 점에서 만나는 두 직선
③ 일치하는 두 직선
④ 한 직선과 그 위에 있지 않은 한 점
⑤ 한 직선 위에 있지 않은 서로 다른 세 점

유형 04 공간에서 두 직선의 위치 관계 중요

(1) **꼬인 위치**: 공간에서 두 직선이 만나지도 않고 평행하지도 않을 때, 두 직선은 꼬인 위치에 있다고 한다.

(2) **공간에서 두 직선의 위치 관계**

① 한 점에서 만난다.

② 일치한다.

③ 평행하다.

④ 꼬인 위치에 있다.

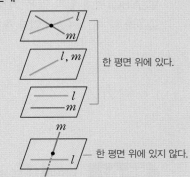

대표 문제

04 오른쪽 그림과 같은 직육면체에 대한 설명으로 다음 중 옳지 <u>않은</u> 것을 모두 고르면? (정답 2개)

① 모서리 AB와 모서리 CD는 한 점에서 만난다.

② 모서리 AB와 모서리 GH는 꼬인 위치에 있다.

③ 모서리 BC와 모서리 FG는 평행하다.

④ 모서리 BF와 모서리 EH는 만나지 않는다.

⑤ 모서리 CD와 모서리 DH는 수직으로 만난다.

유형 05 꼬인 위치 중요

입체도형에서 한 모서리와 꼬인 위치에 있는 모서리는 다음과 같이 찾는다.

❶ 주어진 모서리와 한 점에서 만나는 모서리를 제외한다.

❷ 주어진 모서리와 평행한 모서리를 제외한다.

❸ 남겨진 모든 모서리가 주어진 모서리와 꼬인 위치에 있는 모서리이다.

참고 꼬인 위치에 있는 두 직선은 한 평면 위에 있지 않다.

대표 문제

05 오른쪽 그림과 같은 삼각뿔에서 모서리 AB와 만나지도 않고 평행하지도 않은 모서리를 구하시오.

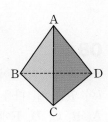

유형 01 점과 직선, 점과 평면의 위치 관계

06 대표 문제

오른쪽 그림에 대한 설명으로 다음 중
옳은 것을 모두 고르면? (정답 2개)

① 직선 l은 점 E를 지난다.
② 직선 m은 점 B를 지나지 않는다.
③ 두 점 C, E는 한 직선 위에 있다.
④ 점 D는 두 직선 l, m 중 어느 직선 위에도 있지 않다.
⑤ 점 A는 두 점 B, E를 지나는 직선 위에 있다.

07 하

아래 악보는 동요 '나비야'의 일부이다. 음표 머리를 점으로
보았을 때, 다음 중 직선 l 위에 있는 점에 해당되는 것을 모
두 고르면? (정답 2개)

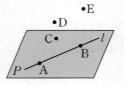

08 중

오른쪽 그림과 같이 평면 P 위에 직선
l이 있을 때, 다음 보기 중 5개의 점
A, B, C, D, E에 대한 설명으로 옳
은 것을 모두 고르시오.

보기
ㄱ. 직선 l 위에 있지 않은 점은 2개이다.
ㄴ. 두 점 A, B만 평면 P 위에 있다.
ㄷ. 평면 P 위에 있지 않은 점은 점 D, 점 E이다.
ㄹ. 점 C는 평면 P 위에 있지만 직선 l 위에 있지 않다.

Pick
09 중

오른쪽 그림과 같은 사각뿔에서 모서리
AB 위에 있지 않은 꼭짓점의 개수를 a,
면 ABC 위에 있지 않은 꼭짓점의 개수
를 b라 할 때, $a+b$의 값을 구하시오.

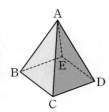

유형 02 평면에서 두 직선의 위치 관계 중요

10 대표 문제

다음 중 한 평면 위에 있는 서로 다른 세 직선 l, m, n에 대한
설명으로 옳지 않은 것을 모두 고르면? (정답 2개)

① $l \perp m$, $l \perp n$이면 $m \perp n$이다.
② $l \perp m$, $m \perp n$이면 $l /\!/ n$이다.
③ $l \perp m$, $m /\!/ n$이면 $l /\!/ n$이다.
④ $l /\!/ m$, $m \perp n$이면 $l \perp n$이다.
⑤ $l /\!/ m$, $m /\!/ n$이면 $l /\!/ n$이다.

11 하

오른쪽 그림과 같은 사다리꼴에 대한 설
명으로 다음 중 옳은 것을 모두 고르면?
(정답 2개)

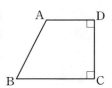

① $\overleftrightarrow{AB}$와 $\overleftrightarrow{CD}$는 만나지 않는다.
② $\overleftrightarrow{AB}$와 $\overleftrightarrow{BC}$는 수직으로 만난다.
③ $\overleftrightarrow{AD}$와 $\overleftrightarrow{BC}$는 평행하다.
④ $\overleftrightarrow{AD}$와 $\overleftrightarrow{BC}$는 한 점에서 만난다.
⑤ 점 D는 $\overleftrightarrow{AD}$와 $\overleftrightarrow{CD}$의 교점이다.

12 중

오른쪽 그림과 같은 마름모에서 다음 중
위치 관계가 나머지 넷과 다른 하나는?
(단, 점 O는 $\overline{AC}$와 $\overline{BD}$의 교점이다.)

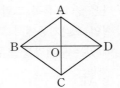

① $\overleftrightarrow{AB}$와 $\overleftrightarrow{AC}$ ② $\overrightarrow{AO}$와 $\overleftrightarrow{CD}$
③ $\overleftrightarrow{AC}$와 $\overleftrightarrow{BC}$ ④ $\overrightarrow{AD}$와 $\overrightarrow{BC}$
⑤ $\overleftrightarrow{BD}$와 $\overleftrightarrow{CD}$

Pⁱck
13 중

오른쪽 그림과 같은 정팔각형의 변의 연
장선 중에서 $\overleftrightarrow{BC}$와 한 점에서 만나는 직
선의 개수를 구하시오.

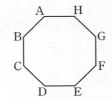

유형 03 **평면이 정해질 조건**

14 대표 문제

오른쪽 그림과 같이 직선 l 위에 있는 세
점 A, B, C와 그 직선 밖의 한 점 D로
정해지는 서로 다른 평면의 개수를 구하
시오.

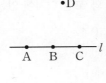

15 중

오른쪽 그림과 같이 평면 P 위에 세 점
A, B, C가 있고, 평면 P 밖에 점 D가
있을 때, 네 점 A, B, C, D 중 세 점으
로 정해지는 서로 다른 평면 중 평면 P
를 제외한 평면의 개수를 구하시오.
(단, 네 점 중 어느 세 점도 한 직선 위에 있지 않다.)

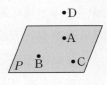

유형 04 **공간에서 두 직선의 위치 관계** 중요

Pⁱck
16 대표 문제

오른쪽 그림과 같은 삼각기둥에 대
한 설명으로 다음 중 옳은 것은?

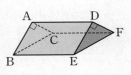

① 모서리 AB와 모서리 BC는 수직
   으로 만난다.
② 모서리 AC와 모서리 EF는 평행하다.
③ 모서리 BC와 평행한 모서리는 3개이다.
④ 모서리 AD와 모서리 BC는 꼬인 위치에 있다.
⑤ 모서리 AB와 모서리 AD는 두 점에서 만난다.

17 하

다음 중 오른쪽 그림의 입체도형에서 모
서리 AB와의 위치 관계가 나머지 넷과
다른 하나는?

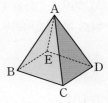

① 모서리 AC ② 모서리 AD
③ 모서리 BC ④ 모서리 BE
⑤ 모서리 CD

18 중

다음 중 공간에서 서로 다른 두 직선의 위치 관계에 대한 설명으로 옳지 않은 것을 모두 고르면? (정답 2개)

① 서로 만나지 않는 두 직선은 항상 평행하다.
② 꼬인 위치에 있는 두 직선은 만나지 않는다.
③ 평행한 두 직선은 한 평면 위에 있다.
④ 꼬인 위치에 있는 두 직선은 한 평면 위에 있다.
⑤ 한 점에서 만나는 두 직선은 한 평면 위에 있다.

19 중 서술형

오른쪽 그림과 같은 직육면체에서 $\overline{AD}$와 평행한 모서리의 개수를 a, $\overline{BE}$와 수직으로 만나는 모서리의 개수를 b라 할 때, $a+b$의 값을 구하시오.

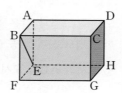

유형 05 꼬인 위치 중요

20 대표 문제

다음 중 오른쪽 그림과 같은 정육면체에서 모서리 CD와 만나지도 않고 평행하지도 않은 모서리는?

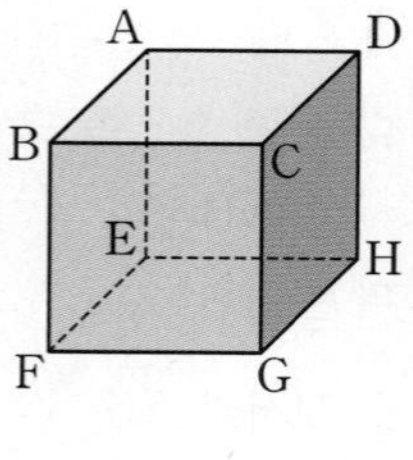

① $\overline{AB}$
② $\overline{BC}$
③ $\overline{BF}$
④ $\overline{EF}$
⑤ $\overline{DH}$

21 중

다음 중 오른쪽 그림과 같이 밑면이 정오각형인 오각기둥에서 모서리 CD와 꼬인 위치에 있는 모서리를 모두 고르면? (정답 2개)

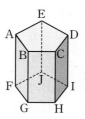

① $\overline{AF}$
② $\overline{CH}$
③ $\overline{HI}$
④ $\overline{GH}$
⑤ $\overline{DI}$

22 중

오른쪽 그림과 같은 삼각기둥에서 꼬인 위치에 있는 모서리끼리 짝 지은 것을 모두 고르면? (정답 2개)

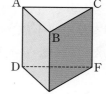

① $\overline{AB}$, $\overline{BC}$
② $\overline{AC}$, $\overline{DF}$
③ $\overline{AD}$, $\overline{EF}$
④ $\overline{BE}$, $\overline{DE}$
⑤ $\overline{AC}$, $\overline{BE}$

Pick
23 중

오른쪽 그림과 같은 직육면체에서 $\overline{BH}$와 꼬인 위치에 있는 모서리의 개수는?

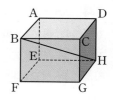

① 4
② 5
③ 6
④ 7
⑤ 8

• 정답과 해설 11쪽

유형 06 공간에서 직선과 평면의 위치 관계 (중요)

(1) 직선과 평면의 위치 관계

① 한 점에서 만난다. ② 포함된다. ③ 평행하다.→ $l /\!/ P$

(2) 직선과 평면의 수직

직선 l과 평면 P의 교점 H를 지나는 평면 P 위의 모든 직선이 직선 l과 수직이면

➡ $l \perp P$

대표 문제

24 오른쪽 그림은 밑면이 직각삼각형인 삼각기둥이다. 면 ABC와 평행한 모서리의 개수를 a, 면 BEFC와 수직인 모서리의 개수를 b라 할 때, $a+b$의 값을 구하시오.

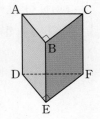

유형 07 점과 평면 사이의 거리

평면 P 위에 있지 않은 점 A와 평면 P 사이의 거리는 점 A에서 평면 P에 내린 수선의 발 H까지의 거리이다.

➡ 선분 AH의 길이

점 A와 평면 P 사이의 거리

대표 문제

25 오른쪽 그림과 같은 직육면체에서 점 B와 면 CGHD 사이의 거리는?

① 3 cm   ② 4 cm

③ 5 cm   ④ 7 cm

⑤ 8 cm

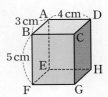

유형 08 공간에서 두 평면의 위치 관계

(1) 두 평면의 위치 관계

① 한 직선에서 만난다. ② 일치한다. ③ 평행하다.→ $P /\!/ Q$

(2) 두 평면의 수직

평면 P가 평면 Q에 수직인 직선 l을 포함하면

➡ $P \perp Q$

대표 문제

26 오른쪽 그림과 같은 직육면체에서 면 ABGH와 수직인 면을 모두 구하시오.

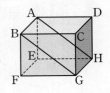

• 정답과 해설 12쪽

유형 09 **일부를 잘라 낸 입체도형에서의 위치 관계** 〈중요〉

주어진 입체도형에서 모서리를 직선으로, 면을 평면으로 생각하여 두 직선, 직선과 평면, 두 평면의 위치 관계를 살펴본다.

대표 문제

27 오른쪽 그림과 같이 직육면체를 세 꼭짓점 B, C, F를 지나는 평면으로 잘라 낸 입체도형에서 다음을 구하시오.

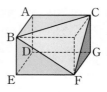

(1) 모서리 FG와 평행한 면의 개수

(2) 모서리 BF와 한 점에서 만나는 면의 개수

(3) 면 ADGC와 수직인 면의 개수

(4) 모서리 CF와 꼬인 위치에 있는 모서리의 개수

유형 10 **전개도가 주어졌을 때의 위치 관계**

주어진 전개도로 입체도형을 그린 후, 위치 관계를 파악한다.
➡ 겹쳐지는 꼭짓점을 모두 표시한다.

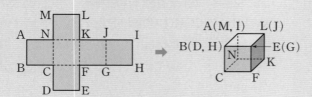

대표 문제

28 오른쪽 그림과 같은 전개도로 정육면체를 만들었을 때, 다음을 모두 구하시오.

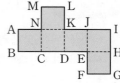

(1) 모서리 AB와 평행한 모서리

(2) 모서리 AB와 꼬인 위치에 있는 모서리

유형 11 **공간에서 여러 가지 위치 관계** 〈중요〉

공간에서 두 직선, 직선과 평면, 두 평면의 위치 관계는 직육면체를 그려 확인한다.
➡ 직육면체의 모서리를 직선으로, 면을 평면으로 생각한다.

대표 문제

29 다음 보기 중 공간에서 서로 다른 두 직선 l, m과 서로 다른 두 평면 P, Q의 위치 관계에 대한 설명으로 옳은 것을 모두 고르시오.

┌ 보기 ┐
ㄱ. $l /\!/ P$, $m /\!/ P$이면 $l /\!/ m$이다.
ㄴ. $l \perp P$, $P /\!/ Q$이면 $l /\!/ Q$이다.
ㄷ. $l \perp P$, $l \perp Q$이면 $P /\!/ Q$이다.
ㄹ. $l \perp P$, $m \perp P$이면 $l /\!/ m$이다.

유형 06 공간에서 직선과 평면의 위치 관계 중요

30 대표 문제

오른쪽 그림은 밑면이 사다리꼴인 사각기둥이다. 모서리 AD와 평행한 면의 개수를 x, 모서리 CG와 수직인 면의 개수를 y, 모서리 BF와 꼬인 위치에 있는 모서리의 개수를 z라 할 때, $x+y+z$의 값을 구하시오.

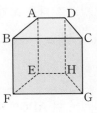

31 하

다음 중 공간에서 직선과 평면의 위치 관계가 될 수 <u>없는</u> 것은?

① 평행하다.
② 수직이다.
③ 꼬인 위치에 있다.
④ 한 점에서 만난다.
⑤ 직선이 평면에 포함된다.

32 중

오른쪽 그림과 같은 직육면체에 대한 설명으로 다음 중 옳지 <u>않은</u> 것을 모두 고르면? (정답 2개)

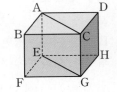

① $\overline{AC}$와 평행한 면은 면 EFGH이다.
② $\overline{BC}$와 수직인 면은 2개이다.
③ $\overline{AC}$와 $\overline{DH}$는 꼬인 위치에 있다.
④ $\overline{BF}$와 평행한 모서리는 1개이다.
⑤ 면 AEGC와 평행한 모서리는 4개이다.

Pick
33 중

오른쪽 그림과 같이 밑면이 정오각형인 오각기둥에 대한 설명으로 다음 중 옳은 것은?

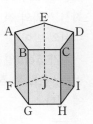

① $\overline{AE}$와 수직인 모서리는 4개이다.
② $\overleftrightarrow{AB}$와 $\overleftrightarrow{CD}$는 꼬인 위치에 있다.
③ $\overleftrightarrow{AF}$와 평행한 면은 2개이다.
④ 면 BGHC에 포함된 모서리는 5개이다.
⑤ 면 ABCDE와 $\overline{BG}$는 수직이다.

유형 07 점과 평면 사이의 거리

Pick
34 대표 문제

오른쪽 그림과 같은 사각기둥에서 점 A와 면 EFGH 사이의 거리를 a cm, 점 B와 면 AEHD 사이의 거리를 b cm, 점 C와 면 ABFE 사이의 거리를 c cm라 할 때, $a+b+c$의 값을 구하시오.

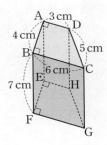

35 하

오른쪽 그림과 같이 밑면이 직각삼각형인 삼각기둥에서 점 C와 면 ABED 사이의 거리와 길이가 같은 모서리를 모두 구하시오.

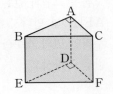

36 중

오른쪽 그림에서 $l \perp P$이고, 점 H는 직선 l 위의 점 A에서 평면 P에 내린 수선의 발이다. 점 A와 평면 P 사이의 거리가 $5\,\mathrm{cm}$일 때, 다음 중 옳지 <u>않은</u> 것은? (단, 두 직선 m, n은 평면 P 위에 있다.)

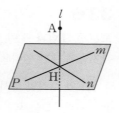

① $\overline{\mathrm{AH}} \perp n$ ② $l \perp m$ ③ $l \perp n$
④ $m \perp n$ ⑤ $\overline{\mathrm{AH}} = 5\,\mathrm{cm}$

유형 08   공간에서 두 평면의 위치 관계

37 대표 문제

다음 중 오른쪽 그림과 같은 정육면체에서 면 AEGC와 수직인 면을 모두 고르면? (정답 2개)

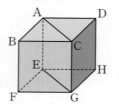

① 면 ABCD   ② 면 ABFE
③ 면 BFGC   ④ 면 CGHD
⑤ 면 EFGH

38 하

오른쪽 그림과 같은 직육면체에서 면 AEHD와 만나지 않는 면의 개수를 a, 수직인 면의 개수를 b라 할 때, $a+b$의 값을 구하시오.

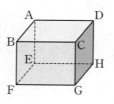

---

39 중

오른쪽 그림과 같은 삼각기둥에 대한 설명으로 다음 보기 중 옳은 것을 모두 고르시오.

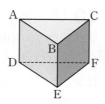

> **보기**
> ㄱ. 면 ABC와 면 BEFC의 교선은 모서리 BC이다.
> ㄴ. 면 ABC와 면 DEF는 평행하다.
> ㄷ. 면 ADEB와 만나는 면은 2개이다.

40 중

오른쪽 그림과 같이 밑면이 정육각형인 육각기둥에서 서로 평행한 두 면은 모두 몇 쌍인지 구하시오.

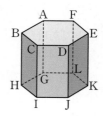

유형 09   일부를 잘라 낸 입체도형에서의 위치 관계

41 대표 문제

오른쪽 그림은 직육면체를 세 꼭짓점 A, B, E를 지나는 평면으로 잘라 낸 입체도형이다. 다음 중 옳지 <u>않은</u> 것은?

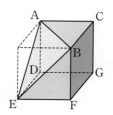

① 모서리 AB와 면 DEFG는 평행하다.
② 모서리 EF와 모서리 CG는 꼬인 위치에 있다.
③ 면 ADGC와 수직인 면은 3개이다.
④ 면 BEF와 평행한 모서리는 4개이다.
⑤ 면 ABC와 수직인 모서리는 $\overline{\mathrm{AD}}$, $\overline{\mathrm{BF}}$, $\overline{\mathrm{CG}}$이다.

42 중

오른쪽 그림은 직육면체를 $\overline{AM}=\overline{BN}$
이 되도록 잘라 낸 입체도형이다. 다음
을 모두 구하시오.

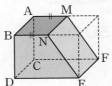

⑴ 모서리 DE와 평행한 면
⑵ 모서리 NE와 수직으로 만나는 모서리

Pick
43 중

오른쪽 그림은 직육면체를 반으로 잘
라서 만든 입체도형이다. 이때 모서리
BE와 꼬인 위치에 있는 모서리의 개
수를 구하시오.

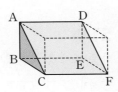

44 중

오른쪽 그림은 직육면체를 세 모서리의
중점을 지나는 평면으로 잘라 낸 입체도
형이다. 각 면을 연장한 평면과 각 모서
리를 연장한 직선을 생각할 때, $\overleftrightarrow{FI}$와 꼬
인 위치에 있는 직선의 개수를 a, 면
GHIJ와 평행한 직선의 개수를 b라 하자. 이때 $a+b$의 값은?

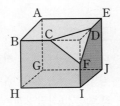

① 5 　　　 ② 7 　　　 ③ 9
④ 10 　　　 ⑤ 12

유형 10 **전개도가 주어졌을 때의 위치 관계**

45 대표 문제

오른쪽 그림과 같은 전개도로 정육면
체를 만들었을 때, 다음 중 모서리
CN과 꼬인 위치에 있는 모서리를
모두 고르면? (정답 2개)

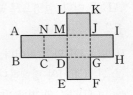

① 모서리 AB 　　　 ② 모서리 DG
③ 모서리 EF 　　　 ④ 모서리 IH
⑤ 모서리 JK

46 중

오른쪽 그림과 같은 전개도로 삼각뿔을
만들었을 때, 다음 중 모서리 AF와 만
나지 <u>않는</u> 모서리는?

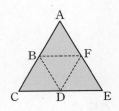

① 모서리 BD 　　　 ② 모서리 BF
③ 모서리 CD 　　　 ④ 모서리 DE
⑤ 모서리 DF

Pick
47 중

오른쪽 그림과 같은 전개도로 정육면체
를 만들었을 때, 면 C와 평행한 면은?

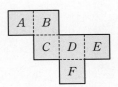

① 면 A 　　　 ② 면 B
③ 면 D 　　　 ④ 면 E
⑤ 면 F

48 중

오른쪽 그림과 같은 전개도로 삼각기둥을 만들었을 때, 다음 중 모서리 AB에 대한 설명으로 옳지 <u>않은</u> 것은?

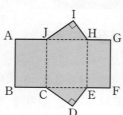

① 면 CDE와 수직이다.
② 면 JCEH와 평행하다.
③ 면 HEFG와 평행하다.
④ 모서리 IJ와 수직이다.
⑤ 모서리 CE와 꼬인 위치에 있다.

49 중

오른쪽 그림과 같은 전개도로 정육면체 모양의 주사위를 만들려고 한다. 평행한 두 면에 적힌 숫자의 합이 7일 때, $a+b-c$의 값은?

① 2   ② 3
③ 4   ④ 5
⑤ 6

유형 11 공간에서 여러 가지 위치 관계 중요

50 대표 문제

다음 중 공간에서 서로 다른 두 직선 l, m과 한 평면 P의 위치 관계에 대한 설명으로 옳은 것을 모두 고르면? (정답 2개)

① $l /\!/ m$, $l \perp P$이면 $m \perp P$이다.
② $l \perp m$, $m /\!/ P$이면 $l /\!/ P$이다.
③ $l \perp P$, $m \perp P$이면 $l /\!/ m$이다.
④ $l \perp P$, $m /\!/ P$이면 $l /\!/ m$이다.
⑤ $l \perp P$, $m /\!/ P$이면 $l \perp m$이다.

51 중

다음 보기 중 공간에서 항상 평행한 것을 모두 고르시오.

┌ 보기 ┐
ㄱ. 한 직선에 수직인 서로 다른 두 평면
ㄴ. 한 직선에 평행한 서로 다른 두 평면
ㄷ. 한 평면에 수직인 서로 다른 두 직선
ㄹ. 한 평면에 평행한 서로 다른 두 직선

Pick
52 중

다음 중 공간에서 서로 다른 세 직선 l, m, n과 서로 다른 세 평면 P, Q, R의 위치 관계에 대한 설명으로 옳은 것을 모두 고르면? (정답 2개)

① $l /\!/ m$, $l /\!/ n$이면 $m \perp n$이다.
② $l \perp m$, $m \perp n$이면 $l /\!/ n$이다.
③ $P /\!/ Q$, $Q /\!/ R$이면 $P /\!/ R$이다.
④ $P /\!/ Q$, $P \perp R$이면 $Q \perp R$이다.
⑤ $P \perp Q$, $P \perp R$이면 $Q \perp R$이다.

• 정답과 해설 14쪽

유형 12 동위각과 엇각

한 평면 위에서 서로 다른 두 직선이 다른
한 직선과 만날 때

(1) **동위각**: 같은 위치에 있는 각

(2) **엇각**: 엇갈린 위치에 있는 각

엇갈린 위치 / 같은 위치

참고 세 직선이 세 점에서 만나는 경우에는 다음 그림과 같이 두 부분으로 나
누어 가린 후, 동위각과 엇각을 찾는다.

엇각 ← 동위각 ← → 엇각 / 동위각

대표 문제

53 오른쪽 그림에서 동위각, 엇각을
바르게 찾은 것은?

〈동위각〉　　　〈엇각〉

① $\angle a$와 $\angle c$　　$\angle c$와 $\angle f$

② $\angle a$와 $\angle e$　　$\angle d$와 $\angle g$

③ $\angle b$와 $\angle f$　　$\angle a$와 $\angle f$

④ $\angle b$와 $\angle h$　　$\angle d$와 $\angle f$

⑤ $\angle c$와 $\angle g$　　$\angle c$와 $\angle e$

유형 13~14 평행선의 성질

서로 다른 두 직선이 다른 한 직선과 만날 때

(1) 두 직선이 평행하면 동위각의 크기는 서로
같다.

➡ $l /\!/ m$이면 $\angle a = \angle b$ → 알파벳 F

(2) 두 직선이 평행하면 엇각의 크기는 서로 같다.

➡ $l /\!/ m$이면 $\angle c = \angle d$ → 알파벳 Z

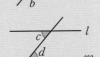

참고 평행선에서 삼각형 모양이 주어질 때, 다음 성질을 이용하여 각의 크기를
구한다.
(1) 평행선에서 동위각과 엇각의 크기는 각각 같다.
(2) 삼각형의 세 각의 크기의 합은 $180°$이다.

대표 문제

54 오른쪽 그림에서 $l /\!/ m$일 때,
$\angle a + \angle b$의 크기를 구하시오.

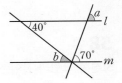

55 오른쪽 그림에서 $l /\!/ m$일 때,
$\angle x$의 크기를 구하시오.

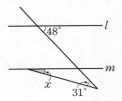

유형 15 두 직선이 평행하기 위한 조건

서로 다른 두 직선이 다른 한 직선과 만날 때

(1) 동위각의 크기가 같으면 두 직선은 평행하다.

➡ $\angle a = \angle b$이면 $l /\!/ m$

(2) 엇각의 크기가 같으면 두 직선은 평행하다.

➡ $\angle c = \angle d$이면 $l /\!/ m$

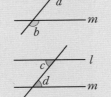

대표 문제

56 다음 보기 중 두 직선 l, m이 평행한 것을 모두 고르시
오.

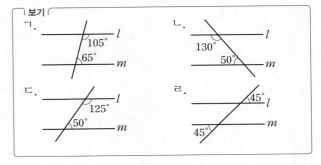

57 대표 문제

오른쪽 그림과 같이 세 직선이 만날 때, 다음 중 옳은 것을 모두 고르면?

(정답 2개)

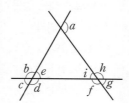

① ∠a의 엇각은 ∠b이다.

② ∠a의 엇각은 ∠i이다.

③ ∠a의 동위각은 ∠d이다.

④ ∠c와 ∠f는 동위각이다.

⑤ ∠a의 크기와 ∠f의 크기는 같다.

58 중

오른쪽 그림과 같이 세 직선이 만날 때, 다음 중 옳은 것은?

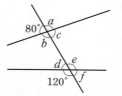

① ∠a의 크기는 120°이다.

② ∠c의 엇각의 크기는 80°이다.

③ ∠e의 엇각의 크기는 100°이다.

④ ∠b의 동위각의 크기는 100°이다.

⑤ ∠f의 맞꼭지각의 크기는 80°이다.

59 중

오른쪽 그림에서 ∠x의 모든 엇각의 크기의 합을 구하시오.

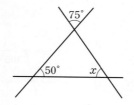

Pick

60 대표 문제

오른쪽 그림에서 $l \parallel m$일 때, ∠x− ∠y의 크기는?

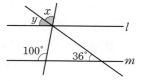

① 26°　　② 28°

③ 30°　　④ 32°

⑤ 34°

61 하

오른쪽 그림에서 $l \parallel m$일 때, ∠b와 크기가 같은 각을 모두 구하시오.

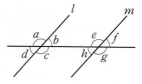

62 중

오른쪽 그림에서 $l \parallel m$일 때, x, y의 값을 각각 구하시오.

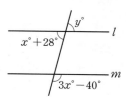

63 _중

오른쪽 그림에서 $l /\!/ m$, $m /\!/ n$일 때, $\angle y - \angle x$의 크기는?

① 45° ② 50°

③ 55° ④ 60°

⑤ 65°

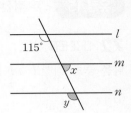

• 정답과 해설 14쪽

유형 14 평행선에서 삼각형 모양이 주어진 경우

66 대표 문제

오른쪽 그림에서 $l /\!/ m$일 때, $\angle x - \angle y$의 크기를 구하시오.

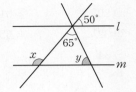

64 _중

포켓볼에서 회전하지 않는 공은 [그림 1]과 같이 테이블의 벽에 부딪혀 들어갈 때와 같은 각도로 튕겨 나온다고 한다. [그림 2]와 같이 테이블의 벽과 50°를 이루도록 공을 큐로 쳤을 때, $\angle x$의 크기를 구하시오.

(단, 포켓볼 테이블은 직사각형 모양이다.)

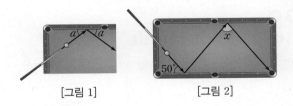

[그림 1]   [그림 2]

67 _하

오른쪽 그림에서 $l /\!/ m$일 때, $\angle x$의 크기는?

① 56° ② 58°

③ 60° ④ 62°

⑤ 64°

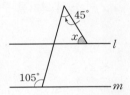

68 _중

오른쪽 그림에서 $l /\!/ m$일 때, x의 값을 구하시오.

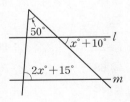

65 _중

오른쪽 그림과 같이 직사각형 모양의 종이테이프 두 개를 겹쳐 놓았을 때, $\angle x$, $\angle y$의 크기를 각각 구하시오.

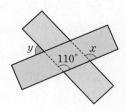

• 정답과 해설 15쪽

69 중

오른쪽 그림에서 $l /\!/ m$일 때, $\angle x$의 크기는?

① 30°   ② 31°
③ 32°   ④ 33°
⑤ 34°

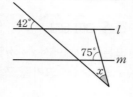

Pick
70 중

오른쪽 그림에서 $l /\!/ m$일 때, $\angle x + \angle y$의 크기를 구하시오.

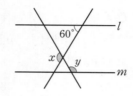

71 상

오른쪽 그림에서 $l /\!/ m$이고 삼각형 ABC가 정삼각형일 때, $\angle x - \angle y$의 크기는?

① 22°   ② 47°
③ 68°   ④ 76°
⑤ 82°

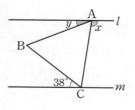

유형 15 두 직선이 평행하기 위한 조건

72 대표 문제

다음 중 두 직선 l, m이 평행하지 <u>않은</u> 것은?

① [그림]   ② [그림]

③ [그림]   ④ [그림]

⑤ [그림]

Pick
73 중

오른쪽 그림에서 평행한 두 직선을 모두 찾아 기호로 나타내시오.

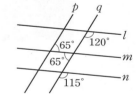

74 중

오른쪽 그림에 대한 설명으로 다음 중 옳지 <u>않은</u> 것은?

① $l /\!/ m$이면 $\angle a = \angle e$이다.
② $\angle c = \angle e$이면 $l /\!/ m$이다.
③ $\angle b = \angle f$이면 $l /\!/ m$이다.
④ $\angle d = \angle h$이면 $l /\!/ m$이다.
⑤ $l /\!/ m$이면 $\angle d + \angle f = 180°$이다.

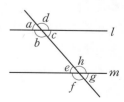

• 정답과 해설 16쪽

유형 16 평행선에서 보조선을 긋는 경우(1)

❶ 꺾인 점을 지나고 주어진 평행선에 평행한 직선을 긋는다.
❷ 평행선에서 동위각과 엇각의 크기는 각각 같음을 이용한다.

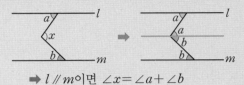

➡ $l /\!/ m$이면 $\angle x = \angle a + \angle b$

대표 문제

75 오른쪽 그림에서 $l /\!/ m$일 때, $\angle x$의 크기를 구하시오.

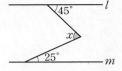

유형 17 평행선에서 보조선을 긋는 경우(2)

❶ 꺾인 점을 각각 지나고 주어진 평행선에 평행한 직선을 긋는다.
❷ 평행선에서 동위각과 엇각의 크기는 각각 같음을 이용한다.

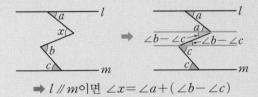

➡ $l /\!/ m$이면 $\angle x = \angle a + (\angle b - \angle c)$

대표 문제

76 오른쪽 그림에서 $l /\!/ m$일 때, $\angle x$의 크기를 구하시오.

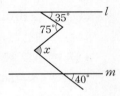

유형 18 평행선에서 보조선을 긋는 경우(3)

❶ 꺾인 점을 각각 지나고 주어진 평행선에 평행한 직선을 긋는다.
❷ 평행선에서 크기의 합이 180°인 두 각을 찾는다.

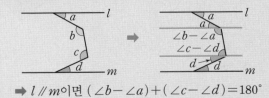

➡ $l /\!/ m$이면 $(\angle b - \angle a) + (\angle c - \angle d) = 180°$

대표 문제

77 오른쪽 그림에서 $l /\!/ m$일 때, $\angle x$의 크기는?

① 84° ② 86°
③ 88° ④ 90°
⑤ 92°

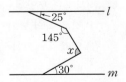

• 정답과 해설 16쪽

유형 19 평행선에서 보조선을 긋는 경우(4)

오른쪽 그림에서 $l /\!/ m$일 때,
두 직선 l, m에 평행한 직선을 그으면
➡ $\angle a + \angle b + \angle c = 180°$

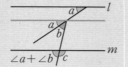

대표 문제

78 오른쪽 그림에서 $l /\!/ m$일 때, $\angle x$의 크기를 구하시오.

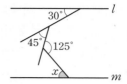

유형 20 평행선에서의 활용

오른쪽 그림에서 $l /\!/ m$이고
$\angle DAB = \angle BAC$, $\angle ECB = \angle BCA$
일 때, 두 직선 l, m에 평행한 직선을 그으
면 삼각형 ABC에서
$2\angle a + 2\angle b = 180°$
➡ $\angle ABC = \angle a + \angle b = 90°$

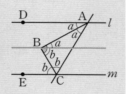

대표 문제

79 오른쪽 그림에서 $l /\!/ m$이고
$\angle ABC = \angle CBE$,
$\angle BAC = \angle DAC$일 때, $\angle x$의
크기를 구하시오.

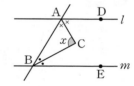

유형 21 종이접기

직사각형 모양의 종이를 접으면
⑴ 접은 각의 크기가 같다.
⑵ 엇각의 크기가 같다.

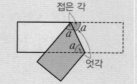

대표 문제

80 오른쪽 그림과 같이 직사각형
모양의 종이를 접었을 때, $\angle x$의 크
기는?

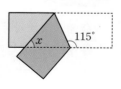

① $45°$ ② $50°$
③ $55°$ ④ $60°$
⑤ $65°$

유형 16 평행선에서 보조선을 긋는 경우(1)

81 대표 문제

오른쪽 그림에서 $l /\!/ m$일 때, $\angle x$의 크기를 구하시오.

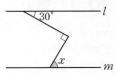

82 중

오른쪽 그림에서 $l /\!/ m$일 때, x의 값은?

① 35 ② 40
③ 45 ④ 50
⑤ 55

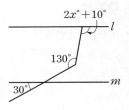

83 중 서술형

오른쪽 그림에서 $l /\!/ m$일 때, $\angle x$의 크기를 구하시오.

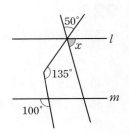

84 상

오른쪽 그림에서 $l /\!/ m$이고 $\angle ABC = 4\angle CBD$일 때, $\angle CBD$의 크기를 구하시오.

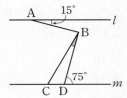

유형 17 평행선에서 보조선을 긋는 경우(2)

85 대표 문제

오른쪽 그림에서 $l /\!/ m$일 때, $\angle x$의 크기를 구하시오.

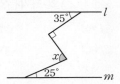

86 중

오른쪽 그림에서 $l /\!/ m$일 때, $\angle x$의 크기는?

① 40° ② 42°
③ 45° ④ 48°
⑤ 50°

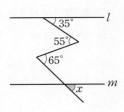

87 중

오른쪽 그림에서 $l /\!/ m$일 때, $\angle x$의 크기는?

① 10° ② 12°

③ 15° ④ 18°

⑤ 20°

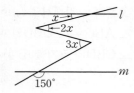

Pick

88 중

오른쪽 그림에서 $l /\!/ m$일 때, $\angle x + \angle y$의 크기는?

① 39° ② 43°

③ 60° ④ 85°

⑤ 92°

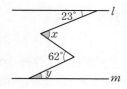

---

89 상

오른쪽 그림에서 $l /\!/ m$일 때, x의 값은?

① 60 ② 63

③ 65 ④ 67

⑤ 69

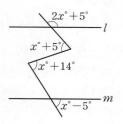

유형 18 평행선에서 보조선을 긋는 경우 (3)

Pick

90 대표 문제

오른쪽 그림에서 $l /\!/ m$일 때, $\angle x$의 크기를 구하시오.

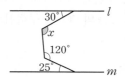

---

91 중

오른쪽 그림에서 $l /\!/ m$일 때, $\angle x + \angle y$의 크기는?

① 195° ② 210°

③ 215° ④ 230°

⑤ 245°

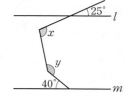

---

92 중

오른쪽 그림에서 $l /\!/ m$일 때, $\angle x - \angle y$의 크기는?

① 45° ② 50°

③ 55° ④ 60°

⑤ 65°

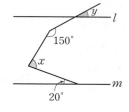

유형 19 평행선에서 보조선을 긋는 경우(4)

93 대표 문제

오른쪽 그림에서 $l /\!/ m$일 때,
$\angle x$의 크기를 구하시오.

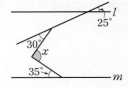

Pick
94 중

오른쪽 그림에서 $l /\!/ m$일 때,
$\angle x$의 크기를 구하시오.

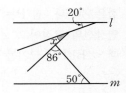

95 중

오른쪽 그림에서 $l /\!/ m$일 때,
$\angle a + \angle b + \angle c + \angle d$의 크기는?

① 160°   ② 170°

③ 180°   ④ 190°

⑤ 200°

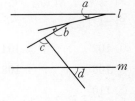

96 상

오른쪽 그림에서 $l /\!/ m$일 때,
$\angle a + \angle b + \angle c + \angle d$의 크기를
구하시오.

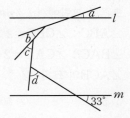

97 상

어느 공원에서 자전거를 타던 학
생이 오른쪽 그림과 같이 A 지점
에서 출발하여 세 지점 B, C, D에
서 방향을 바꾸어 E 지점에 도착
하였다. $\overline{AB} /\!/ \overline{DE}$일 때, $\angle x$의 크
기를 구하시오.

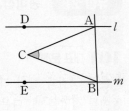

유형 20 평행선에서의 활용

98 대표 문제

오른쪽 그림에서 $l /\!/ m$이고
$\angle DAC = \dfrac{1}{3} \angle CAB$,
$\angle CBE = \dfrac{1}{3} \angle ABC$일 때,
$\angle ACB$의 크기는?

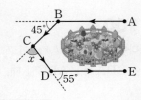

① 40°   ② 43°   ③ 45°

④ 47°   ⑤ 49°

99 ⓒ

오른쪽 그림에서 $l \,/\!/\, m$이고
$\angle ABC : \angle CBE = 2 : 1$,
$\angle BAC : \angle CAD = 2 : 1$일 때,
$\angle ACB$의 크기는?

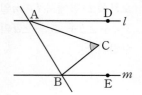

① 55°   ② 60°

③ 65°   ④ 70°

⑤ 75°

100 ⓢ

다음 그림에서 $l \,/\!/\, m$이고 $\angle ABC = \angle CBD$,
$\angle BDA = \angle ADC$일 때, $\angle x$의 크기를 구하시오.

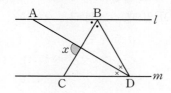

유형 21   종이접기

Pick

101 대표 문제

오른쪽 그림과 같이 직사각형 모양의
종이를 접었을 때, 다음을 구하시오.

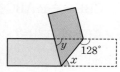

(1) $\angle x$의 크기

(2) $\angle y$의 크기

102 ⓒ

오른쪽 그림과 같이 직사각형 모양의
종이를 $\overline{DF}$를 접는 선으로 하여 접었
을 때, $\angle x$의 크기를 구하시오.

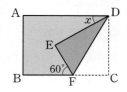

103 ⓒ 〔서술형〕

오른쪽 그림은 평행사변형 ABCD
를 대각선 BD를 접는 선으로 하여
접은 것이다. 점 P는 $\overline{BA}$와 $\overline{DC'}$의
연장선의 교점이고 $\angle BDC = 47°$일
때, $\angle BPD$의 크기를 구하시오.

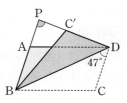

104 ⓢ

오른쪽 그림과 같이 직사각형 모양
의 종이를 접었을 때, $\angle x + \angle y$
의 크기는?

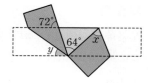

① 102°   ② 104°

③ 106°   ④ 108°

⑤ 110°

105 유형 01

오른쪽 그림과 같은 삼각뿔에서 모서리 CD 위에 있지 않은 꼭짓점의 개수를 a, 면 ABD 위에 있지 않은 꼭짓점의 개수를 b라 할 때, $a+b$의 값은?

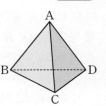

① 1   ② 2

③ 3   ④ 4

⑤ 5

106 유형 02

오른쪽 그림과 같은 정육각형의 변의 연장선 중에서 $\overrightarrow{AF}$와 한 점에서 만나는 직선의 개수를 a, 평행한 직선의 개수를 b라 할 때, $a-b$의 값을 구하시오.

107 유형 04

오른쪽 그림과 같이 밑면이 정육각형인 육각기둥에서 다음 두 모서리의 위치 관계를 말하시오.

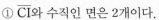

(1) 모서리 AF와 모서리 AG

(2) 모서리 CI와 모서리 DE

(3) 모서리 EF와 모서리 KL

108 유형 05

오른쪽 그림과 같은 직육면체에서 $\overline{AC}$와 꼬인 위치에 있는 모서리의 개수와 $\overline{AD}$와 꼬인 위치에 있는 모서리의 개수를 차례로 구하시오.

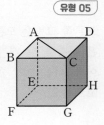

109 유형 06

오른쪽 그림과 같이 밑면이 정육각형인 육각기둥에 대한 설명으로 다음 중 옳지 않은 것은?

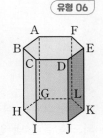

① $\overline{CI}$와 수직인 면은 2개이다.

② $\overrightarrow{GH}$와 $\overrightarrow{IJ}$는 만나지 않는다.

③ 면 CIJD와 $\overline{AF}$는 평행하다.

④ 면 ABCDEF와 수직인 모서리는 6개이다.

⑤ 면 GHIJKL에 포함된 모서리는 6개이다.

110 유형 07

오른쪽 그림과 같은 삼각기둥에서 점 C와 면 ADEB 사이의 거리를 a cm, 점 D와 면 BEFC 사이의 거리를 b cm라 할 때, $b-a$의 값을 구하시오.

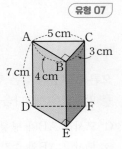

111
유형 08

오른쪽 그림은 모든 모서리의 길이가 같은 사각뿔 두 개를 붙여 놓은 입체도형이다. 다음 보기 중 옳지 <u>않은</u> 것을 모두 고르시오.

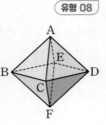

보기

ㄱ. 면 ABC와 면 DEF는 평행하다.

ㄴ. 면 ACD와 면 CFD는 평행하다.

ㄷ. 면 CFD와 면 BCDE의 교선은 모서리 CD이다.

112
유형 09

오른쪽 그림은 직육면체를 $\overline{PE}=\overline{QF}$가 되도록 잘라 낸 입체도형이다. 다음 중 $\overleftrightarrow{AQ}$와 꼬인 위치에 있는 직선이 <u>아닌</u> 것은?

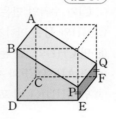

① $\overleftrightarrow{BD}$ ② $\overleftrightarrow{CF}$

③ $\overleftrightarrow{DE}$ ④ $\overleftrightarrow{EF}$

⑤ $\overleftrightarrow{PE}$

113
유형 10

오른쪽 그림과 같은 전개도로 정육면체를 만들었을 때, 다음을 모두 구하시오.

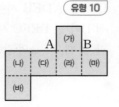

(1) 모서리 AB와 평행한 면

(2) 모서리 AB와 수직인 면

114
유형 11

다음 보기 중 공간에서 서로 다른 두 직선 l, m과 서로 다른 세 평면 P, Q, R의 위치 관계에 대한 설명으로 옳지 <u>않은</u> 것을 모두 고른 것은?

보기

ㄱ. $l \perp m$, $l \perp P$이면 $m \perp P$이다.

ㄴ. $l /\!/ P$, $m \perp P$이면 $l /\!/ m$이다.

ㄷ. $P /\!/ Q$, $l \perp P$이면 $l \perp Q$이다.

ㄹ. $P /\!/ Q$, $P \perp R$이면 $Q /\!/ R$이다.

① ㄱ, ㄴ   ② ㄱ, ㄷ   ③ ㄱ, ㄴ, ㄷ

④ ㄱ, ㄴ, ㄹ   ⑤ ㄴ, ㄷ, ㄹ

115
유형 13

오른쪽 그림에서 $l /\!/ m$일 때, $\angle y - \angle x$의 크기를 구하시오.

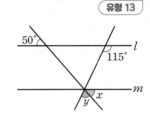

116
유형 15

오른쪽 그림에서 평행한 직선끼리 바르게 짝 지은 것은?

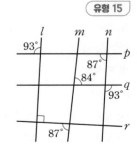

① $l /\!/ m$, $m /\!/ n$

② $l /\!/ n$, $m /\!/ n$

③ $l /\!/ n$, $p /\!/ q$

④ $l /\!/ m$, $l /\!/ n$, $q /\!/ r$

⑤ $p /\!/ q$, $q /\!/ r$, $p /\!/ r$

117 · 유형 16

오른쪽 그림에서 $l \parallel m$일 때, $\angle x$의 크기를 구하시오.

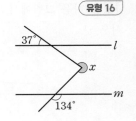

118 · 유형 17

오른쪽 그림에서 $l \parallel m$일 때, $\angle x + \angle y$의 크기는?

① 110° ② 124°
③ 132° ④ 145°
⑤ 151°

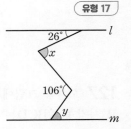

119 · 유형 18

오른쪽 그림에서 $l \parallel m$일 때, $\angle x$의 크기를 구하시오.

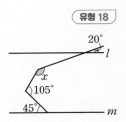

120 · 유형 19

오른쪽 그림에서 $l \parallel m$일 때, $\angle x$의 크기는?

① 28° ② 29°
③ 30° ④ 31°
⑤ 32°

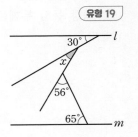

서술형 문제

121 · 유형 14

오른쪽 그림에서 $l \parallel m$일 때, $\angle x + \angle y$의 크기를 구하시오.

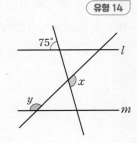

122 · 유형 16

오른쪽 그림에서 $l \parallel m$일 때, x의 값을 구하시오.

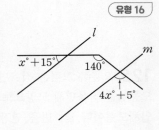

123 · 유형 21

오른쪽 그림과 같이 직사각형 모양의 종이를 선분 EF를 접는 선으로 하여 접었을 때, $\angle x$의 크기를 구하시오.

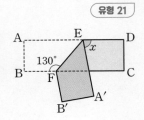

124 오른쪽 그림은 삼각기둥과 삼각뿔을 이어 붙여서 만든 입체도형이다. 이 입체도형에서 두 모서리 BC, FG와 동시에 꼬인 위치에 있는 모서리를 구하시오.

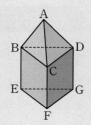

125 오른쪽 그림은 직육면체의 한 모퉁이를 직육면체 모양으로 잘라 낸 입체도형이다. 각 면을 연장한 평면과 각 모서리를 연장한 직선을 생각할 때, 면 EJIMNF와 수직인 면의 개수를 a, 면 DGJE와 평행한 모서리의 개수를 b라 하자. 이때 $a+b$의 값은?

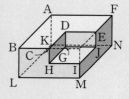

① 10   ② 13   ③ 16
④ 18   ⑤ 21

126 다음 그림에서 $l /\!/ k$, $m /\!/ n$일 때, $\angle x$의 크기를 구하시오.

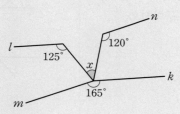

127 오른쪽 그림에서 $l /\!/ m$이고 사각형 ABCD는 정사각형이다. 대각선 BD의 연장선이 두 직선 l, m과 만나는 점을 각각 E, F라 할 때, $\angle x$의 크기는?

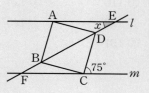

① 25°   ② 27°   ③ 30°
④ 32°   ⑤ 35°

128 오른쪽 그림은 책상 등에서 각의 크기를 나타낸 것이다. 이때 $\overrightarrow{AE} /\!/ \overrightarrow{CD}$임을 설명하시오. (단, 책상 등의 두께는 생각하지 않는다.)

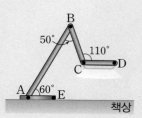

129 오른쪽 그림에서 $l/\!/m$, $m/\!/n$일 때, $x+y$의 값은?

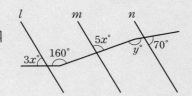

① 180   ② 185

③ 190   ④ 195

⑤ 200

130 오른쪽 그림과 같이 평행한 두 직선 l, m과 정사각형 ABCD가 각각 두 점 A, C에서 만날 때, x의 값을 구하시오.

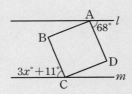

131 오른쪽 그림은 직사각형의 왼쪽 위에서 시작하여 모양과 크기가 같은 직각삼각형 6개를 서로 겹치지 않게 이어 붙인 것이다. 이때 $\angle x$의 크기를 구하시오.

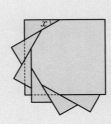

132 오른쪽 그림에서 $l/\!/m$이고 $\angle QPR=\dfrac{1}{2}\angle APR$, $\angle PQR=\dfrac{1}{2}\angle BQR$, $\angle RPS=\angle SPA$, $\angle RQS=\angle SQB$일 때, $\angle x+\angle y$의 크기는?

① 120°   ② 140°   ③ 160°

④ 180°   ⑤ 190°

133 오른쪽 그림과 같이 평행사변형 모양의 종이를 접었을 때, $\angle x$, $\angle y$의 크기를 각각 구하면?

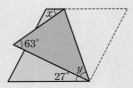

① $\angle x=36°$, $\angle y=27°$

② $\angle x=36°$, $\angle y=36°$

③ $\angle x=36°$, $\angle y=45°$

④ $\angle x=45°$, $\angle y=36°$

⑤ $\angle x=45°$, $\angle y=45°$

3.

작도와 합동

유형 01 작도

눈금 없는 자와 컴퍼스만을 사용하여 도형을 그리는 것을 **작도**라 한다.

(1) **눈금 없는 자**: 두 점을 지나는 선분을 그리거나 선분을 연장할 때 사용한다.

(2) **컴퍼스**: 주어진 선분의 길이를 재어 다른 곳으로 옮기거나 원을 그릴 때 사용한다.

> 참고 작도에서 눈금 없는 자를 사용한다는 것은 자를 이용하여 길이를 재지 않는다는 것을 의미한다.

대표 문제

01 다음 중 작도에 대한 설명으로 옳지 **않은** 것은?

① 눈금 없는 자와 컴퍼스만을 사용한다.

② 선분을 연장할 때는 눈금 없는 자를 사용한다.

③ 원을 그릴 때는 컴퍼스를 사용한다.

④ 두 선분의 길이를 비교할 때는 컴퍼스를 사용한다.

⑤ 각의 크기를 잴 때는 각도기를 사용한다.

유형 02 길이가 같은 선분의 작도

$\overline{AB}$와 길이가 같은 선분은 다음과 같은 순서대로 작도한다.

❶ 자로 직선을 긋고 그 위에 점 P를 잡는다.

❷ 컴퍼스로 $\overline{AB}$의 길이를 잰다.

❸ 점 P를 중심으로 하고 반지름의 길이가 $\overline{AB}$인 원을 그려 직선과의 교점을 Q라 하면 $\overline{PQ}=\overline{AB}$이다.

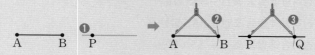

대표 문제

02 다음 그림은 선분 AB와 길이가 같은 선분 CD를 작도하는 과정이다. 작도 순서를 바르게 나열한 것은?

① ㉠ → ㉡ → ㉢　　② ㉠ → ㉢ → ㉡

③ ㉡ → ㉠ → ㉢　　④ ㉡ → ㉢ → ㉠

⑤ ㉢ → ㉠ → ㉡

유형 03 | 크기가 같은 각의 작도

∠XOY와 크기가 같은 각은 다음과 같은 순서대로 작도한다.

❶ 점 O를 중심으로 하고 적당한 반지름을 갖는 원을 그려 $\overrightarrow{OX}$, $\overrightarrow{OY}$와의 교점을 각각 A, B라 한다.

❷ 점 P를 중심으로 하고 반지름의 길이가 $\overline{OA}$인 원을 그려 $\overrightarrow{PQ}$와의 교점을 C라 한다.

❸ 컴퍼스로 $\overline{AB}$의 길이를 잰다.

❹ 점 C를 중심으로 하고 반지름의 길이가 $\overline{AB}$인 원을 그려 ❷의 원과의 교점을 D라 한다.

❺ $\overrightarrow{PD}$를 그으면 ∠DPC＝∠XOY이다.

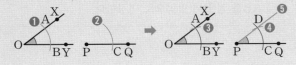

대표 문제

03 아래 그림은 ∠XOY와 크기가 같은 각을 $\overrightarrow{PQ}$를 한 변으로 하여 작도한 것이다. 다음 중 옳지 <u>않은</u> 것은?

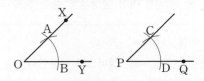

① $\overline{AB}=\overline{CD}$ ② $\overline{OA}=\overline{OB}$ ③ $\overline{OA}=\overline{PD}$
④ $\overline{PC}=\overline{CD}$ ⑤ ∠AOB＝∠CPD

유형 04 | 평행선의 작도

평행선은 '서로 다른 두 직선이 다른 한 직선과 만날 때, 동위각(엇각)의 크기가 같으면 두 직선은 평행하다.'는 성질을 이용하여 다음과 같은 순서대로 작도한다.
└→ 크기가 같은 각의 작도를 이용한다.

❶ 점 P를 지나는 직선을 긋고 직선 *l*과의 교점을 Q라 한다.

❷ 점 Q를 중심으로 하는 원을 그려 $\overrightarrow{PQ}$, 직선 *l*과의 교점을 각각 C, D라 한다.

❸ 점 P를 중심으로 하고 반지름의 길이가 $\overline{QC}$인 원을 그려 $\overrightarrow{PQ}$와의 교점을 A라 한다.

❹ 컴퍼스로 $\overline{CD}$의 길이를 잰다.

❺ 점 A를 중심으로 하고 반지름의 길이가 $\overline{CD}$인 원을 그려 ❸의 원과의 교점을 B라 한다.

❻ $\overrightarrow{PB}$를 그리면 *l* ∥ $\overrightarrow{PB}$이다.

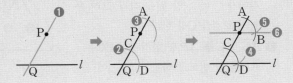

대표 문제

04 오른쪽 그림은 직선 *l* 밖의 한 점 P를 지나고 직선 *l*에 평행한 직선을 작도한 것이다. 다음 물음에 답하시오.

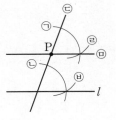

(1) 작도 순서를 바르게 나열하시오.

(2) 작도에 이용한 성질을 말하시오.

유형 완성하기

유형 01 작도

05 대표 문제

다음 보기 중 작도에 대한 설명으로 옳은 것을 모두 고르시오.

> **보기**
> ㄱ. 각도기를 사용하지 않는다.
> ㄴ. 선분을 연장할 때는 컴퍼스를 사용한다.
> ㄷ. 두 점을 연결할 때는 눈금 없는 자를 사용한다.
> ㄹ. 선분의 길이를 다른 직선 위로 옮길 때는 눈금 없는 자를 사용한다.

06 하

다음 중 원을 그리거나 선분의 길이를 옮길 때 사용하는 작도 도구는?

① 줄자 ② 각도기 ③ 삼각자
④ 컴퍼스 ⑤ 눈금 없는 자

07 하

다음 중 작도할 때의 눈금 없는 자의 용도로 옳은 것을 모두 고르면? (정답 2개)

① 원을 그린다.
② 선분을 연장한다.
③ 선분의 길이를 옮긴다.
④ 각의 크기를 측정한다.
⑤ 두 점을 지나는 선분을 긋는다.

유형 02 길이가 같은 선분의 작도

Pick
08 대표 문제

다음은 선분 AB를 점 B의 방향으로 연장하여 $\overline{AC}=2\overline{AB}$가 되도록 선분 AC를 작도하는 과정이다. 작도 순서를 바르게 나열하시오.

> ㉠ 컴퍼스로 $\overline{AB}$의 길이를 잰다.
> ㉡ 점 B를 중심으로 하고 반지름의 길이가 $\overline{AB}$인 원을 그려 $\overline{AB}$의 연장선과의 교점을 C라 한다.
> ㉢ $\overline{AB}$를 점 B의 방향으로 연장한다.

09 중

다음 그림과 같이 선분 AB를 점 B의 방향으로 연장한 반직선 위에 $\overline{AC}=3\overline{AB}$인 점 C를 작도할 때 사용하는 도구는?

① 컴퍼스 ② 각도기 ③ 삼각자
④ 눈금 있는 자 ⑤ 눈금 없는 자

10 중

다음은 선분 AB를 한 변으로 하는 정삼각형을 작도하는 과정이다. ㈎, ㈏에 알맞은 것을 구하시오.

> ❶ 두 점 A, B를 중심으로 하고 반지름의 길이가 ㈎ 인 원을 각각 그려 두 원의 교점을 C라 한다.
> ❷ $\overline{AC}$, $\overline{BC}$를 그으면 삼각형 ABC는 $\overline{AB}$를 한 변으로 하는 ㈏ 이다.

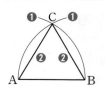

| 유형 03 | 크기가 같은 각의 작도 | 유형 04 | 평행선의 작도 |

11 대표 문제

아래 그림은 ∠XOY와 크기가 같은 각을 $\overrightarrow{PQ}$를 한 변으로 하여 작도한 것이다. 다음 중 길이가 나머지 넷과 다른 하나는?

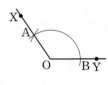

① $\overline{OA}$ ② $\overline{OB}$ ③ $\overline{AB}$
④ $\overline{PC}$ ⑤ $\overline{PD}$

12 중

다음은 ∠XOY와 크기가 같은 각을 $\overrightarrow{AB}$를 한 변으로 하여 작도하는 과정이다. 작도 순서를 바르게 나열한 것은?

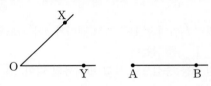

⊙ 점 A를 중심으로 하고 반지름의 길이가 $\overline{OC}$인 원을 그려 $\overrightarrow{AB}$와의 교점을 E라 한다.
⊙ 점 O를 중심으로 하는 원을 그려 $\overrightarrow{OX}$, $\overrightarrow{OY}$와의 교점을 각각 C, D라 한다.
⊙ 점 E를 중심으로 하고 반지름의 길이가 $\overline{CD}$인 원을 그려 ⊙의 원과의 교점을 F라 한다.
⊙ $\overrightarrow{AF}$를 긋는다.

① ⊙ → ⊙ → ⊙ → ⊙
② ⊙ → ⊙ → ⊙ → ⊙
③ ⊙ → ⊙ → ⊙ → ⊙
④ ⊙ → ⊙ → ⊙ → ⊙
⑤ ⊙ → ⊙ → ⊙ → ⊙

13 대표 문제

오른쪽 그림은 직선 l 밖의 한 점 P를 지나고 직선 l에 평행한 직선 m을 작도한 것이다. 다음 중 옳지 않은 것은?

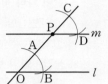

① $\overline{OA}=\overline{OB}$
② $\overline{OA}=\overline{PD}$
③ $\overline{OB}=\overline{CD}$
④ $\overleftrightarrow{OB} /\!/ \overleftrightarrow{PD}$
⑤ ∠CPD = ∠AOB

14 중

오른쪽 그림은 직선 l 밖의 한 점 P를 지나고 직선 l에 평행한 직선을 작도한 것이다. 작도 순서를 바르게 나열한 것은?

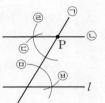

① ㉠ → ㉢ → ㉤ → ㉥ → ㉢ → ㉡
② ㉠ → ㉢ → ㉥ → ㉤ → ㉢ → ㉡
③ ㉠ → ㉤ → ㉢ → ㉥ → ㉢ → ㉡
④ ㉠ → ㉤ → ㉥ → ㉢ → ㉡ → ㉢
⑤ ㉠ → ㉤ → ㉥ → ㉢ → ㉢ → ㉡

Pick
15 중

오른쪽 그림은 직선 l 밖의 한 점 P를 지나고 직선 l에 평행한 직선 m을 작도한 것이다. 다음 중 옳지 않은 것은?

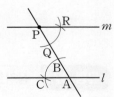

① $\overline{AB}=\overline{AC}$
② $\overline{PQ}=\overline{PR}$
③ $\overline{BC}=\overline{QR}$
④ ∠BAC = ∠QPR
⑤ ∠QPR = ∠QRP

• 정답과 해설 23쪽

유형 05 삼각형의 세 변의 길이 사이의 관계 _{중요}

(1) 삼각형 ABC를 기호로 △ABC와 같이 나타낸다.

BC의 대각

① **대변**: 한 각과 마주 보는 변
② **대각**: 한 변과 마주 보는 각

∠A의 대변

(2) 삼각형의 세 변의 길이 사이의 관계

삼각형에서 한 변의 길이는 나머지 두 변의 길이의 합보다 작다.

➡ $a<b+c$, $b<a+c$, $c<a+b$

참고 세 변의 길이가 주어졌을 때, 삼각형이 될 수 있는 조건
➡ (가장 긴 변의 길이)<(나머지 두 변의 길이의 합)

대표 문제

16 다음 중 삼각형의 세 변의 길이가 될 수 있는 것을 모두 고르면? (정답 2개)

① 2 cm, 6 cm, 8 cm   ② 3 cm, 9 cm, 10 cm

③ 6 cm, 8 cm, 12 cm   ④ 7 cm, 9 cm, 18 cm

⑤ 8 cm, 10 cm, 19 cm

유형 06 삼각형의 작도

다음의 각 경우에 삼각형을 하나로 작도할 수 있다.

(1) 세 변의 길이가 주어질 때

(2) 두 변의 길이와 그 끼인각의 크기가 주어질 때

(3) 한 변의 길이와 그 양 끝 각의 크기가 주어 질 때

참고 삼각형을 작도할 때는 길이가 같은 선분의 작도와 크기가 같은 각의 작도를 이용한다.

대표 문제

17 다음은 세 변의 길이 a, b, c가 주어졌을 때, △ABC를 작도하는 과정이다. □ 안에 들어갈 것으로 옳지 **않은** 것은?

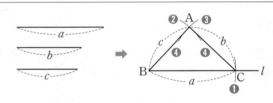

❶ 직선 l 위에 점 B를 잡고 길이가 a가 되도록 점 ① 를 잡는다.

❷ 점 B를 중심으로 하고 반지름의 길이가 ② 인 원을 그린다.

❸ 점 C를 중심으로 하고 반지름의 길이가 ③ 인 원을 그린다.

❹ 두 점 B, C를 각각 중심으로 하는 두 원의 교점을 ④ 라 하고 $\overline{AB}$, $\overline{AC}$를 그으면 ⑤ 가 된다.

① C   ② c ③ a

④ A   ⑤ △ABC

유형 07 삼각형이 하나로 정해지는 조건 _{중요}

다음의 각 경우에 삼각형이 하나로 정해진다.

(1) 세 변의 길이가 주어질 때→ (가장 긴 변의 길이)<(나머지 두 변의 길이의 합)
(2) 두 변의 길이와 그 끼인각의 크기가 주어질 때
(3) 한 변의 길이와 그 양 끝 각의 크기가 주어질 때

참고 삼각형이 하나로 정해지지 않는 경우
• 한 변의 길이가 나머지 두 변의 길이의 합보다 크거나 같을 때
• 두 변의 길이와 그 끼인각이 아닌 다른 한 각의 크기가 주어질 때
• 세 각의 크기가 주어질 때

대표 문제

18 다음 중 △ABC가 하나로 정해지는 것을 모두 고르면? (정답 2개)

① $\overline{AB}=7$ cm, $\overline{BC}=7$ cm, $\overline{CA}=12$ cm

② $\overline{AB}=8$ cm, $\overline{BC}=7$ cm, $\angle A=60°$

③ $\overline{BC}=7$ cm, $\overline{CA}=5$ cm, $\angle B=45°$

④ $\overline{BC}=5$ cm, $\angle A=30°$, $\angle B=40°$

⑤ $\angle A=50°$, $\angle B=60°$, $\angle C=70°$

유형 05 삼각형의 세 변의 길이 사이의 관계 중요

Pick
19 대표 문제

삼각형의 두 변의 길이가 3 cm, 7 cm일 때, 다음 중 나머지 한 변의 길이가 될 수 있는 것을 모두 고르면? (정답 2개)

① 2 cm   ② 4 cm   ③ 7 cm

④ 9 cm   ⑤ 12 cm

20 중

삼각형의 세 변의 길이가 $x-1$, x, $x+1$일 때, 다음 중 x의 값이 될 수 없는 것은?

① 2   ② 3   ③ 4

④ 5   ⑤ 6

21 중

길이가 3 cm, 4 cm, 5 cm, 7 cm 인 4개의 막대 중에서 3개를 골라 만들 수 있는 서로 다른 삼각형의 개수를 구하시오.

22 상

삼각형의 세 변의 길이가 x cm, 5 cm, 10 cm일 때, x의 값이 될 수 있는 자연수의 개수를 구하시오.

유형 06 삼각형의 작도

23 대표 문제

다음 그림은 두 변의 길이와 그 끼인각의 크기가 주어졌을 때, $\overline{BC}$를 밑변으로 하는 △ABC를 작도한 것이다. 작도 순서를 바르게 나열한 것은?

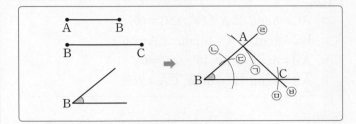

① ㉠ → ㉡ → ㉢ → ㉤ → ㉣ → ㉥
② ㉡ → ㉠ → ㉢ → ㉤ → ㉥ → ㉣
③ ㉡ → ㉢ → ㉣ → ㉠ → ㉤ → ㉥
④ ㉡ → ㉢ → ㉣ → ㉤ → ㉥ → ㉠
⑤ ㉢ → ㉡ → ㉣ → ㉤ → ㉥ → ㉠

Pick
24 중

오른쪽 그림과 같이 $\overline{AB}$의 길이와 ∠A, ∠B의 크기가 주어졌을 때, 다음 중 △ABC의 작도 순서로 옳지 않은 것은?

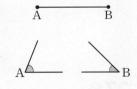

① ∠A → $\overline{AB}$ → ∠B   ② ∠A → ∠B → $\overline{AB}$
③ ∠B → $\overline{AB}$ → ∠A   ④ $\overline{AB}$ → ∠A → ∠B
⑤ $\overline{AB}$ → ∠B → ∠A

• 정답과 해설 24쪽

유형 07 삼각형이 하나로 정해지는 조건 ^{중요}

Pick
25 대표 문제

다음 보기 중 △ABC가 하나로 정해지는 것을 모두 고른 것은?

┌ 보기 ┐
ㄱ. $\overline{AC}=5\,cm$, $\angle A=80°$, $\angle C=60°$
ㄴ. $\overline{BC}=8\,cm$, $\overline{CA}=10\,cm$, $\angle A=50°$
ㄷ. $\overline{AB}=6\,cm$, $\angle B=40°$, $\angle C=65°$
ㄹ. $\overline{AB}=9\,cm$, $\overline{BC}=6\,cm$, $\overline{CA}=2\,cm$

① ㄱ, ㄴ   ② ㄱ, ㄷ   ③ ㄴ, ㄷ
④ ㄴ, ㄹ   ⑤ ㄷ, ㄹ

Pick
26 ^하

△ABC에서 $\overline{AB}$의 길이와 $\angle B$의 크기가 주어졌을 때, 다음 보기 중 △ABC가 하나로 정해지기 위해 필요한 나머지 한 조건이 <u>아닌</u> 것을 고르시오.

┌ 보기 ┐
ㄱ. $\angle A$ ㄴ. $\overline{AC}$ ㄷ. $\angle C$ ㄹ. $\overline{BC}$

27 ^중

△ABC에서 $\overline{AC}=5\,cm$이고 다음 조건이 더 주어질 때, △ABC가 하나로 정해지지 <u>않는</u> 것은?

① $\overline{AB}=3\,cm$, $\overline{BC}=4\,cm$ ② $\overline{BC}=6\,cm$, $\angle C=80°$
③ $\angle B=50°$, $\angle C=100°$ ④ $\angle A=90°$, $\angle B=40°$
⑤ $\overline{AB}=6\,cm$, $\angle B=45°$

28 ^중

오른쪽 그림과 같은 △ABC에서 $\angle B$의 크기가 주어졌을 때, 다음 중 △ABC가 하나로 정해지기 위해 추가로 필요한 조건이 <u>아닌</u> 것은?

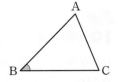

① $\overline{AB}$와 $\overline{BC}$ ② $\angle A$와 $\overline{AB}$ ③ $\angle A$와 $\angle C$
④ $\angle C$와 $\overline{AC}$ ⑤ $\angle C$와 $\overline{BC}$

29 ^중

다음은 세 각의 크기가 주어질 때, 삼각형이 하나로 정해지지 않음을 설명하는 과정이다. ㈎~㈐에 알맞은 것을 구하시오.

┌─────────────────────────────┐
오른쪽 그림에서 $\overline{BC}\,/\!/\,\overline{DE}$이므로
$\angle ABC=$ ☐㈎ (동위각),
$\angle ACB=$ ☐㈏ (동위각),
☐㈐ 는 공통
즉, △ABC와 △ADE는 세 각의 크기가 각각 같다.
따라서 세 각의 크기가 주어지면 삼각형을 무수히 많이 그릴 수 있으므로 삼각형이 하나로 정해지지 않는다.
└─────────────────────────────┘

30 ^중 서술형

한 변의 길이가 $10\,cm$이고 두 각의 크기가 $40°$, $80°$인 삼각형의 개수를 구하시오.

• 정답과 해설 25쪽

유형 08 도형의 합동 **중요**

(1) **도형의 합동**: 모양과 크기를 바꾸지 않고 완전히 포갤 수 있을 때, 두 도형을 서로 합동이라 한다.

> **기호** △ABC≡△DEF
> └→ △ABC와 △DEF가 서로 합동

> **참고** 합동인 두 도형에서 서로 포개어지는 꼭짓점과 꼭짓점, 변과 변, 각과 각은 서로 대응한다고 한다.

(2) **합동인 도형의 성질**: 두 도형이 서로 합동이면
① 대응변의 길이가 같다.
② 대응각의 크기가 같다.

대표 문제

31 오른쪽 그림에서 △ABC≡△DEF일 때, $x+y$의 값을 구하시오.

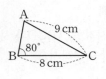

유형 09 삼각형의 합동 조건

두 삼각형은 다음의 각 경우에 서로 합동이다.

(1) 대응하는 세 변의 길이가 각각 같을 때
➡ SSS 합동

(2) 대응하는 두 변의 길이가 각각 같고 그 끼인각의 크기가 같을 때
➡ SAS 합동

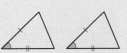

(3) 대응하는 한 변의 길이가 같고 그 양 끝 각의 크기가 각각 같을 때
➡ ASA 합동

대표 문제

32 오른쪽 그림과 같은 삼각형과 합동인 삼각형을 다음 보기에서 고르시오.

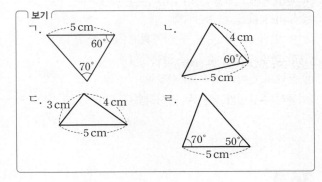

유형 10 두 삼각형이 합동이 되기 위해 필요한 조건 **중요**

(1) 두 변의 길이가 각각 같을 때
➡ 나머지 한 변의 길이 또는 그 끼인각의 크기가 같아야 한다.

(2) 한 변의 길이와 그 양 끝 각 중 한 각의 크기가 같을 때
➡ 그 각을 끼고 있는 변의 길이 또는 다른 한 각의 크기가 같아야 한다.

(3) 두 각의 크기가 각각 같을 때
➡ 대응하는 한 변의 길이가 같아야 한다.

대표 문제

33 오른쪽 그림에서 $\overline{AB}=\overline{DE}$, ∠A=∠D일 때, 다음 보기 중 △ABC≡△DEF가 되기 위해 필요한 나머지 한 조건을 모두 고르시오.

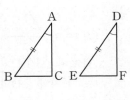

> **보기**
> ㄱ. $\overline{AC}=\overline{DF}$ ㄴ. $\overline{AC}=\overline{EF}$ ㄷ. $\overline{BC}=\overline{DF}$
> ㄹ. $\overline{BC}=\overline{EF}$ ㅁ. ∠B=∠E   ㅂ. ∠C=∠F

유형 08 도형의 합동 📍중요

34 대표 문제

다음 그림의 사각형 ABCD와 사각형 EFGH가 서로 합동일 때, $a+b$의 값을 구하시오.

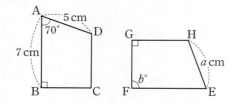

35 ⑤ 多 보기 **Pick**

다음 중 두 도형이 항상 합동이라고 할 수 <u>없는</u> 것을 모두 고르면?

① 넓이가 같은 두 원
② 넓이가 같은 두 직사각형
③ 넓이가 같은 두 정사각형
④ 네 변의 길이가 같은 두 사각형
⑤ 한 변의 길이가 같은 두 정육각형
⑥ 둘레의 길이가 같은 두 삼각형
⑦ 둘레의 길이가 같은 두 정사각형

36 ⑤

아래 그림에서 △ABC≡△FED일 때, 다음 중 <u>옳지 않은</u> 것은?

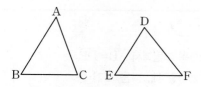

① △ABC와 △FED의 넓이는 같다.
② ∠C의 크기와 ∠D의 크기는 같다.
③ $\overline{BC}$의 길이와 $\overline{EF}$의 길이는 같다.
④ 점 B의 대응점은 점 E이다.
⑤ △ABC와 △FED는 완전히 포개어진다.

37 ⑤ **Pick**

아래 그림에서 사각형 ABCD와 사각형 EFGH가 서로 합동일 때, 다음 중 <u>옳지 않은</u> 것은?

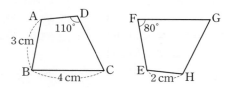

① $\overline{AD}=2\,cm$ ② ∠B=80°   ③ ∠H=80°
④ $\overline{FG}=4\,cm$ ⑤ $\overline{EF}=3\,cm$

유형 09 삼각형의 합동 조건

38 대표 문제

오른쪽 그림과 같은 △ABC와 합동인 삼각형을 다음 보기에서 모두 고르시오.

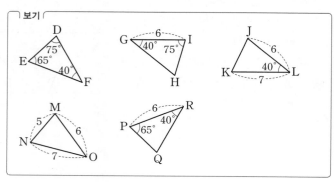

39 ⑤

다음 보기 중 △ABC≡△DEF인 것을 모두 고르시오.

┌ 보기 ─────────────────────
ㄱ. $\overline{AB}=\overline{DE}$, $\overline{AC}=\overline{DF}$, ∠A=∠D
ㄴ. $\overline{BC}=\overline{EF}$, ∠A=∠D, ∠B=∠E
ㄷ. $\overline{AB}=\overline{DE}$, $\overline{BC}=\overline{EF}$, $\overline{AC}=\overline{DF}$
ㄹ. ∠A=∠D, ∠B=∠E, ∠C=∠F
└──────────────────────────

Pick
40 중

다음 보기 중 합동인 두 삼각형을 찾고, 이때 사용된 합동 조건을 말하시오.

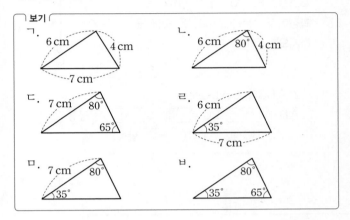

41 중

다음 삼각형 중 나머지 넷과 합동이 <u>아닌</u> 것은?

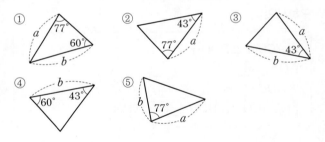

유형 10 두 삼각형이 합동이 되기 위해 필요한 조건 🔵중요

42 대표 문제

오른쪽 그림에서
$\overline{AB}=\overline{DE}$, $\overline{BC}=\overline{EF}$일 때,
다음 중 △ABC≡△DEF

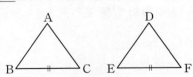

가 되기 위해 필요한 나머지 한 조건과 합동 조건을 바르게 짝 지은 것을 모두 고르면? (정답 2개)

① $\overline{AC}=\overline{DF}$, SSS 합동 ② ∠A=∠D, SAS 합동
③ ∠B=∠E, SAS 합동 ④ ∠C=∠D, ASA 합동
⑤ $\overline{AB}=\overline{EF}$, SSS 합동

---

43 하

△ABC와 △DEF에서 $\overline{AB}=\overline{DE}$, ∠B=∠E일 때,
△ABC와 △DEF가 SAS 합동이 되기 위해 필요한 나머지 한 조건은?

① $\overline{AC}=\overline{DE}$ ② $\overline{AC}=\overline{DF}$ ③ $\overline{BC}=\overline{EF}$
④ ∠A=∠D ⑤ ∠C=∠F

44 중

아래 그림에서 ∠B=∠F, ∠C=∠E일 때, 다음 중
△ABC≡△DFE가 되기 위해 필요한 나머지 한 조건을 모두 고르면? (정답 2개)

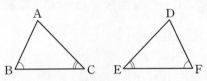

① $\overline{AB}=\overline{DF}$ ② $\overline{AC}=\overline{EF}$ ③ ∠A=∠D
④ $\overline{BC}=\overline{DE}$ ⑤ $\overline{BC}=\overline{EF}$

Pick
45 중

아래 그림에서 $\overline{BC}=\overline{EF}$일 때, 두 가지 조건을 추가하여
△ABC≡△DEF가 되도록 하려고 한다. 다음 중 이때 필요한 조건이 <u>아닌</u> 것은?

① ∠A=∠D, ∠B=∠E
② $\overline{AB}=\overline{DE}$, ∠B=∠E
③ $\overline{AB}=\overline{DE}$, $\overline{AC}=\overline{DF}$
④ $\overline{AC}=\overline{DF}$, ∠A=∠D
⑤ $\overline{AC}=\overline{DF}$, ∠C=∠F

유형 11 삼각형의 합동 조건 – SSS 합동

△ABC와 △DEF에서
대응하는 세 변의 길이가 각각 같을 때
➡ $\overline{AB}=\overline{DE}$, $\overline{BC}=\overline{EF}$, $\overline{AC}=\overline{DF}$이면
　△ABC≡△DEF (SSS 합동)

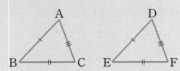

대표 문제

46 다음은 오른쪽 그림에서 $\overline{AB}=\overline{AD}$, $\overline{BC}=\overline{CD}$일 때, △ABC≡△ADC임을 설명하는 과정이다. ㈎~㈐에 알맞은 것을 구하시오.

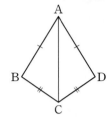

△ABC와 △ADC에서
$\overline{AB}=$ ㉮ , $\overline{BC}=$ ㉯ , ㉰ 는 공통
∴ △ABC≡△ADC (㉱ 합동)

유형 12 삼각형의 합동 조건 – SAS 합동 ⟨중요⟩

△ABC와 △DEF에서
대응하는 두 변의 길이가 각각 같고 그 끼인각의 크기가 같을 때
➡ $\overline{AB}=\overline{DE}$, $\overline{BC}=\overline{EF}$, ∠B=∠E이면
　△ABC≡△DEF (SAS 합동)

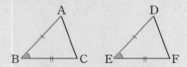

대표 문제

47 다음은 오른쪽 그림에서 점 O가 $\overline{AB}$, $\overline{CD}$의 중점일 때, △ACO≡△BDO임을 설명하는 과정이다. ㈎~㈐에 알맞은 것을 구하시오.

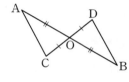

△ACO와 △BDO에서
$\overline{AO}=$ ㉮ , $\overline{CO}=$ ㉯ ,
∠AOC= ㉰ (맞꼭지각)
∴ △ACO≡△BDO (㉱ 합동)

유형 13 삼각형의 합동 조건 – ASA 합동 ⟨중요⟩

△ABC와 △DEF에서
대응하는 한 변의 길이가 같고 그 양 끝 각의 크기가 각각 같을 때
➡ $\overline{BC}=\overline{EF}$, ∠B=∠E, ∠C=∠F이면
　△ABC≡△DEF (ASA 합동)

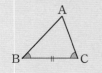

대표 문제

48 다음은 오른쪽 그림에서 $\overline{AB}=\overline{CD}$, ∠A=∠D일 때, △AMB≡△DMC임을 설명하는 과정이다. ㈎~㈐에 알맞은 것을 구하시오.

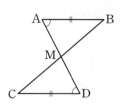

△AMB와 △DMC에서
$\overline{AB}=\overline{DC}$, ∠A=∠D,
∠AMB= ㉮ (㉯)이므로 ∠B= ㉰
∴ △AMB≡△DMC (㉱ 합동)

유형 14 삼각형의 합동의 활용 – 정삼각형

다음과 같은 정삼각형의 성질을 이용하여 합동인 두 삼각형을 찾는다.

(1) 정삼각형의 세 변의 길이는 모두 같다.
(2) 정삼각형의 세 각의 크기는 모두 $60°$이다.

대표 문제

49 다음은 오른쪽 그림과 같이 $\overline{AB}$ 위의 한 점 C를 잡아 $\overline{AC}$, $\overline{CB}$를 각각 한 변으로 하는 정삼각형 ACD, CBE를 만들었을 때, $\triangle ACE \equiv \triangle DCB$임을 설명하는 과정이다. (가)~(라)에 알맞은 것을 구하시오.

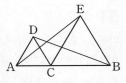

△ACE와 △DCB에서
△ACD가 정삼각형이므로 $\overline{AC}=$ (가)
△CBE가 정삼각형이므로 $\overline{CE}=$ (나)
∠ACE=∠ACD+∠DCE
　　　$=60°+∠DCE=$ (다)
∴ $\triangle ACE \equiv \triangle DCB$ ((라) 합동)

유형 15 삼각형의 합동의 활용 – 정사각형

다음과 같은 정사각형의 성질을 이용하여 합동인 두 삼각형을 찾는다.

(1) 정사각형의 네 변의 길이는 모두 같다.
(2) 정사각형의 네 각의 크기는 모두 $90°$이다.

대표 문제

50 오른쪽 그림에서 사각형 ABCG와 사각형 FCDE가 정사각형일 때, 다음 중 옳지 <u>않은</u> 것은?

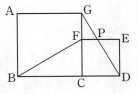

① $\overline{BF}=\overline{GD}$
② $\overline{GF}=\overline{FP}$
③ $∠BFC=∠GDC$
④ $∠FBC=∠PDE$
⑤ $\triangle BCF \equiv \triangle GCD$

유형 11 삼각형의 합동 조건 – SSS 합동

51 대표 문제

다음은 오른쪽 그림에서 사각형 ABCD가 마름모일 때, △ABC≡△ADC임을 설명하는 과정이다. ㈎~㈐에 알맞은 것을 차례로 나열한 것은?

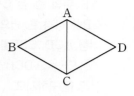

△ABC와 △ADC에서 사각형 ABCD가 마름모이므로
$\overline{AB}=$ ㈎ , $\overline{BC}=\overline{DC}$, ㈏ 는 공통
∴ △ABC≡△ADC (㈐ 합동)

① $\overline{AD}$, $\overline{AC}$, SSS
② $\overline{AD}$, $\overline{AC}$, SAS
③ $\overline{AD}$, $\overline{AC}$, ASA
④ $\overline{DC}$, $\overline{AD}$, SSS
⑤ $\overline{DC}$, $\overline{AD}$, SAS

Pick 52 중 서술형

오른쪽 그림에서 $\overline{AB}=\overline{CD}$, $\overline{AD}=\overline{BC}$일 때, △ABC와 합동인 삼각형을 찾아 기호 ≡를 사용하여 나타내고, 합동 조건을 말하시오.

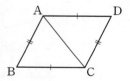

53 중

다음은 ∠XOY와 크기가 같고 반직선 PQ를 한 변으로 하는 각을 작도하였을 때, △AOB≡△CPD임을 설명하는 과정이다. ㈎~㈑에 알맞은 것을 구하시오.

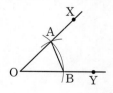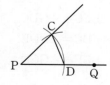

△AOB와 △CPD에서
$\overline{OA}=$ ㈎ , $\overline{OB}=$ ㈏ , $\overline{AB}=$ ㈐
∴ △AOB≡△CPD (㈑ 합동)

유형 12 삼각형의 합동 조건 – SAS 합동

Pick 54 대표 문제

다음은 오른쪽 그림에서 $\overline{OA}=\overline{OC}$, $\overline{AB}=\overline{CD}$일 때, △AOD≡△COB임을 설명하는 과정이다. ㈎~㈑에 알맞은 것을 구하시오.

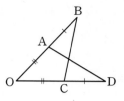

△AOD와 △COB에서
$\overline{OA}=$ ㈎ , ㈏ $=\overline{OB}$, ㈐ 는 공통
∴ △AOD≡△COB (㈑ 합동)

55 중

오른쪽 그림에서 △ABC는 $\overline{AB}=\overline{AC}$인 이등변삼각형이고 $\overline{AD}=\overline{AE}$이다. 이때 △ABE와 합동인 삼각형을 찾고, 합동 조건을 말하시오.

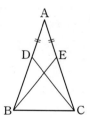

56 중

오른쪽 그림과 같은 직사각형 ABCD에서 점 M은 $\overline{AD}$의 중점일 때, 다음 보기 중 옳지 <u>않은</u> 것을 모두 고른 것은?

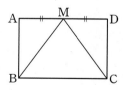

보기
ㄱ. $\overline{BM}=\overline{CM}$
ㄴ. $\overline{AB}=\overline{AM}$
ㄷ. ∠AMB=∠BMC
ㄹ. ∠ABM=∠DCM

① ㄱ, ㄴ
② ㄱ, ㄹ
③ ㄴ, ㄷ
④ ㄴ, ㄹ
⑤ ㄷ, ㄹ

57 중

오른쪽 그림과 같이 정육각형 ABCDEF의 세 꼭짓점 A, C, E를 연결했을 때, △ABC와 합동인 삼각형을 모두 찾고, △ACE는 어떤 삼각형인지 말하시오.

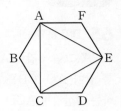

58 중

다음은 점 C가 $\overline{AB}$의 수직이등분선 l 위의 한 점일 때, $\overline{AC}=\overline{BC}$임을 설명하는 과정이다. ㈎~㈐에 알맞은 것을 구하시오.

$\overline{AB}$의 수직이등분선 l과 $\overline{AB}$의 교점을 D라 하면
△CAD와 △CBD에서
$\overline{AD}=$ ㈎ ,
∠CDA= ㈏ =90°,
$\overline{CD}$는 공통이므로
△CAD≡△CBD(㈐ 합동)
∴ $\overline{AC}=$ ㈑

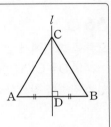

59 상

오른쪽 그림과 같은 사각형 ABCD에서 점 O는 두 대각선 AC, BD의 교점이고 $\overline{AO}=\overline{DO}$, $\overline{BO}=\overline{CO}$일 때, 다음 중 옳지 않은 것을 모두 고르면?

(정답 2개)

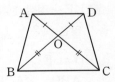

① △ABC≡△DCB   ② △ABD≡△DCA
③ △ABD≡△DCB   ④ △ABO≡△DCO
⑤ △ADO≡△BCO

Pick
60 대표 문제

오른쪽 그림에서 점 M은 $\overline{AD}$와 $\overline{BC}$의 교점이고 $\overline{AB}/\!/\overline{CD}$, $\overline{AM}=\overline{DM}$일 때, 다음 중 옳지 않은 것은?

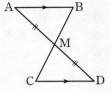

① $\overline{AB}=\overline{CD}$
② $\overline{AD}=\overline{BC}$
③ $\overline{BM}=\overline{CM}$
④ ∠ABM=∠DCM
⑤ ∠BAM=∠CDM

Pick
61 중

오른쪽 그림과 같이 △ABC에서 $\overline{BC}$의 중점을 M이라 하고 점 B를 지나고 $\overline{AC}$에 평행한 직선이 $\overline{AM}$의 연장선과 만나는 점을 D라 하자. 이때 △AMC와 합동인 삼각형을 찾고, 합동 조건을 말하시오.

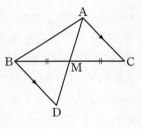

62 중

다음은 오른쪽 그림과 같이 ∠XOY의 이등분선 위의 한 점 P에서 $\overrightarrow{OX}$, $\overrightarrow{OY}$에 내린 수선의 발을 각각 A, B라 할 때, $\overline{AP}=\overline{BP}$임을 설명하는 과정이다. ㈎~㈐에 알맞은 것을 구하시오.

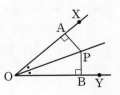

△AOP와 △BOP에서
$\overline{OP}$는 공통, ∠AOP=∠BOP,
∠APO=90°− ㈎
      =90°−∠BOP= ㈏
∴ △AOP≡△BOP(㈐ 합동)
∴ $\overline{AP}=\overline{BP}$

63 중 서술형

오른쪽 그림은 두 지점 A, B 사이의 거리를 구하기 위해 측정한 값을 나타낸 것이다. $\overline{AD}$와 $\overline{BE}$의 교점을 C라 할 때, 삼각형의 합동을 이용하여 두 지점 A, B 사이의 거리를 구하시오.

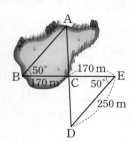

64 중

다음은 오른쪽 그림과 같이 네 점 B, F, C, E는 한 직선 위에 있고, $\overline{AB}/\!/\overline{ED}$, $\overline{AC}/\!/\overline{FD}$, $\overline{BF}=\overline{CE}$일 때, $\triangle ABC \equiv \triangle DEF$임을 설명하는 과정이다. ㈎~㎙에 알맞은 것을 구하시오.

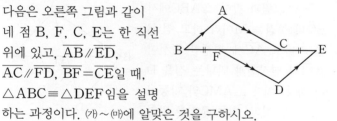

$\triangle ABC$와 $\triangle DEF$에서
$\overline{BF}=\overline{CE}$이므로
$\overline{BC}=\overline{BF}+\overline{FC}=\boxed{\text{㈎}}+\overline{FC}=\boxed{\text{㈏}}$
$\overline{AB}/\!/\overline{ED}$이므로 $\angle ABC=\boxed{\text{㈐}}$ (엇각)
$\overline{AC}/\!/\overline{FD}$이므로 $\angle ACB=\angle DFE$ ($\boxed{\text{㈑}}$)
따라서 대응하는 한 변의 길이가 같고, 그 양 끝 각의 크기가 각각 같으므로
$\triangle ABC \equiv \triangle DEF$ ($\boxed{\text{㈒}}$ 합동)

---

65 대표 문제

오른쪽 그림과 같이 $\overline{AB}$ 위의 한 점 C를 잡아 $\overline{AC}$, $\overline{CB}$를 각각 한 변으로 하는 정삼각형 ACD, CBE를 만들었을 때, 다음 중 옳지 않은 것은?

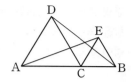

① $\overline{AE}=\overline{DB}$　　② $\overline{CE}=\overline{CB}$
③ $\angle EAC=\angle BDC$　　④ $\angle ACE=\angle DCB$
⑤ $\triangle ABD \equiv \triangle BAE$

Pick
66 중

오른쪽 그림에서 $\triangle ABC$는 정삼각형이고 $\overline{AD}=\overline{CE}$일 때, $\triangle ABD$와 합동인 삼각형을 찾으시오.

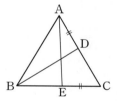

67 중

오른쪽 그림에서 $\triangle ABC$와 $\triangle ADE$가 정삼각형일 때, 다음 중 옳지 않은 것은?

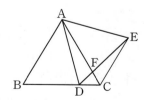

① $\overline{BD}=\overline{CE}$
② $\angle ABD=\angle ACE$
③ $\angle ADB=\angle AEC$
④ $\angle BAD=\angle CAE$
⑤ $\angle CDE=\angle DCA$

68 중

오른쪽 그림은 정삼각형 ABC에서 $\overline{BC}$의 연장선 위에 점 P를 잡아 정삼각형 APQ를 그린 것이다. $\overline{BC}=6\,cm$, $\overline{CP}=8\,cm$일 때, $\overline{CQ}$의 길이를 구하시오.

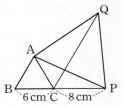

Pick
71 중

오른쪽 그림의 정사각형 ABCD에서 $\overline{AP}=\overline{CQ}$이고 ∠BPQ=75°일 때, ∠PBQ의 크기는?

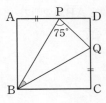

① 26° ② 28°

③ 30° ④ 32°

⑤ 34°

69 상

오른쪽 그림에서 △ABC는 정삼각형이고 $\overline{AF}=\overline{BD}=\overline{CE}$일 때, ∠DEF의 크기를 구하시오.

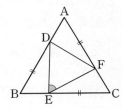

72 중

오른쪽 그림에서 사각형 ABCD는 정사각형이고 △EBC는 정삼각형일 때, 다음 중 옳지 <u>않은</u> 것은?

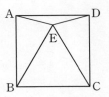

① $\overline{AB}=\overline{DC}$
② $\overline{EB}=\overline{EC}$
③ ∠ABE=∠DCE=30°
④ ∠AEB=∠DEC=60°
⑤ △EAB≡△EDC

유형 15　삼각형의 합동의 활용 – 정사각형

70 대표 문제

오른쪽 그림에서 사각형 ABCD와 사각형 ECFG가 정사각형일 때, $\overline{DF}$의 길이는?

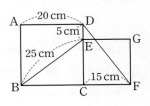

① 15 cm ② 20 cm

③ 25 cm ④ 28 cm

⑤ 30 cm

73 상

오른쪽 그림의 정사각형 ABCD에서 $\overline{BE}=\overline{CF}$일 때, ∠AGF의 크기를 구하시오.

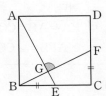

74 〔유형 02〕

아래 그림과 같이 $\overline{AB}$를 점 B의 방향으로 연장하여 그 길이가 $\overline{AB}$의 2배가 되는 $\overline{AC}$를 작도할 때, 다음 설명 중 옳은 것은?

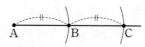

① $\overline{AC}$는 눈금 없는 자만으로도 작도가 가능하다.

② 주어진 선분 AB의 길이를 자로 정확히 재어 2배로 연장하여 그린다.

③ 컴퍼스로 점 B를 중심으로 하고 반지름의 길이가 $\overline{AB}$인 원을 그려 점 C를 찾는다.

④ 컴퍼스로 점 A를 중심으로 하고 반지름의 길이가 $\overline{AB}$인 원을 그려 점 C를 찾는다.

⑤ $\overline{AB}$의 길이는 $\overline{BC}$의 길이의 2배와 같다.

75 〔유형 04〕

오른쪽 그림은 직선 l 밖의 한 점 P를 지나고 직선 l에 평행한 직선을 작도한 것이다. 다음 보기 중 옳은 것을 모두 고른 것은?

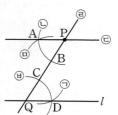

┌─ 보기 ──────────────────────────
│ ㄱ. 작도 순서는 ㄹ → ㅂ → ㄴ → ㅁ → ㄱ → ㄷ이다.
│ ㄴ. '서로 다른 두 직선이 다른 한 직선과 만날 때, 엇각의 크기가 같으면 두 직선은 평행하다.'는 성질을 이용한 것이다.
│ ㄷ. $\overline{PA}=\overline{AB}=\overline{CQ}$
│ ㄹ. $\angle APB=\angle CQD$
└────────────────────────────────

① ㄱ, ㄴ　　② ㄱ, ㄹ　　③ ㄴ, ㄷ

④ ㄴ, ㄹ　　⑤ ㄷ, ㄹ

76 〔유형 05〕

다음 중 삼각형의 세 변의 길이가 될 수 없는 것은?

① 3 cm, 4 cm, 5 cm　　② 4 cm, 6 cm, 7 cm

③ 5 cm, 5 cm, 8 cm　　④ 3 cm, 3 cm, 5 cm

⑤ 4 cm, 5 cm, 9 cm

77 〔유형 06〕

오른쪽 그림과 같이 $\overline{AB}$, $\overline{AC}$의 길이와 $\angle A$의 크기가 주어졌을 때, 다음 중 △ABC의 작도 순서로 옳지 않은 것은?

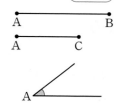

① $\angle A \rightarrow \overline{AB} \rightarrow \overline{AC}$

② $\angle A \rightarrow \overline{AC} \rightarrow \overline{AB}$

③ $\overline{AB} \rightarrow \angle A \rightarrow \overline{AC}$

④ $\overline{AC} \rightarrow \angle A \rightarrow \overline{AB}$

⑤ $\overline{AB} \rightarrow \overline{AC} \rightarrow \angle A$

78 〔유형 07〕

다음 중 △ABC가 하나로 정해지지 않는 것을 모두 고르면?

(정답 2개)

① $\overline{AB}=6$ cm, $\overline{BC}=6$ cm, $\overline{CA}=10$ cm

② $\overline{AB}=8$ cm, $\overline{BC}=7$ cm, $\angle A=55°$

③ $\overline{AC}=7$ cm, $\angle A=45°$, $\angle C=75°$

④ $\overline{BC}=9$ cm, $\angle A=30°$, $\angle B=40°$

⑤ $\angle A=40°$, $\angle B=70°$, $\angle C=70°$

79 유형 07

오른쪽 그림과 같은 △ABC에서
$\overline{AB}=7\,cm$, $\overline{BC}=4\,cm$일 때, 한 가지
조건을 추가하여 △ABC가 하나로 정
해지도록 하려고 한다. 다음 중 필요한
나머지 한 조건을 모두 고르면?

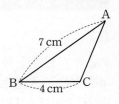

(정답 2개)

① ∠A=30°　　② ∠B=70°　　③ $\overline{AC}=2\,cm$
④ $\overline{AC}=4\,cm$　　⑤ $\overline{AC}=11\,cm$

80 유형 08

다음 중 합동인 두 도형에 대한 설명으로 옳지 <u>않은</u> 것은?

① 반지름의 길이가 같은 두 원은 합동이다.
② 둘레의 길이가 같은 두 정삼각형은 합동이다.
③ 한 변의 길이가 같은 두 마름모는 합동이다.
④ 합동인 두 도형의 대응변의 길이는 같다.
⑤ 합동인 두 도형의 대응각의 크기는 같다.

81 유형 08

아래 그림에서 사각형 ABCD와 사각형 PQRS가 서로 합동
일 때, 다음 중 옳지 <u>않은</u> 것은?

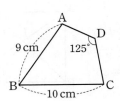 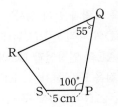

① $\overline{AD}=5\,cm$　　② $\overline{CD}=\overline{RS}$　　③ $\overline{QR}=10\,cm$
④ ∠B=55°　　⑤ ∠R=85°

82 유형 09

다음 보기의 삼각형 중에서 서로 합동인 것끼리 짝 지은 것을
모두 고르면? (정답 2개)

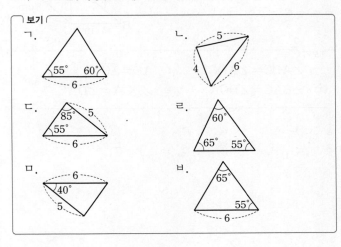

① ㄱ, ㄷ　　　② ㄱ, ㅂ　　　③ ㄴ, ㄷ
④ ㄷ, ㅁ　　　⑤ ㄹ, ㅂ

83 유형 10

아래 그림에서 ∠A=∠D일 때, 두 가지 조건을 추가하여
△ABC≡△DEF가 되도록 하려고 한다. 다음 중 이때 필요
한 조건이 <u>아닌</u> 것을 모두 고르면? (정답 2개)

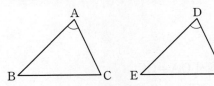

① ∠B=∠E, ∠C=∠F
② ∠B=∠E, $\overline{AB}=\overline{DE}$
③ ∠C=∠F, $\overline{AC}=\overline{DF}$
④ $\overline{AB}=\overline{DE}$, $\overline{AC}=\overline{DF}$
⑤ $\overline{AB}=\overline{EF}$, $\overline{BC}=\overline{DF}$

• 정답과 해설 29쪽

84

유형 11

오른쪽 그림과 같은 사각형 ABCD에 대하여 다음 보기 중 옳은 것을 모두 고른 것은?

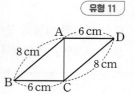

보기
ㄱ. ∠ABC=∠ADC ㄴ. $\overline{AB}=\overline{AC}$
ㄷ. ∠BAC=∠DCA ㄹ. ∠BCA=∠DAC

① ㄱ, ㄴ ② ㄱ, ㄹ ③ ㄴ, ㄷ
④ ㄱ, ㄷ, ㄹ ⑤ ㄴ, ㄷ, ㄹ

85

유형 12

오른쪽 그림과 같은 △AOD와 △COB에서 $\overline{OA}=\overline{OC}$, $\overline{AB}=\overline{CD}$일 때, 다음 중 옳지 않은 것은?

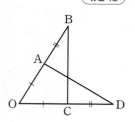

① $\overline{OB}=\overline{OD}$
② $\overline{OC}=\overline{CD}$
③ ∠BCO=∠DAO
④ ∠OBC=∠ODA
⑤ △AOD≡△COB

86

유형 13

오른쪽 그림에서 $\overline{OA}=\overline{OC}$, ∠OAD=∠OCB일 때, 다음 중 옳지 않은 것은?

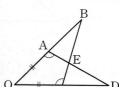

① $\overline{OB}=\overline{OD}$
② $\overline{BC}=\overline{DA}$
③ $\overline{OC}=\overline{CD}$
④ ∠OBC=∠ODA
⑤ △AOD≡△COB

87

유형 13

오른쪽 그림에서 점 A는 $\overline{BE}$와 $\overline{CD}$의 교점이다. △ABC는 $\overline{AB}=\overline{AC}$인 이등변삼각형이고 ∠DBA=∠ECA일 때, 합동인 삼각형을 모두 찾아 기호 ≡를 사용하여 나타내시오.

88

유형 14

오른쪽 그림에서 △ABC는 정삼각형이고 $\overline{BD}=\overline{CE}$일 때, ∠PBD+∠PDB의 크기를 구하시오.

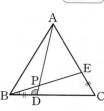

89

유형 15

오른쪽 그림과 같이 정사각형 ABCD의 대각선 BD 위에 점 E를 잡아 $\overline{AE}$의 연장선과 $\overline{BC}$의 연장선의 교점을 F라 하자. ∠EFC=35°일 때, ∠x의 크기를 구하시오.

90 다음 그림은 크기가 같은 각의 작도를 이용하여 반직선 PQ 위에 각의 크기가 ∠XOY의 2배인 각을 작도하는 과정이다. 작도 순서를 바르게 나열한 것은?

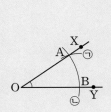 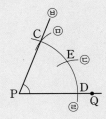

① ㄴ → ㄱ → ㄷ → ㄹ → ㅁ → ㅂ
② ㄴ → ㄷ → ㄹ → ㅁ → ㄱ → ㅂ
③ ㄴ → ㄹ → ㄱ → ㄷ → ㅁ → ㅂ
④ ㄹ → ㄱ → ㄴ → ㄷ → ㅁ → ㅂ
⑤ ㄹ → ㄴ → ㄷ → ㄱ → ㅁ → ㅂ

91 세 변의 길이가 자연수이고, 둘레의 길이가 17인 이등변삼각형은 모두 몇 개인지 구하시오.

92 다음 그림과 같이 ∠BAC=90°이고 $\overline{AB}=\overline{AC}$인 직각이등변삼각형 ABC의 꼭짓점 A를 지나는 직선 l에 대하여 두 점 B, C에서 직선 l에 내린 수선의 발을 각각 D, E라 하자. $\overline{BD}=6$ cm, $\overline{CE}=2$ cm일 때, 물음에 답하시오.

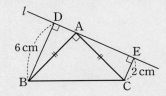

(1) △ACE와 합동인 삼각형을 찾고, 합동 조건을 말하시오.
(2) $\overline{DE}$의 길이를 구하시오.

93 오른쪽 그림과 같이 정삼각형 ABC에서 $\overline{BC}$의 연장선 위에 점 D를 잡아 정삼각형 ECD를 만들었을 때, ∠x의 크기는?

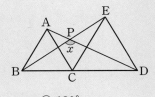

① 112°   ② 116°   ③ 120°
④ 124°   ⑤ 128°

94 오른쪽 그림과 같이 한 변의 길이가 10 cm인 정사각형 모양의 종이 2장을 겹쳐서 두 대각선 AC와 BD의 교점 O에 다른 정사각형의 꼭짓점이 일치하도록 붙였을 때, 사각형 OHBI의 넓이를 구하시오.

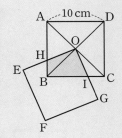

95 오른쪽 그림에서 사각형 ABCD와 사각형 GCEF는 정사각형이고 $\overline{AB}=8$ cm일 때, △DCE의 넓이는?

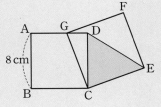

① 24 cm²   ② 32 cm²
③ 43 cm²   ④ 56 cm²
⑤ 64 cm²

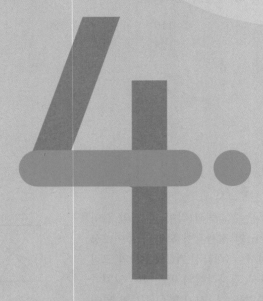

4.

다각형

유형 01 ┃ 다각형

다각형: 3개 이상의 선분으로 둘러싸인 평면도형

(1) **변**: 다각형을 이루는 각 선분

(2) **꼭짓점**: 다각형의 변과 변이 만나는 점

(3) **내각**: 다각형의 이웃하는 두 변으로 이루어진 각 중에서 안쪽에 있는 각

(4) **외각**: 다각형의 각 꼭짓점에 이웃하는 두 변 중에서 한 변과 다른 한 변의 연장선이 이루는 각

참고 ① 곡선으로 둘러싸여 있으면 다각형이 아니다.
② 선분이 끊어져 있으면 다각형이 아니다.
③ 입체도형은 다각형이 아니다.

대표 문제

01 다음 중 다각형인 것을 모두 고르면? (정답 2개)

① 원 ② 구 ③ 삼각형
④ 정팔각형 ⑤ 정육면체

유형 02 ┃ 다각형의 내각과 외각

(1) 한 내각에 대한 외각은 2개이지만 맞꼭지각으로 그 크기가 서로 같으므로 하나만 생각한다.

(2) 다각형의 한 꼭짓점에서 내각의 크기와 외각의 크기의 합은 180°이다.

대표 문제

02 오른쪽 그림에서 $\angle x + \angle y$의 크기를 구하시오.

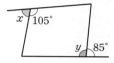

유형 03 ┃ 정다각형

모든 변의 길이가 같고 모든 내각의 크기가 같은 다각형을 정다각형이라 한다.

정삼각형

정사각형   정오각형   …

참고 • 변의 길이가 모두 같다고 해서 정다각형인 것은 아니다. ➡ 마름모
• 내각의 크기가 모두 같다고 해서 정다각형인 것은 아니다. ➡ 직사각형

대표 문제

03 다음 중 정다각형에 대한 설명으로 옳지 <u>않은</u> 것을 모두 고르면? (정답 2개)

① 모든 변의 길이가 같다.
② 모든 내각의 크기가 같다.
③ 모든 외각의 크기가 같다.
④ 모든 대각선의 길이가 같다.
⑤ 내각의 크기와 외각의 크기가 같다.

유형 04 한 꼭짓점에서 그을 수 있는 대각선의 개수

(1) n각형의 한 꼭짓점에서 그을 수 있는 대각선의 개수
➡ $n-3$

(2) n각형의 한 꼭짓점에서 대각선을 모두 그었을 때 생기는 삼각형의 개수 ➡ $n-2$

예 육각형의 한 꼭짓점에서 대각선을 모두 그었을 때

(1) 대각선의 개수

➡ $6-3=3$

(2) 생기는 삼각형의 개수

➡ $6-2=4$

참고 n각형의 내부의 한 점에서 각 꼭짓점에 선분을 모두 그었을 때 생기는 삼각형의 개수 ➡ n

대표 문제

04 팔각형의 한 꼭짓점에서 그을 수 있는 대각선의 개수를 a, 이때 생기는 삼각형의 개수를 b라 할 때, $a+b$의 값은?

① 6   ② 8   ③ 9

④ 11   ⑤ 13

유형 05 다각형의 대각선의 개수

(1) 다각형이 주어진 경우
➡ n각형의 대각선의 개수는

꼭짓점의 개수 ┄┄ 한 꼭짓점에서 그을 수 있는 대각선의 개수
$$\frac{n(n-3)}{2}$$
┄ 한 대각선을 중복하여 센 횟수

예 육각형의 대각선의 개수 ➡ $\dfrac{6\times(6-3)}{2}=9$

(2) 대각선의 개수가 k인 다각형이 주어진 경우
➡ $\dfrac{n(n-3)}{2}=k$를 만족시키는 n각형을 구한다.

대표 문제

05 대각선의 개수가 20인 다각형의 변의 개수는?

① 4   ② 6   ③ 8

④ 10   ⑤ 12

유형 01 다각형

06 대표 문제
다음 중 다각형인 것은?

①
②
③
④
⑤

07 하
다음 중 다각형에 대한 설명으로 옳지 <u>않은</u> 것은?

① 다각형은 3개 이상의 선분으로 둘러싸인 평면도형이다.
② 칠각형의 꼭짓점은 7개이다.
③ 다각형을 이루는 각 선분을 모서리라 한다.
④ 한 다각형에서 꼭짓점의 개수와 변의 개수는 항상 같다.
⑤ 구각형의 변은 9개이다.

유형 02 다각형의 내각과 외각

08 대표 문제
오른쪽 그림과 같은 사각형 ABCD에서 ∠A의 외각의 크기와 ∠B의 외각의 크기의 합을 구하시오.

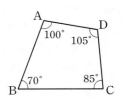

09 하
다음 중 ∠x의 크기가 가장 작은 것은?

①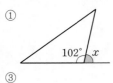
②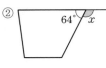
③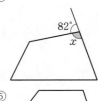
④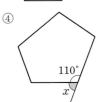
⑤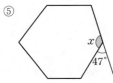

Pick
10 중
오른쪽 그림과 같은 사각형 ABCD에서 ∠x, ∠y의 크기를 각각 구하시오.

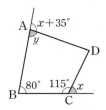

유형 03 정다각형

11 대표 문제

다음 보기 중 옳은 것을 모두 고른 것은?

보기
ㄱ. 꼭짓점이 8개인 정다각형은 정팔각형이다.
ㄴ. 세 변의 길이가 같은 삼각형은 정삼각형이다.
ㄷ. 모든 변의 길이가 같은 다각형은 정다각형이다.
ㄹ. 정다각형의 한 꼭짓점에서 내각과 외각의 크기의 합은 360°이다.

① ㄱ, ㄴ   ② ㄱ, ㄷ   ③ ㄱ, ㄹ
④ ㄴ, ㄷ   ⑤ ㄷ, ㄹ

12 ⑨

다음 조건을 모두 만족시키는 다각형의 이름을 말하시오.

조건
㉮ 10개의 선분으로 둘러싸여 있다.
㉯ 모든 변의 길이가 같다.
㉰ 모든 내각의 크기가 같다.

유형 04 한 꼭짓점에서 그을 수 있는 대각선의 개수 중요

13 대표 문제

십이각형의 한 꼭짓점에서 그을 수 있는 대각선의 개수를 a, 내부의 한 점에서 각 꼭짓점에 선분을 모두 그었을 때 생기는 삼각형의 개수를 b라 할 때, $a+b$의 값을 구하시오.

14 ⑨

한 꼭짓점에서 그을 수 있는 대각선의 개수가 10인 다각형의 변의 개수를 구하시오.

15 ⑧

어떤 다각형의 내부의 한 점에서 각 꼭짓점에 선분을 모두 그었을 때 생기는 삼각형의 개수가 8이다. 이 다각형의 한 꼭짓점에서 그을 수 있는 대각선의 개수는?

① 4   ② 5   ③ 6
④ 7   ⑤ 8

16 ⑧

오른쪽 그림과 같은 정구각형에서 대각선 AE와 한 점에서 만나는 대각선의 개수를 구하시오.

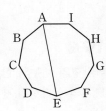

유형 05 다각형의 대각선의 개수 중요

17 대표 문제

대각선의 개수가 35인 다각형의 한 꼭짓점에서 대각선을 모두 그었을 때 생기는 삼각형의 개수는?

① 5   ② 6   ③ 7
④ 8   ⑤ 9

18 중

다음 중 다각형과 그 다각형의 대각선의 개수를 구한 것으로 옳지 <u>않은</u> 것은?

① 오각형, 5   ② 육각형, 9
③ 칠각형, 14   ④ 팔각형, 20
⑤ 구각형, 28

19 중

다각형의 내부의 한 점 P와 각 꼭짓점을 모두 연결하였더니 11개의 삼각형이 생겼다. 이 다각형의 대각선의 개수를 구하시오.

20 중 서술형

한 꼭짓점에서 그을 수 있는 대각선의 개수가 오각형의 대각선의 개수와 같은 다각형의 이름을 말하시오.

21 중

다음 조건을 모두 만족시키는 다각형의 이름을 말하시오.

┌조건┐
㉮ 대각선의 개수가 90이다.
㉯ 모든 변의 길이가 같고 모든 내각의 크기가 같다.
└────┘

22 상

오른쪽 그림과 같이 원탁에 6명의 사람이 앉아 있다. 다음 각 상황에서 악수는 모두 몇 번 하게 되는지 구하시오.

⑴ 이웃한 사람끼리만 서로 한 번씩 악수를 할 때
⑵ 서로 한 번씩 악수를 하되 이웃한 사람끼리는 하지 않을 때
⑶ 모두 서로 한 번씩 악수를 할 때

유형 06 　삼각형의 세 내각의 크기의 합 〔중요〕

삼각형의 세 내각의 크기의 합은 180°이다.

➡ △ABC에서

$\angle A + \angle B + \angle C = 180°$

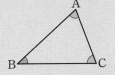

대표 문제

23 오른쪽 그림과 같은 △ABC에서 x의 값을 구하시오.

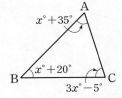

유형 07 　삼각형의 내각과 외각 사이의 관계 〔중요〕

삼각형의 한 외각의 크기는 그와 이웃하지 않는 두 내각의 크기의 합과 같다.

➡ △ABC에서

$\underbrace{\angle ACD}_{\angle C의 외각} = \angle A + \angle B$

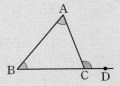

대표 문제

24 오른쪽 그림과 같은 △ABC에서 x의 값을 구하시오.

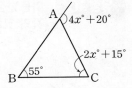

유형 08 　삼각형의 내각의 크기의 합의 활용

△ABC에서

$\underline{\angle a + \angle b + \angle c + (\bullet + \circ) = 180°}$ ⋯ ㉠

△DBC에서

$\underline{\angle x + (\bullet + \circ) = 180°}$ ⋯ ㉡

㉠, ㉡에서 $\angle x = \angle a + \angle b + \angle c$

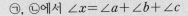
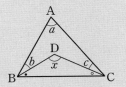

대표 문제

25 오른쪽 그림과 같은 △ABC에서 $\angle x$의 크기를 구하시오.

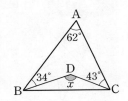

• 정답과 해설 33쪽

유형 09 삼각형의 한 내각과 한 외각의 이등분선이 이루는 각

△ABC에서

$2 \times = 2 \bullet + \angle A$

$\therefore \times = \bullet + \dfrac{1}{2}\angle A \quad \cdots$ ㉠

△DBC에서

$\times = \bullet + \angle x \quad \cdots$ ㉡

㉠, ㉡에서 $\angle x = \dfrac{1}{2}\angle A$

대표 문제

26 오른쪽 그림의 △ABC에서 점 D는 ∠B의 이등분선과 ∠ACB의 외각의 이등분선의 교점이다. ∠A=68°일 때, ∠x의 크기를 구하시오.

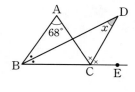

유형 10 이등변삼각형의 성질을 이용하여 각의 크기 구하기 〔중요〕

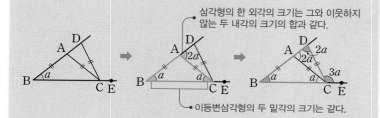

삼각형의 한 외각의 크기는 그와 이웃하지 않는 두 내각의 크기의 합과 같다.

이등변삼각형의 두 밑각의 크기는 같다.

대표 문제

27 오른쪽 그림의 △BCD에서 $\overline{AB}=\overline{AC}=\overline{CD}$이고 ∠DBC=40°일 때, ∠x의 크기를 구하시오.

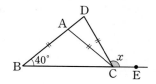

유형 11 별 모양의 도형에서 각의 크기 구하기

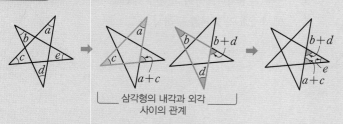

삼각형의 내각과 외각 사이의 관계

$\therefore \angle a + \angle b + \angle c + \angle d + \angle e = 180°$

대표 문제

28 오른쪽 그림에서 다음을 구하시오.

(1) ∠DHI의 크기

(2) ∠DIH의 크기

(3) ∠x의 크기

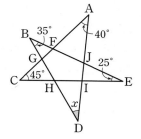

유형 06 삼각형의 세 내각의 크기의 합 ^{중요}

Pⁱck
29 대표 문제

오른쪽 그림과 같은 △ABC에서 x의 값을 구하시오.

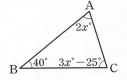

30 하

오른쪽 그림과 같이 $\overline{AE}$와 $\overline{BD}$의 교점을 C라 할 때, ∠x의 크기를 구하시오.

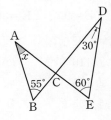

31 중

오른쪽 그림에서 $\overrightarrow{DE}/\!/\overline{BC}$일 때, ∠$x$의 크기는?

① 55°   ② 60°
③ 65°   ④ 70°
⑤ 75°

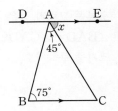

32 중

오른쪽 그림과 같은 △ABC에서 $\overline{BD}$가 ∠B의 이등분선일 때, 다음을 구하시오.

⑴ ∠ABD의 크기
⑵ ∠x의 크기

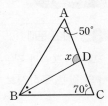

33 중

세 내각의 크기의 비가 3 : 4 : 5인 삼각형이 있다. 이 삼각형의 내각 중 가장 작은 내각의 크기는?

① 32°   ② 45°   ③ 54°
④ 58°   ⑤ 62°

34 중

오른쪽 그림의 △ABC에서 ∠A=54°, 4∠B=3∠C일 때, ∠B의 크기를 구하시오.

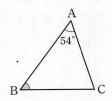

유형 07 삼각형의 내각과 외각 사이의 관계 (중요)

35 대표 문제

오른쪽 그림과 같은 △ABC에서
x의 값을 구하시오.

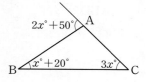

36 (하)

오른쪽 그림에서 ∠x의 크기는?

① 92°   ② 93°
③ 94°   ④ 95°
⑤ 96°

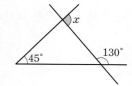

37 (중) 서술형

오른쪽 그림에서 $\overleftrightarrow{AB} /\!/ \overleftrightarrow{CD}$이고
∠BAD=65°, ∠BCD=40°일 때,
∠x의 크기를 구하시오.

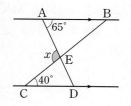

(Pick)
38 (중)

오른쪽 그림과 같은 △ABC에서
∠x의 크기를 구하시오.

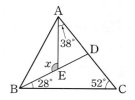

39 (중)

오른쪽 그림에서 ∠A=35°,
∠B=90°, ∠E=30°일 때, ∠x의
크기는?

① 115°   ② 125°
③ 135°   ④ 145°
⑤ 155°

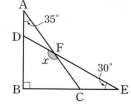

(Pick)
40 (중)

오른쪽 그림과 같은 △ABC에서
∠BAD=∠CAD일 때, ∠x의
크기를 구하시오.

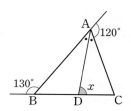

41 중

오른쪽 그림에서 ∠GAH=45°,
∠AGB=∠BFC=∠CED=20°
일 때, ∠EDH의 크기는?

① 95°   ② 100°
③ 105°   ④ 110°
⑤ 115°

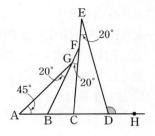

44 중

오른쪽 그림에서 ∠x의 크기는?

① 73°   ② 75°
③ 80°   ④ 82°
⑤ 85°

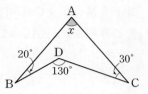

유형 08   삼각형의 내각의 크기의 합의 활용

42 대표 문제

오른쪽 그림과 같은 △ABC에서
∠x의 크기를 구하시오.

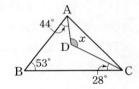

45 중

오른쪽 그림과 같은 △ABC에서 ∠B
의 이등분선과 ∠C의 이등분선의 교점
을 D라 하자. 이때 ∠x의 크기를 구하
시오.

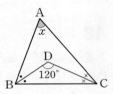

43 중

오른쪽 그림에서 ∠x의 크기는?

① 113°   ② 115°
③ 120°   ④ 128°
⑤ 130°

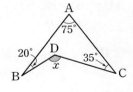

46 중 서술형

오른쪽 그림과 같은 △ABC에서 ∠B
의 이등분선과 ∠C의 이등분선의 교
점을 D라 하자. 이때 ∠x의 크기를
구하시오.

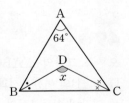

47

오른쪽 그림과 같은 △ABC에서 ∠B의 이등분선과 ∠C의 이등분선의 교점을 D라 하자. ∠EAC=128°일 때, ∠x의 크기는?

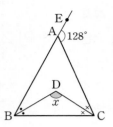

① 112° ② 114°
③ 116° ④ 118°
⑤ 120°

유형 09 삼각형의 한 내각과 한 외각의 이등분선이 이루는 각

48 대표 문제

오른쪽 그림의 △ABC에서 점 D는 ∠B의 이등분선과 ∠ACB의 외각의 이등분선의 교점이다. ∠A=54°일 때, ∠x의 크기는?

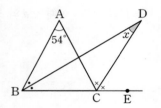

① 21° ② 23°
③ 25° ④ 27°
⑤ 30°

49

오른쪽 그림의 △ABC에서 점 D는 ∠B의 이등분선과 ∠ACB의 외각의 이등분선의 교점이다. ∠D=50°일 때, ∠x의 크기를 구하시오.

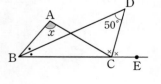

---

50 ㊂

오른쪽 그림에서
∠ABD=∠DBE=∠EBP,
∠ACD=∠DCE=∠ECP이고 ∠D=44°일 때, ∠x+∠y의 크기를 구하시오.

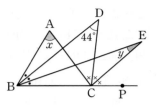

유형 10 이등변삼각형의 성질을 이용하여 각의 크기 구하기 중요

51 대표 문제

오른쪽 그림의 △BCD에서
$\overline{AB}=\overline{AC}=\overline{CD}$이고
∠DCE=126°일 때, ∠x의 크기를 구하시오.

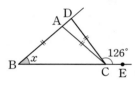

52 ㊥

오른쪽 그림의 △ABC에서
$\overline{AD}=\overline{BD}=\overline{BC}$이고 ∠C=70°일 때, ∠$x$의 크기는?

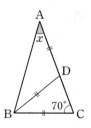

① 15° ② 25°
③ 35° ④ 38°
⑤ 42°

53 중 서술형

오른쪽 그림의 △ABC에서 $\overline{AB}=\overline{AC}$, $\overline{BC}=\overline{BD}$이고 ∠A=54°일 때, ∠$x$의 크기를 구하시오.

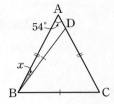

유형 11 별 모양의 도형에서 각의 크기 구하기

56 대표 문제

오른쪽 그림에서 ∠x의 크기는?

① 20°   ② 22°

③ 24°   ④ 26°

⑤ 28°

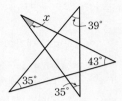

54 중

오른쪽 그림의 △ADC에서 $\overline{AB}=\overline{BC}=\overline{BD}$이고 ∠PAC=130°일 때, ∠$x$의 크기는?

① 34°   ② 36°   ③ 38°

④ 40°   ⑤ 42°

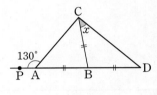

Pick
57 중

오른쪽 그림에서 ∠x−∠y의 크기를 구하시오.

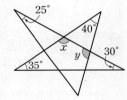

55 중

오른쪽 그림의 △BED에서 $\overline{AB}=\overline{AC}=\overline{CD}=\overline{DE}$이고 ∠B=23°일 때, 다음을 구하시오.

(1) ∠CAD의 크기

(2) ∠DCE의 크기

(3) ∠x의 크기

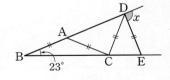

58 상

오른쪽 그림에서 ∠a+∠b+∠c+∠d의 크기는?

① 90°   ② 120°

③ 150°   ④ 160°

⑤ 180°

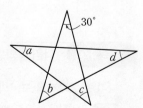

유형 12   다각형의 내각의 크기의 합   중요

(1) n각형의 한 꼭짓점에서 대각선을 모두 그었을 때 생기는 삼각형의 개수
  ➡ $n-2$

(2) n각형의 내각의 크기의 합
  ➡ $180° \times (n-2)$
    └ 삼각형의 세 내각의 크기의 합
예 오각형의 내각의 크기의 합
  ➡ $180° \times (5-2) = 540°$

대표 문제

59 한 꼭짓점에서 그을 수 있는 대각선의 개수가 6인 다각형의 내각의 크기의 합을 구하시오.

유형 13   다각형의 내각의 크기의 합을 이용하여 각의 크기 구하기   중요

❶ 주어진 n각형의 내각의 크기의 합을 구한다.
  ➡ $180° \times (n-2)$ (단, $n \geq 3$)
❷ ❶을 이용하여 구하고자 하는 내각의 크기를 구한다.

대표 문제

60 오른쪽 그림에서 $\angle x$의 크기를 구하시오.

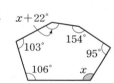

유형 14   다각형의 외각의 크기의 합

다각형의 외각의 크기의 합은 항상 360°이다.

참고 다각형의 한 꼭짓점에서 내각과 외각의 크기의 합은 항상 180°이다.
  ➡ n각형에서 (내각의 크기의 합)+(외각의 크기의 합)$=180° \times n$

대표 문제

61 오른쪽 그림에서 $\angle x$의 크기를 구하시오.

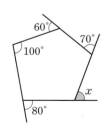

유형 15   다각형의 내각의 크기의 합의 활용

오른쪽 그림에서 맞꼭지각의 크기는 같으므로

$\angle e + \angle f = \angle g + \angle h$

$\Rightarrow \angle a + \angle b + \angle c + \angle d + \angle e + \angle f$

    $= \angle a + \angle b + \angle c + \angle d + \angle g + \angle h$

    $\underline{= 360°} \rightarrow$ 사각형의 내각의 크기의 합

보조선 긋기

대표 문제

62 오른쪽 그림에서 $\angle x$의 크기는?

① 25°   ② 28°

③ 30°   ④ 32°

⑤ 35°

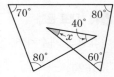

유형 16   다각형의 외각의 크기의 합의 활용

다음 성질을 이용하여 각의 크기를 구한다.

❶ 삼각형의 한 외각의 크기는 그와 이웃하지 않는 두 내각의 크기의 합과 같다.

❷ 다각형의 외각의 크기의 합은 360°이다.

대표 문제

63 오른쪽 그림에서 $\angle a + \angle b + \angle c + \angle d + \angle e$의 크기는?

① 230°   ② 250°

③ 270°   ④ 290°

⑤ 310°

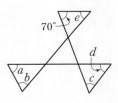

유형 12 다각형의 내각의 크기의 합 〔중요〕

64 대표 문제

대각선의 개수가 65인 다각형의 내각의 크기의 합은?

① 1620°   ② 1800°   ③ 1980°
④ 2160°   ⑤ 2340°

65 ㉿

내각의 크기의 합이 1080°인 다각형의 꼭짓점의 개수를 구하시오.

66 ㉿

다음 조건을 모두 만족시키는 다각형의 이름을 말하시오.

┌ 조건
│ ㉮ 모든 변의 길이가 같고 모든 내각의 크기가 같다.
│ ㉯ 내각의 크기의 합이 1800°이다.
└

67 ㉿

오른쪽 그림은 육각형의 내부의 한 점에서 각 꼭짓점에 선분을 모두 그은 것이다. 삼각형의 내각의 크기의 합이 180°임을 이용하여 육각형의 내각의 크기의 합을 구하시오.

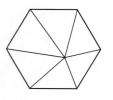

유형 13 다각형의 내각의 크기의 합을 이용하여 각의 크기 구하기 〔중요〕

68 대표 문제

오른쪽 그림에서 ∠x의 크기를 구하시오.

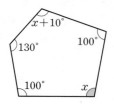

Pick
69 ㉿

오른쪽 그림에서 ∠x의 크기는?

① 132°   ② 145°
③ 154°   ④ 158°
⑤ 162°

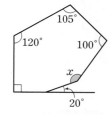

70 ㉿ 〔서술형〕

오른쪽 그림에서 ∠x의 크기를 구하시오.

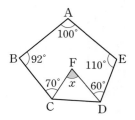

71 중

오른쪽 그림에서 $\angle x + \angle y$의 크기를 구하시오.

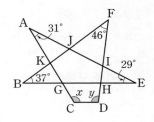

72 중

오른쪽 그림에서 $\angle x$의 크기는?

① $100°$ ② $103°$

③ $114°$ ④ $118°$

⑤ $125°$

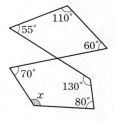

P✓ck

73 중

오른쪽 그림의 사각형 ABCD에서 $\angle C$의 이등분선과 $\angle D$의 이등분선의 교점을 E라 하자. $\angle A = 110°$, $\angle B = 82°$일 때, $\angle x$의 크기를 구하시오.

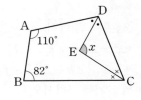

유형 14   **다각형의 외각의 크기의 합**

P✓ck

74 대표 문제

오른쪽 그림에서 $\angle x$의 크기는?

① $56°$ ② $58°$

③ $60°$ ④ $62°$

⑤ $64°$

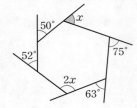

75 하

다음 그림에서 $\angle x$의 크기를 구하시오.

(1) 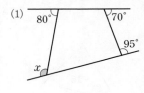   (2)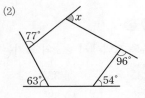

76 중

오른쪽 그림에서 $\angle a + \angle b$의 크기를 구하시오.

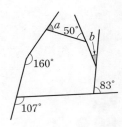

77 중

오른쪽 그림과 같이 로봇 청소기가 점 P를 출발하여 팔각형 모양의 구조물 벽을 따라 한 바퀴 돌아 점 P로 되돌아 왔다. 이때 로봇 청소기가 회전한 각의 크기의 합을 구하시오.

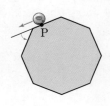

• 정답과 해설 38쪽

유형 15 다각형의 내각의 크기의 합의 활용

78 대표 문제

오른쪽 그림에서 ∠x의 크기는?

① 70°   ② 73°

③ 75°   ④ 77°

⑤ 80°

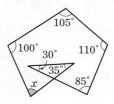

79 중

오른쪽 그림에서 ∠x의 크기는?

① 23°   ② 33°

③ 35°   ④ 38°

⑤ 40°

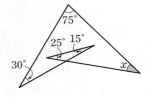

Pick
80 중

오른쪽 그림에서
∠a + ∠b + ∠c + ∠d + ∠e
+ ∠f + ∠g
의 크기를 구하시오.

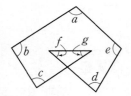

81 상

오른쪽 그림에서
∠a + ∠b + ∠c + ∠d + ∠e + ∠f
+ ∠g + ∠h
의 크기를 구하시오.

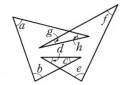

유형 16 다각형의 외각의 크기의 합의 활용

82 대표 문제

오른쪽 그림에서
∠a + ∠b + ∠c + ∠d + ∠e
+ ∠f + ∠g
의 크기는?

① 295°   ② 300°

③ 305°   ④ 310°

⑤ 315°

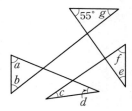

83 상

오른쪽 그림에서
∠a + ∠b + ∠c + ∠d + ∠e + ∠f
+ ∠g + ∠h + ∠i + ∠j
의 크기를 구하시오.

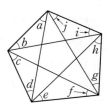

유형 17 — 정다각형의 한 내각과 한 외각의 크기 〈중요〉

(1) 정다각형은 내각의 크기가 모두 같으므로 정n각형의 한 내각의 크기는

➡ $\dfrac{180° \times (n-2)}{n}$ → 내각의 크기의 합
  → 꼭짓점의 개수

(2) 정다각형은 외각의 크기가 모두 같으므로 정n각형의 한 외각의 크기는

➡ $\dfrac{360°}{n}$ → 외각의 크기의 합
  → 꼭짓점의 개수

대표 문제

84 다음 중 정육각형에 대한 설명으로 옳은 것을 모두 고르면? (정답 2개)

① 대각선의 개수는 10이다.

② 한 내각의 크기는 120°이다.

③ 한 외각의 크기는 45°이다.

④ 내각의 크기의 합은 900°이다.

⑤ 한 내각의 크기와 한 외각의 크기의 비는 2 : 1이다.

유형 18 — 정다각형의 한 내각의 크기의 활용

정n각형에서 각의 크기를 구할 때는 다음을 이용한다.

(1) 모든 변의 길이가 같다.

(2) 한 내각의 크기는 $\dfrac{180° \times (n-2)}{n}$이다.

(3) 삼각형에서 두 변의 길이가 같으면 두 밑각의 크기도 같다.

(4) 삼각형의 한 외각의 크기는 그와 이웃하지 않는 두 내각의 크기의 합과 같다.

대표 문제

85 오른쪽 그림의 정오각형 ABCDE에서 ∠x의 크기를 구하시오.

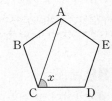

유형 19 — 정다각형의 한 외각의 크기의 활용

한 변의 길이가 같은 정오각형과 정육각형에서 ∠x의 크기는 다음과 같이 구한다.

정오각형의 한 외각의 크기는 72°

정육각형의 한 외각의 크기는 60°

∴ ∠$x = 72° + 60° = 132°$

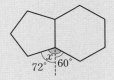

대표 문제

86 오른쪽 그림은 한 변의 길이가 같은 정육각형과 정팔각형을 붙여 놓은 것이다. 이때 ∠x의 크기를 구하시오.

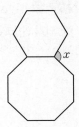

유형 완성하기

유형 17 정다각형의 한 내각과 한 외각의 크기 중요

87 대표 문제

대각선의 개수가 54인 정다각형에 대한 다음 보기의 설명 중 옳지 <u>않은</u> 것을 모두 고른 것은?

┌─ 보기 ┐
ㄱ. 한 내각의 크기는 150°이다.
ㄴ. 한 외각의 크기는 30°이다.
ㄷ. 주어진 다각형은 정이십각형이다.
└─────┘

① ㄱ　　　　　② ㄴ　　　　　③ ㄷ
④ ㄱ, ㄴ　　　　⑤ ㄴ, ㄷ

88 하

정팔각형의 한 외각의 크기를 $a°$, 정십각형의 한 내각의 크기를 $b°$라 할 때, $a+b$의 값을 구하시오.

Pick
89 중

한 외각의 크기가 30°인 정다각형의 내각의 크기의 합을 구하시오.

90 중 서술형

오른쪽 그림은 정n각형 모양의 접시의 일부분이다. ∠BAC=18°일 때, n의 값을 구하시오.

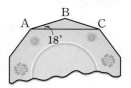

Pick
91 중

다음 조건을 모두 만족시키는 다각형의 이름을 말하시오.

┌─ 조건 ┐
㈎ 모든 변의 길이가 같고 모든 내각의 크기가 같다.
㈏ 한 내각의 크기와 한 외각의 크기의 비는 3 : 2이다.
└─────┘

92 중

내각과 외각의 크기의 총합이 1080°인 정다각형에 대하여 다음 물음에 답하시오.

⑴ 주어진 조건을 만족시키는 정다각형의 이름을 말하시오.
⑵ ⑴의 정다각형의 한 내각의 크기를 구하시오.

유형 18 정다각형의 한 내각의 크기의 활용

93 대표 문제
오른쪽 그림의 정오각형 ABCDE에서 ∠x의 크기를 구하시오.

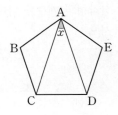

94 중

오른쪽 그림의 정오각형에서 ∠x의 크기는?

① 60°   ② 64°

③ 68°   ④ 72°

⑤ 76°

95 상

오른쪽 그림의 정육각형 ABCDEF에서 $\overline{BC}$, $\overline{CD}$ 위에 $\overline{BP}=\overline{CQ}$를 만족시키는 두 점 P, Q를 각각 잡았을 때, ∠x의 크기를 구하시오.

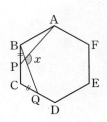

유형 19 정다각형의 한 외각의 크기의 활용

96 대표 문제
오른쪽 그림은 한 변의 길이가 같은 정육각형과 정팔각형을 붙여 놓은 것이다. 이때 ∠a+∠b의 크기를 구하시오.

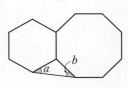

97 중

오른쪽 그림의 정오각형 ABCDE의 두 변 AE와 CD의 연장선의 교점을 P라 할 때, ∠x의 크기를 구하시오.

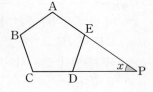

98 상

오른쪽 그림은 한 변의 길이가 같은 정오각형과 정육각형을 붙여 놓은 것이다. 정오각형의 한 변의 연장선과 정육각형의 한 변의 연장선이 만날 때, ∠x의 크기는?

① 80°   ② 83°

③ 84°   ④ 86°

⑤ 90°

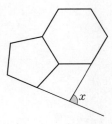

99
유형 02

오른쪽 그림과 같은 △ABC에서 $y-x$의 값을 구하시오.

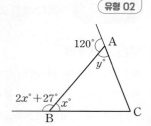

100
유형 03

다음 보기 중 옳지 않은 것을 모두 고른 것은?

> 보기
> ㄱ. 네 변의 길이가 같은 사각형은 정사각형이다.
> ㄴ. 모든 내각의 크기가 같은 다각형은 정다각형이다.
> ㄷ. 사각형에서 변의 길이가 모두 같으면 내각의 크기도 모두 같다.
> ㄹ. 정다각형의 한 꼭짓점에서 내각과 외각의 크기의 합은 180°이다.
> ㅁ. 정다각형의 한 내각에 대한 외각은 2개이고, 그 크기가 서로 같다.

① ㄱ, ㄴ, ㄷ   ② ㄱ, ㄴ, ㄹ   ③ ㄱ, ㄷ, ㅁ
④ ㄴ, ㄷ, ㄹ   ⑤ ㄷ, ㄹ, ㅁ

101
유형 04

십각형의 한 꼭짓점에서 그을 수 있는 대각선의 개수를 a, 이때 생기는 삼각형의 개수를 b라 할 때, $a+b$의 값을 구하시오.

102
유형 04

다음 표는 각 다각형의 한 꼭짓점에서 그을 수 있는 대각선의 개수와 한 꼭짓점에서 대각선을 모두 그었을 때 생기는 삼각형의 개수를 나타낸 것이다. ㈎~㈘에 알맞은 것을 구하시오.

다각형	한 꼭짓점에서 그을 수 있는 대각선의 개수	삼각형의 개수
㈎	11	㈏
㈐	㈑	9

103
유형 05

오른쪽 그림과 같이 학교 8곳이 있다. 이웃하는 학교 사이에는 자전거 도로를 만들고, 이웃하지 않는 학교 사이에는 자가용 도로를 하나씩 만들려고 한다. 이때 만들어야 하는 자전거 도로와 자가용 도로의 개수를 차례로 구하시오. (단, 어느 세 학교도 일직선 위에 있지 않고, 도로는 직선 모양이다.)

104
유형 06

오른쪽 그림과 같은 △ABC에서 x의 값을 구하시오.

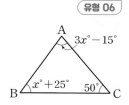

105

유형 07

오른쪽 그림에서 ∠x의 크기는?

① 95°   ② 105°

③ 110°   ④ 115°

⑤ 120°

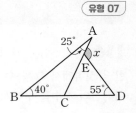

106

유형 07

오른쪽 그림과 같은 △ABC에서
$\overline{AD}$가 ∠BAC의 이등분선일 때,
∠x의 크기를 구하시오.

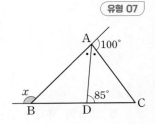

107

유형 08

오른쪽 그림에서 ∠x+∠y의 크기는?

① 55°   ② 60°

③ 65°   ④ 70°

⑤ 75°

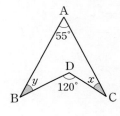

108

유형 08

오른쪽 그림과 같은 △ABC에서
∠B의 이등분선과 ∠C의 이등분선
의 교점을 D라 하자. 이때 ∠x의
크기는?

① 70°   ② 75°   ③ 80°

④ 85°   ⑤ 90°

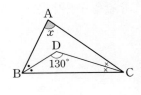

109

유형 09

오른쪽 그림의 △ABC에서 점 D는
∠B의 이등분선과 ∠ACB의 외각
의 이등분선의 교점이다. ∠D=36°
일 때, ∠x의 크기는?

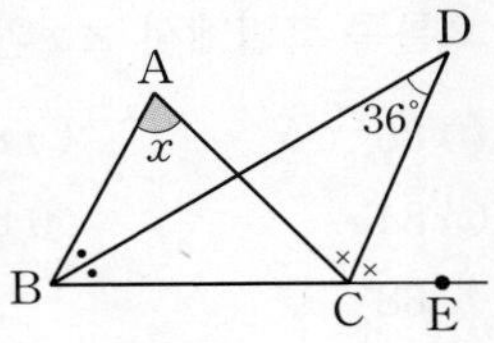

① 68°   ② 70°   ③ 72°

④ 74°   ⑤ 76°

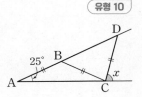

110

유형 10

오른쪽 그림의 △ACD에서
$\overline{AB}=\overline{BC}=\overline{CD}$이고 ∠A=25°일
때, ∠x의 크기를 구하시오.

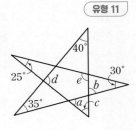

111

유형 11

오른쪽 그림에 대하여 다음 중 옳지
않은 것은?

① ∠a=55°

② ∠b=75°

③ ∠c=50°

④ ∠d=80°

⑤ ∠e=105°

• 정답과 해설 41쪽

112 (유형 13)

오른쪽 그림에서 ∠x의 크기는?

① 80°   ② 82°

③ 84°   ④ 86°

⑤ 88°

113 (유형 14)

오른쪽 그림에서 x의 값을 구하시오.

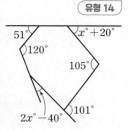

114 (유형 15)

오른쪽 그림에서
∠a+∠b+∠c+∠d의 크기는?

① 210°   ② 220°

③ 230°   ④ 240°

⑤ 250°

115 (유형 17)

내각의 크기의 합이 2520°인 정다각형의 한 외각의 크기를 구하시오.

---

116 (유형 05)

한 꼭짓점에서 그을 수 있는 대각선의 개수가 12인 다각형의 대각선의 개수를 구하시오.

117 (유형 13)

오른쪽 그림의 사각형 ABCD에서 ∠B의 이등분선과 ∠C의 이등분선의 교점을 E라 하자. ∠A=112°, ∠D=100°일 때, ∠x의 크기를 구하시오.

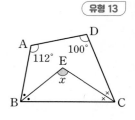

118 (유형 17)

한 내각의 크기와 한 외각의 크기의 비가 5 : 1인 정다각형의 내각의 크기의 합을 a°, 외각의 크기의 합을 b°라 할 때, $a-b$의 값을 구하시오.

• 정답과 해설 42쪽

119 어떤 다각형의 한 꼭짓점에서 대각선을 모두 그으면 a개의 대각선을 그을 수 있고, b개의 삼각형이 생긴다. $a+b=17$일 때, 이 다각형의 대각선의 개수를 구하시오.

120 오른쪽 그림에서
$\angle PAB=\angle CAB$,
$\angle QAD=\angle CAD$일 때, $\angle x$의
크기를 구하시오.

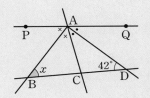

121 오른쪽 그림의 △ABC에서
점 E는 $\angle B$의 외각의 이등분선과
$\angle C$의 외각의 이등분선의 교점이다.
$\angle A=74°$일 때, $\angle x$의 크기를 구하시오.

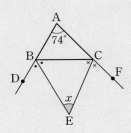

122 오른쪽 그림에서
$\angle ABC : \angle CBF=2:1$,
$\angle EDC : \angle CDF=2:1$일 때, $\angle x$의
크기를 구하시오.

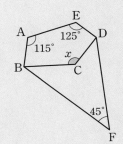

123 오른쪽 그림에서
$\angle a+\angle b+\angle c+\angle d+\angle e+\angle f$
의 크기를 구하시오.

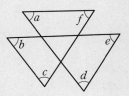

124 오른쪽 그림에서 $\angle F=50°$일 때,
$\angle A+\angle B+\angle C+\angle D+\angle E$의 크기
는?

① 305°　　　② 310°
③ 315°　　　④ 320°
⑤ 325°

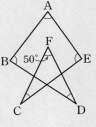

125 오른쪽 그림과 같이 세 내각의 크기가 각각 40°, 50°, 90°이고 모두 합동인 직각삼각형을 겹치지 않게 계속 이어 붙이려고 한다. 직각삼각형을 가장 많이 이어 붙였을 때, 내각의 크기가 40°인 삼각형의 꼭짓점을 꼭짓점으로 하는 다각형의 이름을 말하시오.

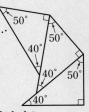

5

원과 부채꼴

유형 01 　원과 부채꼴

(1) **호 AB**: 원 위의 두 점 A, B를 양 끝 점
　　으로 하는 원의 일부분
　　[기호] $\widehat{AB}$

(2) **할선**: 원 위의 두 점을 이은 직선

(3) **현 CD**: 원 위의 두 점 C, D를 이은 선분

(4) **부채꼴 AOB**: 원 O의 호 AB와 두 반지
　　름 OA, OB로 이루어진 도형

(5) **중심각**: ∠AOB를 호 AB에 대한 중심각
　　또는 부채꼴 AOB의 중심각이라 한다.

(6) **활꼴**: 현 CD와 호 CD로 이루어진 도형

[참고] • 원의 중심을 지나는 현은 그 원의 지름이고, 원에서 지름은 길이가 가
　　　장 긴 현이다.
　　• 반원은 활꼴인 동시에 부채꼴이다.

대표 문제

01 다음 보기 중 옳은 것을 모두 고른 것은?

> [보기]
> ㄱ. 현은 원 위의 두 점을 이은 선분이다.
> ㄴ. 원에서 지름은 길이가 가장 긴 현이다.
> ㄷ. 부채꼴은 지름과 호로 이루어진 도형이다.
> ㄹ. 원 위의 두 점을 양 끝 점으로 하는 원의 일부분을
> 　　활꼴이라 한다.

① ㄱ, ㄴ 　　　② ㄱ, ㄷ 　　　③ ㄱ, ㄹ
④ ㄴ, ㄷ 　　　⑤ ㄷ, ㄹ

유형 02 　중심각의 크기와 호의 길이 (1) 〔중요〕

한 원 또는 합동인 두 원에서
부채꼴의 호의 길이는 중심각의 크기에 정비례
한다.

➡ $\widehat{AB} : \widehat{CD} = \angle AOB : \angle COD$

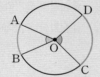

대표 문제

02 오른쪽 그림의 원 O에서
x, y의 값을 각각 구하시오.

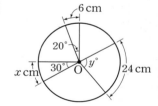

유형 03 　중심각의 크기와 호의 길이 (2)
　　　　　 – 호의 길이의 비가 주어진 경우

한 원에서 부채꼴의 호의 길이는 중심각의 크
기에 정비례하므로
$\widehat{AB} : \widehat{BC} : \widehat{CA} = a : b : c$이면

➡ $\angle AOB = 360° \times \dfrac{a}{a+b+c}$

　$\angle BOC = 360° \times \dfrac{b}{a+b+c}$

　$\angle COA = 360° \times \dfrac{c}{a+b+c}$

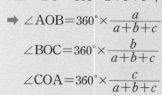

대표 문제

03 오른쪽 그림의 원 O에서
$\widehat{AB} : \widehat{BC} : \widehat{CA} = 5 : 4 : 3$일 때,
∠AOB의 크기를 구하시오.

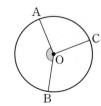

유형 04 **호의 길이 구하기 (1)**
– 평행선의 성질 이용하기

(1) 이등변삼각형 AOB의 두 밑각의 크기는
    같으므로
    ∠OAB=∠OBA
(2) $\overline{AB}$ // $\overline{CD}$이면 엇각의 크기는 같으므로
    ∠AOC=∠OAB, ∠OBA=∠BOD
(3) 부채꼴의 호의 길이는 중심각의 크기에 정비례한다.

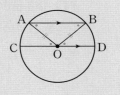

대표 문제

04 오른쪽 그림과 같이 $\overline{AB}$가
지름인 원 O에서 $\overline{AB}$ // $\overline{CD}$이고
∠AOC=40°, $\overset{\frown}{AC}$=4 cm일 때,
$\overset{\frown}{CD}$의 길이는?

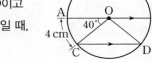

① 7 cm　　　② 8 cm
③ 9 cm　　　④ 10 cm
⑤ 11 cm

유형 05 **호의 길이 구하기 (2) – 보조선 긋기**　

$\overset{\frown}{AD}$의 길이는 다음과 같은 순서대로 구한다.
❶ 보조선 OD를 긋는다.
❷ 평행선의 성질, 이등변삼각형의 성질을 이
   용하여 ∠AOD의 크기를 구한다.
❸ 부채꼴의 호의 길이가 중심각의 크기에 정비례함을 이용하여
   비례식을 세워 $\overset{\frown}{AD}$의 길이를 구한다.

대표 문제

05 오른쪽 그림의 반원 O에
서 $\overline{AD}$ // $\overline{OC}$이고
∠BOC=30°, $\overset{\frown}{BC}$=2 cm일
때, $\overset{\frown}{AD}$의 길이를 구하시오.

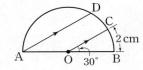

유형 06 **호의 길이 구하기 (3)**
– 삼각형의 내각과 외각 사이의 관계 이용하기

오른쪽 그림에서 $\overline{DO}=\overline{DE}$일 때,
∠E=∠a라 하면
△ODE에서 ∠ODC=2∠a
△OCE에서 ∠AOC=3∠a
➡ $\overset{\frown}{AC}$: $\overset{\frown}{BD}$=∠AOC : ∠BOD
　　　　=3 : 1

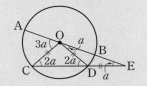

대표 문제

06 오른쪽 그림의 원 O
에서 점 P는 지름 AB의
연장선과 $\overline{CD}$의 연장선의
교점이다. $\overline{CO}=\overline{CP}$,
∠OPC=25°,
$\overset{\frown}{BD}$=18 cm일 때, $\overset{\frown}{AC}$의 길이를 구하시오.

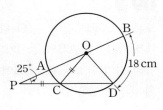

유형 완성하기

유형 01 원과 부채꼴

07 대표 문제

오른쪽 그림의 원 O에 대한 설명으로 다음 중 옳지 않은 것은?
(단, 세 점 A, O, C는 한 직선 위에 있다.)

① $\overline{AB}$는 현이다.
② $\overset{\frown}{AB}$에 대한 중심각은 ∠AOB이다.
③ $\overline{AC}$는 길이가 가장 긴 현이다.
④ $\overset{\frown}{AB}$와 $\overline{AB}$로 이루어진 도형은 부채꼴이다.
⑤ $\overset{\frown}{BC}$는 원 O 위의 두 점 B, C를 양 끝 점으로 하는 원의 일부분이다.

08 하

한 원에서 부채꼴과 활꼴이 같아질 때의 부채꼴의 중심각의 크기를 구하시오.

09 중

오른쪽 그림과 같이 원 O 위에 두 점 A, B가 있다. 현 AB의 길이가 원 O의 반지름의 길이와 같을 때, $\overset{\frown}{AB}$에 대한 중심각의 크기를 구하시오.

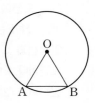

유형 02 중심각의 크기와 호의 길이 (1) 중요

10 대표 문제

오른쪽 그림의 원 O에서 x, y의 값을 각각 구하시오.

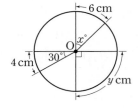

11 하

오른쪽 그림의 원 O에서 x의 값을 구하시오.

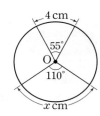

12 중

오른쪽 그림의 원 O에서 x의 값은?

① 38
② 40
③ 42
④ 44
⑤ 46

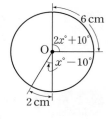

13 중

오른쪽 그림의 반원 O에서 $2∠AOC=∠BOC$이고 $\overset{\frown}{BC}=30\,cm$일 때, $\overset{\frown}{AC}$의 길이를 구하시오.

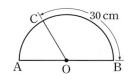

14 중 서술형

원 O에서 중심각의 크기가 30°인 부채꼴의 호의 길이가 5 cm일 때, 원 O의 둘레의 길이를 구하시오.

15 상

어느 놀이공원에 오른쪽 그림과 같이 16개의 관람차가 일정한 간격으로 매달려 있는 원 모양의 대관람차가 있다. 선호가 탄 관람차가 A 지점에서 B 지점으로 가는 동안 이동한 거리가 12 m일 때, B 지점에서 C 지점으로 가는 동안 이동한 거리를 구하시오.

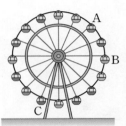

유형 03 　중심각의 크기와 호의 길이 (2) – 호의 길이의 비가 주어진 경우

16 대표 문제

오른쪽 그림의 원 O에서 $\overparen{AB} : \overparen{BC} : \overparen{CA} = 2 : 3 : 4$일 때, $\overparen{AB}$에 대한 중심각의 크기는?

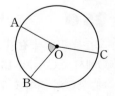

① 65°　　② 70°
③ 75°　　④ 80°
⑤ 85°

17 중

오른쪽 그림의 반원 O에서 $\overparen{AB} = 3\overparen{BC}$일 때, ∠AOB의 크기는?

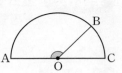

① 120°　　② 125°
③ 130°　　④ 135°
⑤ 140°

Pick 18 중

오른쪽 그림의 원 O에서 $\overparen{AC} : \overparen{CB} = 3 : 7$일 때, ∠BCO의 크기를 구하시오.
(단, $\overline{AB}$는 원 O의 지름이다.)

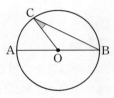

19 중

오른쪽 그림의 원 O에서 $\overparen{AB} : \overparen{CD} = 1 : 3$, ∠BOC = 92°일 때, ∠COD의 크기는?
(단, $\overline{AD}$는 원 O의 지름이다.)

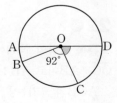

① 62°　　② 64°
③ 66°　　④ 68°
⑤ 70°

유형 04 호의 길이 구하기 (1)
– 평행선의 성질 이용하기

Pick
20 대표 문제

오른쪽 그림과 같이 $\overline{CD}$가 지름인 원 O에서 $\overline{AB} \parallel \overline{CD}$이고 ∠AOB=120°, $\overparen{AB}$=8 cm일 때, $\overparen{AC}$의 길이를 구하시오.

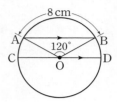

Pick
21 중

오른쪽 그림과 같이 $\overline{CD}$가 지름인 원 O에서 $\overline{AB} \parallel \overline{CD}$이고 ∠AOB=108°일 때, $\overparen{AC}$의 길이는 $\overparen{AB}$의 길이의 몇 배인지 구하시오.

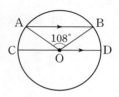

22 중

오른쪽 그림의 원 O에서 $\overline{OC} \parallel \overline{AB}$이고 $\overparen{AB} : \overparen{BC}$=2 : 1일 때, ∠AOB의 크기는?

① 82° ② 84°
③ 86° ④ 88°
⑤ 90°

유형 05 호의 길이 구하기 (2) – 보조선 긋기

23 대표 문제

오른쪽 그림과 같이 $\overline{AB}$가 지름인 원 O에서 $\overline{AC} \parallel \overline{OD}$이고 ∠BOD=40°, $\overparen{BD}$=6 cm일 때, $\overparen{AC}$의 길이는?

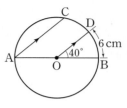

① 12 cm ② 13 cm
③ 14 cm ④ 15 cm
⑤ 16 cm

Pick
24 중

오른쪽 그림의 반원 O에서 $\overline{OC} \parallel \overline{BD}$이고 ∠AOC=20°, $\overparen{BD}$=14 cm일 때, $\overparen{CD}$의 길이를 구하시오.

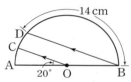

Pick
25 중

오른쪽 그림과 같이 $\overline{AB}$가 지름인 원 O에서 ∠CAO=15°, $\overparen{BC}$=4 cm일 때, $\overparen{AC}$의 길이를 구하시오.

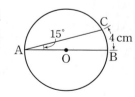

26 중

오른쪽 그림과 같이 $\overline{AB}$가 지름인 원 O에서 $\overline{OD} \parallel \overline{BC}$이고 $\angle AOD = 45°$일 때, $\widehat{AD} : \widehat{DC} : \widehat{CB}$를 가장 간단한 자연수의 비로 나타내시오.

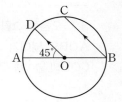

27 중 서술형

오른쪽 그림과 같이 $\overline{AB}$, $\overline{CD}$가 지름인 원 O에서 $\overline{AE} \parallel \overline{CD}$이고 $\angle BOD = 30°$, $\widehat{AC} = 3\,\mathrm{cm}$일 때, $\widehat{AE}$의 길이를 구하시오.

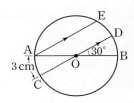

28 상

오른쪽 그림과 같이 $\overline{AB}$가 지름인 원 O에서 $\overline{OC} \parallel \overline{DB}$이고 $\widehat{BC} = 5\,\mathrm{cm}$일 때, $\widehat{AD}$의 길이는?

① 8 cm   ② 9 cm
③ 10 cm   ④ 11 cm
⑤ 12 cm

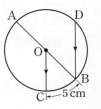

유형 06   호의 길이 구하기 (3) – 삼각형의 내각과 외각 사이의 관계 이용하기

Pick
29 대표 문제

오른쪽 그림의 원 O에서 점 P는 지름 AB의 연장선과 $\overline{CD}$의 연장선의 교점이다. $\overline{CO} = \overline{CP}$, $\angle OPC = 20°$, $\widehat{BD} = 15\,\mathrm{cm}$일 때, 다음 중 옳지 않은 것은?

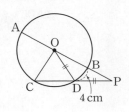

① $\angle OCD = 40°$ ② $\angle BOD = 60°$
③ $\angle COD = 100°$ ④ $\widehat{AC} = 5\,\mathrm{cm}$
⑤ $\widehat{CD} = 20\,\mathrm{cm}$

Pick
30 중

오른쪽 그림의 원 O에서 점 P는 지름 AB의 연장선과 $\overline{CD}$의 연장선의 교점이다. $\overline{DO} = \overline{DP}$, $\widehat{BD} = 4\,\mathrm{cm}$일 때, $\widehat{AC}$의 길이를 구하시오.

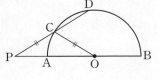

31 중

오른쪽 그림의 반원 O에서 점 P는 $\overline{AB}$의 연장선과 $\overline{CD}$의 연장선의 교점이고 $\overline{CP} = \overline{CO}$일 때, $\widehat{AC} : \widehat{BD}$는?

① 1 : 2   ② 1 : 3   ③ 2 : 3
④ 2 : 5   ⑤ 3 : 5

• 정답과 해설 47쪽

유형 07 중심각의 크기와 부채꼴의 넓이

한 원 또는 합동인 두 원에서
부채꼴의 넓이는 중심각의 크기에 정비례한다.
➡ (부채꼴 AOB의 넓이) : (부채꼴 COD의 넓이)
  $= \angle AOB : \angle COD$

대표 문제

32 오른쪽 그림의 원 O에서 부채꼴 AOB의 넓이가 $30 \, cm^2$일 때, 부채꼴 COD의 넓이를 구하시오.

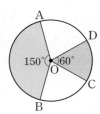

유형 08 중심각의 크기와 현의 길이

한 원 또는 합동인 두 원에서
(1) 크기가 같은 중심각에 대한 현의 길이는 같다.
  ➡ $\angle AOB = \angle COD$이면 $\overline{AB} = \overline{CD}$
(2) 길이가 같은 현에 대한 중심각의 크기는 같다.
  ➡ $\overline{AB} = \overline{CD}$이면 $\angle AOB = \angle COD$

주의 한 원에서 현의 길이는 중심각의 크기에 정비례하지 않는다.
  ➡ 오른쪽 그림에서
    $\angle AOC = 2\angle AOB$이지만 $\overline{AC} \neq 2\overline{AB}$

대표 문제

33 오른쪽 그림의 원 O에서
$\overline{AB} = \overline{CD} = \overline{DE}$이고 $\angle AOB = 40°$
일 때, $\angle COE$의 크기를 구하시오.

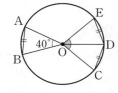

유형 09 중심각의 크기에 정비례하는 것 중요

한 원 또는 합동인 두 원에서
(1) 중심각의 크기에 정비례하는 것
  ➡ 호의 길이, 부채꼴의 넓이
(2) 중심각의 크기에 정비례하지 않는 것
  ➡ 현의 길이, 삼각형의 넓이, 활꼴의 넓이

대표 문제

34 오른쪽 그림의 원 O에서
$\angle AOB = 3\angle COD$일 때, 다음 보기 중
옳은 것을 모두 고르시오.

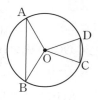

보기
ㄱ. $\overset{\frown}{CD} = \dfrac{1}{3}\overset{\frown}{AB}$
ㄴ. $\overline{AB} = 3\overline{CD}$
ㄷ. $\angle OCD = 3\angle OAB$
ㄹ. $\overline{AB} /\!/ \overline{CD}$
ㅁ. ($\triangle AOB$의 넓이) $= 3 \times (\triangle COD$의 넓이)
ㅂ. (부채꼴 AOB의 넓이) $= 3 \times$ (부채꼴 COD의 넓이)

유형 07 중심각의 크기와 부채꼴의 넓이

Pick
35 대표 문제

오른쪽 그림의 원 O에서 부채꼴
AOB의 넓이가 60 cm²이고 부채꼴
COD의 넓이가 12 cm²일 때, ∠COD
의 크기를 구하시오.

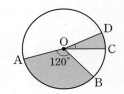

36 하

오른쪽 그림의 원 O에서 부채꼴 COD의
넓이가 부채꼴 AOB의 넓이의 4배일 때,
x의 값은?

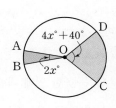

① 9   ② 10
③ 11   ④ 12
⑤ 13

37 중 서술형

오른쪽 그림의 원 O에서
∠AOB : ∠BOC : ∠COA = 4 : 6 : 5
이고 원 O의 넓이가 105 cm²일 때, 부채
꼴 BOC의 넓이를 구하시오.

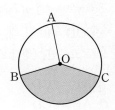

Pick
38 중

오른쪽 그림의 원 O에서 ∠AOB = 60°이
고 부채꼴 AOB의 넓이가 20 cm²일 때,
원 O의 넓이를 구하시오.

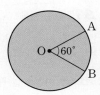

Pick
39 중

오른쪽 그림의 반원 O에서 점 C, D,
E, F, G는 $\overarc{AB}$를 6등분 하는 점이
다. 부채꼴 AOD의 넓이가 14 cm²
일 때, 부채꼴 BOE의 넓이는?

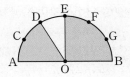

① 20 cm²   ② 21 cm²   ③ 22 cm²
④ 23 cm²   ⑤ 24 cm²

40 중

오른쪽 그림에서 원 O의 넓이는
25 cm²이고 부채꼴 AOB의 넓이는
5 cm²일 때, △OPQ에서 ∠x + ∠y의
크기를 구하시오.

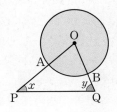

유형 08 중심각의 크기와 현의 길이

41 대표 문제

오른쪽 그림의 원 O에서
$\overline{AB}=\overline{CD}=\overline{DE}=\overline{EF}$이고
$\angle COF=96°$일 때, $\angle x$의 크기를
구하시오.

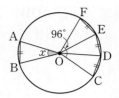

Pick
42 중

오른쪽 그림과 같이 반지름의 길이가
5 cm인 원 O에서 $\overparen{PQ}=\overparen{PR}$이고
$\overline{PQ}=8$ cm일 때, 색칠한 부분의 둘레
의 길이를 구하시오.

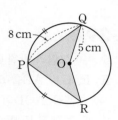

43 중

오른쪽 그림의 원 O에서 △ABC가 정삼
각형일 때, $\overparen{AB}$에 대한 중심각의 크기를
구하시오.

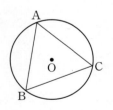

44 상 서술형

오른쪽 그림과 같이 $\overline{AB}$가 지름인 원 O
에서 $\overline{AC}\,/\!/\,\overline{OD}$이고 $\overline{CD}=5$ cm일 때,
$\overparen{BD}$의 길이를 구하시오.

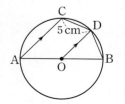

유형 09 중심각의 크기에 정비례하는 것   중요

Pick
45 대표 문제

오른쪽 그림의 원 O에서
$\angle AOB=\angle COD=\angle DOE$일 때,
다음 보기 중 옳은 것을 모두 고르시오.

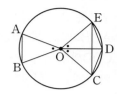

보기
ㄱ. $\overline{AB}=\overline{CD}=\overline{DE}$
ㄴ. $\overline{AB}=\dfrac{1}{2}\overline{CE}$
ㄷ. $\overparen{AB}=\dfrac{1}{2}\overparen{CE}$
ㄹ. (△COE의 넓이)=2×(△AOB의 넓이)

46 하

다음 중 한 원에 대한 설명으로 옳지 않은 것은?

① 호의 길이는 중심각의 크기에 정비례한다.
② 현의 길이는 중심각의 크기에 정비례한다.
③ 부채꼴의 넓이는 중심각의 크기에 정비례한다.
④ 길이가 같은 호에 대한 중심각의 크기는 같다.
⑤ 길이가 같은 현에 대한 중심각의 크기는 같다.

Pick
47 중

오른쪽 그림의 원 O에서 $\angle AOB=80°$,
$\angle COD=40°$일 때, 다음 중 옳은 것을
모두 고르면? (정답 2개)

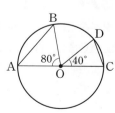

① $\overparen{AB}=2\overparen{CD}$
② $\overline{AB}=2\overline{CD}$
③ $\overline{AB}>2\overline{CD}$
④ $\overline{AB}=2\overline{OC}$
⑤ (△AOB의 넓이)<2×(△COD의 넓이)

• 정답과 해설 49쪽

유형 10   원의 둘레의 길이와 넓이

반지름의 길이가 r인 원 O에서

(1) (둘레의 길이)$=2\pi r$

(2) (넓이)$=\pi r^2$

참고   • 원주율$(\pi)=\dfrac{(\text{원의 둘레의 길이})}{(\text{원의 지름의 길이})}$

      • 원주율은 항상 일정하다.

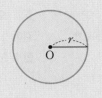

대표 문제

48 오른쪽 그림의 원에서 색칠한 부분의 둘레의 길이와 넓이를 차례로 구하시오.

유형 11   부채꼴의 호의 길이와 넓이   중요

반지름의 길이가 r, 중심각의 크기가 $x°$인 부채꼴에서

(1) (호의 길이)$=2\pi r \times \dfrac{x}{360}$

(2) (넓이)$=\pi r^2 \times \dfrac{x}{360}$

대표 문제

49 오른쪽 그림과 같이 반지름의 길이가 8 cm이고 중심각의 크기가 135°인 부채꼴의 호의 길이와 넓이를 차례로 구하시오.

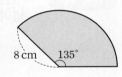

유형 12   호의 길이를 알 때, 부채꼴의 넓이 구하기

반지름의 길이가 r, 호의 길이가 l인 부채꼴의 넓이 S는

➡ $S=\dfrac{1}{2}rl$ → 중심각의 크기가 주어지지 않은 부채꼴의 넓이를 구할 때 사용한다.

대표 문제

50 오른쪽 그림과 같이 반지름의 길이가 5 cm이고 호의 길이가 2π cm인 부채꼴의 넓이를 구하시오.

유형 13   색칠한 부분의 둘레의 길이 구하기   중요

주어진 도형을 길이를 구할 수 있는 꼴로 적당히 나누어 각각의 길이를 구한 후 모두 더한다.

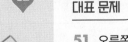

➡ (색칠한 부분의 둘레의 길이)

    $=$(큰 호의 길이)$+$(작은 호의 길이)$+$(선분의 길이)$\times 2$

    $=$①$+$②$+$③$\times 2$

대표 문제

51 오른쪽 그림의 부채꼴에서 색칠한 부분의 둘레의 길이를 구하시오.

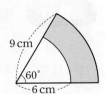

• 정답과 해설 49쪽

유형 14 색칠한 부분의 넓이 구하기 (1) 〔중요〕

❶ 전체 넓이에서 색칠하지 않은 부분의 넓이를 뺀다.
❷ 같은 부분이 있으면 한 부분의 넓이를 구한 후 같은 부분의 개수를 곱한다.

 → ❶

❷ (❶에서 구한 넓이)×2

대표 문제

52 오른쪽 그림과 같이 한 변의 길이가 4 cm인 정사각형에서 색칠한 부분의 넓이를 구하시오.

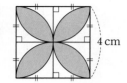
4 cm

유형 15 색칠한 부분의 넓이 구하기 (2)
– 넓이가 같은 부분으로 이동하는 경우

주어진 도형의 일부분을 넓이가 같은 부분으로 이동하여 간단한 모양을 만든 후 색칠한 부분의 넓이를 구한다.

 → →

대표 문제

53 오른쪽 그림과 같이 한 변의 길이가 10 cm인 정사각형에서 색칠한 부분의 넓이를 구하시오.

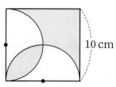
10 cm

유형 16 색칠한 부분의 넓이 구하기 (3)
– 색칠한 부분의 넓이가 같은 경우

오른쪽 그림의 직사각형과 반원에서 색칠한 두 부분의 넓이가 같으면
➡ (직사각형의 넓이)=(반원의 넓이)
└ ①=③이므로 ①+②=②+③

①
② ③

대표 문제

54 오른쪽 그림과 같이 $\overline{AB}$=6 cm인 직사각형 ABCD와 부채꼴 ABE가 있다. 색칠한 두 부분의 넓이가 같을 때, $\overline{AD}$의 길이를 구하시오.

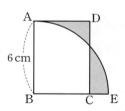
A   D
6 cm
B   C   E

유형 17 색칠한 부분의 넓이 구하기 (4)

주어진 도형을 몇 개의 도형으로 나누어 넓이를 구한 후 각각의 넓이를 더하거나 빼서 색칠한 부분의 넓이를 구한다.

대표 문제

55 오른쪽 그림은 반지름의 길이가 6 cm인 반원을 점 A를 중심으로 45°만큼 회전시킨 것이다. 이때 색칠한 부분의 넓이를 구하시오.

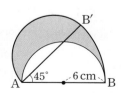
B′
45°   6 cm
A   B

유형 10　**원의 둘레의 길이와 넓이**

56 대표 문제

오른쪽 그림의 원에 대하여 다음을 구하시오.

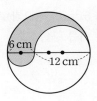

(1) 색칠한 부분의 둘레의 길이
(2) 색칠한 부분의 넓이

Pick
57 중

오른쪽 그림의 반원에서 색칠한 부분의
넓이는?

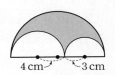

① $10\pi \text{ cm}^2$　　② $12\pi \text{ cm}^2$
③ $14\pi \text{ cm}^2$　　④ $16\pi \text{ cm}^2$
⑤ $18\pi \text{ cm}^2$

58 중

오른쪽 그림의 반원에서 색칠한 부분의
둘레의 길이를 구하시오.

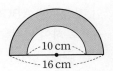

Pick
59 중

오른쪽 그림의 원 O에서 색칠한
부분의 둘레의 길이와 넓이를 차
례로 구하시오.

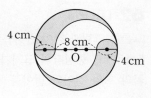

60 중

다음 그림과 같이 좌우 양쪽은 반원 모양이고 가운데는 직선
모양인 트랙이 있다. 트랙의 폭이 4 m로 일정할 때, 트랙의
넓이를 구하시오.

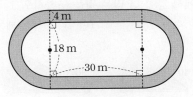

61 중

오른쪽 그림에서 합동인 3개의 작은 원의
넓이가 각각 $9\pi \text{ cm}^2$일 때, 큰 원의 둘레의
길이는? (단, 작은 원들의 중심은 모두 큰
원의 지름 위에 있다.)

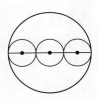

① $16\pi \text{ cm}$　　② $18\pi \text{ cm}$
③ $20\pi \text{ cm}$　　④ $22\pi \text{ cm}$
⑤ $24\pi \text{ cm}$

유형 11 부채꼴의 호의 길이와 넓이 〔중요〕

62 대표 문제

오른쪽 그림과 같이 반지름의 길이가
6 cm이고 중심각의 크기가 210°인 부채
꼴의 호의 길이와 넓이를 차례로 구하시
오.

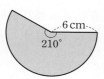

63 〔중〕

어느 피자 가게에서는 다음 그림과 같이 모양과 크기가 다른
부채꼴 모양의 조각 피자 A, B를 판매한다. 이때 두 조각 피
자 A, B 중에서 양이 더 많은 것을 구하시오.

(단, 피자의 두께는 일정하다.)

 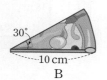

64 〔중〕

오른쪽 그림과 같이 중심각의 크
기가 30°이고 호의 길이가 π cm
인 부채꼴의 둘레의 길이는?

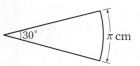

① $(\pi+6)$ cm
② $(\pi+9)$ cm
③ $(\pi+12)$ cm
④ $(2\pi+6)$ cm
⑤ $(2\pi+12)$ cm

Pick
65 〔중〕

오른쪽 그림과 같이 한 변의 길이가
5 cm인 정오각형에서 색칠한 부분의 넓
이를 구하시오.

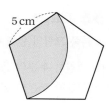

66 〔중〕

오른쪽 그림과 같이 반지름의 길이가
4 cm인 원 O에서
$\overarc{AB} : \overarc{BC} : \overarc{CA}=3 : 5 : 7$일 때, 부채
꼴 BOC의 호의 길이는?

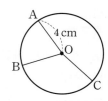

① 2π cm
② $\dfrac{8}{3}\pi$ cm
③ 3 cm
④ $\dfrac{10}{3}\pi$ cm
⑤ 4π cm

67 〔상〕

오른쪽 그림은 한 변의 길이가 12 cm
인 정삼각형 ABC의 각 꼭짓점을 중
심으로 하여 반지름의 길이가 같은 세
원을 그린 것이다. 이때 색칠한 부분
의 넓이를 구하시오.

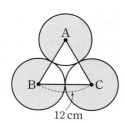

유형 12 　호의 길이를 알 때, 부채꼴의 넓이 구하기

68

오른쪽 그림과 같이 반지름의 길이
가 16 cm이고 호의 길이가 4π cm
인 부채꼴의 넓이는?

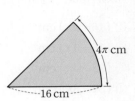

① 32π cm² 　　② 34π cm²

③ 36π cm² 　　④ 38π cm²

⑤ 40π cm²

69 하

반지름의 길이가 12 cm이고 넓이가 60π cm²인 부채꼴의 호의
길이를 구하시오.

70 중

오른쪽 그림과 같이 호의 길이가
2π cm이고 넓이가 3π cm²인 부채
꼴의 중심각의 크기를 구하시오.

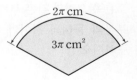

유형 13 　색칠한 부분의 둘레의 길이 구하기

Pick
71 대표 문제

오른쪽 그림과 같은 부채꼴에서 색칠
한 부분의 둘레의 길이는?

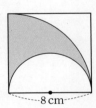

① $\left(\dfrac{20}{3}\pi+4\right)$ cm

② $(10\pi+4)$ cm

③ $\left(\dfrac{40}{3}\pi+8\right)$ cm

④ $(20\pi+8)$ cm

⑤ $(40\pi+8)$ cm

72 중

오른쪽 그림과 같이 한 변의 길이가 8 cm
인 정사각형에서 색칠한 부분의 둘레의 길
이를 구하시오.

Pick
73 중 　서술형

오른쪽 그림에서 색칠한 부분의 둘레
의 길이를 구하시오.

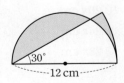

74 상

오른쪽 그림과 같이 반지름의 길이가 6 cm인 두 원 O와 O′이 서로의 중심을 지날 때, 색칠한 부분의 둘레의 길이를 구하시오.

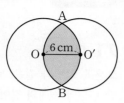

77 중

오른쪽 그림과 같이 한 변의 길이가 4 cm인 정사각형에서 색칠한 부분의 넓이는?

① $(16-2\pi)\,\mathrm{cm}^2$

② $(16-4\pi)\,\mathrm{cm}^2$

③ $(32-4\pi)\,\mathrm{cm}^2$

④ $(32-8\pi)\,\mathrm{cm}^2$

⑤ $(48-8\pi)\,\mathrm{cm}^2$

유형 14 **색칠한 부분의 넓이 구하기 (1)** 중요

75 대표 문제

오른쪽 그림과 같이 한 변의 길이가 6 cm인 정사각형에서 색칠한 부분의 넓이를 구하시오.

Pick
78 중

오른쪽 그림과 같이 한 변의 길이가 6 cm인 정사각형에서 색칠한 부분의 넓이를 구하시오.

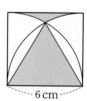

76 하

오른쪽 그림과 같은 부채꼴에서 색칠한 부분의 넓이는?

① $20\pi\,\mathrm{cm}^2$ ② $22\pi\,\mathrm{cm}^2$

③ $24\pi\,\mathrm{cm}^2$ ④ $26\pi\,\mathrm{cm}^2$

⑤ $28\pi\,\mathrm{cm}^2$

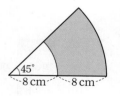

79 상 서술형

오른쪽 그림과 같은 부채꼴에서 색칠한 부분의 둘레의 길이와 넓이를 차례로 구하시오.

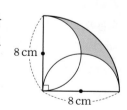

유형 15 색칠한 부분의 넓이 구하기 (2)
– 넓이가 같은 부분으로 이동하는 경우

80 대표 문제

오른쪽 그림과 같은 부채꼴에서 색칠한 부분의 넓이를 구하시오.

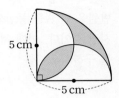

81 중

오른쪽 그림과 같이 반지름의 길이가 4 cm인 두 원 O, O′이 서로의 중심을 지날 때, 색칠한 부분의 넓이를 구하시오.

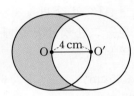

82 중

오른쪽 그림과 같이 한 변의 길이가 10 cm인 정사각형에서 색칠한 부분의 넓이는?

① 30 cm²
② 40 cm²
③ 50 cm²
④ 60 cm²
⑤ 70 cm²

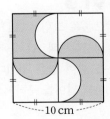

Pick
83 중

오른쪽 그림과 같이 한 변의 길이가 20 cm인 정사각형에서 색칠한 부분의 넓이는?

① (100π−100) cm²
② (100π−200) cm²
③ (200π−200) cm²
④ (200π−400) cm²
⑤ (400π−400) cm²

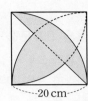

84 상

오른쪽 그림과 같이 한 변의 길이가 6 cm인 정사각형에서 색칠한 부분의 넓이를 구하시오.

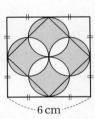

85 상

오른쪽 그림과 같이 중심이 같은 5개의 원을 그린 후 각 원을 8등분 하여 다트판을 만들었다. 각 원의 반지름의 길이가 2 cm, 4 cm, 6 cm, 8 cm, 10 cm일 때, 색칠한 부분의 넓이를 구하시오.

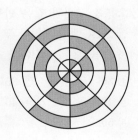

유형 16 색칠한 부분의 넓이 구하기 (3)
– 색칠한 부분의 넓이가 같은 경우

86 대표 문제

오른쪽 그림과 같이 $\overline{AB}=8$ cm인 직사각형 ABCD와 부채꼴 ABE가 있다. 색칠한 두 부분의 넓이가 같을 때, $\overline{BC}$의 길이를 구하시오.

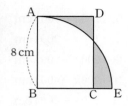

87 중

오른쪽 그림과 같은 직각삼각형 ABC와 부채꼴 ABD에서 색칠한 두 부분의 넓이가 같을 때, x의 값을 구하시오.

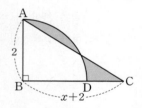

88 중

오른쪽 그림과 같은 반원 O와 부채꼴 ABC에서 색칠한 두 부분의 넓이가 같을 때, ∠ABC의 크기는?

① 30°　　② 35°
③ 40°　　④ 45°
⑤ 50°

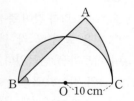

유형 17 색칠한 부분의 넓이 구하기 (4)

89 대표 문제

오른쪽 그림은 지름의 길이가 8 cm인 반원을 점 A를 중심으로 30°만큼 회전시킨 것이다. 이때 색칠한 부분의 넓이를 구하시오.

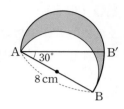

90 중

오른쪽 그림은 ∠A=90°인 직각삼각형 ABC의 각 변을 지름으로 하는 반원을 그린 것이다. 이때 색칠한 부분의 넓이는?

① 5 cm²　　② 6 cm²　　③ 7 cm²
④ 8 cm²　　⑤ 9 cm²

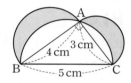

91 중

오른쪽 그림은 $\overline{AD}$를 한 변으로 하는 정사각형과 $\overline{AD}$를 지름으로 하는 반원을 붙여 놓은 것이다. 이때 색칠한 부분의 넓이를 구하시오.

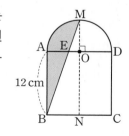

유형 18 　끈의 길이 구하기

오른쪽 그림과 같이 세 원을 묶은 끈의 최
소 길이는

➡ ┌ 곡선 부분의 길이의 합
　①+②+③ + ④+⑤+⑥
　　　　└ 직선 부분의 길이의 합
　=(원의 둘레의 길이)+④×3

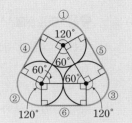

대표 문제

92 오른쪽 그림과 같이 밑면의 반지
름의 길이가 5 cm인 원기둥 3개를 끈
으로 묶으려고 할 때, 끈의 최소 길이
를 구하시오. (단, 끈의 두께와 매듭의
길이는 생각하지 않는다.)

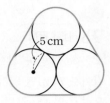

유형 19 　원이 지나간 자리의 넓이 구하기

오른쪽 그림과 같이 원이 정삼각형의 변을
따라 한 바퀴 돌았을 때, 원이 지나간 자리의
넓이는

➡ ┌ 부채꼴의 넓이의 합
　①+②+③ + ④+⑤+⑥
　　　　└ 직사각형의 넓이의 합
　=(원의 넓이)+④×3

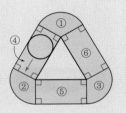

대표 문제

93 오른쪽 그림과 같이 반지름의 길
이가 3 cm인 원이 한 변의 길이가
20 cm인 정삼각형의 변을 따라 한 바
퀴 돌았을 때, 원이 지나간 자리의 넓
이를 구하시오.

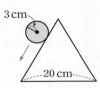

유형 20 　도형을 회전시켰을 때, 점이 움직인 거리 구하기

한 점을 중심으로 도형을 회전시켰을 때, 점이 움직인 거리는 그
거리가 부채꼴의 호의 길이임을 이용하여 구한다.

⑩ 오른쪽 그림과 같이 한 변의 길이가 x인 정삼각
형 ABC를 점 C를 중심으로 점 A가 점 A′에
오도록 회전시켰을 때, 점 A가 움직인 거리는

$\widehat{AA'}=2\pi x \times \dfrac{120}{360}=\dfrac{2}{3}\pi x$

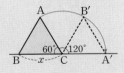

대표 문제

94 오른쪽 그림과 같이 직각
삼각형 ABC를 직선 l 위에서
점 C를 중심으로 점 A가 직선
l 위의 점 A′에 오도록 회전시
켰다. 이때 점 A가 움직인 거리
를 구하시오.

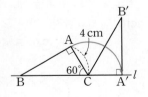

유형 18 끈의 길이 구하기

95 대표 문제

오른쪽 그림과 같이 밑면의 반지름의 길이가 7 cm인 원기둥 3개를 끈으로 묶으려고 할 때, 끈의 최소 길이를 구하시오. (단, 끈의 두께와 매듭의 길이는 생각하지 않는다.)

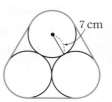

96 중

어느 편의점에서 원기둥 모양의 통조림 캔 6개를 오른쪽 그림과 같이 접착 테이프로 묶어서 팔려고 한다. 통조림 캔 한 개의 밑면의 지름의 길이가 12 cm일 때, 접착 테이프의 최소 길이를 구하시오. (단, 접착 테이프의 두께와 접착 테이프가 겹치는 부분은 생각하지 않는다.)

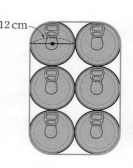

97 상

다음 그림과 같이 밑면의 반지름의 길이가 2 cm인 원기둥 모양의 통 4개를 A, B 두 방법으로 묶으려고 한다. 끈의 길이가 최소가 되도록 묶을 때, A, B 두 방법 중 어느 것의 끈이 몇 cm 더 필요한지 구하시오.

(단, 끈의 두께와 매듭의 길이는 생각하지 않는다.)

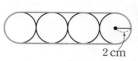

[방법 A]

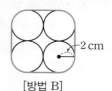

[방법 B]

유형 19 원이 지나간 자리의 넓이 구하기

98 대표 문제

오른쪽 그림과 같이 반지름의 길이가 4 cm인 원이 한 변의 길이가 16 cm인 정삼각형의 변을 따라 한 바퀴 돌았을 때, 원이 지나간 자리의 넓이를 구하시오.

99 중

오른쪽 그림과 같이 반지름의 길이가 2 cm인 원이 직사각형의 변을 따라 한 바퀴 돌았을 때, 원이 지나간 자리의 넓이를 구하시오.

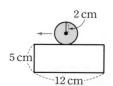

유형 20 도형을 회전시켰을 때, 점이 움직인 거리 구하기

100 대표 문제

오른쪽 그림과 같이 삼각자 ABC를 점 C를 중심으로 점 A가 변 BC의 연장선 위의 점 A′에 오도록 회전시켰다.

$\angle B = 60°$이고 $\overline{AC} = 6$ cm일 때, 점 A가 움직인 거리를 구하시오.

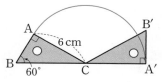

101 중

다음 그림과 같이 한 변의 길이가 9 cm인 정삼각형 ABC를 직선 l 위에서 회전시켰다. 이때 점 A가 움직인 거리를 구하시오.

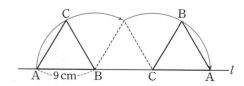

102 (유형 01)

다음 중 원과 부채꼴에 대한 설명으로 옳지 <u>않은</u> 것은?

① 반원은 중심각의 크기가 180°인 부채꼴이다.
② 원의 두 반지름과 호로 이루어진 도형을 부채꼴이라 한다.
③ 원 위의 두 점을 이은 현과 호로 이루어진 도형을 활꼴이라 한다.
④ 평면 위의 한 점으로부터 일정한 거리에 있는 모든 점으로 이루어진 도형을 원이라 한다.
⑤ 한 원에서 같은 호에 대한 부채꼴의 넓이는 활꼴의 넓이보다 항상 크다.

103 (유형 01)

반지름의 길이가 10 cm인 원에서 가장 긴 현의 길이를 구하시오.

104 (유형 02)

오른쪽 그림과 같이 $\overline{AD}$, $\overline{BE}$가 지름인 원 O에서 $\overparen{AB}=3$ cm일 때, 다음을 구하시오.

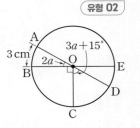

(1) ∠AOE의 크기
(2) $\overparen{AE}$의 길이

105 (유형 03)

오른쪽 그림의 반원 O에서 $\overparen{AC} : \overparen{BC}=1 : 3$일 때, 다음 중 옳지 않은 것을 모두 고르면? (정답 2개)

① ∠AOC : ∠BOC=3 : 1
② ∠BOC=135°
③ $\overline{OB}=\overline{OC}$
④ ∠OBC=∠OCB
⑤ ∠OBC=45°

106 (유형 04)

오른쪽 그림의 원 O에서 $\overline{OC}/\!/\overline{AB}$이고 ∠BOC=45°, $\overparen{BC}=4\pi$ cm일 때, $\overparen{AB}$의 길이를 구하시오.

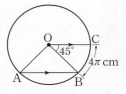

107 (유형 04)

오른쪽 그림과 같이 $\overline{AB}$가 지름인 원 O에서 $\overline{AB}/\!/\overline{CD}$이고 ∠COD=144°일 때, $\overparen{CD}$의 길이는 $\overparen{AC}$의 길이의 몇 배인지 구하시오.

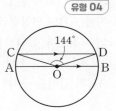

108

오른쪽 그림과 같이 $\overline{AB}$가 지름인
원 O에서 $\overline{AD} /\!/ \overline{OC}$이고
$\angle BOC=15°$, $\overset{\frown}{CD}=4\,cm$일 때,
$\overset{\frown}{AD}$의 길이를 구하시오.

유형 05

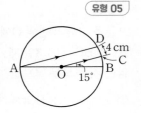

109

오른쪽 그림과 같이 $\overline{AB}$가 지름인 원 O
에서 $\angle CAO=20°$일 때, $\overset{\frown}{AC}:\overset{\frown}{BC}$는?

유형 05

① 2 : 5   ② 2 : 7

③ 5 : 2   ④ 7 : 2

⑤ 7 : 5

110

오른쪽 그림의 원 O에서 점 P는
지름 AB의 연장선과 $\overline{CD}$의 연장선
의 교점이다. $\overline{DO}=\overline{DP}$,
$\angle OPD=22°$, $\overset{\frown}{BD}=2\,cm$일 때,
$\overset{\frown}{AC}$의 길이를 구하시오.

유형 06

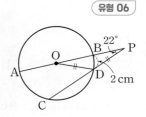

111

오른쪽 그림의 원 O에서
점 P는 지름 AB의 연장선과
$\overline{CD}$의 연장선의 교점이다.
$\overline{DO}=\overline{DP}$, $\angle AOC=60°$,
$\overset{\frown}{AC}=12\,cm$일 때, $\overset{\frown}{CD}$의 길
이를 구하시오.

유형 06

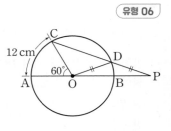

112

오른쪽 그림의 원 O에서 두 부채꼴
AOB와 COD의 넓이의 합이 $30\,cm^2$이
고 $\angle AOB=15°$, $\angle COD=75°$일 때,
원 O의 넓이를 구하시오.

유형 07

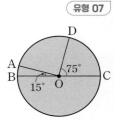

113

오른쪽 그림의 원 O에서
$\overset{\frown}{AB}=15\,cm$, $\overset{\frown}{CD}=8\,cm$이고
부채꼴 AOB의 넓이가 $45\,cm^2$
일 때, 부채꼴 COD의 넓이를 구
하시오.

유형 07

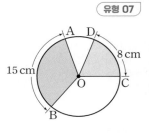

114

오른쪽 그림과 같이 반지름의 길이가
$9\,cm$인 원 O에서 $\overset{\frown}{AB}=\overset{\frown}{BC}$이고
$\overline{AB}=6\,cm$일 때, 색칠한 부분의 둘레의
길이를 구하시오.

유형 08

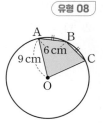

115

유형 09

오른쪽 그림의 원 O에서 $\overline{AD}$가 지름이
고 ∠AOB=∠BOC=∠COD일 때,
다음 중 옳지 <u>않은</u> 것을 모두 고르면?

(정답 2개)

① $\overline{AB}=\overline{BC}=\overline{CD}$

② $\overparen{AC}=3\overparen{CD}$

③ $\overline{BC}\,/\!/\,\overline{AD}$

④ $\overline{BD}=2\overline{AB}$

⑤ △AOB≡△COD

116

유형 09

오른쪽 그림의 부채꼴 AOB에서
∠AOC=75°, ∠BOC=15°일 때, 다음
중 옳은 것을 모두 고르면? (정답 2개)

① $\overline{AB}=6\overline{BC}$

② $\overparen{AC}=5\overparen{BC}$

③ $\overparen{BC}=\dfrac{1}{5}\overparen{AB}$

④ $5\overparen{AB}=6\overparen{AC}$

⑤ (△AOB의 넓이)=6×(△BOC의 넓이)

117

유형 10

오른쪽 그림의 원에서 색칠한 부분의 둘레
의 길이와 넓이를 차례로 구하시오.

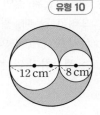

118

유형 10

오른쪽 그림과 같이 지름 AD의 길이
가 18 cm인 원에서 $\overline{AB}=\overline{BC}=\overline{CD}$일
때, 색칠한 부분의 둘레의 길이와 넓이
를 차례로 구하시오.

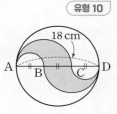

119

유형 11

오른쪽 그림은 한 변의 길이가 4 cm
인 정사각형, 정오각형, 정팔각형의
안쪽에 각각 부채꼴을 그린 것이다.
이때 색칠한 부분의 넓이를 구하시
오.

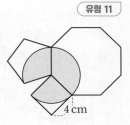

120

유형 13

오른쪽 그림은 어느 방범용 카메라가
물체를 인식할 수 있는 부분을 색칠한
것이다. 이때 색칠한 부분의 둘레의 길
이는?

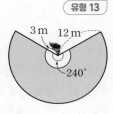

① $(10\pi+18)$ m   ② $(10\pi+36)$ m

③ $(20\pi+18)$ m   ④ $(20\pi+20)$ m

⑤ $(20\pi+36)$ m

• 정답과 해설 56쪽

121 유형 14

오른쪽 그림과 같이 한 변의 길이가 3 cm 인 정사각형에서 색칠한 부분의 넓이는?

① $\left(9-\dfrac{3}{2}\pi\right)$ cm²   ② $(9-2\pi)$ cm²

③ $\left(9-\dfrac{8}{3}\pi\right)$ cm²   ④ $\left(12-\dfrac{3}{2}\pi\right)$ cm²

⑤ $(12-2\pi)$ cm²

122 유형 15

다음 보기의 그림은 한 변의 길이가 4 cm인 정사각형 4개로 이루어진 도형에 부채꼴을 이용하여 그린 것이다. 보기 중 색칠한 부분의 넓이가 같은 것을 모두 찾아 짝 지으시오.

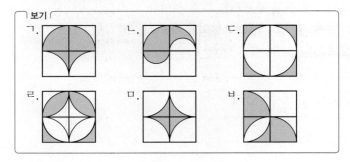

123 유형 15

오른쪽 그림과 같이 한 변의 길이가 12 cm인 정사각형 ABCD에서 $\overline{AD}$와 $\overline{BC}$를 각각 지름으로 하는 두 반원이 정사각형 ABCD 안의 한 점 P에서 만날 때, 색칠한 부분의 넓이는?

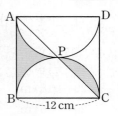

① $(27-3\pi)$ cm²   ② $(27-2\pi)$ cm²

③ $(54-9\pi)$ cm²   ④ $(63-9\pi)$ cm²

⑤ $(54-3\pi)$ cm²

124 유형 07

오른쪽 그림과 같이 $\overline{AB}$가 지름인 원 O에서 $\overline{AD}\,/\!/\,\overline{OC}$이고 ∠BOC=25° 이다. 부채꼴 BOC의 넓이가 5 cm²일 때, 부채꼴 AOD의 넓이를 구하시오.

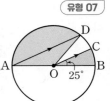

125 유형 13

오른쪽 그림과 같이 중심이 O로 같은 원과 부채꼴이 겹쳐 있다. $\overline{OA}=5$ cm, $\overline{AB}=3$ cm일 때, 색칠한 부분의 둘레의 길이를 구하시오.

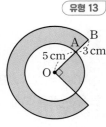

126 유형 18

오른쪽 그림과 같이 밑면의 반지름의 길이가 8 cm인 원기둥 모양의 통나무 6개를 끈의 길이가 최소가 되도록 묶으려고 할 때, 필요한 끈의 길이를 구하시오. (단, 끈의 두께와 매듭의 길이는 생각하지 않는다.)

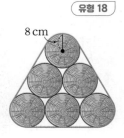

만점 문제 뛰어넘기

127 오른쪽 그림과 같이 점 O에 매달린 추는 A 지점과 D 지점 사이를 움직인다. ∠AOD＝100°이고 $\overarc{AB}$: $\overarc{BC}$＝13 : 9, $\overarc{BC}$: $\overarc{CD}$＝3 : 1일 때, ∠COD의 크기를 구하시오.

(단, 추의 크기는 생각하지 않는다.)

128 오른쪽 그림은 한 변의 길이가 6 cm인 정육각형 ABCDEF에서 $\overline{EF}$, $\overline{DE}$, $\overline{CD}$를 연장하여 부채꼴 AFG, GEH, HDI를 그린 것이다. 이때 색칠한 부분의 넓이를 구하시오.

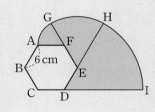

129 오른쪽 그림과 같이 반지름의 길이가 12 cm이고 중심각의 크기가 90°인 부채꼴 AOB가 있다. $\overarc{AB}$를 삼등분한 점을 C, D라 하고 두 점 C, D에서 선분 OB에 내린 수선의 발을 각각 E, F라 하자. 이때 색칠한 부분의 넓이를 구하시오.

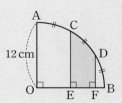

130 오른쪽 그림에서 색칠한 부분의 넓이와 직사각형 ABCD의 넓이가 같을 때, 색칠한 부분의 넓이를 구하시오.

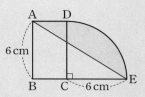

131 다음 그림과 같이 가로, 세로의 길이가 각각 4 cm, 3 cm이고 대각선의 길이가 5 cm인 직사각형을 직선 l 위에서 점 A가 점 A′에 오도록 회전시켰을 때, 점 A가 움직인 거리를 구하시오.

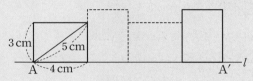

132 다음 그림과 같이 평평한 풀밭에 한 변의 길이가 4 m인 정사각형 모양의 꽃밭이 있다. 이 꽃밭의 P 지점에 길이가 6 m인 끈으로 소를 묶어 놓았을 때, 소가 최대한 움직일 수 있는 영역의 넓이를 구하시오. (단, 소는 꽃밭에 들어갈 수 없고, 끈의 두께와 소의 크기는 생각하지 않는다.)

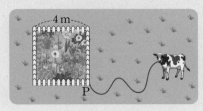

6.

다면체와 회전체

유형 01 · 다면체

(1) **다면체**: 다각형인 면으로만 둘러싸인 입체
도형
➡ 다면체는 그 면의 개수에 따라 사면체,
오면체, 육면체, …라 한다.

(2) **각뿔대**: 각뿔을 밑면에 평행한 평면으
로 잘라서 생기는 두 다면체 중 각뿔이
아닌 쪽의 도형

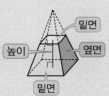

대표 문제

01 다음 보기 중 다면체를 모두 고르시오.

┌ 보기 ┐
ㄱ. 직육면체   ㄴ. 오각형   ㄷ. 원기둥
ㄹ. 사각뿔대   ㅁ. 삼각기둥   ㅂ. 반구

유형 02 · 다면체의 면, 모서리, 꼭짓점의 개수

	n각기둥	n각뿔	n각뿔대
면의 개수	$n+2$	$n+1$	$n+2$
모서리의 개수	$3n$	$2n$	$3n$
꼭짓점의 개수	$2n$	$n+1$	$2n$

참고 • 각기둥과 각뿔대는 면, 모서리, 꼭짓점의 개수가 각각 같다.
• 각뿔은 면의 개수와 꼭짓점의 개수가 같다.

대표 문제

02 육각뿔대의 면의 개수를 a, 팔각기둥의 모서리의 개수
를 b, 사각뿔의 꼭짓점의 개수를 c라 할 때, $a+b+c$의 값을
구하시오.

유형 03 · 다면체의 면, 모서리, 꼭짓점의 개수의 활용

면, 모서리, 꼭짓점의 개수 중 어느 하나가 주어진 각기둥은 다음
과 같은 순서로 구한다.
❶ 구하는 각기둥을 n각기둥이라 한다.
❷ 면, 모서리, 꼭짓점의 개수를 이용하여 n의 값을 구한다.
참고 각뿔, 각뿔대도 같은 방법으로 구한다.

대표 문제

03 꼭짓점의 개수가 14인 각기둥의 면의 개수를 x, 모서리
의 개수를 y라 할 때, $x+y$의 값을 구하시오.

유형 04　**다면체의 옆면의 모양**

	각기둥	각뿔	각뿔대
옆면의 모양	직사각형	삼각형	사다리꼴

대표 문제

04 다음 중 다면체와 그 옆면의 모양을 바르게 짝 지은 것을 모두 고르면? (정답 2개)

① 오각뿔 – 오각형　　　② 사각기둥 – 직사각형

③ 칠각뿔 – 사다리꼴　　④ 오각뿔대 – 삼각형

⑤ 사각뿔대 – 사다리꼴

유형 05　**다면체의 이해**　　중요

(1) **각기둥**: 두 밑면은 서로 평행하고 합동인 다각형이며, 옆면은 모두 직사각형인 다면체

(2) **각뿔**: 밑면은 다각형이고 옆면은 모두 삼각형인 다면체

(3) **각뿔대**: 두 밑면은 서로 평행한 다각형이고 옆면은 모두 사다리꼴인 다면체 └ 합동은 아니다.

대표 문제

05 다음 중 각뿔에 대한 설명으로 옳지 <u>않은</u> 것은?

① 밑면의 개수는 2이다.

② n각뿔의 꼭짓점의 개수는 $n+1$이다.

③ 각뿔의 종류는 밑면의 모양으로 결정된다.

④ 밑면은 다각형이고 옆면은 모두 삼각형이다.

⑤ 삼각뿔을 밑면에 평행하게 자른 단면은 삼각형이다.

유형 06　**주어진 조건을 만족시키는 다면체**　　중요

(1) 옆면의 모양으로 다면체의 종류를 결정한다.

　① 직사각형 ➡ 각기둥

　② 삼각형 ➡ 각뿔

　③ 사다리꼴 ➡ 각뿔대

(2) 면, 꼭짓점, 모서리의 개수를 이용하여 밑면의 모양을 결정한다.

대표 문제

06 다음 조건을 모두 만족시키는 입체도형의 이름을 말하시오.

┌ 조건 ┌
㉮ 칠면체이다.
㉯ 두 밑면은 서로 평행하다.
㉰ 옆면의 모양은 직사각형이 아닌 사다리꼴이다.

유형 완성하기

유형 01 다면체

Pick
07 대표 문제

다음 중 다각형인 면으로만 둘러싸인 입체도형을 모두 고르면? (정답 2개)

①   ②   ③

④   ⑤

08 하

오른쪽 그림의 입체도형은 몇 면체인지 구하시오.

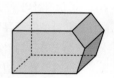

유형 02 다면체의 면, 모서리, 꼭짓점의 개수

09 대표 문제

다음 표의 빈칸에 들어갈 것으로 옳지 않은 것은?

다면체	면의 개수	모서리의 개수	꼭짓점의 개수
육각기둥	①	18	②
칠각뿔	8	③	8
팔각뿔대	10	④	⑤

① 8 ② 12 ③ 12
④ 24 ⑤ 16

Pick
10 중

다음 중 다면체와 그 이름을 잘못 짝 지은 것은?

① 사각뿔 – 오면체 ② 사각기둥 – 육면체
③ 삼각뿔대 – 육면체 ④ 칠각기둥 – 구면체
⑤ 구각뿔대 – 십일면체

11 중

다음 다면체 중 오른쪽 그림의 다면체와 면의 개수가 같은 것을 모두 고르면? (정답 2개)

① 정육면체 ② 오각뿔대
③ 육각뿔 ④ 칠각기둥
⑤ 칠각뿔대

12 중 서술형

십이각기둥의 모서리의 개수를 a, 팔각뿔의 모서리의 개수를 b라 할 때, $a-b$의 값을 구하시오.

Pick
13 중

다음 중 꼭짓점의 개수가 가장 많은 다면체는?

① 오각기둥 ② 육각뿔 ③ 칠각뿔대
④ 육각뿔대 ⑤ 십각뿔

14 중

다음 중 면의 개수가 10이고 모서리의 개수가 18인 입체도형은?

① 육각기둥   ② 팔각기둥   ③ 구각뿔
④ 구각기둥   ⑤ 십각뿔대

15 중

다음 중 꼭짓점의 개수와 면의 개수가 같은 다면체는?

① 삼각뿔대   ② 직육면체   ③ 오각기둥
④ 육각뿔   ⑤ 사각뿔대

16 중

구각뿔을 밑면에 평행한 평면으로 자를 때 생기는 두 입체도형의 꼭짓점의 개수의 차를 구하시오.

유형 03   다면체의 면, 모서리, 꼭짓점의 개수의 활용   중요

17 대표 문제

면의 개수가 8인 각뿔의 모서리의 개수와 꼭짓점의 개수를 각각 a, b라 할 때, $a+b$의 값은?

① 14   ② 18   ③ 20
④ 22   ⑤ 24

18 중

모서리의 개수가 18인 각뿔대는 몇 면체인지 구하시오.

Pick
19 중

모서리의 개수와 면의 개수의 차가 10인 각뿔의 꼭짓점의 개수를 구하시오.

20 중

십면체인 각기둥, 각뿔, 각뿔대의 모서리의 개수의 합을 구하시오.

유형 04 다면체의 옆면의 모양

Pick
21 대표 문제
다음 중 다면체와 그 옆면의 모양을 <u>잘못</u> 짝 지은 것은?

① 삼각기둥 – 직사각형
② 삼각뿔 – 사다리꼴
③ 사각뿔 – 삼각형
④ 육각기둥 – 직사각형
⑤ 육각뿔대 – 사다리꼴

22 하
다음 다면체 중 옆면의 모양이 사각형이 <u>아닌</u> 것은?

① 오각뿔대
② 육각뿔
③ 직육면체
④ 칠각기둥
⑤ 구각뿔대

23 하
다음 보기 중 옆면의 모양이 삼각형인 다면체를 모두 고르시오.

┌ 보기 ┐
ㄱ. 정육면체   ㄴ. 원기둥   ㄷ. 오각뿔
ㄹ. 팔각기둥   ㅁ. 원뿔   ㅂ. 칠각뿔
ㅅ. 십각뿔대   ㅇ. 십일각뿔   ㅈ. 구
└─────────────────────────────┘

유형 05 다면체의 이해

24 대표 문제
다음 보기 중 칠각뿔에 대한 설명으로 옳은 것을 모두 고르시오.

┌ 보기 ┐
ㄱ. 밑면의 개수는 2이다.
ㄴ. 옆면의 모양은 삼각형이다.
ㄷ. 육각뿔보다 꼭짓점이 1개 더 많다.
ㄹ. 오각뿔대와 모서리의 개수가 같다.
└─────────────────────────────┘

25 중
다음 중 육각기둥에 대한 설명으로 옳지 <u>않은</u> 것은?

① 팔면체이다.
② 두 밑면은 서로 평행하다.
③ 모서리의 개수는 18이다.
④ 옆면의 모양은 모두 직사각형으로 합동이다.
⑤ 밑면에 평행하게 자른 단면은 육각형이다.

Pick
26 중
다음 중 다면체에 대한 설명으로 옳은 것은?

① 각기둥의 밑면의 개수는 1이다.
② 각뿔의 면의 개수와 꼭짓점의 개수는 같다.
③ 각뿔대를 밑면에 수직인 평면으로 자른 단면은 사다리꼴이다.
④ 사각기둥은 사면체이다.
⑤ 팔각뿔의 모서리의 개수는 9이다.

27 중 多 보기

다음 중 각뿔대에 대한 설명으로 옳지 <u>않은</u> 것을 모두 고르면?

① n각뿔대는 $(n+2)$면체이다.
② 모서리의 개수와 꼭짓점의 개수가 같다.
③ 각뿔대의 종류는 밑면의 모양으로 결정된다.
④ 밑면은 다각형이고 옆면은 모두 사다리꼴이다.
⑤ 두 밑면은 서로 합동인 다각형이다.
⑥ 사각뿔대를 밑면에 평행하게 자른 단면은 사각형이다.
⑦ 각뿔대를 밑면에 평행한 평면으로 자르면 두 개의 각뿔대가 생긴다.

유형 06 주어진 조건을 만족시키는 다면체 중요

28 대표 문제

다음 조건을 모두 만족시키는 다면체는?

조건
㈎ 두 밑면은 서로 평행하다.
㈏ 옆면의 모양은 직사각형이 아닌 사다리꼴이다.
㈐ 꼭짓점의 개수는 14이다.

① 칠각뿔 　　② 칠각뿔대 　　③ 칠각기둥
④ 팔각뿔대 　　⑤ 구각기둥

29 중

밑면의 개수가 1이고 옆면의 모양은 삼각형이며 면의 개수가 10인 다면체의 이름을 말하시오.

Pick
30 중

다음 조건을 모두 만족시키는 다면체의 꼭짓점의 개수는?

조건
㈎ 두 밑면은 서로 평행하고 합동인 다각형이다.
㈏ 옆면의 모양은 직사각형이다.
㈐ 모서리의 개수는 21이다.

① 7 　　　　② 10 　　　　③ 14
④ 17 　　　　⑤ 20

31 중 서술형

다음 조건을 모두 만족시키는 입체도형의 면의 개수와 모서리의 개수의 합을 구하시오.

조건
㈎ 밑면의 개수는 1이다.
㈏ 옆면의 모양은 삼각형이다.
㈐ 꼭짓점의 개수는 11이다.

유형 07 · 정다면체

(1) 다음 조건을 모두 만족시키는 다면체를 **정다면체**라 한다.
　① 모든 면이 합동인 정다각형이다.
　② 각 꼭짓점에 모인 면의 개수가 같다.
　주의 정다면체의 두 조건 중 어느 하나만을 만족시키는 것은 정다면체가
　　　　아니다.

(2) 정다면체의 종류
　정사면체, 정육면체, 정팔면체, 정십이면체, 정이십면체의 다
　섯 가지뿐이다.

	정사면체	정육면체	정팔면체	정십이면체	정이십면체
겨냥도					
면의 모양	정삼각형	정사각형	정삼각형	정오각형	정삼각형
한 꼭짓점에 모인 면의 개수	3	3	4	3	5

　참고 정다면체가 다섯 가지뿐인 이유: 정다면체는 입체도형이므로
　• 한 꼭짓점에 모인 면의 개수가 3 이상이어야 한다.
　• 한 꼭짓점에 모인 각의 크기의 합이 360°보다 작아야 한다.
　➡ 정다면체의 면이 될 수 있는 다각형은 **정삼각형, 정사각형, 정오각**
　　형뿐이다.

대표 문제

32 다음 중 정다면체에 대한 설명으로 옳은 것을 모두 고르면? (정답 2개)

① 모든 면이 합동인 정다각형으로 이루어진 다면체를 정다면체라 한다.
② 정다면체의 종류는 5가지뿐이다.
③ 모든 정다면체는 평행한 면이 있다.
④ 면의 모양이 정오각형인 정다면체는 정이십면체이다.
⑤ 정팔면체의 한 꼭짓점에 모인 면의 개수는 4이다.

유형 08 · 정다면체의 면, 모서리, 꼭짓점의 개수 **중요**

	정사면체	정육면체	정팔면체	정십이면체	정이십면체
면의 개수	4	6	8	12	20
모서리의 개수	6	12	12	30	30
꼭짓점의 개수	4	8	6	20	12

대표 문제

33 정사면체의 꼭짓점의 개수를 a, 정십이면체의 모서리의 개수를 b라 할 때, $a+b$의 값을 구하시오.

유형 09 정다면체의 전개도 ⓒ중요

(1) 정사면체

(2) 정육면체

(3) 정팔면체

(4) 정십이면체

(5) 정이십면체

대표 문제

34 오른쪽 그림과 같은 전개도로 정육면체를 만들 때, 점 D와 겹치는 꼭짓점을 모두 구하시오.

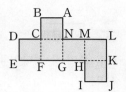

유형 10 정다면체의 각 면의 중심을 꼭짓점으로 하는 다면체

정다면체의 각 면의 중심을 꼭짓점으로 하는 다면체는 처음 도형의 면의 개수만큼 꼭짓점이 생기는 정다면체이다.

(1) 정사면체 ➡ 정사면체 (2) 정육면체 ➡ 정팔면체

(3) 정팔면체 ➡ 정육면체 (4) 정십이면체 ➡ 정이십면체

(5) 정이십면체 ➡ 정십이면체

대표 문제

35 정팔면체의 각 면의 중심을 꼭짓점으로 하여 만든 정다면체의 이름을 말하시오.

유형 11 정다면체의 단면의 모양

정육면체를 한 평면으로 자를 때 생기는 단면의 모양은 다음의 네 가지가 있다.

(1) 삼각형

(2) 사각형

(3) 오각형

(4) 육각형

대표 문제

36 오른쪽 그림의 정육면체를 주어진 평면으로 자를 때 생기는 단면의 모양을 보기에서 고르시오.

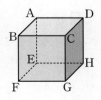

┌ 보기 ┐
ㄱ. 정삼각형   ㄴ. 직각삼각형
ㄷ. 직사각형   ㄹ. 마름모
└─────────────────┘

(1) 네 점 A, B, G, H를 지나는 평면

(2) 세 점 B, D, G를 지나는 평면

유형 07 정다면체

Pick
37 대표 문제

다음 보기 중 정다면체에 대한 설명으로 옳은 것을 모두 고르시오.

┌ 보기 ┐
ㄱ. 각 꼭짓점에 모인 면의 개수가 같다.
ㄴ. 정다면체의 면의 모양은 5가지이다.
ㄷ. 정삼각형인 면으로 이루어진 정다면체는 3가지이다.
ㄹ. 정육각형인 면으로 이루어진 정다면체는 1가지이다.
ㅁ. 한 꼭짓점에 모인 면의 개수가 가장 많은 정다면체는 정십이면체이다.
└────────┘

38 하

다음 중 정다면체가 <u>아닌</u> 것은?

① 정사면체   ② 정육면체   ③ 정십면체
④ 정십이면체   ⑤ 정이십면체

39 중

다음 중 정다면체와 그 면의 모양, 한 꼭짓점에 모인 면의 개수를 바르게 짝 지은 것은?

① 정사면체 – 정삼각형 – 4
② 정육면체 – 정삼각형 – 3
③ 정팔면체 – 정사각형 – 4
④ 정십이면체 – 정오각형 – 4
⑤ 정이십면체 – 정삼각형 – 5

Pick
40 중

면의 모양이 정삼각형인 정다면체의 종류는 a가지, 한 꼭짓점에 모인 면의 개수가 3인 정다면체의 종류는 b가지이다. 이때 $a+b$의 값은?

① 3   ② 4   ③ 5
④ 6   ⑤ 7

Pick
41 중

다음 조건을 모두 만족시키는 정다면체의 이름을 말하시오.

┌ 조건 ┐
㈎ 모든 면은 합동인 정삼각형이다.
㈏ 각 꼭짓점에 모인 면의 개수는 4이다.
└────────┘

42 중

오른쪽 그림과 같이 각 면이 합동인 정삼각형으로 이루어진 다면체가 있다. 다음 물음에 답하시오.

(1) 두 꼭짓점 A, B에 모인 면의 개수를 차례로 구하시오.
(2) 이 다면체가 정다면체가 아닌 이유를 설명하시오.

유형 08 정다면체의 면, 모서리, 꼭짓점의 개수 〔중요〕

43 대표 문제

다음 표의 빈칸에 들어갈 것으로 옳지 <u>않은</u> 것은?

	정사면체	정육면체	정팔면체	정십이면체	정이십면체
면의 개수	4	①	8	12	20
모서리의 개수	②	12	12	③	30
꼭짓점의 개수	4	8	6	④	⑤

① 6　　　　② 6　　　　③ 30

④ 30　　　　⑤ 12

44 〔중〕

다음 보기 중 그 값이 가장 큰 것과 가장 작은 것을 차례로 고르시오.

┌─ 보기 ────────────────────┐
ㄱ. 정사면체의 꼭짓점의 개수
ㄴ. 정육면체의 모서리의 개수
ㄷ. 정팔면체의 면의 개수
ㄹ. 정십이면체의 모서리의 개수
ㅁ. 정이십면체의 꼭짓점의 개수
└────────────────────────┘

45 〔중〕 〔서술형〕

다음 조건을 모두 만족시키는 입체도형의 면의 개수를 a, 꼭짓점의 개수를 b라 할 때, $a-b$의 값을 구하시오.

┌─ 조건 ────────────────────┐
㈎ 모든 면은 합동인 정다각형이다.
㈏ 각 꼭짓점에 모인 면의 개수는 5이다.
└────────────────────────┘

46 〔중〕

꼭짓점의 개수가 가장 많은 정다면체의 모서리의 개수를 a, 모서리의 개수가 가장 적은 정다면체의 면의 개수를 b라 할 때, $a-b$의 값은?

① 20　　　　② 24　　　　③ 26

④ 30　　　　⑤ 32

유형 09 정다면체의 전개도 〔중요〕

47 대표 문제

오른쪽 그림과 같은 전개도로 만들어지는 정다면체에 대한 설명으로 다음 중 옳지 <u>않은</u> 것을 모두 고르면? (정답 2개)

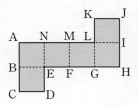

① 정육면체이다.
② 평행한 면은 모두 3쌍이다.
③ $\overline{FG}$와 겹치는 모서리는 $\overline{KJ}$이다.
④ 점 A와 겹치는 꼭짓점은 점 I이다.
⑤ 면 ABEN과 면 GHIL은 평행하다.

Pick
48 중

오른쪽 그림과 같은 전개도로 만들어지는 정사면체에서 다음 중 $\overline{AB}$와 겹치는 모서리는?

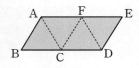

① $\overline{AF}$ ② $\overline{BC}$ ③ $\overline{CD}$
④ $\overline{ED}$ ⑤ $\overline{FD}$

49 중

다음 중 정육면체의 전개도가 될 수 없는 것을 모두 고르면?

(정답 2개)

①   ②   ③

④   ⑤

Pick
50 중

오른쪽 그림과 같은 전개도로 정팔면체를 만들 때, 다음을 구하시오.

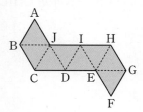

(1) 점 B와 겹치는 꼭짓점
(2) $\overline{BC}$와 평행한 모서리
(3) $\overline{CD}$와 꼬인 위치에 있는 모서리

51 중 서술형

오른쪽 그림은 서로 마주 보는 두 면에 있는 점의 개수의 합이 7인 정육면체의 전개도이다. 면 A, B, C의 점의 개수를 각각 a, b, c라 할 때, $a+b-c$의 값을 구하시오.

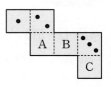

52 중

아래 그림과 같은 전개도로 만들어지는 정다면체에 대한 설명으로 다음 중 옳지 <u>않은</u> 것을 모두 고르면? (정답 2개)

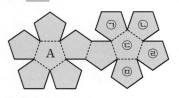

① 모든 면은 합동인 정오각형이다.
② 한 꼭짓점에 모인 면의 개수는 4이다.
③ 모서리의 개수는 30이다.
④ 꼭짓점의 개수는 12이다.
⑤ 면 A와 평행한 면은 ㉢이다.

유형 10 정다면체의 각 면의 중심을 꼭짓점으로 하는 다면체

53 대표 문제

다음 중 정다면체와 그 정다면체의 각 면의 중심을 연결하여 만든 다면체를 <u>잘못</u> 짝 지은 것은?

① 정사면체 – 정사면체 ② 정육면체 – 정팔면체
③ 정팔면체 – 정육면체 ④ 정십이면체 – 정십이면체
⑤ 정이십면체 – 정십이면체

54 ㉗

어떤 정다면체의 각 면의 중심을 연결하여 만든 정다면체가 처음 정다면체와 같은 종류일 때, 이 정다면체의 이름을 말하시오.

55 ㉗

다음 중 정육면체의 각 면의 대각선의 교점을 꼭짓점으로 하여 만든 입체도형에 대한 설명으로 옳지 <u>않은</u> 것은?

① 면의 개수는 8이다.
② 칠각뿔과 면의 개수가 같다.
③ 정육면체와 모서리의 개수가 같다.
④ 한 꼭짓점에 모인 면의 개수는 3이다.
⑤ 모든 면이 합동인 정삼각형으로 이루어져 있다.

56 ㉘

오른쪽 그림과 같은 정사면체의 각 모서리의 중점을 꼭짓점으로 하여 만든 입체도형의 이름을 말하시오.

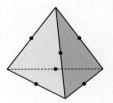

유형 11 **정다면체의 단면의 모양**

57 대표 문제

다음 중 정육면체를 한 평면으로 자를 때 생기는 단면의 모양이 될 수 <u>없는</u> 것은?

① 정삼각형   ② 직각삼각형   ③ 직사각형
④ 오각형   ⑤ 육각형

58 ㉗

오른쪽 그림은 정육면체를 세 꼭짓점 A, C, F를 지나는 평면으로 자른 입체도형이다. 이때 ∠AFC의 크기를 구하시오.

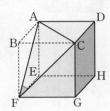

59 ㉗

오른쪽 그림과 같은 정육면체에서 점 M은 모서리 AB의 중점이다. 세 점 D, M, F를 지나는 평면으로 정육면체를 자를 때 생기는 단면의 모양은?

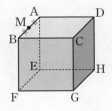

① 정삼각형   ② 이등변삼각형
③ 마름모   ④ 직사각형
⑤ 오각형

유형 12 회전체

(1) **회전체**: 평면도형을 한 직선 l을 축으로 하여 1회전 시킬 때 생기는 입체도형
  ① **회전축**: 회전시킬 때 축이 되는 직선 l
  ② **모선**: 회전하여 옆면을 만드는 선분
(2) **원뿔대**: 원뿔을 밑면에 평행한 평면으로 잘라서 생기는 두 입체도형 중 원뿔이 아닌 쪽의 도형

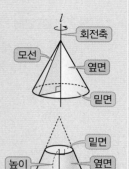

대표 문제

60 다음 보기 중 회전체를 모두 고른 것은?

┌ 보기 ┐
ㄱ. 오각기둥   ㄴ. 원기둥   ㄷ. 사각뿔
ㄹ. 직육면체   ㅁ. 삼각뿔대   ㅂ. 원뿔대

① ㄱ, ㄴ   ② ㄱ, ㅂ   ③ ㄴ, ㅂ
④ ㄷ, ㄹ   ⑤ ㄹ, ㅁ

유형 13 평면도형과 회전체 _{중요}

다음과 같은 평면도형을 한 직선을 축으로 하여 1회전 시키면 각각 원기둥, 원뿔, 원뿔대, 구가 된다.

(1)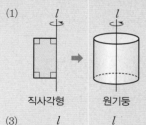
직사각형   원기둥

(2)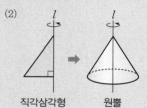
직각삼각형   원뿔

(3)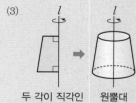
두 각이 직각인 사다리꼴   원뿔대

(4)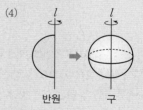
반원   구

주의 회전축에서 떨어져 있는 평면도형을 1회전 시키면 가운데가 빈 회전체가 만들어진다.

대표 문제

61 오른쪽 그림과 같은 평면도형을 직선 l을 회전축으로 하여 1회전 시킬 때 생기는 입체도형은?

①
②

③
④
⑤

유형 14 회전축 찾기

(1) 회전축을 $\overline{AC}$로 하면

(2) 회전축을 $\overline{AB}$로 하면
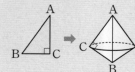

대표 문제

62 오른쪽 그림과 같은 사각형 ABCD를 한 변을 회전축으로 하여 1회전 시켜 원뿔대를 만들려고 할 때, 회전축이 될 수 있는 변을 구하시오.

유형 15 　회전체의 단면의 모양 　〔중요〕

(1) 회전체를 회전축에 수직인 평면으로 자르면 그 단면의 경계는 원이다.

(2) 회전체를 회전축을 포함하는 평면으로 자르면 그 단면은 모두 합동이고, 회전축에 대하여 선대칭도형이다.

〔참고〕 ・원기둥은 회전축에 수직인 평면으로 자르면 그 단면이 항상 합동이다.
　　　 ・구는 어떤 평면으로 잘라도 그 단면이 항상 원이다.

대표 문제

63 다음 중 회전체와 그 회전체를 회전축을 포함하는 평면으로 자를 때 생기는 단면의 모양을 잘못 짝 지은 것은?

① 구 원　　　　　　　② 반구 원
③ 원뿔 이등변삼각형　　④ 원기둥 직사각형
⑤ 원뿔대 사다리꼴

유형 16 　회전체의 단면의 넓이 　〔중요〕

(1) 회전축에 수직인 평면으로 자를 때
　➡ 단면은 항상 원이므로 원의 넓이 또는 둘레의 길이를 구하는 공식을 이용한다.

(2) 회전축을 포함하는 평면으로 자를 때
　➡ 회전시키기 전의 평면도형을 이용하여 구한다.

대표 문제

64 오른쪽 그림과 같은 직사각형을 직선 l을 회전축으로 하여 1회전 시킬 때 생기는 회전체를 회전축에 수직인 평면으로 자른 단면의 넓이를 구하시오.

유형 17 　회전체의 전개도 　〔중요〕

(1) 원기둥　　　　(2) 원뿔　　　　(3) 원뿔대

길이가 서로 같다.　길이가 서로 같다.　길이가 서로 같다.

〔참고〕 구의 전개도는 그릴 수 없다.

대표 문제

65 다음 그림은 원뿔대와 그 전개도이다. 이때 a, b, c의 값을 각각 구하시오.

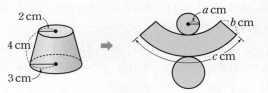

유형 18 　회전체의 이해

(1) **원기둥**: 원기둥의 모선과 회전축은 평행하다.

(2) **원뿔, 원뿔대**: 회전축에 수직인 평면으로 자를 때 생기는 단면은 모두 원이지만 그 크기는 다르다.

(3) **구**: 구의 중심을 지나는 평면으로 잘랐을 때 구의 단면이 가장 크다.

〔참고〕 구의 회전축은 무수히 많다.

대표 문제

66 다음 보기 중 옳은 것을 모두 고르시오.

〔보기〕
ㄱ. 원기둥, 원뿔, 원뿔대, 구는 모두 회전체이다.
ㄴ. 반원의 지름을 회전축으로 하여 1회전 시키면 반구가 된다.
ㄷ. 원뿔을 회전축에 수직인 평면으로 자를 때 생기는 단면은 원이다.

유형 완성하기 ✳

유형 12 회전체

Pick
67 대표 문제

다음 중 회전축을 갖는 입체도형이 <u>아닌</u> 것은?

①   ②   ③

④   ⑤

68 하

다음 보기 중 다면체의 개수를 a, 회전체의 개수를 b라 할 때, $a-b$의 값은?

┌ 보기 ┐
ㄱ. 정사면체   ㄴ. 팔각뿔   ㄷ. 원뿔대
ㄹ. 육각기둥   ㅁ. 원기둥   ㅂ. 반원
ㅅ. 원뿔   ㅇ. 오각뿔대   ㅈ. 구
└────────────────┘

① 0   ② 1   ③ 2

④ 3   ⑤ 4

유형 13 평면도형과 회전체   중요

Pick
69 대표 문제

다음 중 평면도형을 회전시켜 만든 입체도형으로 옳은 것은?

①   ②

③   ④

⑤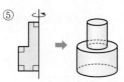

70 중

오른쪽 그림과 같은 도넛 모양의 입체도형은 다음 중 어느 평면도형을 1회전 시킨 것인가?

①   ②

③   ④   ⑤

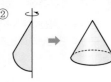
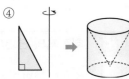

71 중

오른쪽 그림과 같은 회전체는 다음 중 어느 평면도형을 1회전 시킨 것인가?

①   ②

③   ④   ⑤

72 중

오른쪽 그림과 같은 회전체는 다음 중 어느 평면도형을 1회전 시킨 것인가?

①   ②

③   ④   ⑤

73 상

오른쪽 그림과 같은 직사각형 ABCD를 대각선 AC를 회전축으로 하여 1회전 시킬 때 생기는 입체도형은?

①   ②

③   ④   ⑤

유형 14 회전축 찾기

74 대표 문제

아래 [그림 2]는 [그림 1]의 어느 한 변을 회전축으로 하여 1회전 시킬 때 생기는 회전체이다. 다음 보기 중 [그림 2]의 회전축이 될 수 있는 것을 고르시오.

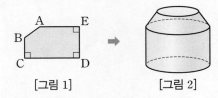

[그림 1]   [그림 2]

보기
ㄱ. $\overline{AB}$ ㄴ. $\overline{BC}$ ㄷ. $\overline{CD}$ ㄹ. $\overline{AE}$

75 중

오른쪽 그림과 같은 직각삼각형 ABC를 1회전 시켜 원뿔을 만들려고 할 때, 다음 보기 중 회전축이 될 수 <u>없는</u> 것을 고르시오.

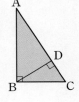

보기
ㄱ. $\overline{AB}$ ㄴ. $\overline{AC}$
ㄷ. $\overline{BC}$ ㄹ. $\overline{BD}$

유형 15 회전체의 단면의 모양

76 대표 문제

다음 중 회전체를 한 평면으로 자를 때, 옳지 <u>않은</u> 것을 모두 고르면? (정답 2개)

	회전체	자른 방법	단면의 모양
①	원기둥	회전축을 포함	다양한 크기의 직사각형
②	원뿔	회전축을 포함	합동인 이등변삼각형
③	구	회전축에 수직	합동인 원
④	원기둥	회전축에 수직	합동인 원
⑤	원뿔대	회전축에 수직	다양한 크기의 원

77 하
다음 중 어떤 평면으로 잘라도 그 단면이 항상 원인 회전체는?

① 구   ② 반구   ③ 원기둥
④ 원뿔   ⑤ 원뿔대

78 중
오른쪽 그림은 어떤 회전체를 회
전축에 수직인 평면으로 자른 단
면과 회전축을 포함하는 평면으
로 자른 단면을 차례로 나타낸 것
이다. 이 회전체의 이름을 말하시오.

Pick
79 중
오른쪽 그림과 같은 원뿔을 평면 ①, ②,
③, ④, ⑤로 자를 때 생기는 단면의 모
양으로 옳지 <u>않은</u> 것은?

①   ②

③   ④   ⑤

80 중
오른쪽 그림과 같은 원뿔대를 한 평면으로 자
를 때, 다음 중 그 단면의 모양이 될 수 <u>없는</u>
것은?

①   ②

③   ④   ⑤

유형 16   **회전체의 단면의 넓이**   중요

Pick
81 대표 문제
오른쪽 그림과 같은 사다리꼴을 직선 l을
회전축으로 하여 1회전 시킬 때 생기는 회
전체를 회전축을 포함하는 평면으로 자른
단면의 넓이를 구하시오.

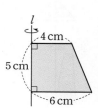

82 하
오른쪽 그림과 같은 원뿔을 회전축을 포함
하는 평면으로 자를 때 생기는 단면의 넓이
를 구하시오.

83 중

오른쪽 그림과 같이 $\overline{AB}=\overline{AC}$인 이등변
삼각형 ABC에서 $\overline{BC}$를 회전축으로 하
여 1회전 시킬 때 생기는 입체도형을 회
전축을 포함하는 평면으로 자른 단면의
둘레의 길이를 구하시오.

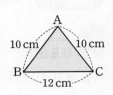

84 중

반지름의 길이가 8 cm인 구를 한 평면으로 자를 때 생기는 단
면 중 가장 큰 단면의 넓이를 구하시오.

85 중

오른쪽 그림과 같은 회전체를 회전축
을 포함하는 평면으로 자를 때 생기는
단면의 넓이는?

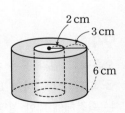

① 30 cm²　　② 32 cm²

③ 34 cm²　　④ 36 cm²

⑤ 38 cm²

86 상 서술형

오른쪽 그림과 같은 직각삼각형을 직선 l을
회전축으로 하여 1회전 시킬 때 생기는 회전
체를 회전축에 수직인 평면으로 잘랐다. 이때
생기는 단면 중 가장 큰 단면의 넓이를 구하시
오.

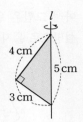

유형 17　회전체의 전개도　중요

Pick
87 대표 문제

다음 그림과 같은 직사각형을 직선 l을 회전축으로 하여 1회
전 시킬 때 생기는 회전체의 전개도에서 a, b, c의 값을 각각
구하시오.

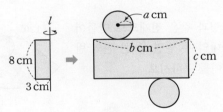

88 하

오른쪽 그림의 평면도형을 직선 l을 회전축으
로 하여 1회전 시킬 때 생기는 입체도형의 전
개도는?

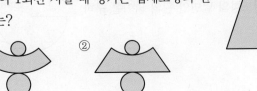

① 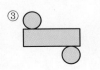　　②

③ 　　④　　⑤

89 중

아래 그림은 원뿔과 그 전개도이다. 다음 중 전개도에 대한 설명으로 옳지 <u>않은</u> 것은?

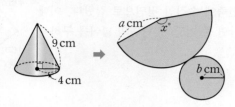

① $a=9$
② $b=4$
③ $x=160$
④ 부채꼴의 호의 길이는 8π cm이다.
⑤ 부채꼴의 넓이와 원의 넓이가 같다.

90 중

오른쪽 그림과 같은 전개도로 만들어지는 원뿔대의 두 밑면 중 큰 원의 반지름의 길이를 구하시오.

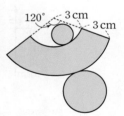

91 중

오른쪽 그림과 같은 전개도로 만들어지는 입체도형의 밑면인 원의 넓이를 구하시오.

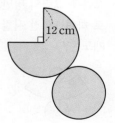

유형 18 회전체의 이해

Pick
92 대표 문제

다음 보기 중 구에 대한 설명으로 옳은 것을 모두 고르시오.

┌ 보기 ┐
ㄱ. 전개도를 그릴 수 없다.
ㄴ. 회전축은 1개이다.
ㄷ. 어떤 평면으로 잘라도 그 단면은 항상 합동인 원이다.
ㄹ. 평면으로 자른 단면의 넓이가 가장 큰 경우는 구의 중심을 지나도록 잘랐을 때이다.

93 중

다음 중 회전체에 대한 설명으로 옳지 <u>않은</u> 것은?

① 원기둥의 회전축과 모선은 항상 평행하다.
② 원기둥의 전개도에서 옆면의 모양은 사다리꼴이다.
③ 회전체를 회전축에 수직인 평면으로 자를 때 생기는 단면의 경계는 항상 원이다.
④ 회전체를 회전축을 포함하는 평면으로 자를 때 생기는 단면은 항상 선대칭도형이다.
⑤ 평면도형을 한 직선을 축으로 하여 1회전 시킬 때 생기는 입체도형을 회전체라 한다.

94 중

오른쪽 그림과 같은 사다리꼴을 직선 l을 회전축으로 하여 1회전 시킬 때 생기는 회전체에 대한 설명으로 다음 중 옳은 것은?

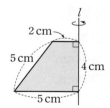

① 회전체는 사각뿔대이다.
② 회전체의 높이는 5 cm이다.
③ 회전축에 수직인 평면으로 자른 단면은 모두 합동이다.
④ 회전축을 포함하는 평면으로 자른 단면은 원이다.
⑤ 회전축을 포함하는 평면으로 자른 단면의 넓이는 28 cm²이다.

95

유형 01

다음 보기 중 다면체의 개수를 구하시오.

보기
ㄱ. 정삼각형   ㄴ. 원기둥   ㄷ. 오각기둥
ㄹ. 원뿔   ㅁ. 칠각뿔대   ㅂ. 구

96

유형 02

다음 보기 중 칠면체의 개수를 구하시오.

보기
ㄱ. 직육면체   ㄴ. 오각기둥   ㄷ. 오각뿔대
ㄹ. 육각뿔   ㅁ. 육각뿔대   ㅂ. 칠각뿔

97

유형 02

다음 중 그 값이 가장 큰 것은?

① 삼각기둥의 꼭짓점의 개수
② 사각뿔대의 모서리의 개수
③ 칠각기둥의 면의 개수
④ 팔각뿔의 꼭짓점의 개수
⑤ 오각뿔의 모서리의 개수

98

유형 03

모서리의 개수와 면의 개수의 합이 30인 각뿔대의 꼭짓점의 개수를 구하시오.

99

유형 04

다음 중 다면체의 밑면의 모양과 옆면의 모양이 옳은 것은?

	다면체	밑면의 모양	옆면의 모양
①	사각뿔	사각형	사각형
②	구각기둥	구각형	구각형
③	삼각뿔대	삼각형	사다리꼴
④	팔각뿔대	사다리꼴	팔각형
⑤	십각뿔	오각형	삼각형

100

유형 05

아래 그림과 같은 세 다면체 ㈎, ㈏, ㈐에 대한 설명으로 다음 중 옳지 <u>않은</u> 것을 모두 고르면? (정답 2개)

㈎   ㈏   ㈐

① 세 다면체는 모두 육면체이다.
② ㈏는 오각뿔이다.
③ ㈎, ㈐는 각각 두 밑면이 서로 평행하고 합동이다.
④ ㈐는 ㈏를 밑면에 평행한 평면으로 잘라서 생긴 입체도형이다.
⑤ ㈎의 꼭짓점의 개수는 ㈐의 꼭짓점의 개수와 같다.

101

유형 07

다음 보기 중 정다면체에 대한 설명으로 옳은 것을 모두 고르시오.

보기
ㄱ. 정사면체의 꼭짓점의 개수는 4이다.
ㄴ. 정십이면체는 12개의 정오각형으로 이루어져 있다.
ㄷ. 정사면체, 정팔면체, 정이십면체는 면의 모양이 모두 같다.
ㄹ. 정삼각형이 한 꼭짓점에 3개씩 모인 정다면체는 정이십면체이다.

102
유형 07

면의 모양이 정오각형인 정다면체의 한 꼭짓점에 모인 면의 개수를 a, 한 꼭짓점에 모인 면이 가장 많은 정다면체의 면의 개수를 b라 할 때, $a+b$의 값은?

① 13　　　　② 20　　　　③ 23
④ 27　　　　⑤ 30

103
유형 07

다음 조건을 모두 만족시키는 정다면체의 이름을 말하시오.

┌ 조건 ┐
㈎ 모든 면은 합동인 정삼각형이다.
㈏ 각 꼭짓점에 모인 면의 개수는 5이다.
└────┘

104
유형 08

한 꼭짓점에 모인 면의 개수가 4인 정다면체의 꼭짓점의 개수를 a, 면의 개수가 가장 많은 정다면체의 모서리의 개수를 b라 할 때, $a+b$의 값은?

① 30　　　　② 32　　　　③ 34
④ 36　　　　⑤ 38

105
유형 09

오른쪽 그림과 같은 전개도로 정사면체를 만들 때, $\overline{AC}$와 꼬인 위치에 있는 모서리를 구하시오.

106
유형 09

오른쪽 그림과 같은 전개도로 정육면체를 만들 때, 다음 중 $\overline{AB}$와 꼬인 위치에 있는 모서리가 아닌 것은?

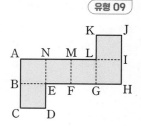

① $\overline{FG}$　　　　② $\overline{LM}$
③ $\overline{EF}$　　　　④ $\overline{JK}$
⑤ $\overline{GH}$

107
유형 12

다음 중 회전체가 아닌 것을 모두 고르면? (정답 2개)

① 원기둥　　　② 원뿔　　　③ 정팔면체
④ 구　　　　　⑤ 구각뿔

108
유형 13

다음 보기 중 평면도형을 회전시켜 만든 입체도형으로 옳은 것을 모두 고르시오.

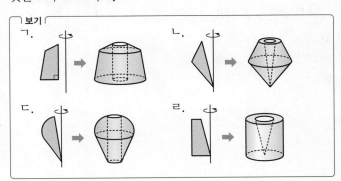

109
유형 15

다음 중 한 평면으로 자를 때 생기는 단면의 모양이 삼각형이 될 수 없는 입체도형은?

① 삼각뿔   ② 원뿔   ③ 정육면체
④ 원기둥   ⑤ 오각기둥

110
유형 18

다음 중 보기의 입체도형에 대한 설명으로 옳은 것을 모두 고르면? (정답 2개)

보기
ㄱ. 정사면체   ㄴ. 정팔면체   ㄷ. 오각뿔대
ㄹ. 삼각뿔   ㅁ. 팔각뿔   ㅂ. 육각기둥
ㅅ. 원뿔대   ㅇ. 원기둥   ㅈ. 구

① 회전체는 ㅅ, ㅇ, ㅈ이다.
② 팔면체는 ㄴ, ㄷ, ㅂ이다.
③ 정삼각형인 면으로만 이루어진 입체도형은 ㄱ, ㄴ, ㄹ이다.
④ 서로 평행한 면이 있는 입체도형은 ㄴ, ㄷ, ㅂ, ㅅ, ㅇ이다.
⑤ 전개도를 그릴 수 없는 입체도형은 ㅅ, ㅇ, ㅈ이다.

서술형 문제

111
유형 06

다음 조건을 모두 만족시키는 다면체의 이름을 말하시오.

조건
㈎ 두 밑면은 서로 평행하고 합동이다.
㈏ 옆면의 모양은 직사각형이다.
㈐ 십일면체이다.

112
유형 16

오른쪽 그림과 같은 평면도형을 직선 l을 회전축으로 하여 1회전 시킬 때 생기는 회전체를 회전축을 포함하는 평면으로 자른 단면의 넓이를 구하시오.

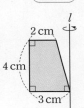

113
유형 17

오른쪽 그림과 같은 원뿔대의 전개도에서 옆면의 둘레의 길이를 구하시오.

만점 문제 뛰어넘기

114 밑면의 대각선의 개수가 20인 각뿔은 몇 면체인지 구하시오.

117 오른쪽 그림과 같은 전개도로 만들어지는 정육면체를 세 점 A, B, C를 지나는 평면으로 잘랐을 때 생기는 단면에서 ∠ABC의 크기는?

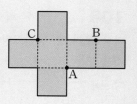

① 50°　　　　② 60°

③ 70°　　　　④ 80°

⑤ 90°

115 면의 모양이 정육각형인 정다면체가 없는 이유를 오른쪽 그림을 이용하여 설명하시오.

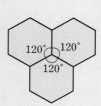

118 오른쪽 그림은 한 모서리의 길이가 5 cm인 정사면체이다. 모서리 AB의 중점을 M이라 할 때, 점 M에서 시작하여 세 모서리 AC, CD, BD를 거쳐 다시 점 M까지 최단 거리로 이동하려고 한다. 이때 최단 거리는?

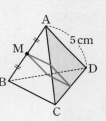

① 8 cm　　　　② 9 cm　　　　③ 10 cm

④ 11 cm　　　　⑤ 12 cm

116 아래 그림과 같이 정이십면체의 각 모서리를 삼등분한 점을 이어서 잘라 내면 축구공 모양을 만들 수 있다. 이때 축구공 모양의 다면체에서 다음을 구하시오.

(1) 정육각형 모양인 면의 개수

(2) 정오각형 모양인 면의 개수

119 오른쪽 그림과 같이 $\overline{AB} /\!/ \overline{DC}$, $\overline{AD} /\!/ \overline{BC}$인 사각형 ABCD에서 $\overline{AB}$를 회전축으로 하여 1회전 시킬 때 생기는 회전체와 $\overline{BD}$를 회전축으로 하여 1회전 시킬 때 생기는 회전체를 각각 그리시오.

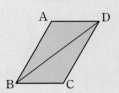

120 오른쪽 그림과 같은 평면도형을 직선 l을 회전축으로 하여 1회전 시킬 때 생기는 회전체를 한 평면으로 자르려고 한다. 다음 중 그 단면의 모양이 될 수 없는 것은?

①

②

③

④

⑤

121 오른쪽 그림과 같이 반지름의 길이가 3 cm인 원을 직선 l을 회전축으로 하여 1회전 시켰다. 이때 생기는 회전체를 원의 중심 O를 지나면서 회전축에 수직인 평면으로 자른 단면의 넓이는?

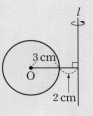

① $58\pi\,\mathrm{cm}^2$ ② $60\pi\,\mathrm{cm}^2$

③ $62\pi\,\mathrm{cm}^2$ ④ $64\pi\,\mathrm{cm}^2$

⑤ $66\pi\,\mathrm{cm}^2$

122 오른쪽 그림과 같이 원기둥 위의 점 A에서 겉면을 따라 점 B까지 실로 연결할 때, 다음 중 실의 길이가 가장 짧게 되는 경로를 전개도 위에 바르게 나타낸 것은?
(단, $\overline{AB}$는 원기둥의 모선이다.)

① 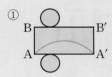   ②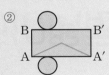

③ 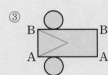   ④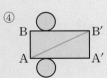

⑤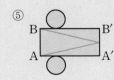

7

입체도형의
겉넓이와 부피

유형 모아 보기 * 01 기둥의 겉넓이와 부피

유형 01 | 각기둥의 겉넓이 〈중요〉

(각기둥의 겉넓이)=(밑넓이)×2+(옆넓이)
                              └→ (밑면의 둘레의 길이)×(높이)

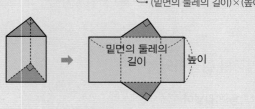

대표 문제

01 오른쪽 그림과 같은 사각기둥의 겉넓이를 구하시오.

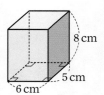

8 cm
6 cm
5 cm

유형 02 | 원기둥의 겉넓이 〈중요〉

원기둥의 밑면의 반지름의 길이를 r, 높이를 h라 하면
➡ (원기둥의 겉넓이)=(밑넓이)×2+(옆넓이)
                   $=2\pi r^2+2\pi rh$

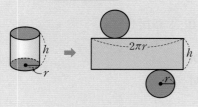

대표 문제

02 오른쪽 그림과 같은 원기둥의 겉넓이를 구하시오.

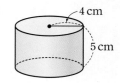

4 cm
5 cm

유형 03 | 각기둥의 부피 〈중요〉

각기둥의 밑넓이를 S, 높이를 h라 하면
➡ (각기둥의 부피)=(밑넓이)×(높이)
                  $=Sh$

대표 문제

03 오른쪽 그림과 같은 삼각기둥의 부피를 구하시오.

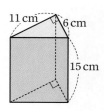

11 cm
6 cm
15 cm

유형 04 | 원기둥의 부피 〈중요〉

원기둥의 밑면의 반지름의 길이를 r, 높이를 h라 하면
➡ (원기둥의 부피)=(밑넓이)×(높이)
                  $=\pi r^2 h$

대표 문제

04 오른쪽 그림과 같은 원기둥의 부피는?

① $155\pi \, cm^3$ ② $160\pi \, cm^3$
③ $175\pi \, cm^3$ ④ $180\pi \, cm^3$
⑤ $185\pi \, cm^3$

7 cm
5 cm

유형 05   밑면이 부채꼴인 기둥의 겉넓이와 부피

(1) (밑면이 부채꼴인 기둥의 겉넓이)

    =(밑넓이)×2+(옆넓이)

    =(부채꼴의 넓이)×2+(부채꼴의 둘레의 길이)×(높이)

                     └ (호의 길이)+(반지름의 길이)×2

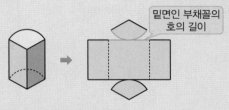

밑면인 부채꼴의 호의 길이

(2) (밑면이 부채꼴인 기둥의 부피)

    =(밑넓이)×(높이)

    =(부채꼴의 넓이)×(높이)

대표 문제

05 오른쪽 그림과 같은 입체도형의 겉넓이와 부피를 차례로 구하시오.

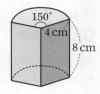

150°
4 cm
8 cm

유형 06   구멍이 뚫린 기둥의 겉넓이와 부피

(1) (구멍이 뚫린 기둥의 겉넓이)

    ={(큰 기둥의 밑넓이)-(작은 기둥의 밑넓이)}×2

      +(큰 기둥의 옆넓이)+(작은 기둥의 옆넓이)

(2) (구멍이 뚫린 기둥의 부피)

    =(큰 기둥의 부피)-(작은 기둥의 부피)

대표 문제

06 오른쪽 그림과 같은 입체도형의 겉넓이와 부피를 차례로 구하시오.

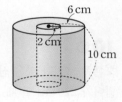

6 cm
2 cm
10 cm

유형 07   기둥의 일부를 잘라 낸 입체도형의 겉넓이와 부피

(1) (기둥의 일부를 잘라 낸 입체도형의 겉넓이)

    =(두 밑넓이의 합)+(옆넓이)

(2) (기둥의 일부를 잘라 낸 입체도형의 부피)

    =(잘라 내기 전 기둥의 부피)-(잘라 낸 기둥의 부피)

대표 문제

07 오른쪽 그림은 직육면체에서 작은 직육면체를 잘라 내고 남은 입체도형이다. 이 입체도형의 겉넓이와 부피를 차례로 구하시오.

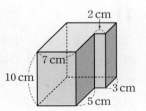

2 cm
7 cm
10 cm
3 cm
5 cm

유형 01 각기둥의 겉넓이 중요

Pick
08 대표 문제

오른쪽 그림과 같은 사각기둥의 겉넓이를 구하시오.

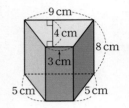

09 중

겉넓이가 54 cm²인 정육면체의 한 모서리의 길이를 구하시오.

10 중

오른쪽 그림과 같은 삼각기둥의 겉넓이가 270 cm²일 때, h의 값을 구하시오.

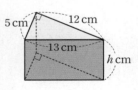

11 상

오른쪽 그림은 한 모서리의 길이가 2 cm인 정육면체 4개를 붙여 만든 입체도형이다. 이 입체도형의 겉넓이를 구하시오.

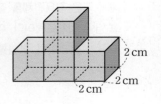

유형 02 원기둥의 겉넓이 중요

12 대표 문제

오른쪽 그림과 같은 원기둥의 겉넓이는?

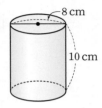

① 96π cm² ② 112π cm²
③ 132π cm² ④ 144π cm²
⑤ 192π cm²

Pick
13 하

오른쪽 그림과 같은 전개도로 만든 원기둥의 겉넓이를 구하시오.

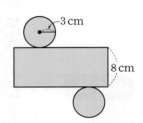

14 중

오른쪽 그림과 같이 밑면의 반지름의 길이가 5 cm인 원기둥의 겉넓이가 140π cm²일 때, 이 원기둥의 높이는?

① 7 cm ② 8 cm
③ 9 cm ④ 10 cm
⑤ 11 cm

15 중

오른쪽 그림과 같은 직사각형을 직선 l을 회전축으로 하여 1회전 시킬 때 생기는 회전체의 겉넓이는?

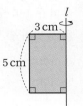

① $44\pi\,cm^2$ ② $46\pi\,cm^2$

③ $48\pi\,cm^2$ ④ $50\pi\,cm^2$

⑤ $52\pi\,cm^2$

16 중

어떤 원기둥을 회전축을 포함하는 평면으로 잘랐더니 그 단면의 모양이 한 변의 길이가 8 cm인 정사각형이었다. 이때 원기둥의 겉넓이를 구하시오.

17 중

오른쪽 그림과 같은 원기둥 모양의 롤러의 옆면에 페인트를 묻혀 연속하여 두 바퀴 굴릴 때, 페인트가 칠해지는 부분의 넓이를 구하시오.

유형 03   각기둥의 부피   〔중요〕

18 대표 문제

오른쪽 그림과 같은 사각기둥의 부피는?

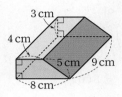

① $160\,cm^3$ ② $162\,cm^3$

③ $164\,cm^3$ ④ $166\,cm^3$

⑤ $168\,cm^3$

19 중

다음 그림과 같은 전개도로 만든 사각기둥의 부피를 구하시오.

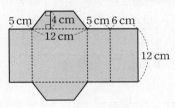

20 중 〔서술형〕

밑면이 오른쪽 그림과 같고 부피가 324 cm³인 오각기둥에 대하여 다음을 구하시오.

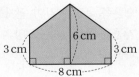
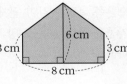

(1) 밑넓이

(2) 높이

21

오른쪽 그림과 같은 삼각기둥의 부피가 $360\,cm^3$일 때, 이 삼각기둥의 높이는?

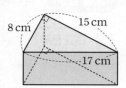

① $4\,cm$　　② $5\,cm$
③ $6\,cm$　　④ $7\,cm$
⑤ $8\,cm$

유형 04 **원기둥의 부피** 중요

22 대표 문제

다음 그림과 같은 전개도로 만든 원기둥의 부피를 구하시오.

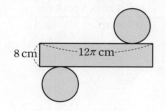

23 중

오른쪽 그림과 같이 원기둥 위에 작은 원기둥을 올려 놓은 모양의 입체도형의 부피를 구하시오.

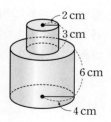

---

24 중

부피가 $180\pi\,cm^3$인 원기둥의 높이가 $5\,cm$일 때, 이 원기둥의 밑면의 반지름의 길이는?

① $5\,cm$　　② $6\,cm$　　③ $7\,cm$
④ $8\,cm$　　⑤ $9\,cm$

25 중

겉넓이가 $78\pi\,cm^2$이고, 밑면의 반지름의 길이가 $3\,cm$인 원기둥의 부피는?

① $80\pi\,cm^3$　　② $85\pi\,cm^3$　　③ $90\pi\,cm^3$
④ $95\pi\,cm^3$　　⑤ $100\pi\,cm^3$

26 중

다음 그림의 원기둥 A의 부피와 원기둥 B의 부피가 서로 같을 때, 원기둥 A의 옆넓이는?

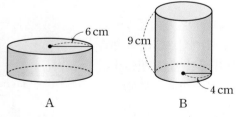

① $45\pi\,cm^2$　　② $46\pi\,cm^2$　　③ $47\pi\,cm^2$
④ $48\pi\,cm^2$　　⑤ $49\pi\,cm^2$

유형 05 밑면이 부채꼴인 기둥의 겉넓이와 부피

Pick

27 대표 문제

오른쪽 그림과 같은 입체도형의 겉넓이와 부피를 차례로 구하시오.

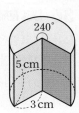

28 중

오른쪽 그림과 같은 기둥의 겉넓이는?

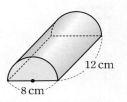

① $(16\pi+96)\,\text{cm}^2$
② $56\pi\,\text{cm}^2$
③ $(56\pi+96)\,\text{cm}^2$
④ $64\pi\,\text{cm}^2$
⑤ $(64\pi+96)\,\text{cm}^2$

29 중

오른쪽 그림과 같이 밑면이 부채꼴인 기둥의 부피가 $36\pi\,\text{cm}^3$일 때, 이 기둥의 높이는?

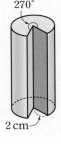

① 10 cm   ② 12 cm
③ 14 cm   ④ 16 cm
⑤ 18 cm

30 중   서술형

오른쪽 그림은 원기둥 모양의 치즈 케이크를 밑면이 부채꼴인 기둥 모양으로 6등분하여 자른 것 중 한 조각이다. 이 조각 케이크의 겉넓이와 부피를 차례로 구하시오.

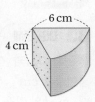

31 중

오른쪽 그림과 같은 직사각형을 직선 l을 회전축으로 하여 120°만큼 회전시킬 때 생기는 입체도형의 부피를 구하시오.

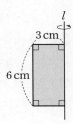

32 상

오른쪽 그림과 같은 입체도형의 겉넓이는?

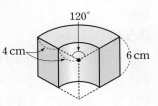

① $(40\pi+36)\,\text{cm}^2$
② $(40\pi+48)\,\text{cm}^2$
③ $(80\pi+36)\,\text{cm}^2$
④ $(80\pi+48)\,\text{cm}^2$
⑤ $(80\pi+54)\,\text{cm}^2$

유형 06 구멍이 뚫린 기둥의 겉넓이와 부피

33 대표 문제

오른쪽 그림과 같은 입체도형의 겉넓이를 a cm², 부피를 b cm³라 할 때, $a-b$의 값을 구하시오.

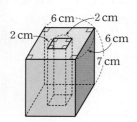

34 중

오른쪽 그림과 같은 직사각형을 직선 l을 회전축으로 하여 1회전 시킬 때 생기는 회전체의 부피는?

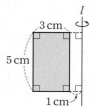

① 65π cm³ ② 75π cm³
③ 80π cm³ ④ 85π cm³
⑤ 90π cm³

35 중

오른쪽 그림은 밑면의 반지름의 길이가 8 cm, 높이가 10 cm인 원기둥에 한 변의 길이가 2 cm인 정사각형을 밑면으로 하는 사각기둥 모양의 구멍을 뚫어 만든 입체도형이다. 이 입체도형의 겉넓이와 부피를 차례로 구하시오.

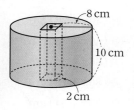

유형 07 기둥의 일부를 잘라 낸 입체도형의 겉넓이와 부피

36 대표 문제

오른쪽 그림은 직육면체에서 작은 직육면체를 잘라 내고 남은 입체도형이다. 이 입체도형의 겉넓이를 구하시오.

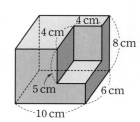

37 중

오른쪽 그림은 원기둥을 평면으로 비스듬히 자르고 남은 입체도형이다. 이 입체도형의 부피는?

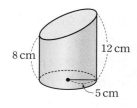

① 210π cm³ ② 220π cm³
③ 230π cm³ ④ 240π cm³
⑤ 250π cm³

38 중

오른쪽 그림은 정육면체를 평면으로 비스듬히 자르고 남은 입체도형이다. 이 입체도형의 부피는?

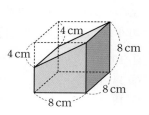

① 354 cm³ ② 362 cm³
③ 384 cm³ ④ 395 cm³
⑤ 400 cm³

유형 08 각뿔의 겉넓이

(각뿔의 겉넓이)=(밑넓이)+(옆넓이)

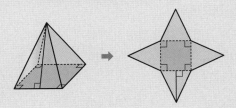

대표 문제

39 오른쪽 그림과 같이 밑면은 정사각형이고, 옆면은 모두 합동인 사각뿔의 겉넓이를 구하시오.

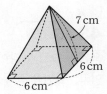

유형 09 원뿔의 겉넓이 〔중요〕

원뿔의 밑면의 반지름의 길이를 r, 모선의 길이를 l이라 하면

➡ (원뿔의 겉넓이)=(밑넓이)+(옆넓이)

$$=\pi r^2+\frac{1}{2}\times l\times 2\pi r$$

$$=\pi r^2+\pi rl$$

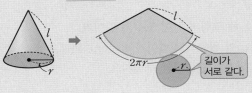

대표 문제

40 오른쪽 그림과 같이 밑면의 반지름의 길이가 5 cm이고, 모선의 길이가 13 cm인 원뿔의 겉넓이를 구하시오.

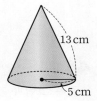

유형 10 각뿔의 부피

각뿔의 밑넓이를 S, 높이를 h라 하면

➡ (각뿔의 부피)=$\frac{1}{3}\times$(밑넓이)$\times$(높이)
  └─ 각기둥의 부피

$$=\frac{1}{3}Sh$$

대표 문제

41 오른쪽 그림과 같은 사각뿔의 부피를 구하시오.

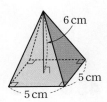

유형 11 원뿔의 부피 〔중요〕

원뿔의 밑면의 반지름의 길이를 r, 높이를 h라 하면

➡ (원뿔의 부피)=$\frac{1}{3}\times$(밑넓이)$\times$(높이)
  └─ 원기둥의 부피

$$=\frac{1}{3}\pi r^2h$$

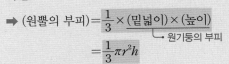

대표 문제

42 오른쪽 그림과 같은 원뿔의 부피는?

① $100\pi\,\text{cm}^3$ ② $150\pi\,\text{cm}^3$

③ $200\pi\,\text{cm}^3$ ④ $250\pi\,\text{cm}^3$

⑤ $300\pi\,\text{cm}^3$

유형 08 각뿔의 겉넓이

P̀ick
43 대표 문제

오른쪽 그림과 같이 밑면은 정사각형이고, 옆면은 모두 합동인 사각뿔의 겉넓이를 구하시오.

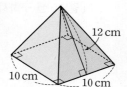

44 하

오른쪽 그림과 같은 전개도로 만든 사각뿔의 겉넓이는?

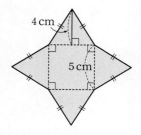

① $25 \, \text{cm}^2$ ② $40 \, \text{cm}^2$
③ $55 \, \text{cm}^2$ ④ $65 \, \text{cm}^2$
⑤ $70 \, \text{cm}^2$

45 중   서술형

오른쪽 그림은 밑면이 정사각형이고, 옆면이 모두 합동인 사각뿔 모양의 포장 상자이다. 이 포장 상자의 겉넓이가 $133 \, \text{cm}^2$일 때, x의 값을 구하시오.

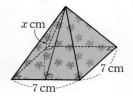

유형 09 원뿔의 겉넓이 중요

P̀ick
46 대표 문제

오른쪽 그림과 같이 밑면의 지름의 길이가 $6 \, \text{cm}$이고, 모선의 길이가 $7 \, \text{cm}$인 원뿔의 겉넓이는?

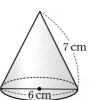

① $9\pi \, \text{cm}^2$ ② $21\pi \, \text{cm}^2$
③ $30\pi \, \text{cm}^2$ ④ $36\pi \, \text{cm}^2$
⑤ $42\pi \, \text{cm}^2$

47 중

오른쪽 그림과 같이 모선의 길이가 $9 \, \text{cm}$인 원뿔의 옆넓이가 $45\pi \, \text{cm}^2$일 때, 이 원뿔의 겉넓이를 구하시오.

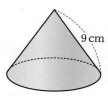

P̀ick
48 중

오른쪽 그림과 같이 밑면의 반지름의 길이가 $5 \, \text{cm}$인 원뿔의 겉넓이가 $75\pi \, \text{cm}^2$일 때, 이 원뿔의 모선의 길이는?

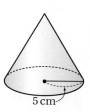

① $8 \, \text{cm}$ ② $9 \, \text{cm}$
③ $10 \, \text{cm}$ ④ $11 \, \text{cm}$
⑤ $12 \, \text{cm}$

49 중

모선의 길이가 밑면의 반지름의 길이의 2배인 원뿔이 있다. 이 원뿔의 겉넓이가 $48\pi \, cm^2$일 때, 밑면의 반지름의 길이는?

① 2 cm   ② 3 cm   ③ 4 cm

④ 5 cm   ⑤ 6 cm

50 중

다음 그림과 같은 원기둥의 겉넓이와 원뿔의 겉넓이가 서로 같을 때, 원뿔의 모선의 길이를 구하시오.

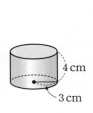

51 상

오른쪽 그림과 같이 밑면의 반지름의 길이가 4 cm, 겉넓이가 $96\pi \, cm^2$인 원뿔의 옆면에 페인트를 묻혀 바닥에 대고 점 O를 중심으로 굴릴 때, 몇 바퀴를 돈 후에 제자리로 돌아오는지 구하시오.

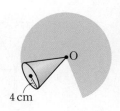

유형 10   **각뿔의 부피**

52 대표 문제

오른쪽 그림과 같은 삼각뿔의 부피는?

① $20 \, cm^3$ ② $30 \, cm^3$

③ $40 \, cm^3$ ④ $50 \, cm^3$

⑤ $60 \, cm^3$

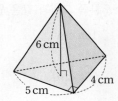

Pick
53 중

오른쪽 그림과 같은 사각뿔의 부피가 $90 \, cm^3$일 때, 이 사각뿔의 높이는?

① 5 cm   ② 6 cm

③ 7 cm   ④ 8 cm

⑤ 9 cm

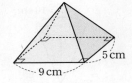

54 상

오른쪽 그림과 같이 한 변의 길이가 12 cm인 정사각형 ABCD에서 $\overline{AB}$, $\overline{BC}$의 중점을 각각 E, F라 하자. $\overline{ED}$, $\overline{EF}$, $\overline{DF}$를 접는 선으로 하여 접었을 때 만들어지는 입체도형의 부피를 구하시오.

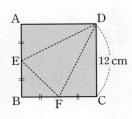

유형 11 원뿔의 부피

55 대표 문제

오른쪽 그림과 같은 원뿔의 부피는?

① $16\pi \, \text{cm}^3$ ② $32\pi \, \text{cm}^3$

③ $48\pi \, \text{cm}^3$ ④ $64\pi \, \text{cm}^3$

⑤ $96\pi \, \text{cm}^3$

56 중

다음 그림과 같은 세 입체도형 ㈎~㈐를 부피가 작은 것부터 차례로 나열한 것은?

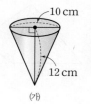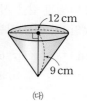

① ㈎, ㈏, ㈐ ② ㈎, ㈐, ㈏

③ ㈏, ㈎, ㈐ ④ ㈏, ㈐, ㈎

⑤ ㈐, ㈏, ㈎

Pick
57 중

오른쪽 그림은 밑면이 합동인 원뿔과 원기둥을 붙여 놓은 입체도형이다. 이 입체도형의 부피를 구하시오.

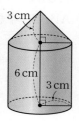

58 중

밑면의 반지름의 길이가 $5 \, \text{cm}$인 원뿔의 부피가 $75\pi \, \text{cm}^3$일 때, 이 원뿔의 높이를 구하시오.

59 중

밑면의 둘레의 길이가 $10\pi \, \text{cm}$이고, 높이가 $12 \, \text{cm}$인 원뿔의 부피는?

① $84\pi \, \text{cm}^3$ ② $92\pi \, \text{cm}^3$ ③ $100\pi \, \text{cm}^3$

④ $104\pi \, \text{cm}^3$ ⑤ $112\pi \, \text{cm}^3$

60 상

어느 음료수 가게에서 다음 그림과 같은 두 종류의 원뿔 모양의 유리잔 A, B에 음료수를 가득 담아 판매하고 있다. 음료수의 가격은 음료수의 부피에 정비례하고, A 한 잔에 1800원씩 판매한다고 할 때, B 한 잔의 판매 가격을 구하시오.
(단, 유리잔의 두께는 생각하지 않는다.)

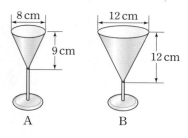

• 정답과 해설 73쪽

유형 12 | 직육면체에서 잘라 낸 각뿔의 부피

(삼각뿔 C−BGD의 부피)

$= \dfrac{1}{3} \times (\triangle BCD$의 넓이$) \times \overline{CG}$
　　　　└ 밑넓이　　　　└ 높이

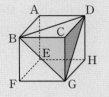

대표 문제

61 오른쪽 그림과 같이 한 모서리의 길이가 3 cm인 정육면체를 세 꼭짓점 B, G, D를 지나는 평면으로 자를 때 생기는 삼각뿔 C−BGD의 부피를 구하시오.

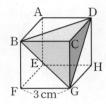

유형 13 | 그릇에 담긴 물의 부피

직육면체 모양의 그릇에 담긴 물의 부피는 그릇을 기울였을 때 생기는 삼각기둥 또는 삼각뿔의 부피와 같다.

(부피)=(밑넓이)×(높이)　　(부피)$=\dfrac{1}{3}$×(밑넓이)×(높이)

대표 문제

62 오른쪽 그림과 같이 직육면체 모양의 그릇에 물을 가득 채운 후 그릇을 기울여 물을 흘려보냈다. 이때 남아 있는 물의 부피를 구하시오. (단, 그릇의 두께는 생각하지 않는다.)

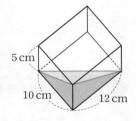

유형 14 | 원뿔 모양의 그릇에 담긴 물의 양

(1) 원뿔 모양의 빈 그릇에 물을 가득 채우는 데 걸리는 시간
　➡ (그릇의 부피)÷(시간당 채우는 물의 부피)

(2) 원뿔 모양의 그릇에 물을 채우고 남은 부분의 부피
　➡ (그릇의 부피)−(채워진 물의 부피)

대표 문제

63 오른쪽 그림과 같은 원뿔 모양의 그릇에 1분에 4π cm³씩 물을 넣을 때, 빈 그릇을 가득 채우려면 몇 분 동안 물을 넣어야 하는지 구하시오. (단, 그릇의 두께는 생각하지 않는다.)

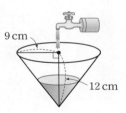

유형 15 | 전개도가 주어진 원뿔의 겉넓이와 부피 〔중요〕

원뿔의 전개도에서
(옆면인 부채꼴의 호의 길이)
=(밑면인 원의 둘레의 길이)

➡ $2\pi \times l \times \dfrac{x}{360} = 2\pi r$

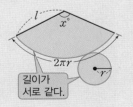

길이가 서로 같다.

대표 문제

64 오른쪽 그림과 같은 전개도로 만든 원뿔의 겉넓이를 구하시오.

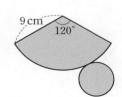

• 정답과 해설 73쪽

유형 16 **뿔대의 겉넓이** 중요

(뿔대의 겉넓이)＝(두 밑면의 넓이의 합)＋(옆넓이)
(1) (각뿔대의 겉넓이)＝(두 밑면의 넓이의 합)＋(옆넓이)
└ 옆면인 사다리꼴의 넓이의 합
(2) (원뿔대의 겉넓이)＝(두 밑면의 넓이의 합)＋(옆넓이)
└ (큰 부채꼴의 넓이)－(작은 부채꼴의 넓이)

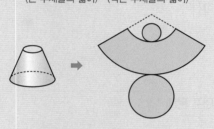

대표 문제

65 오른쪽 그림과 같은 원뿔대의 겉넓이를 구하시오.

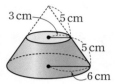

유형 17 **뿔대의 부피**

(뿔대의 부피)＝(큰 뿔의 부피)－(작은 뿔의 부피)

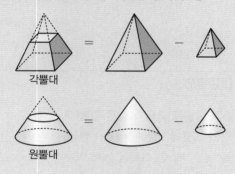

각뿔대

원뿔대

대표 문제

66 오른쪽 그림과 같은 원뿔대의 부피를 구하시오.

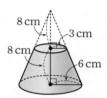

유형 18 **회전체의 겉넓이와 부피 – 원뿔, 원뿔대** 중요

밑변의 길이가 r, 높이가 h인 직각삼각형을 직선 m을 회전축으로 하여 1회전 시키면 밑면의 반지름의 길이가 r, 높이가 h인 원뿔이 생긴다.
└ (겉넓이)＝$\pi r^2 + \pi r l$, (부피)＝$\frac{1}{3}\pi r^2 h$

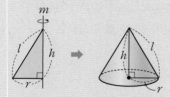

대표 문제

67 오른쪽 그림과 같은 직각삼각형을 직선 l을 회전축으로 하여 1회전 시킬 때 생기는 회전체의 겉넓이를 구하시오.

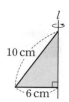

유형 12 직육면체에서 잘라 낸 각뿔의 부피

Pick
68 대표 문제

오른쪽 그림과 같이 직육면체를 세 꼭짓점 B, G, D를 지나는 평면으로 자를 때 생기는 삼각뿔 C−BGD의 부피를 구하시오.

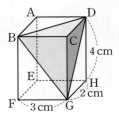

69 중

오른쪽 그림과 같이 직육면체를 두 꼭짓점 D, G와 $\overline{BC}$의 중점 M을 지나는 평면으로 자를 때 생기는 삼각뿔의 부피가 28 cm³이다. 이때 $\overline{AB}$의 길이는?

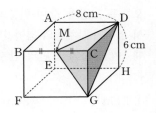

① 4 cm　　② 5 cm　　③ 6 cm
④ 7 cm　　⑤ 8 cm

70 중 서술형

오른쪽 그림은 한 모서리의 길이가 10 cm인 정육면체의 일부분을 잘라 낸 것이다. 이 입체도형의 부피를 구하시오.

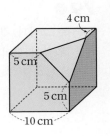

71 상

오른쪽 그림과 같이 한 모서리의 길이가 3 cm인 정육면체에서 4개의 삼각뿔을 잘라 내고 남은 삼각뿔 C−AFH의 부피를 구하시오.

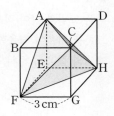

유형 13 그릇에 담긴 물의 부피

72 대표 문제

오른쪽 그림과 같이 직육면체 모양의 그릇에 물을 가득 채운 후 그릇을 기울여 물을 흘려보냈다. 이때 남아 있는 물의 부피는?
(단, 그릇의 두께는 생각하지 않는다.)

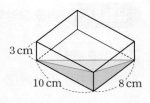

① 30 cm³　　② 40 cm³　　③ 50 cm³
④ 60 cm³　　⑤ 80 cm³

Pick
73 중

직육면체 모양의 그릇에 물을 담은 후 기울였더니 오른쪽 그림과 같았다. 그릇에 담긴 물의 부피가 36 cm³일 때, x의 값을 구하시오.
(단, 그릇의 두께는 생각하지 않는다.)

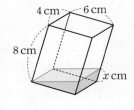

유형 완성하기 ✱

74 상

다음 그림과 같이 직육면체 모양의 그릇 A에 물을 가득 채운 후 그릇을 기울여 직육면체 모양의 그릇 B에 물을 흘려 보냈다. 이때 h의 값을 구하시오. (단, 그릇의 두께는 생각하지 않는다.)

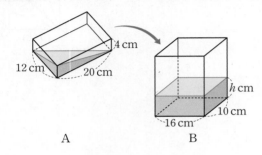

A   B

유형 14   원뿔 모양의 그릇에 담긴 물의 양

75 대표 문제

오른쪽 그림과 같은 원뿔 모양의 그릇에 1분에 $3\pi\,\mathrm{cm}^3$씩 물을 넣을 때, 빈 그릇을 가득 채우려면 몇 분 동안 물을 넣어야 하는지 구하시오.

(단, 그릇의 두께는 생각하지 않는다.)

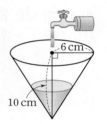

76 중   서술형

오른쪽 그림과 같은 원뿔 모양의 그릇에 높이 $3\,\mathrm{cm}$까지 일정한 속력으로 물을 채우는 데 3분이 걸렸다고 한다. 그릇의 두께는 생각하지 않을 때, 다음 물음에 답하시오.

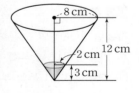

(1) 1분 동안 채워지는 물의 부피를 구하시오.

(2) 이 그릇을 가득 채우려면 앞으로 몇 분 동안 물을 더 넣어야 하는지 구하시오.

유형 15   전개도가 주어진 원뿔의 겉넓이와 부피   중요

77 대표 문제

오른쪽 그림과 같은 전개도로 만든 원뿔의 겉넓이를 구하시오.

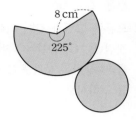

Pick

78 중

오른쪽 그림과 같은 원뿔의 전개도에서 옆면인 부채꼴의 넓이가 $48\pi\,\mathrm{cm}^2$일 때, 이 원뿔의 밑면의 반지름의 길이는?

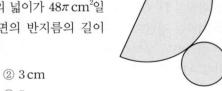

① $2\,\mathrm{cm}$ ② $3\,\mathrm{cm}$
③ $4\,\mathrm{cm}$ ④ $5\,\mathrm{cm}$
⑤ $6\,\mathrm{cm}$

79 중

오른쪽 그림과 같은 부채꼴을 옆면으로 하는 원뿔의 부피가 $128\pi\,\mathrm{cm}^3$일 때, 이 원뿔의 높이를 구하시오.

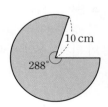

유형 16 뿔대의 겉넓이 중요

Pick
80 대표 문제

오른쪽 그림과 같이 두 밑면이 모두 정사각형이고, 옆면이 모두 합동인 사각뿔대의 겉넓이를 구하시오.

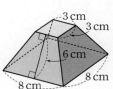

81 중

오른쪽 그림과 같은 원뿔대의 전개도에서 작은 밑면인 원의 반지름의 길이를 a cm, 원뿔대의 겉넓이를 $b\pi$ cm^{2}라 할 때, $a+b$의 값을 구하시오.

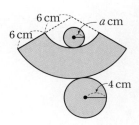

82 상

오른쪽 그림과 같은 입체도형의 겉넓이는?

① 108π cm^2　　② 142π cm^2
③ 189π cm^2　　④ 204π cm^2
⑤ 235π cm^2

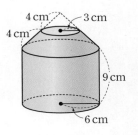

유형 17 뿔대의 부피

Pick
83 대표 문제

오른쪽 그림과 같은 사각뿔대의 부피는?

① 50 cm^3　　② 52 cm^3
③ 54 cm^3　　④ 56 cm^3
⑤ 58 cm^3

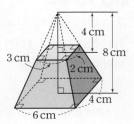

84 중

오른쪽 그림은 원뿔과 원뿔대를 붙여 놓은 입체도형이다. 이 입체도형의 부피를 구하시오.

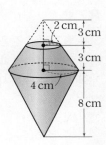

85 중

오른쪽 그림에서 위쪽 원뿔과 아래쪽 원뿔대의 부피의 비는?

① $1:3$　　② $1:4$
③ $1:7$　　④ $2:3$
⑤ $2:7$

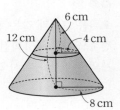

유형 18 회전체의 겉넓이와 부피
　　　　 – 원뿔, 원뿔대 중요

86 대표 문제

오른쪽 그림과 같은 직각삼각형을 직선 l을 회전축으로 하여 1회전 시킬 때 생기는 회전체의 부피는?

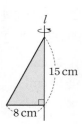

① $320\pi \text{ cm}^3$　　② $450\pi \text{ cm}^3$

③ $640\pi \text{ cm}^3$　　④ $780\pi \text{ cm}^3$

⑤ $960\pi \text{ cm}^3$

87 중

오른쪽 그림과 같은 사다리꼴을 직선 l을 회전축으로 하여 1회전 시킬 때 생기는 회전체의 부피를 구하시오.

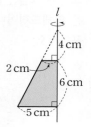

Pick
88 중

오른쪽 그림과 같은 평면도형을 직선 l을 회전축으로 하여 1회전 시킬 때 생기는 회전체의 부피를 구하시오.

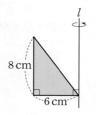

89 중

오른쪽 그림과 같은 평면도형을 직선 l을 회전축으로 하여 1회전 시킬 때 생기는 회전체의 겉넓이는?

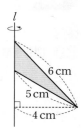

① $36\pi \text{ cm}^2$　　② $44\pi \text{ cm}^2$

③ $48\pi \text{ cm}^2$　　④ $52\pi \text{ cm}^2$

⑤ $60\pi \text{ cm}^2$

90 상 서술형

오른쪽 그림과 같은 직각삼각형 ABC를 $\overline{AC}$를 회전축으로 하여 1회전 시킬 때 생기는 회전체의 부피를 구하시오.

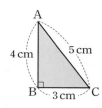

유형 19 　구의 겉넓이

(1) 구의 반지름의 길이를 r라 하면
➡ (구의 겉넓이)$=4\pi r^2$

(2) 반구의 반지름의 길이를 r라 하면
➡ (반구의 겉넓이)$=4\pi r^2 \times \dfrac{1}{2}+\pi r^2$

대표 문제

91 오른쪽 그림과 같이 반지름의 길이가 8 cm인 반구의 겉넓이는?

8 cm

① 64π cm^2 　② 128π cm^2
③ 192π cm^2 　④ 256π cm^2
⑤ 320π cm^2

유형 20 　구의 부피

(1) 구의 반지름의 길이를 r라 하면
➡ (구의 부피)$=\dfrac{4}{3}\pi r^3$

(2) 반구의 반지름의 길이를 r라 하면
➡ (반구의 부피)$=\dfrac{4}{3}\pi r^3 \times \dfrac{1}{2}$

대표 문제

92 오른쪽 그림과 같은 입체도형의 부피를 구하시오.

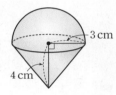

3 cm

4 cm

유형 21 　회전체의 겉넓이와 부피 – 구 〔중요〕

반지름의 길이가 r인 반원을 직선 l을 회전축으로 하여 1회전 시키면 반지름의 길이가 r인 구가 생긴다.

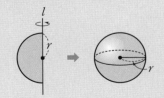

대표 문제

93 오른쪽 그림과 같은 평면도형을 직선 l을 회전축으로 하여 1회전 시킬 때 생기는 회전체의 부피는?

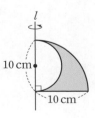

l

10 cm

10 cm

① 125π cm^3 　② 200π cm^3
③ 450π cm^3 　④ 500π cm^3
⑤ 625π cm^3

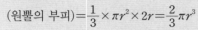

유형 22 　 원기둥에 꼭 맞게 들어 있는 입체도형

오른쪽 그림과 같이 원기둥에 구와 원뿔이 꼭 맞게 들어갈 때

(원뿔의 부피)$=\dfrac{1}{3}\times\pi r^2\times2r=\dfrac{2}{3}\pi r^3$

(구의 부피)$=\dfrac{4}{3}\pi r^3$

(원기둥의 부피)$=\pi r^2\times2r=2\pi r^3$

➡ (원뿔의 부피) : (구의 부피) : (원기둥의 부피)

$=\dfrac{2}{3}\pi r^3 : \dfrac{4}{3}\pi r^3 : 2\pi r^3$

$=1:2:3$

대표 문제

94 오른쪽 그림은 밑면의 반지름의 길이가 6 cm이고 높이가 12 cm인 원기둥에 꼭 맞는 구와 원뿔을 나타낸 것이다. 다음 물음에 답하시오.

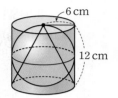

(1) 원기둥, 구, 원뿔의 부피를 차례로 구하시오.

(2) 원기둥, 구, 원뿔의 부피의 비를 가장 간단한 자연수의 비로 나타내시오.

유형 23 　 입체도형에 꼭 맞게 들어 있는 입체도형

오른쪽 그림과 같이 구에 정팔면체가 꼭 맞게 들어갈 때

(정팔면체의 부피)

$=$(정사각뿔의 부피)$\times2$

└▶ 밑면의 대각선의 길이가 $2r$, 높이가 r

$=\left\{\dfrac{1}{3}\times\left(\dfrac{1}{2}\times2r\times2r\right)\times r\right\}\times2$

$=\dfrac{4}{3}r^3$

대표 문제

95 오른쪽 그림과 같이 반지름의 길이가 3 cm인 구에 정팔면체가 꼭 맞게 들어 있다. 구의 부피를 $V_1\,\mathrm{cm}^3$, 정팔면체의 부피를 $V_2\,\mathrm{cm}^3$라 할 때, 다음 물음에 답하시오.

(1) V_1의 값을 구하시오.

(2) V_2의 값을 구하시오.

(3) $\dfrac{V_1}{V_2}$의 값을 구하시오.

유형 19 구의 겉넓이

96 대표 문제

오른쪽 그림은 반지름의 길이가 4 cm인 구의 $\frac{1}{4}$을 잘라 낸 입체도형이다. 이 입체도형의 겉넓이를 구하시오.

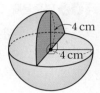

97 중

오른쪽 그림과 같이 야구공의 겉면은 크기와 모양이 똑같은 가죽 두 조각으로 이루어져 있다. 야구공의 지름의 길이가 7 cm일 때, 가죽 한 조각의 넓이를 구하시오.

(단, 가죽 두 조각의 겹치는 부분은 없다.)

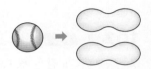

98 중

구의 중심을 지나는 평면으로 자른 단면의 넓이가 $144\pi \text{ cm}^2$인 구의 겉넓이를 구하시오.

Pick
99 중

다음 그림과 같은 입체도형의 겉넓이를 구하시오.

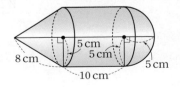

8 cm 5 cm 5 cm 5 cm 10 cm

유형 20 구의 부피

100 대표 문제

오른쪽 그림과 같은 입체도형의 부피는?

① $486\pi \text{ cm}^3$ ② $972\pi \text{ cm}^3$
③ $1296\pi \text{ cm}^3$ ④ $1357\pi \text{ cm}^3$
⑤ $1420\pi \text{ cm}^3$

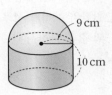

9 cm
10 cm

101 중

오른쪽 그림과 같이 구의 $\frac{1}{8}$을 잘라 낸 입체도형의 부피가 $252\pi \text{ cm}^3$일 때, 구의 반지름의 길이는?

① 5 cm ② 6 cm
③ 7 cm ④ 8 cm
⑤ 9 cm

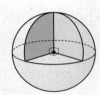

102 중 서술형

겉넓이가 $100\pi \text{ cm}^2$인 구의 부피를 구하시오.

유형 완성하기 ✱

P!ck
103 ㉗
오른쪽 그림에서 구의 부피와 원뿔의 부피가 서로 같을 때, x 의 값을 구하시오.

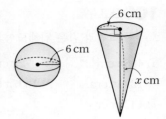

104 ㉗
다음 그림과 같이 지름의 길이가 18 cm인 쇠구슬 1개를 녹여서 지름의 길이가 2 cm인 쇠구슬을 만들려고 한다. 이때 만들 수 있는 쇠구슬은 최대 몇 개인가?
(단, 쇠구슬은 모두 구 모양이다.)

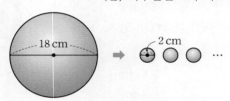

① 216개　　　② 342개　　　③ 513개
④ 729개　　　⑤ 972개

105 ㉭
오른쪽 그림과 같이 밑면의 반지름의 길이가 8 cm인 원기둥 모양의 그릇에 물이 들어 있다. 이 그릇 안에 반지름의 길이가 4 cm인 구를 완전히 잠기도록 넣었을 때, 더 올라간 물의 높이를 구하시오. (단, 그릇의 두께는 생각하지 않는다.)

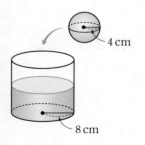

유형 21　회전체의 겉넓이와 부피 – 구　중요

P!ck
106 대표 문제
오른쪽 그림과 같은 평면도형을 직선 l을 회전축으로 하여 1회전 시킬 때 생기는 회전체의 부피를 구하시오.

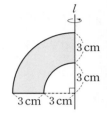

107 ㉗　서술형
오른쪽 그림과 같은 평면도형을 직선 l을 회전축으로 하여 1회전 시킬 때 생기는 회전체의 부피를 구하시오.

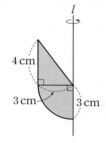

108 ㉭
오른쪽 그림과 같은 평면도형을 직선 l을 회전축으로 하여 1회전 시킬 때 생기는 회전체의 겉넓이는?

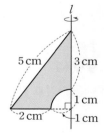

① $23\pi \text{ cm}^2$　　　② $25\pi \text{ cm}^2$
③ $27\pi \text{ cm}^2$　　　④ $29\pi \text{ cm}^2$
⑤ $32\pi \text{ cm}^2$

유형 22 원기둥에 꼭 맞게 들어 있는 입체도형

109 대표 문제

오른쪽 그림과 같이 원기둥에 구와 원뿔이 꼭 맞게 들어 있다. 구의 부피가 36π cm³일 때, 원뿔과 원기둥의 부피를 차례로 구하시오.

Pick
110 중

오른쪽 그림과 같이 부피가 384π cm³인 원기둥에 구 3개가 꼭 맞게 들어 있을 때, 구 3개의 겉넓이의 총합은?

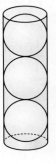

① 64π cm² ② 192π cm²
③ 205π cm² ④ 321π cm²
⑤ 384π cm²

111 상

오른쪽 그림과 같이 물이 가득 채워진 원기둥 모양의 그릇이 있다. 이 그릇에 꼭 맞는 반지름의 길이가 3 cm인 쇠공을 넣었다가 꺼냈을 때, 원기둥 모양의 그릇에 남아 있는 물의 높이를 구하시오. (단, 그릇의 두께는 생각하지 않는다.)

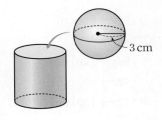

유형 23 입체도형에 꼭 맞게 들어 있는 입체도형

Pick
112 대표 문제

오른쪽 그림과 같이 반지름의 길이가 6 cm인 구에 정팔면체가 꼭 맞게 들어 있다. 이 정팔면체의 부피를 구하시오.

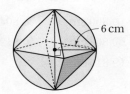

113 중

오른쪽 그림과 같이 반지름의 길이가 6 cm인 반구에 원뿔이 꼭 맞게 들어 있다. 반구와 원뿔의 부피를 각각 V_1 cm³, V_2 cm³라 할 때, $\dfrac{V_1}{V_2}$의 값을 구하시오.

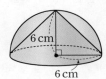
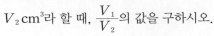

114 중

오른쪽 그림과 같이 정육면체에 사각뿔과 구가 꼭 맞게 들어 있을 때, 정육면체, 사각뿔, 구의 부피의 비는?

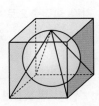

① $3:1:\pi$ ② $3:2:1$
③ $4:3:\pi$ ④ $6:2:\pi$
⑤ $6:2:1$

115 유형 01

오른쪽 그림과 같은 사다리꼴을 밑면으로 하고 높이가 8 cm인 사각기둥의 겉넓이는?

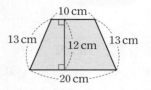

① 800 cm² ② 804 cm²

③ 808 cm² ④ 812 cm²

⑤ 816 cm²

116 유형 02

오른쪽 그림과 같은 전개도로 만든 원기둥의 겉넓이를 구하시오.

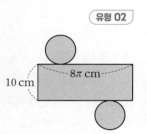

117 유형 02

다음은 세 학생이 오른쪽 그림과 같은 직사각형 ABCD의 두 변 AD, CD를 각각 회전축으로 하여 1회전 시킬 때 생기는 회전체의 겉넓이를 비교한 것이다. 바르게 말한 학생을 고르시오.

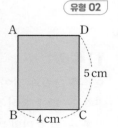

> 성훈: 변 AD가 회전축인 회전체의 겉넓이가 더 크다.
> 동하: 변 CD가 회전축인 회전체의 겉넓이가 더 크다.
> 다혜: 두 회전체의 겉넓이는 같다.

118 유형 03

오른쪽 그림과 같이 직사각형 모양의 종이의 네 귀퉁이에서 정사각형 모양을 잘라 낸 전개도로 뚜껑이 없는 직육면체 모양의 상자를 만들려고 한다. 이때 상자의 부피를 구하시오.

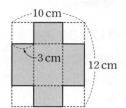

119 유형 04

오른쪽 그림과 같이 밑면의 반지름의 길이가 3 cm인 원기둥의 부피가 63π cm³일 때, 이 원기둥의 높이를 구하시오.

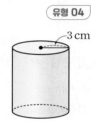

120 유형 05

오른쪽 그림과 같은 입체도형의 겉넓이는?

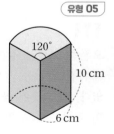

① (60π+60) cm²

② 64π cm²

③ (64π+120) cm²

④ (72π+60) cm²

⑤ (72π+120) cm²

121

유형 06

오른쪽 그림과 같은 입체도형의 부피는?

① $(364-16\pi)\,\mathrm{cm}^3$

② $(384-16\pi)\,\mathrm{cm}^3$

③ $(384+16\pi)\,\mathrm{cm}^3$

④ $(384-32\pi)\,\mathrm{cm}^3$

⑤ $(384+32\pi)\,\mathrm{cm}^3$

122

유형 07

오른쪽 그림은 직육면체에서 작은 직육면체 모양의 두 부분을 잘라 내고 남은 입체도형이다. 이 입체도형의 겉넓이를 구하시오.

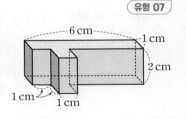

123

유형 08

오른쪽 그림과 같이 밑면은 정오각형이고, 옆면은 모두 합동인 오각뿔의 옆넓이는?

① $21\,\mathrm{cm}^2$
② $63\,\mathrm{cm}^2$
③ $105\,\mathrm{cm}^2$
④ $126\,\mathrm{cm}^2$
⑤ $210\,\mathrm{cm}^2$

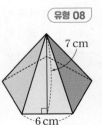

124

유형 09

오른쪽 그림과 같이 밑면의 지름의 길이가 8 cm, 모선의 길이가 12 cm인 원뿔 모양의 선물 상자가 포장지로 둘러싸여 있다. 이때 선물 상자를 둘러싼 포장지의 넓이를 구하시오. (단, 포장지가 겹치는 부분은 생각하지 않는다.)

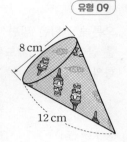

125

유형 09

오른쪽 그림과 같이 밑면의 반지름의 길이가 3 cm인 원뿔의 겉넓이가 $36\pi\,\mathrm{cm}^2$일 때, 이 원뿔의 모선의 길이를 구하시오.

126

유형 10

오른쪽 그림과 같은 삼각뿔의 부피가 $20\,\mathrm{cm}^3$일 때, 이 삼각뿔의 높이는?

① 4 cm
② 5 cm
③ 6 cm
④ 7 cm
⑤ 8 cm

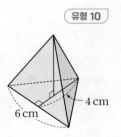

127
유형 11

오른쪽 그림은 밑면이 합동인 두 원뿔
을 붙여 놓은 입체도형이다. 이 입체도
형의 부피는?

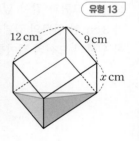

① $70\pi \text{ cm}^3$ ② $\dfrac{215}{3}\pi \text{ cm}^3$

③ $73\pi \text{ cm}^3$ ④ $\dfrac{224}{3}\pi \text{ cm}^3$

⑤ $75\pi \text{ cm}^3$

128
유형 13

오른쪽 그림과 같이 직육면체 모양의
그릇에 물을 가득 채운 후 그릇을 기울
여 물을 흘려보냈다. 남아 있는 물의
부피가 108 cm^3일 때, x의 값을 구하
시오. (단, 그릇의 두께는 생각하지
않는다.)

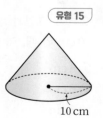

129
유형 15

오른쪽 그림과 같은 원뿔의 겉넓이가
$220\pi \text{ cm}^2$일 때, 이 원뿔의 전개도에서
부채꼴의 중심각의 크기를 구하시오.

10 cm

130
유형 16

오른쪽 그림과 같은 사각뿔대의 겉넓
이는? (단, 옆면은 모두 합동이다.)

① 340 cm^2 ② 360 cm^2

③ 370 cm^2 ④ 380 cm^2

⑤ 390 cm^2

131
유형 17

오른쪽 그림과 같은 원뿔대의 부피를
구하시오.

132
유형 18

오른쪽 그림과 같은 평면도형을 직선 l을 회전
축으로 하여 1회전 시킬 때 생기는 회전체의
부피를 구하시오.

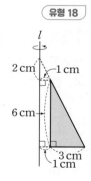

133

오른쪽 그림은 반구 2개와 원기둥을 붙여서 만든 입체도형이다. 이 입체도형의 겉넓이를 구하시오.

유형 19

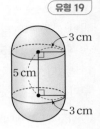

3 cm

5 cm

3 cm

134

오른쪽 그림에서 구의 부피가 원뿔의 부피의 $\dfrac{9}{2}$배일 때, 원뿔의 높이를 구하시오.

유형 20

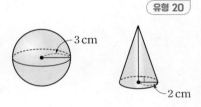

3 cm

2 cm

135

오른쪽 그림과 같은 평면도형을 직선 l을 회전축으로 하여 1회전 시킬 때 생기는 회전체의 겉넓이와 부피를 차례로 구하시오.

유형 21

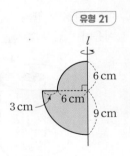

l

6 cm

3 cm 6 cm

9 cm

136

오른쪽 그림과 같이 지름의 길이가 8 cm인 공 2개가 꼭 맞게 들어가는 원기둥 모양의 케이스가 있다. 이 케이스에 공 2개를 넣었을 때, 빈 공간의 부피를 구하시오. (단, 케이스의 두께는 생각하지 않는다.)

유형 22

서술형 문제

137

다음 그림과 같은 원기둥 모양의 캔과 컵이 있다. 캔에 가득 담긴 음료수를 컵에 모두 부었을 때, 컵에 담긴 음료수의 높이를 구하시오. (단, 캔과 컵의 두께는 생각하지 않는다.)

유형 04

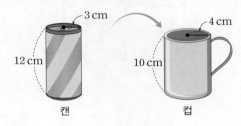

3 cm

12 cm

캔

4 cm

10 cm

컵

138

오른쪽 그림과 같이 정육면체를 세 꼭짓점 B, G, D를 지나는 평면으로 자를 때 생기는 작은 입체도형과 큰 입체도형의 부피의 비를 가장 간단한 자연수의 비로 나타내시오.

유형 12

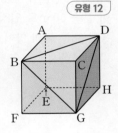

A   D

B   C

E   H

F   G

139

오른쪽 그림과 같이 한 모서리의 길이가 4 cm인 정육면체의 각 면의 중심을 연결하여 만든 입체도형의 부피를 구하시오.

유형 23

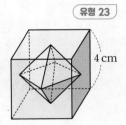

4 cm

140 다음 그림과 같이 칸막이가 있는 직육면체 모양의 어항에 물이 들어 있다. 칸막이를 어항 밖으로 완전히 빼내면 물의 높이가 12 cm가 될 때, x의 값을 구하시오.

(단, 어항과 칸막이의 두께는 생각하지 않는다.)

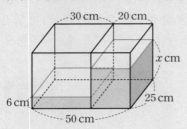

141 어떤 수로의 단면의 모양이 오른쪽 그림과 같이 일정하다. 이 수로에 물이 분속 40 m로 일정하게 흐를 때, 10분 동안 흐른 물의 양이 a m³이다. 이때 a의 값을 구하시오.

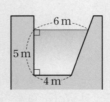

142 오른쪽 그림과 같이 아랫부분이 원기둥 모양인 병에 높이가 12 cm가 되도록 물을 넣은 후, 이 병을 거꾸로 하여 수면이 병의 밑면과 평행하게 하였더니 물이 없는 부분의 높이가 10 cm가 되었다고 한다. 이 병에 물을 가득 채웠을 때 물의 부피를 구하시오.

(단, 병의 두께는 생각하지 않는다.)

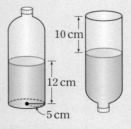

143 오른쪽 그림과 같이 밑면이 반원인 기둥 모양의 그릇에 물을 가득 담은 후, 그릇을 45°만큼 기울여 물을 흘려보냈다. 이때 그릇에 남아 있는 물의 부피는? (단, 그릇의 두께는 생각하지 않는다.)

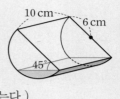

① $(80\pi - 170)$ cm³ ② $(80\pi - 180)$ cm³

③ $(90\pi - 170)$ cm³ ④ $(90\pi - 180)$ cm³

⑤ $(90\pi - 190)$ cm³

144 다음 그림은 지민이가 휴지를 사용하기 시작했을 때와 사용한 지 15일이 지났을 때의 휴지의 두께를 측정한 것이다. 매일 일정한 양의 휴지를 사용한다고 할 때, 휴지의 부피를 이용하여 남은 휴지를 며칠 동안 사용할 수 있는가?

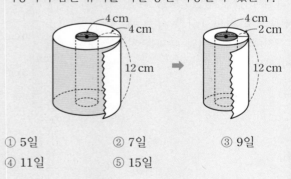

① 5일 ② 7일 ③ 9일
④ 11일 ⑤ 15일

145 오른쪽 그림은 원뿔을 밑면의 둘레 위의 두 점 A, B와 꼭짓점 C를 지나는 평면으로 잘라 내고 남은 입체도형이다. ∠AOB=90°일 때, 이 입체도형의 부피는?

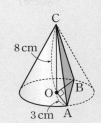

① $(18\pi+12) \text{ cm}^3$
② $(18\pi+14) \text{ cm}^3$
③ $(20\pi+12) \text{ cm}^3$
④ $(20\pi+14) \text{ cm}^3$
⑤ $(20\pi+16) \text{ cm}^3$

146 삼각기둥 모양의 그릇에 물을 가득 채운 후 [그림 1]과 같이 기울여 물을 흘려보내고 물이 남아 있는 그릇을 다시 바로 세웠더니 [그림 2]와 같았다. 다음 ☐ 안에 알맞은 수를 구하시오. (단, 그릇의 두께는 생각하지 않는다.)

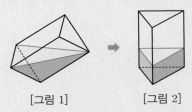

[그림 1]   [그림 2]

> [그림 2]에서 물의 높이는 그릇의 높이의 ☐배이다.

147 오른쪽 그림과 같이 원뿔의 밑면의 둘레 위의 한 점 A에서 출발하여 원뿔의 옆면을 따라 한 바퀴 돌아 다시 점 A로 돌아오는 가장 짧은 선을 그렸다. 이때 원뿔의 옆면에서 색칠한 부분의 넓이를 구하시오.

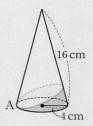

148 오른쪽 그림과 같이 한 모서리의 길이가 3 cm인 정육면체에서 면 ABCD의 두 대각선의 교점을 O라 하자. 4개의 점 P, Q, R, S가 각각 $\overline{EF}$, $\overline{FG}$, $\overline{GH}$, $\overline{EH}$의 중점일 때, 사각뿔 O−PQRS의 부피는?

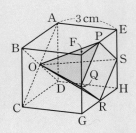

① 4 cm^3
② $\dfrac{9}{2} \text{ cm}^3$
③ 5 cm^3
④ $\dfrac{11}{2} \text{ cm}^3$
⑤ 6 cm^3

149 오른쪽 그림과 같이 한 모서리의 길이가 40 cm인 정육면체 모양의 상자에 반지름의 길이가 10 cm인 유리공 8개를 꼭 맞게 넣어 운반하려고 한다. 상자의 빈 공간에 모래를 채우려고 할 때, 필요한 모래의 양을 구하시오.

(단, 상자의 두께는 생각하지 않는다.)

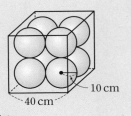

8

자료의 정리와 해석

• 정답과 해설 82쪽

유형 01 줄기와 잎 그림

(1) **변량**: 자료를 수량으로 나타낸 것

(2) **줄기와 잎 그림**: 줄기와 잎을 이용하여 자료를 나타낸 그림

[자료] (단위: 점)

70	65
88	76
84	82

→ 변량

⇒ 십의 자리의 숫자

[줄기와 잎 그림] (6|5는 65점)

줄기	잎
6	5
7	0 6
8	2 4 8

→ 일의 자리의 숫자

참고 줄기와 잎 그림에서 자료의 전체 개수는 잎의 총 개수와 같다.

대표 문제

01 오른쪽 줄기와 잎 그림은 어느 반 학생들의 던지기 기록을 조사하여 그린 것이다. 다음 중 옳지 <u>않은</u> 것은?

던지기 기록 (1|4는 14 m)

줄기	잎
1	4 6 7
2	0 1 2 5 8
3	2 3 4 6 7 9
4	0 7 8

① 잎이 가장 많은 줄기는 3이다.

② 기록이 가장 좋은 학생과 가장 나쁜 학생의 기록의 차는 34 m이다.

③ 기록이 5번째로 좋은 학생의 기록은 37 m이다.

④ 전체 학생은 48명이다.

⑤ 줄기가 2인 잎의 개수는 5이다.

유형 02 도수분포표

(1) **계급**: 변량을 일정한 간격으로 나눈 구간

(2) **계급의 크기**: 변량을 나눈 구간의 너비 → 계급의 양 끝 값의 차

(3) **도수**: 각 계급에 속하는 변량의 수

(4) **도수분포표**: 자료를 몇 개의 계급으로 나누고 각 계급의 도수를 나타낸 표

계급(회)	도수(명)
$20^{이상} \sim 25^{미만}$	2
25 ~ 30	8
30 ~ 35	4
35 ~ 40	6
합계	20

참고 (계급값) = $\dfrac{(계급의 \ 양 \ 끝 \ 값의 \ 합)}{2}$

주의 계급, 계급의 크기, 도수는 항상 단위를 붙여 쓴다.

대표 문제

02 다음 도수분포표는 어느 중학교 학생 20명의 몸무게를 조사하여 나타낸 것이다. 표의 빈칸을 채우고, 물음에 답하시오.

(단위: kg)

46	51	63	63
56	56	62	62
57	59	65	69
60	61	54	55
58	59	48	50

⇒

몸무게(kg)	도수(명)
$45^{이상} \sim 50^{미만}$	2
50 ~ 55	3
55 ~ 60	
60 ~ 65	
65 ~ 70	
합계	20

(1) 도수가 가장 큰 계급을 구하시오.

(2) 몸무게가 60 kg 이상인 학생은 몇 명인지 구하시오.

유형 03 도수분포표에서 특정 계급의 백분율 〔중요〕

(1) 각 계급의 백분율

⇒ $\dfrac{(그 \ 계급의 \ 도수)}{(도수의 \ 총합)} \times 100 \, (\%)$

(2) 각 계급의 도수

⇒ $(도수의 \ 총합) \times \dfrac{(그 \ 계급의 \ 백분율)}{100}$

대표 문제

03 오른쪽 도수분포표는 독서 동아리 학생 60명이 1년 동안 구입한 책의 수를 조사하여 나타낸 것이다. 책을 7권 이상 9권 미만 구입한 학생이 전체의 10 %일 때, 구입한 책이 5권 이상 7권 미만인 학생은 전체의 몇 %인지 구하시오.

책의 수(권)	도수(명)
$1^{이상} \sim 3^{미만}$	11
3 ~ 5	10
5 ~ 7	
7 ~ 9	
9 ~ 11	7
11 ~ 13	11
합계	60

유형 01 줄기와 잎 그림

Pick

04 대표 문제

아래 줄기와 잎 그림은 어느 벼룩시장을 방문한 사람들의 나이를 조사하여 그린 것이다. 다음 중 옳은 것을 모두 고르면?

(정답 2개)

(단위: 세)

9	18	29	37
10	26	34	11
25	30	16	24
30	23	15	21

→

나이 (0|9는 9세)

줄기			잎			
0	9					
1	0	1	5	6	8	
2	1	3	4	5	6	9
3	0	0	4	7		

① 잎이 가장 적은 줄기는 0이다.

② 줄기가 1인 잎은 4개이다.

③ 조사한 전체 사람은 15명이다.

④ 나이가 24세 미만인 사람은 8명이다.

⑤ 나이가 가장 적은 사람과 나이가 가장 많은 사람의 나이의 합은 44세이다.

05 하

오른쪽 줄기와 잎 그림은 어느 날 지역 16곳의 최고 기온을 조사하여 그린 것이다. 최고 기온이 25 ℃ 이상인 지역의 수를 a, 23.5 ℃ 이하인 지역의 수를 b라 할 때, $a+b$의 값은?

최고 기온 (22|1은 22.1℃)

줄기			잎		
22	1	4			
23	1	3	5	6	9
24	0	7			
25	3	7	8		
26	0	2	7	9	

① 5   ② 7   ③ 10

④ 12   ⑤ 15

06 중

다음 줄기와 잎 그림은 민이네 반 학생들의 수학 수행평가 점수를 조사하여 그린 것이다. 물음에 답하시오.

수학 수행평가 점수 (2|4는 24점)

줄기			잎			
2	4	7				
3	0	3	4	5	8	
4	2	3	3	3	6	8	9
5	1	2	2	4	7	9
6	0	1	2	5		

(1) 수학 수행평가 점수가 43점인 학생은 몇 명인지 구하시오.

(2) 수학 수행평가 점수가 높은 쪽에서 4번째인 학생의 점수를 구하시오.

(3) 민이의 수학 수행평가 점수가 52점일 때, 민이보다 수학 수행평가 점수가 높은 학생은 몇 명인지 구하시오.

07 중

아래 줄기와 잎 그림은 어느 지역에서 11월 한 달 동안 오전 11시에 측정한 미세 먼지 농도를 조사하여 그린 것이다. 다음 중 옳지 않은 것을 모두 고르면? (정답 2개)

미세 먼지 농도 (0|7은 7μg/m³)

줄기			잎			
0	7	8				
1	2	3				
2	2	4	5			
3	1	1	2	4	8	8
4	0	3	5	5	6	7
5	2	4				
6	3	8				
7	5	9				
8	2	3	5	9		
9	1					

좋음	보통	나쁨	매우 나쁨
0~30	31~80	81~150	151~

(단위: μg/m³)

① 미세 먼지 농도가 '좋음'인 날은 7일이다.

② 11월에는 미세 먼지 농도가 '나쁨'인 날이 가장 많았다.

③ 미세 먼지 농도가 '매우 나쁨'인 날은 없었다.

④ 미세 먼지 농도가 좋은 쪽에서 5번째인 날의 미세 먼지 농도는 82 μg/m³이다.

⑤ 미세 먼지 농도가 보통인 날은 전체의 60 %이다.

08 중

아래 줄기와 잎 그림은 어느 반 학생들의 줄넘기 횟수를 조사하여 그린 것이다. 다음 중 옳지 않은 것은?

줄넘기 횟수 (1|3은 13회)

잎(여학생)	줄기	잎(남학생)
4 3 3	1	9
7 6 4 4	2	2 3 7 9
9 8 5 2 2	3	0 2 3 4 4 5
2 1	4	0 2 3 5 7

① 조사한 전체 학생은 30명이다.
② 남학생의 잎이 가장 많은 줄기는 3이다.
③ 줄기가 4인 잎의 개수는 남학생이 여학생보다 많다.
④ 줄넘기 횟수가 여학생 중에서 5번째로 많은 학생과 남학생 중에서 7번째로 많은 학생의 횟수가 같다.
⑤ 이 반 학생 중 줄넘기 횟수가 가장 많은 학생은 남학생이다.

유형 02 도수분포표

Pick
09 대표 문제

아래 도수분포표는 예리네 반 학생 20명의 키를 조사하여 나타낸 것이다. 다음 보기 중 옳은 것을 모두 고르시오.

(단위: cm)

152	156	150	149
145	155	151	163
162	159	158	144
160	164	152	158
157	145	158	160

➡

키(cm)	도수(명)
$140^{이상} \sim 145^{미만}$	1
145 ~ 150	3
150 ~ 155	
155 ~ 160	
160 ~ 165	
합계	20

┌ 보기 ┐
ㄱ. 계급의 크기는 5 cm이다.
ㄴ. 계급의 개수는 7이다.
ㄷ. 키가 160 cm 이상 165 cm 미만인 학생은 5명이다.
ㄹ. 키가 155 cm인 학생이 속하는 계급의 도수는 4명이다.
ㅁ. 도수가 가장 큰 계급은 155 cm 이상 160 cm 미만이다.
ㅂ. 키가 155 cm 미만인 학생은 7명이다.

---

10 하

오른쪽 도수분포표는 한 상자에 들어 있는 귤의 무게를 조사하여 나타낸 것이다. 계급의 개수를 a, 계급의 크기를 b g, 무게가 65 g인 귤이 속하는 계급의 도수를 c개라 할 때, $a+b+c$의 값을 구하시오.

무게(g)	도수(개)
$55^{이상} \sim 60^{미만}$	7
60 ~ 65	8
65 ~ 70	9
70 ~ 75	4
합계	28

---

11 중

오른쪽 도수분포표는 어느 해 제주공항에서 폭설로 인해 연착된 비행기의 연착 시간을 조사하여 나타낸 것이다. 다음 중 옳지 않은 것을 모두 고르면? (정답 2개)

연착 시간(시간)	도수(대)
$0^{이상} \sim 1^{미만}$	12
1 ~ 2	20
2 ~ 3	11
3 ~ 4	6
4 ~ 5	1
합계	50

① 계급의 크기는 1시간이다.
② 연착 시간이 1시간 이상 2시간 미만인 계급의 도수는 20대이다.
③ 연착 시간이 18번째로 짧은 비행기가 속하는 계급은 2시간 이상 3시간 미만이다.
④ 연착 시간이 2시간 미만인 비행기는 32대이다.
⑤ 연착 시간이 가장 긴 비행기는 5시간 연착되었다.

Pick
12 중

오른쪽 도수분포표는 어느 반 학생들의 몸무게를 조사하여 나타낸 것이다. 다음 중 옳은 것은?

몸무게(kg)	도수(명)
$38^{이상} \sim 42^{미만}$	1
42 ~ 46	2
46 ~ 50	A
50 ~ 54	6
54 ~ 58	4
58 ~ 62	3
합계	25

① 계급의 크기는 6 kg이다.
② A의 값은 8이다.
③ 도수가 가장 큰 계급은 46 kg 이상 50 kg 미만이다.
④ 몸무게가 46 kg 이상 58 kg 미만인 학생은 11명이다.
⑤ 몸무게가 10번째로 가벼운 학생이 속하는 계급의 도수는 6명이다.

Pick
13 ⓒ

오른쪽 도수분포표는 어느 헌혈의 집에서 하루 동안 헌혈한 사람 50명의 나이를 조사하여 나타낸 것이다. 20세 이상 30세 미만인 계급의 도수가 50세 이상 60세 미만인 계급의 도수의 3배일 때, 나이가 23세인 사람이 속하는 계급의 도수를 구하시오.

나이(세)	도수(명)
$10^{이상} \sim 20^{미만}$	8
20 ~ 30	
30 ~ 40	12
40 ~ 50	9
50 ~ 60	
60 ~ 70	1
합계	50

Pick
16 ⓒ

오른쪽 도수분포표는 어느 뮤지컬에 출연한 배우 40명의 나이를 조사하여 나타낸 것이다. 나이가 30세 미만인 배우가 전체의 35 %일 때, $A-B$의 값은?

나이(세)	도수(명)
$10^{이상} \sim 20^{미만}$	3
20 ~ 30	A
30 ~ 40	15
40 ~ 50	B
50 ~ 60	4
합계	40

① 2 　　② 4
③ 7 　　④ 9
⑤ 11

유형 03　도수분포표에서 특정 계급의 백분율 　중요

14 대표 문제

오른쪽 도수분포표는 어느 반 학생 30명의 오래 매달리기 기록을 조사하여 나타낸 것이다. 오래 매달리기 기록이 20초 이상 25초 미만인 학생이 전체의 20 %일 때, 15초 이상 20초 미만인 학생은 전체의 몇 %인지 구하시오.

기록(초)	도수(명)
$0^{이상} \sim 5^{미만}$	1
5 ~ 10	4
10 ~ 15	7
15 ~ 20	
20 ~ 25	
25 ~ 30	3
합계	30

17 ⓢ

오른쪽 도수분포표는 어느 반 학생들의 앉은키를 조사하여 나타낸 것이다. 이 도수분포표가 다음 조건을 모두 만족시킬 때, $A+B+C$의 값은?

앉은키(cm)	도수(명)
$65^{이상} \sim 70^{미만}$	3
70 ~ 75	A
75 ~ 80	4
80 ~ 85	5
85 ~ 90	B
합계	C

조건
㈎ 앉은키가 70 cm 이상 75 cm 미만인 학생은 75 cm 이상 80 cm 미만인 학생의 2배이다.
㈏ 앉은키가 75 cm 이상인 학생은 전체의 50 %이다.

① 10 　　　② 23 　　　③ 29
④ 32 　　　⑤ 44

15 ⓗ

오른쪽 도수분포표는 어느 반 학생 25명의 한 달 동안의 봉사 활동 시간을 조사하여 나타낸 것이다. 봉사 활동 시간이 4시간 이상 8시간 미만인 학생은 전체의 몇 %인지 구하시오.

봉사 활동(시간)	도수(명)
$0^{이상} \sim 4^{미만}$	4
4 ~ 8	6
8 ~ 12	8
12 ~ 16	5
16 ~ 20	2
합계	25

유형 04   히스토그램

가로축에는 계급을, 세로축에는 도수를 표시하여 도수분포표를 직사각형 모양으로 나타낸 그래프를 **히스토그램**이라 한다.

[도수분포표]

계급	도수
$60^{이상} \sim 70^{미만}$	2
70 $\sim$ 80	6
80 $\sim$ 90	8
90 $\sim$ 100	7
합계	23

[히스토그램]

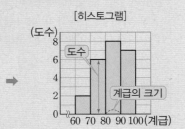

대표 문제

18 오른쪽 히스토그램은 헤리네 반 학생들의 볼링 점수를 조사하여 나타낸 것이다. 다음 중 옳지 <u>않은</u> 것은?

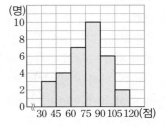

① 계급의 크기는 15점이다.

② 전체 학생은 32명이다.

③ 도수가 가장 작은 계급의 도수는 2명이다.

④ 볼링 점수가 90점 이상인 학생은 전체의 25 %이다.

⑤ 볼링 점수가 7번째로 낮은 학생이 속하는 계급은 60점 이상 75점 미만이다.

유형 05   히스토그램의 직사각형의 넓이

히스토그램에서

(1) (직사각형의 넓이)=(계급의 크기)×(그 계급의 도수)
　　　　　　　　　　　↳ 가로의 길이　　↳ 세로의 길이

(2) (직사각형의 넓이의 합)=(계급의 크기)×(도수의 총합)

(3) 히스토그램에서 직사각형의 가로의 길이는 일정하므로 각 직사각형의 넓이는 세로의 길이, 즉 각 계급의 도수에 정비례한다.

대표 문제

19 오른쪽 히스토그램은 수학적 구조물 만들기 예선 대회에 참가한 팀의 성적을 조사하여 나타낸 것이다. 이 히스토그램에서 모든 직사각형의 넓이의 합을 구하시오.

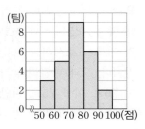

유형 06   도수분포다각형

히스토그램에서 각 직사각형의 윗변의 중앙에 점을 찍어 선분으로 연결한 그래프를 **도수분포다각형**이라 한다.

[히스토그램]

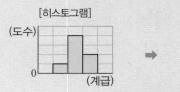

[도수분포다각형]

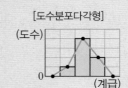

대표 문제

20 오른쪽 도수분포다각형은 어느 반 학생들의 등교 시간을 조사하여 나타낸 것이다. 다음 물음에 답하시오.

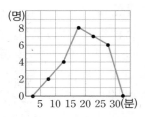

(1) 등교 시간이 14분인 학생이 속하는 계급을 구하시오.

(2) 등교 시간이 8번째로 긴 학생이 속하는 계급의 도수를 구하시오.

유형 07 　도수분포다각형의 넓이

도수분포다각형에서
(도수분포다각형과 가로축으로 둘러싸인 부분의 넓이)
＝(히스토그램의 모든 직사각형의 넓이의 합)
＝(계급의 크기)×(도수의 총합)

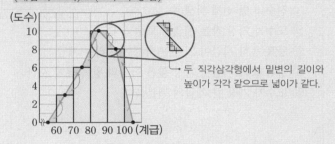

↳ 두 직각삼각형에서 밑변의 길이와
높이가 각각 같으므로 넓이가 같다.

대표 문제

21 오른쪽 도수분포다각형은 수연이네 반 학생들의 일주일 동안의 운동 시간을 조사하여 나타낸 것이다. 도수분포다각형과 가로축으로 둘러싸인 부분의 넓이를 구하시오.

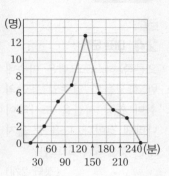

유형 08 　히스토그램 또는 도수분포다각형이 찢어진 경우

(1) 도수의 총합이 주어지는 경우
도수의 총합을 이용하여 찢어진 부분에 속하는 계급의 도수를 구한다.
(2) 도수의 총합이 주어지지 않는 경우
도수의 총합을 x로 놓고 주어진 조건을 이용하여 x의 값과 찢어진 부분에 속하는 계급의 도수를 구한다.

대표 문제

22 오른쪽은 어느 반 학생 40명의 1년 동안 자란 키를 조사하여 나타낸 히스토그램인데 일부가 찢어져 보이지 않는다. 이때 자란 키가 6 cm 이상 8 cm 미만인 학생은 전체의 몇 %인지 구하시오.

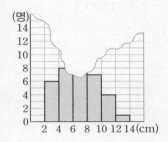

유형 09 　두 도수분포다각형의 비교

도수분포다각형은 도수의 총합이 같은 두 개 이상의 자료의 분포 상태를 동시에 나타내어 비교할 때 편리하다.

예 오른쪽 도수분포다각형은 어느 지역의 A 동호회와 B 동호회 회원들의 나이를 조사하여 함께 나타낸 것이다.
➡ B 동호회에 대한 그래프가 A 동호회에 대한 그래프보다 전체적으로 오른쪽으로 치우쳐 있으므로 B 동호회가 A 동호회보다 회원들의 나이가 상대적으로 많은 편이다.

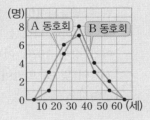

대표 문제

23 오른쪽 도수분포다각형은 어느 중학교 1학년 A반과 B반 학생들의 수학 성적을 조사하여 함께 나타낸 것이다. 다음 보기 중 옳은 것을 모두 고르시오.

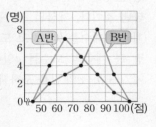

┌ 보기 ┐
ㄱ. 수학 성적이 70점 이상 80점 미만인 학생은 B반이 A반보다 더 많다.
ㄴ. 수학 성적이 가장 높은 학생은 B반 학생이다.
ㄷ. B반이 A반보다 수학 성적이 높은 편이다.

유형 04 히스토그램

Pick
24 대표 문제

오른쪽 히스토그램은 미수네 반 학생들의 일주일 동안의 취미 활동 시간을 조사하여 나타낸 것이다. 다음 중 옳지 않은 것을 모두 고르면?

(정답 2개)

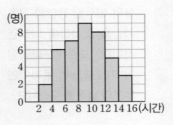

① 전체 학생은 40명이다.
② 도수가 가장 큰 계급의 도수는 8명이다.
③ 취미 활동 시간이 8시간 미만인 학생은 15명이다.
④ 취미 활동 시간이 8번째로 많은 학생이 속하는 계급은 12시간 이상 14시간 미만이다.
⑤ 취미 활동 시간이 10시간 이상 14시간 미만인 학생은 전체의 32 %이다.

25 하 서술형

오른쪽 히스토그램은 어느 해 8월 한 달 동안의 일교차를 조사하여 나타낸 것이다. 계급의 크기를 a ℃, 계급의 개수를 b라 하고 도수가 가장 큰 계급의 도수를 c일이라 할 때, $a+b+c$의 값을 구하시오.

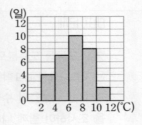

26 중

오른쪽 히스토그램은 진수네 반 학생들의 왕복 통학 시간을 조사하여 나타낸 것이다. 다음 중 오른쪽 히스토그램을 통해 알 수 없는 것은?

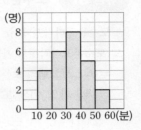

① 진수네 반 전체 학생 수
② 도수가 가장 작은 계급의 도수
③ 왕복 통학 시간이 21분인 학생이 속하는 계급
④ 왕복 통학 시간이 가장 짧은 학생의 왕복 통학 시간
⑤ 도수가 가장 큰 계급의 백분율

27 중

오른쪽 히스토그램은 어느 반 학생들의 영어 성적을 조사하여 나타낸 것이다. 다음 물음에 답하시오.

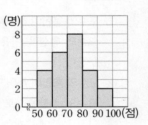

(1) 성적이 높은 쪽에서 10번째인 학생이 속하는 계급을 구하시오.
(2) 성적이 80점 이상인 학생은 전체의 몇 %인지 구하시오.

28 상

오른쪽 히스토그램은 태원이네 반 학생들의 100 m 달리기 기록을 조사하여 나타낸 것이다. 태원이가 상위 10 % 이내에 들려면 기록이 몇 초 미만이어야 하는지 구하시오.

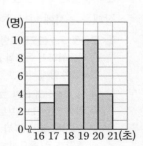

• 정답과 해설 84쪽

유형 05 히스토그램의 직사각형의 넓이

29 대표 문제

오른쪽 히스토그램은 어느 운동 동아리 학생들의 몸무게를 조사하여 나타낸 것이다. 도수가 가장 큰 계급의 직사각형의 넓이와 도수가 가장 작은 계급의 직사각형의 넓이의 합을 구하시오.

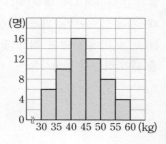

[30~31] 오른쪽 히스토그램은 어느 반 학생들이 각 나라의 수도 맞히기 게임에서 맞힌 개수를 조사하여 나타낸 것이다. 다음 물음에 답하시오.

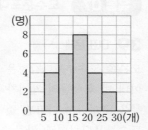

30 중

히스토그램에서 모든 직사각형의 넓이의 합을 구하시오.

31 중

맞힌 개수가 10개 이상 15개 미만인 계급의 직사각형의 넓이는 25개 이상 30개 미만인 계급의 직사각형의 넓이의 몇 배인지 구하시오.

32 중

오른쪽 히스토그램은 가영이네 반 학생들이 1년 동안 가족 여행을 한 횟수를 조사하여 나타낸 것이다. 두 직사각형 A, B의 넓이의 비가 3 : 4일 때, 다음을 구하시오.

(1) a의 값

(2) 가영이네 반 전체 학생 수

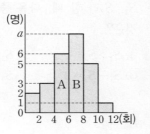

유형 06 도수분포다각형

33 대표 문제

오른쪽 도수분포다각형은 지혜네 반 학생들이 하루 동안 물을 마시는 횟수를 조사하여 나타낸 것이다. 다음 중 옳지 않은 것을 모두 고르면? (정답 2개)

① 계급의 크기는 4회이다.

② 계급의 개수는 9이다.

③ 전체 학생은 40명이다.

④ 횟수가 20회인 학생이 속하는 계급의 도수는 11명이다.

⑤ 횟수가 16회 미만인 학생은 11명이다.

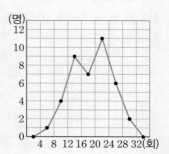

34 중

오른쪽 도수분포다각형은 어느 반 학생들의 하루 동안의 가족 간의 대화 시간을 조사하여 나타낸 것이다. 가족 간의 대화 시간이 짧은 쪽에서 11번째인 학생이 속하는 계급의 도수를 구하시오.

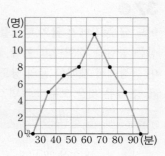

35 중

오른쪽 도수분포다각형은 지연이네 반 학생들의 과학 성적을 조사하여 나타낸 것이다. 다음 물음에 답하시오.

(1) 전체 학생은 몇 명인지 구하시오.

(2) 과학 성적이 80점 미만인 학생은 전체의 몇 %인지 구하시오.

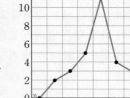

36 중

다음 도수분포다각형은 선유가 입단하고 싶은 농구단 선수들의 키를 조사하여 나타낸 것이다. 선유의 키가 180 cm일 때, 선유가 이 농구단에 입단하면 키가 상위 몇 % 이내에 속하는지 구하시오.

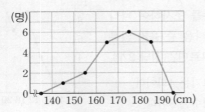

37 중

어느 귤 농장에서 귤의 당도를 측정하여 아래 왼쪽 표와 같이 상품 등급을 정한다고 한다. 아래 오른쪽 도수분포다각형은 이 농장에서 재배한 귤의 당도를 조사하여 나타낸 것이다. 다음 중 옳은 것을 모두 고르면? (정답 2개)

등급	당도(Brix)
최상	22 이상
상	18 이상 22 미만
중상	14 이상 18 미만
중	10 이상 14 미만
하	10 미만

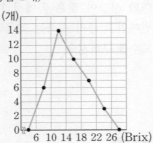

① 계급의 크기는 6 Brix이다.
② 조사한 전체 귤은 50개이다.
③ 등급이 중상인 귤은 전체의 25 %이다.
④ 당도가 가장 낮은 귤의 당도는 6 Brix이다.
⑤ 등급이 최상인 귤의 수가 가장 적다.

38 중

오른쪽 도수분포다각형은 수빈이네 반 학생들의 윗몸일으키기 기록을 조사하여 나타낸 것이다. 이때 윗몸일으키기 기록이 상위 20 % 이내에 들려면 최소 몇 회를 해야 하는지 구하시오.

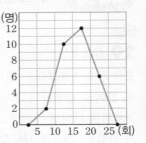

39 대표 문제

오른쪽 도수분포다각형은 나현이네 반 학생들의 제기차기 기록을 조사하여 나타낸 것이다. 도수분포다각형과 가로축으로 둘러싸인 부분의 넓이를 구하시오.

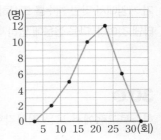

40 하

오른쪽 도수분포다각형은 어느 반 학생들의 왼손 한 뼘의 길이를 조사하여 나타낸 것이다. 색칠한 두 삼각형의 넓이를 각각 S_1, S_2라 할 때, 다음 중 옳은 것은?

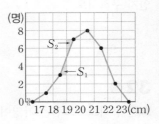

① $S_1 > S_2$ ② $S_1 < S_2$ ③ $S_1 = S_2$
④ $S_1 + S_2 = 2$ ⑤ $S_1 - S_2 = 1$

41 중

오른쪽은 재범이네 반 학생들의 한 달 동안 도서관 이용 횟수를 조사하여 나타낸 히스토그램과 도수분포다각형이다. 다음 보기 중 옳은 것을 모두 고른 것은?

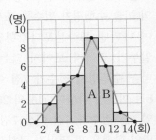

┌─ 보기 ┐
ㄱ. 히스토그램에서 두 직사각형 A, B의 넓이의 비는 3 : 2 이다.
ㄴ. 도수분포다각형과 가로축으로 둘러싸인 부분의 넓이는 히스토그램의 모든 직사각형의 넓이의 합과 같다.
ㄷ. 도수분포다각형과 가로축으로 둘러싸인 부분의 넓이는 27이다.

① ㄱ   ② ㄱ, ㄴ   ③ ㄱ, ㄷ
④ ㄴ, ㄷ   ⑤ ㄱ, ㄴ, ㄷ

42 중

오른쪽 도수분포다각형은 어느 학교 학생들의 영어 말하기 대회 점수를 조사하여 나타낸 것이다. 도수분포다각형과 가로축으로 둘러싸인 부분의 넓이가 350일 때, $a+b+c+d+e+f$의 값은?

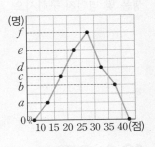

① 70   ② 105   ③ 140
④ 210   ⑤ 350

유형 08   히스토그램 또는 도수분포다각형이 찢어진 경우

08-1   히스토그램이 찢어진 경우

43 대표 문제

오른쪽은 진수네 반 학생 25명의 국어 성적을 조사하여 나타낸 히스토그램인데 일부가 찢어져 보이지 않는다. 국어 성적이 80점 이상인 학생이 6명일 때, 70점 이상 80점 미만인 학생은 전체의 몇 %인가?

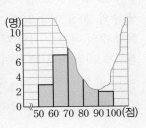

① 28 %   ② 32 %   ③ 36 %
④ 40 %   ⑤ 44 %

44 중   서술형

오른쪽은 재희네 반 학생 40명의 일주일 동안의 컴퓨터 사용 시간을 조사하여 나타낸 히스토그램인데 잉크를 쏟아 일부가 보이지 않는다. 컴퓨터 사용 시간이 11시간 미만인 학생이 전체의 40 %일 때, 다음을 구하시오.

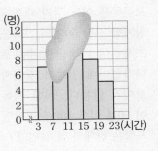

(1) 컴퓨터 사용 시간이 7시간 이상 11시간 미만인 학생 수
(2) 컴퓨터 사용 시간이 11시간 이상 15시간 미만인 학생 수

45 ⓢ

오른쪽은 선아네 반 학생 42명 이 받은 칭찬 점수를 조사하여 나타낸 히스토그램인데 일부가 찢어져 보이지 않는다. 칭찬 점 수가 15점 이상 20점 미만인 학 생 수와 20점 이상 25점 미만인 학생 수의 비가 5 : 4일 때, 칭찬 점수가 20점 이상 25점 미만인 학생은 몇 명인가?

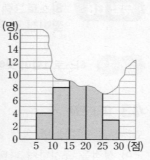

① 12명   ② 13명   ③ 14명
④ 15명   ⑤ 16명

08-2   **도수분포다각형이 찢어진 경우**

46 대표 문제

오른쪽은 어느 걷기 대회에 참가한 사람 50명의 기록을 조사하여 나타낸 도수분포 다각형인데 일부가 찢어져 보이지 않는다. 이때 기록 이 90분 이상 100분 미만인 사람은 전체의 몇 %인가?

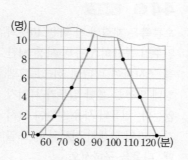

① 22 %   ② 36 %   ③ 40 %
④ 44 %   ⑤ 52 %

47 ⓜ

오른쪽은 진주네 반 학생 40명 의 미술 수행평가 점수를 조사하 여 나타낸 도수분포다각형인데 일부가 찢어져 보이지 않는다. 미술 수행평가 점수가 7점 이상 8점 미만인 학생이 전체의 25 % 일 때, 점수가 6점 이상 7점 미 만인 학생은 몇 명인지 구하시오.

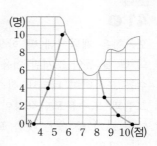

[48~49] 오른쪽은 과학의 날 행사에 참가한 학생 200명이 물 로 켓을 쏘았을 때 물 로켓이 날아간 거리를 조사하여 나타낸 도수분포 다각형인데 일부가 얼룩져 보이지 않는다. 다음 물음에 답하시오.

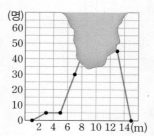

48 ⓜ

물 로켓이 날아간 거리가 8 m 이상 10 m 미만인 계급의 도수 가 10 m 이상 12 m 미만인 계급의 도수보다 5명이 적다고 할 때, 물 로켓이 날아간 거리가 10 m 이상 12 m 미만인 학 생은 몇 명인지 구하시오.

49 ⓜ 서술형

물 로켓이 날아간 거리가 8 m인 학생은 상위 몇 % 이내에 드 는지 구하시오.

Pick
50 중

오른쪽은 어느 반 학생들의 하루 동안 스마트폰 사용 시간을 조사하여 나타낸 도수분포다각형인데 일부가 찢어져 보이지 않는다. 사용 시간이 4시간 미만인 학생이 전체의 40 %일 때, 사용 시간이 6시간 이상 7시간 미만인 학생은 몇 명인가?

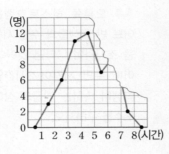

① 8명 ② 9명 ③ 10명

④ 11명 ⑤ 12명

Pick
52 중

오른쪽 도수분포다각형은 민아네 반 남학생과 여학생의 100 m 달리기 기록을 조사하여 함께 나타낸 것이다. 다음 중 옳은 것은?

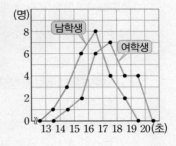

① 여학생 수가 남학생 수보다 많다.

② 여학생의 기록이 남학생의 기록보다 좋은 편이다.

③ 각각의 그래프와 가로축으로 둘러싸인 부분의 넓이는 남학생에 대한 그래프가 더 크다.

④ 여학생 중에서 기록이 7번째로 좋은 학생이 속하는 계급의 도수는 6명이다.

⑤ 기록이 가장 좋은 남학생의 기록은 13초 미만이다.

유형 09 두 도수분포다각형의 비교

51 대표 문제

오른쪽 도수분포다각형은 어느 동아리 남학생과 여학생의 수면 시간을 조사하여 함께 나타낸 것이다. 다음 보기 중 옳은 것을 모두 고른 것은?

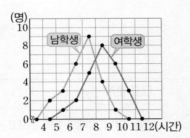

보기
ㄱ. 남학생 수와 여학생 수는 서로 같다.
ㄴ. 수면 시간이 가장 짧은 학생은 남학생이다.
ㄷ. 남학생이 여학생보다 수면 시간이 긴 편이다.
ㄹ. 수면 시간이 가장 긴 여학생이 속하는 계급은 11시간 이상 12시간 미만이다.

① ㄱ, ㄴ ② ㄱ, ㄷ ③ ㄴ, ㄹ

④ ㄷ, ㄹ ⑤ ㄱ, ㄴ, ㄷ

53 상

오른쪽 도수분포다각형은 어느 회사의 A팀과 B팀 사람들의 직업에 대한 만족도를 조사하여 함께 나타낸 것이다. 다음 물음에 답하시오.

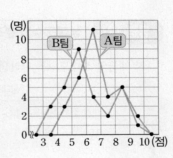

(1) A팀과 B팀의 전체 사람은 몇 명인지 각각 구하시오.

(2) A팀에서 8번째로 직업에 대한 만족도가 높은 사람은 B팀에서 적어도 상위 몇 % 이내에 드는지 구하시오.

유형 10 상대도수

(1) **상대도수**: 전체 도수에 대한 각 계급의 도수의 비율

➡ (어떤 계급의 상대도수)$=\dfrac{\text{(그 계급의 도수)}}{\text{(도수의 총합)}}$ → 보통 소수로 나타낸다.

(2) **상대도수의 특징**

① 상대도수의 총합은 항상 1이고, 상대도수는 0 이상이고 1 이하의 수이다.

② 각 계급의 상대도수는 그 계급의 도수에 정비례한다.

③ 도수의 총합이 다른 두 개 이상의 자료의 분포 상태를 비교할 때 편리하다.

대표 문제

54 오른쪽 히스토그램은 어느 반 학생들의 수면 시간을 조사하여 나타낸 것이다. 이때 수면 시간이 8시간인 학생이 속하는 계급의 상대도수를 구하시오.

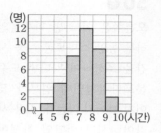

유형 11 상대도수, 도수, 도수의 총합 사이의 관계

(상대도수)$=\dfrac{\text{(도수)}}{\text{(도수의 총합)}}$

➡ (도수) = (도수의 총합) × (상대도수)

➡ (도수의 총합) $=\dfrac{\text{(도수)}}{\text{(상대도수)}}$

대표 문제

55 어떤 계급의 상대도수가 0.35이고 도수의 총합이 20일 때, 이 계급의 도수를 구하시오.

유형 12 상대도수의 분포표 〈중요〉

각 계급의 상대도수를 나타낸 표를 상대도수의 분포표라 한다.

[상대도수의 분포표]

키(cm)	도수(명)	상대도수
$150^{이상} \sim 160^{미만}$	8	$\dfrac{8}{20}=0.4$
160 ~ 170	⑩	$\dfrac{10}{20}=0.5$
170 ~ 180	2	$\dfrac{2}{20}=0.1$
합계	⑳	1

참고 상대도수의 분포표에서 도수의 총합, 계급의 도수, 상대도수 중 어느 두 가지가 주어지면 나머지 한 가지를 구할 수 있다.

대표 문제

56 다음 상대도수의 분포표는 민주네 반 학생들의 일주일 동안의 TV 시청 시간을 조사하여 나타낸 것이다. 물음에 답하시오.

TV 시청 시간(시간)	도수(명)	상대도수
$0^{이상} \sim 5^{미만}$	2	0.05
5 ~ 10	A	0.2
10 ~ 15	14	0.35
15 ~ 20	B	0.25
20 ~ 25	6	C
합계	D	E

(1) A, B, C, D, E의 값을 각각 구하시오.

(2) TV 시청 시간이 15시간 이상 25시간 미만인 학생은 전체의 몇 %인지 구하시오.

유형 13 │ 상대도수의 분포표가 찢어진 경우 ⬇중요

도수와 상대도수가 모두 주어진 계급을 이용하여 도수의 총합을 먼저 구한다.

➡ (도수의 총합)$=\dfrac{(계급의\ 도수)}{(계급의\ 상대도수)}$

대표 문제

57 다음은 어느 태권도 동호회 회원들의 일주일 동안의 훈련 시간을 조사하여 나타낸 상대도수의 분포표인데 일부가 찢어져 보이지 않는다. 이때 훈련 시간이 14시간 이상 15시간 미만인 계급의 상대도수를 구하시오.

훈련 시간(시간)	도수(명)	상대도수
$13^{이상} \sim 14^{미만}$	1	0.04
14 ~ 15	3	

유형 14 │ 도수의 총합이 다른 두 집단의 상대도수

도수의 총합이 다른 두 자료의 분포 상태를 비교할 때는 상대도수를 이용하면 편리하다.

주의 도수의 총합이 다르므로 각 계급의 도수를 비교하는 것은 의미가 없다.

대표 문제

58 다음 도수분포표는 광현이네 학교 남학생과 여학생의 1분 동안의 줄넘기 횟수를 조사하여 함께 나타낸 것이다. 이때 횟수가 10회 이상 20회 미만인 학생의 비율은 남학생과 여학생 중 어느 쪽이 더 높은지 구하시오.

횟수(회)	도수(명)	
	남학생	여학생
$0^{이상} \sim 10^{미만}$	2	8
10 ~ 20	6	6
20 ~ 30	7	12
30 ~ 40	15	14
합계	30	40

유형 15 │ 도수의 총합이 다른 두 집단의 상대도수의 비

A, B 두 집단의 도수의 총합의 비는 1 : 3이고 어떤 계급의 도수의 비는 2 : 3일 때, 이 계급의 상대도수의 비는

➡ A, B 두 집단의 도수의 총합을 각각 a, $3a$라 하고 어떤 계급의 도수를 각각 $2b$, $3b$라 하면

(이 계급의 상대도수의 비)$=\dfrac{2b}{a} : \dfrac{3b}{3a} = 2 : 1$

대표 문제

59 A, B 두 집단의 도수의 총합의 비가 2 : 3이고 어떤 계급의 도수의 비가 5 : 4일 때, 이 계급의 상대도수의 비를 가장 간단한 자연수의 비로 나타내시오.

유형 10 상대도수

60 대표 문제

오른쪽 히스토그램은 어느 반 학생들의 영어 성적을 조사하여 나타낸 것이다. 이때 영어 성적이 60점 이상 70점 미만인 계급의 상대도수는?

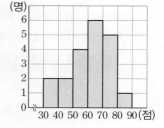

① 0.25   ② 0.3

③ 0.35   ④ 0.4

⑤ 0.45

61 하 多보기

다음 중 상대도수에 대한 설명으로 옳지 <u>않은</u> 것을 모두 고르면?

① 상대도수는 전체 도수에 대한 각 계급의 도수의 비율이다.
② 상대도수의 총합은 항상 1이다.
③ 상대도수는 항상 1보다 작거나 같다.
④ 각 계급의 상대도수는 그 계급의 도수에 반비례한다.
⑤ 도수의 총합은 어떤 계급의 도수와 그 계급의 상대도수를 곱한 값이다.
⑥ 상대도수는 도수의 총합이 다른 두 집단의 분포 상태를 비교할 때 편리하다.

Pick

62 중

오른쪽 도수분포표는 어느 재래 시장의 상인 80명의 상업에 종사한 기간을 조사하여 나타낸 것이다. 이때 종사 기간이 30년 이상 40년 미만인 계급의 상대도수를 구하시오.

종사 기간(년)	도수(명)
10^{이상} ~ 20^{미만}	8
20 ~ 30	12
30 ~ 40	
40 ~ 50	20
50 ~ 60	16
합계	80

63 중

오른쪽 도수분포다각형은 어느 수학 체험전을 견학한 수학 동아리 학생들의 관람 시간을 조사하여 나타낸 것이다. 이때 도수가 가장 큰 계급의 상대도수는?

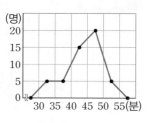

① 0.1   ② 0.2   ③ 0.3

④ 0.4   ⑤ 0.5

64 중 서술형

오른쪽 도수분포다각형은 어느 반 학생들이 하루 동안 받은 메일의 개수를 조사하여 나타낸 것이다. 이때 받은 메일의 개수가 9번째로 많은 학생이 속하는 계급의 상대도수를 구하시오.

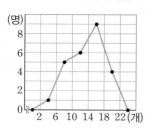

65 중

오른쪽은 상인이네 반 학생 40명의 지난 1년 동안 자란 키를 조사하여 나타낸 히스토그램인데 일부가 찢어져 보이지 않는다. 이때 키가 9 cm 자란 학생이 속하는 계급의 상대도수를 구하시오.

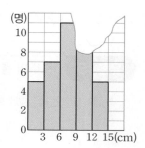

유형 11 상대도수, 도수, 도수의 총합 사이의 관계

66 대표 문제

어느 봉사 동아리 회원 수가 30명이고 한 학기 동안 받은 칭찬 스티커의 개수가 20개 이상 30개 미만인 계급의 상대도수가 0.2일 때, 칭찬 스티커의 개수가 20개 이상 30개 미만인 회원은 몇 명인지 구하시오.

67 하

어느 중학교 학생들의 허리둘레를 조사하였더니 상대도수가 0.2인 계급의 도수가 80명이었다. 이때 전체 학생은 몇 명인지 구하시오.

Pick
68 중

어떤 도수분포표에서 도수가 20인 계급의 상대도수는 0.25이다. 이 도수분포표에서 상대도수가 0.125인 계급의 도수를 구하시오.

69 상

다음은 세 학생이 반 전체 학생들의 가방 무게에 대해 나눈 대화이다. 가방 무게가 2kg 미만인 학생은 몇 명인지 구하시오.

> 지윤: 가방 무게가 3 kg 이상인 학생은 4명이야.
> 동준: 가방 무게가 2 kg 이상 3 kg 미만인 계급의 상대도수는 0.48이야.
> 유리: 가방 무게가 2 kg 미만인 학생의 전체 학생에 대한 비율은 0.36이야.

유형 12 상대도수의 분포표 중요

대표 문제

[70~71] 다음 상대도수의 분포표는 미소네 반 학생들이 등교하는 데 걸리는 시간을 조사하여 나타낸 것이다. 물음에 답하시오.

등교 시간(분)	도수(명)	상대도수
$0^{이상} \sim 10^{미만}$	A	0.3
10 ~ 20	9	0.18
20 ~ 30	B	C
30 ~ 40	4	
40 ~ 50	1	
합계	D	E

70 중

$A \sim E$의 값으로 옳지 않은 것은?

① $A = 15$ ② $B = 21$ ③ $C = 0.4$
④ $D = 50$ ⑤ $E = 1$

71 중

등교 시간이 30분 이상 50분 미만인 학생은 전체의 몇 %인지 구하시오.

Pick
72 중

오른쪽 상대도수의 분포표는 어느 산부인과에서 한 달 동안 태어난 신생아 50명의 몸무게를 조사하여 나타낸 것이다. 이때 몸무게가 4.0 kg 이상 4.5 kg 미만인 신생아는 몇 명인지 구하시오.

몸무게(kg)	상대도수
$2.0^{이상} \sim 2.5^{미만}$	0.08
2.5 ~ 3.0	0.28
3.0 ~ 3.5	0.4
3.5 ~ 4.0	0.2
4.0 ~ 4.5	
합계	

73 중

오른쪽 상대도수의 분포표는 어느 날 정오에 도로변 지역 100곳의 환경 소음도를 조사하여 나타낸 것이다. 소음도가 50 dB 이상 60 dB 미만인 지역의 수와 60 dB 이상 70 dB

소음도(dB)	상대도수
40^{이상} ~ 50^{미만}	0.15
50 ~ 60	
60 ~ 70	
70 ~ 80	0.25
합계	1

미만인 지역의 수의 비가 1 : 2일 때, 소음도가 60 dB 이상 70 dB 미만인 지역의 수를 구하시오.

[74~76] 다음 상대도수의 분포표는 어느 동네의 가구별 한 달 전력 소비량을 조사하여 나타낸 것이다. 물음에 답하시오.

전력 소비량(kWh)	도수(가구)	상대도수
100^{이상} ~ 150^{미만}	20	0.1
150 ~ 200	50	
200 ~ 250		
250 ~ 300		0.15
300 ~ 350	20	
합계		1

74 중

전체 가구 수를 구하시오.

75 중

전력 소비량이 250 kWh 이상 350 kWh 미만인 가구 수는?

① 20 ② 30 ③ 40
④ 50 ⑤ 60

76 중

전력 소비량이 낮은 쪽에서 35번째인 가구가 속하는 계급의 상대도수는?

① 0.1 ② 0.15 ③ 0.25
④ 0.3 ⑤ 0.4

유형 13 상대도수의 분포표가 찢어진 경우 중요

77 대표 문제

다음은 혜민이네 반 학생들의 방과 후 자습 시간을 조사하여 나타낸 상대도수의 분포표인데 일부가 찢어져 보이지 않는다. 이때 자습 시간이 1시간 미만인 계급의 상대도수를 구하시오.

자습 시간(시간)	도수(명)	상대도수
0^{이상} ~ 1^{미만}	15	
1 ~ 2		0.1
2 ~ 3	18	0.3

78 중

다음은 어느 농장에서 수확한 호박의 무게를 조사하여 나타낸 상대도수의 분포표인데 일부가 찢어져 보이지 않는다. 이때 $A+100B$의 값을 구하시오.

호박의 무게(g)	도수(개)	상대도수
100^{이상} ~ 200^{미만}	27	0.18
200 ~ 300	A	0.28
300 ~ 400	36	B
400 ~ 500	30	
500 ~ 600		

79 중

다음은 민이네 반 학생들의 발 크기를 조사하여 나타낸 상대도수의 분포표인데 일부가 찢어져 보이지 않는다. 이때 발 크기가 245 mm 이상인 학생은 전체의 몇 %인지 구하시오.

발 크기(mm)	도수(명)	상대도수
235^{이상} ~ 240^{미만}	4	0.16
240 ~ 245	5	

80 상

다음은 어느 중학교 1학년 학생들의 어깨너비를 조사하여 나타낸 상대도수의 분포표인데 일부가 찢어져 보이지 않는다. 어깨너비가 45 cm 이상인 학생이 전체의 72 %일 때, 어깨너비가 42 cm 이상 45 cm 미만인 학생은 몇 명인지 구하시오.

어깨너비(cm)	도수(명)	상대도수
39^{이상} ~ 42^{미만}	60	0.16
42 ~ 45		
45 ~ 48		

유형 14 도수의 총합이 다른 두 집단의 상대도수

81 대표 문제

다음 상대도수의 분포표는 A 지역과 B 지역의 관광객의 나이를 조사하여 함께 나타낸 것이다. A 지역의 관광객은 1800명, B 지역의 관광객은 2200명일 때, 물음에 답하시오.

나이(세)	상대도수	
	A 지역	B 지역
10^{이상} ~ 20^{미만}	0.1	0.16
20 ~ 30	0.18	0.17
30 ~ 40	0.22	0.18
40 ~ 50	0.3	0.26
50 ~ 60	0.2	0.23
합계	1	1

(1) A, B 두 지역 중 20대 관광객 수가 더 많은 지역을 구하시오.

(2) A, B 두 지역의 관광객 수가 같은 계급을 구하시오.

82 중

아래 도수분포표는 A, B 두 학교 1학년 학생들의 사회 성적을 조사하여 함께 나타낸 것이다. 다음 중 옳은 것은?

사회 성적(점)	도수(명)	
	A 학교	B 학교
50^{이상} ~ 60^{미만}	6	8
60 ~ 70	11	16
70 ~ 80	17	26
80 ~ 90	11	22
90 ~ 100	5	8
합계	50	80

① 이 자료만으로는 두 집단을 비교할 수 없다.

② 사회 성적이 90점 이상인 학생은 두 학교 전체의 15 %이다.

③ 사회 성적이 70점 미만인 학생의 비율은 B 학교가 더 높다.

④ 사회 성적이 80점 이상 90점 미만인 학생의 비율은 A 학교가 더 높다.

⑤ B 학교가 A 학교보다 상대도수가 더 큰 계급은 1개이다.

유형 15 도수의 총합이 다른 두 집단의 상대도수의 비

83 대표 문제

어느 중학교 1학년 1반과 2반의 전체 학생 수의 비는 5 : 7이고 혈액형이 A형인 학생 수의 비는 4 : 5일 때, 1반과 2반에서 혈액형이 A형인 학생의 상대도수의 비를 가장 간단한 자연수의 비로 나타내시오.

84 중

어느 중학교의 남학생과 여학생은 각각 300명, 400명이다. 이 학생들의 키를 조사하여 도수분포표를 만들었더니 키가 140 cm 이상 150 cm 미만인 남학생 수와 여학생 수가 같았을 때, 이 계급의 남학생과 여학생의 상대도수의 비를 가장 간단한 자연수의 비로 나타내시오.

• 정답과 해설 90쪽

유형 16 **상대도수의 분포를 나타낸 그래프**

상대도수의 분포표를 히스토그램이나 도수분포다각형 모양으로 나타낸 그래프

[상대도수의 분포표]

계급	상대도수
$1^{이상} \sim 2^{미만}$	0.1
2 ~ 3	0.3
3 ~ 4	0.4
4 ~ 5	0.2
합계	1

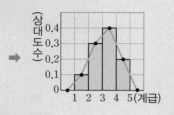

참고 (그래프와 가로축으로 둘러싸인 부분의 넓이)
= (계급의 크기) × (상대도수의 총합)
= (계급의 크기)   = 1

대표 문제

85 오른쪽은 어느 사이트의 웹툰 서비스를 이용하는 회원 60명의 나이에 대한 상대도수의 분포를 나타낸 그래프이다. 다음 물음에 답하시오.

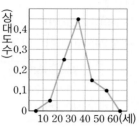

(1) 나이가 30세 이상 40세 미만인 회원은 몇 명인지 구하시오.

(2) 도수가 가장 작은 계급의 상대도수를 구하시오.

유형 17 **상대도수의 분포를 나타낸 그래프가 찢어진 경우** 〔중요〕

(1) 도수와 상대도수가 모두 주어진 계급을 이용하여 도수의 총합을 구한다.

(2) 상대도수의 총합은 1임을 이용하여 찢어진 부분의 계급에 속하는 상대도수를 구한다.

대표 문제

86 오른쪽은 승아네 반 학생 40명의 하루 평균 수면 시간에 대한 상대도수의 분포를 나타낸 그래프인데 일부가 찢어져 보이지 않는다. 수면 시간이 8시간 이상 9시간 미만인 학생은 몇 명인지 구하시오.

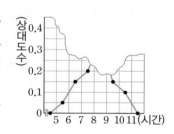

유형 18 **도수의 총합이 다른 두 집단의 분포 비교**

도수의 총합이 다른 두 집단의 상대도수의 분포를 한 그래프에 함께 나타내면 두 자료의 분포 상태를 한눈에 비교할 수 있어 편리하다.

대표 문제

87 오른쪽은 어느 중학교의 1학년 200명과 2학년 150명의 일주일 동안의 운동 시간에 대한 상대도수의 분포를 함께 나타낸 그래프이다. 1학년보다 2학년의 비율이 더 높은 계급의 개수와 운동 시간이 더 긴 편인 학년은 1학년인지 2학년인지 차례로 구하시오.

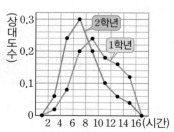

유형 16 상대도수의 분포를 나타낸 그래프

16-1 도수의 총합이 주어진 경우

88 대표 문제

오른쪽은 어느 학교 학생 50명의 면담 시간에 대한 상대도수의 분포를 나타낸 그래프이다. 다음 중 옳지 <u>않은</u> 것은?

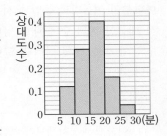

① 계급의 크기는 5분이다.
② 도수가 가장 큰 계급은 15분 이상 20분 미만이다.
③ 면담 시간이 10분 이상 20분 미만인 학생은 전체의 68 %이다.
④ 면담 시간이 20분 이상인 학생은 10명이다.
⑤ 면담 시간이 8번째로 짧은 학생이 속하는 계급은 15분 이상 20분 미만이다.

89 중

오른쪽은 지혜네 학교 학생 200명의 한 달 동안의 학교 매점 이용 횟수에 대한 상대도수의 분포를 나타낸 그래프이다. 매점 이용 횟수가 10회 이상 20회 미만인 학생은 a명, 25회 이상 30회 미만인 학생은 b명일 때, $a+b$의 값을 구하시오.

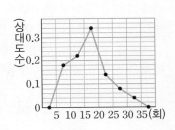

90 중

오른쪽은 재인이네 반 학생 50명의 자유투 성공 수에 대한 상대도수의 분포를 나타낸 그래프이다. 이때 자유투 성공 수가 많은 쪽에서 10번째인 학생이 속하는 계급의 상대도수를 구하시오.

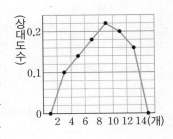

16-2 도수의 총합이 주어지지 않은 경우

Pick
91 대표 문제

오른쪽은 나리네 학교 1학년 학생들의 체육 성적에 대한 상대도수의 분포를 나타낸 그래프이다. 상대도수가 가장 낮은 계급의 도수가 20명일 때, 다음 물음에 답하시오.

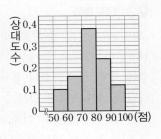

⑴ 전체 학생은 몇 명인지 구하시오.
⑵ 체육 성적이 70점 이상 90점 미만인 학생은 몇 명인지 구하시오.

92 중

오른쪽은 어느 지방의 지역별 습도에 대한 상대도수의 분포를 나타낸 그래프이다. 습도가 50 % 이상 60 % 미만인 지역이 24곳일 때, 다음 중 옳은 것은?

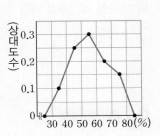

① 계급의 개수는 7이다.
② 도수의 총합은 50곳이다.
③ 습도가 70 % 이상 80 % 미만인 지역은 9곳이다.
④ 습도가 60 % 이상인 지역은 전체의 30 %이다.
⑤ 습도가 12번째로 낮은 지역이 속하는 계급의 도수는 20곳이다.

유형 완성하기 ✳

핵심 문제만 골라 Pick

• 정답과 해설 91쪽

유형 17 상대도수의 분포를 나타낸 그래프가 찢어진 경우 중요

93 대표 문제

오른쪽은 어느 중학교 학생 100명이 가지고 있는 필기구 수에 대한 상대도수의 분포를 나타낸 그래프인데 일부가 찢어져 보이지 않는다. 이때 8자루 이상 10자루 미만의 필기구를 가지고 있는 학생은 몇 명인지 구하시오.

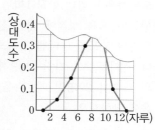

Pick

94 중

오른쪽은 어느 환경 동아리 학생들의 에코 마일리지 점수에 대한 상대도수의 분포를 나타낸 그래프인데 일부가 찢어져 보이지 않는다. 에코 마일리지 점수가 50점 이상 60점 미만인 학생이 10명일 때, 30점 이상 40점 미만인 학생은 몇 명인지 구하시오.

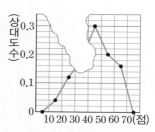

95 중 서술형

다음은 어떤 상자 안에 들어 있는 감자 300개의 무게에 대한 상대도수의 분포를 나타낸 그래프인데 일부가 찢어져 보이지 않는다. 무게가 100 g 이상인 감자가 전체의 14 %일 때, 무게가 90 g 이상 100 g 미만인 감자는 몇 개인지 구하시오.

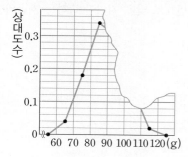

유형 18 도수의 총합이 다른 두 집단의 분포 비교

Pick

96 대표 문제

오른쪽은 명수네 학교 남학생과 여학생이 여름방학 동안 도서관에서 대출한 책의 수에 대한 상대도수의 분포를 함께 나타낸 그래프이다. 다음 보기 중 옳은 것을 모두 고르시오.

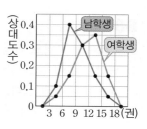

┌ 보기 ┐
ㄱ. 여학생이 남학생보다 책을 많이 대출한 편이다.
ㄴ. 책을 6권 이상 9권 미만 대출한 학생 수는 남학생이 더 많다.
ㄷ. 남학생인 명수가 책을 13권 대출했다면 명수는 남학생 중 책을 많이 대출한 쪽에서 15 % 이내에 든다.
ㄹ. 각 그래프와 가로축으로 둘러싸인 부분의 넓이는 서로 같다.
└────────────────────────────────┘

97 중

아래는 어느 중학교 축구부 학생 50명과 농구부 학생 25명의 줄넘기 2단 뛰기 기록에 대한 상대도수의 분포를 함께 나타낸 그래프를 보고 분포 상태를 비교한 것이다. 다음 중 □ 안에 알맞은 것으로 옳지 <u>않은</u> 것을 모두 고르면? (정답 2개)

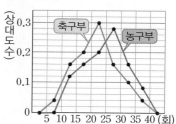

• 기록이 20회 이상 25회 미만인 학생의 비율은 축구부가 농구부보다 ① .
• 농구부에서 기록이 15회 이상 20회 미만인 학생은 ② 명이다.
• 축구부에서 기록이 15회 미만인 학생은 축구부 학생 전체의 ③ %이다.
• ④ 가 ⑤ 보다 기록이 좋은 편이다.

① 높다   ② 4   ③ 20
④ 축구부   ⑤ 농구부

98

유형 01

오른쪽 줄기와 잎 그림은 어느 해 프로 야구에서 투수들의 자책점을 조사하여 그린 것이다. 다음 보기 중 옳은 것을 모두 고르시오.

	자책점				(3│2는 32점)	
줄기				잎		
3	2	3	4	5	9	9
4	0	1	2	4	5	6 7 7
5	2	5	6	8		
6	0	1				

┌ 보기 ┐
ㄱ. 자책점이 50점 이상인 선수는 4명이다.
ㄴ. 자책점이 가장 적은 선수의 자책점과 가장 많은 선수의 자책점의 차는 28점이다.
ㄷ. 자책점이 47점인 선수보다 자책점이 많은 선수는 6명이다.

[99~100] 다음 도수분포표는 서현이네 반 학생들의 공 던지기 기록을 조사하여 나타낸 것이다. 물음에 답하시오.

(단위: m)

13	19	7	16	17
26	2	15	21	12
17	12	20	4	11
24	8	14	15	29
13	22	18	9	17
19	3	15	16	10

➡

기록(m)	도수(명)
$0^{이상} \sim 5^{미만}$	3
5 ~ 10	A
10 ~ 15	7
15 ~ 20	B
20 ~ 25	4
25 ~ 30	2
합계	C

99

유형 02

$A+B+C$의 값을 구하시오.

100

유형 02

다음 중 위의 도수분포표에 대한 설명으로 옳지 않은 것은?

① 계급의 크기는 5 m이다.
② 계급의 개수는 6이다.
③ 도수가 가장 큰 계급의 도수는 7명이다.
④ 기록이 10 m 미만인 학생은 6명이다.
⑤ 기록이 좋은 쪽에서 7번째인 학생이 속하는 계급은 15 m 이상 20 m 미만이다.

101

유형 02

오른쪽 도수분포표는 성호네 반 학생들의 배구공 토스 기록을 조사하여 나타낸 것이다. 다음 중 옳지 않은 것은?

기록(개)	도수(명)
$0^{이상} \sim 10^{미만}$	5
10 ~ 20	A
20 ~ 30	13
30 ~ 40	7
40 ~ 50	4
합계	40

① 계급의 개수는 5이고, 계급의 크기는 10개이다.
② A의 값은 11이다.
③ 도수가 가장 작은 계급은 40개 이상 50개 미만이다.
④ 배구공 토스 기록이 30개 미만인 학생은 29명이다.
⑤ 배구공 토스 기록이 10번째로 많은 학생이 속하는 계급의 도수는 11명이다.

102

유형 02

오른쪽 도수분포표는 어느 회사 직원 100명의 한 달 동안의 구내식당 이용 횟수를 조사하여 나타낸 것이다. 8회 이상 12회 미만인 계급의 도수가 16회 이상 20회 미만인 계급의 도수의 4배일 때, 구내식당 이용 횟수가 12회 이상인 직원은 몇 명인지 구하시오.

이용 횟수(회)	도수(명)
$0^{이상} \sim 4^{미만}$	2
4 ~ 8	24
8 ~ 12	
12 ~ 16	34
16 ~ 20	
합계	100

103

유형 03

오른쪽 도수분포표는 다해네 반 학생 50명의 하루 동안의 TV 시청 시간을 조사하여 나타낸 것이다. TV 시청 시간이 60분 이상인 학생이 전체의 70 %일 때, $2A+B$의 값을 구하시오.

시청 시간(분)	도수(명)
$30^{이상} \sim 60^{미만}$	A
60 ~ 90	19
90 ~ 120	B
120 ~ 150	7
합계	50

104

유형 04

오른쪽 히스토그램은 소리네 반 학생들의 몸무게를 조사하여 나타낸 것이다. 다음 중 옳지 <u>않은</u> 것은?

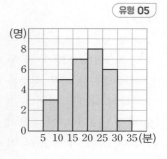

① 계급의 개수는 6이다.

② 전체 학생은 50명이다.

③ 도수가 가장 큰 계급의 도수는 16명이다.

④ 몸무게가 55 kg 이상인 학생은 전체의 24 %이다.

⑤ 몸무게가 7번째로 가벼운 학생이 속하는 계급은 40 kg 이상 45 kg 미만이다.

105

유형 05

오른쪽 히스토그램은 서현이네 반 학생들의 식사 시간을 조사하여 나타낸 것이다. 도수가 가장 큰 계급의 직사각형의 넓이를 A, 모든 직사각형의 넓이의 합을 B라 할 때, $A+B$의 값을 구하시오.

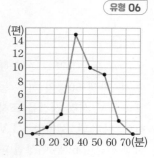

106

유형 06

오른쪽 도수분포다각형은 어느 단편영화제에 출품된 영화의 상영 시간을 조사하여 나타낸 것이다. 상영 시간이 40분 이상인 영화가 a편, 상영 시간이 10번째로 긴 영화가 속하는 계급의 도수가 b편일 때, $a+b$의 값을 구하시오.

107

유형 07

오른쪽은 어느 이웃 돕기 행사에 참가한 사람들의 나이를 조사하여 나타낸 히스토그램과 도수분포다각형이다. 히스토그램의 모든 직사각형의 넓이의 합을 A, 도수분포다각형과 가로축으로 둘러싸인 부분의 넓이를 B라 할 때, $A+B$의 값을 구하시오.

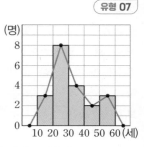

108

유형 08

오른쪽은 사라네 반 학생 25명의 100 m 달리기 기록을 조사하여 나타낸 히스토그램인데 일부가 찢어져 보이지 않는다. 기록이 16초 이상 18초 미만인 학생이 전체의 60 %일 때, 기록이 15초 이상 16초 미만인 학생은 몇 명인지 구하시오.

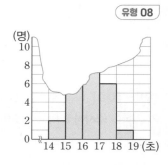

109

유형 09

오른쪽 도수분포다각형은 어느 중학교의 1학년 여학생과 남학생의 몸무게를 조사하여 함께 나타낸 것이다. 다음 중 옳지 <u>않은</u> 것을 모두 고르면? (정답 2개)

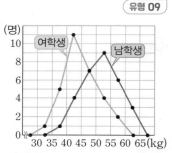

① 남학생이 여학생보다 무거운 편이다.

② 가장 가벼운 학생은 여학생이다.

③ 각각의 그래프와 가로축으로 둘러싸인 부분의 넓이는 서로 다르다.

④ 여학생 중에서 6번째로 무거운 학생이 속하는 계급은 50 kg 이상 55 kg 미만이다.

⑤ 남학생 수와 여학생 수의 합이 가장 큰 계급은 45 kg 이상 50 kg 미만이다.

110 　유형 10

오른쪽 도수분포표는 미소네 반 학생 30명의 하루 동안의 독서 시간을 조사하여 나타낸 것이다. 이때 독서 시간이 40분 이상 50분 미만인 계급의 상대도수를 구하시오.

독서 시간(분)	도수(명)
$10^{이상} \sim 20^{미만}$	4
20 　～30	8
30 　～40	10
40 　～50	
50 　～60	5
합계	30

111 　유형 11

어떤 도수분포표에서 도수가 10인 계급의 상대도수는 0.25이다. 이 도수분포표에서 상대도수가 0.325인 계급의 도수는?

① 12 　　② 13 　　③ 14
④ 15 　　⑤ 16

112 　유형 12

오른쪽 상대도수의 분포표는 어느 치과에서 하루 동안 치료받은 환자 40명의 대기 시간을 조사하여 나타낸 것이다. 이때 대기 시간이 15분 이상 20분 미만인 환자는 몇 명인지 구하시오.

대기 시간(분)	상대도수
$0^{이상} \sim 5^{미만}$	0.05
5 　～10	0.25
10 　～15	0.35
15 　～20	
20 　～25	0.15
합계	

113 　유형 13

다음은 인희네 반 학생들의 영어 성적을 조사하여 나타낸 상대도수의 분포표인데 일부가 찢어져 보이지 않는다. 이때 영어 성적이 60점 이상 70점 미만인 계급의 상대도수를 구하시오.

영어 성적(점)	도수(명)	상대도수
$50^{이상} \sim 60^{미만}$	4	0.1
60 　～ 70	8	
70 　～ 80		

114 　유형 14

오른쪽 도수분포표는 A, B 두 학교 1학년 학생들의 100 m 달리기 기록을 조사하여 함께 나타낸 것이다. 다음 보기 중 옳은 것을 모두 고르시오.

기록(초)	도수(명)	
	A 학교	B 학교
$14^{이상} \sim 16^{미만}$	5	6
16 　～18	12	14
18 　～20	8	10
20 　～22	3	6
22 　～24	2	4
합계	30	40

> **보기**
> ㄱ. 기록이 18초 미만인 학생은 두 학교 전체의 60 %이다.
> ㄴ. 두 학교 전체 학생 중에서 기록이 40번째로 좋은 학생이 속하는 계급은 16초 이상 18초 미만이다.
> ㄷ. 기록이 16초 이상 18초 미만인 학생의 비율은 A 학교가 B 학교보다 높다.

115 　유형 15

A 동아리의 학생 수는 B 동아리의 학생 수의 5배이고, A 동아리에서 안경을 쓴 학생 수는 B 동아리에서 안경을 쓴 학생 수의 3배이다. 이때 A 동아리와 B 동아리에서 안경을 쓴 학생의 상대도수의 비를 가장 간단한 자연수의 비로 나타내시오.

116 유형 17

다음은 어느 중학교 학생들의 팔 굽혀 펴기 기록에 대한 상대도수의 분포를 나타낸 그래프인데 일부가 얼룩져 보이지 않는다. 기록이 25회 미만인 학생이 80명일 때, 물음에 답하시오.

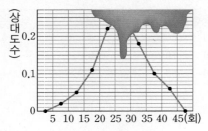

(1) 전체 학생은 몇 명인지 구하시오.

(2) 기록이 25회 이상 30회 미만인 학생은 몇 명인지 구하시오.

117 유형 18

오른쪽은 어느 중학교 1학년과 2학년 학생들의 일주일 동안의 독서 시간에 대한 상대도수의 분포를 함께 나타낸 그래프이다. 다음 중 옳지 <u>않은</u> 것은?

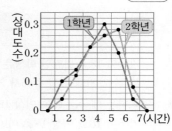

① 각 그래프와 가로축으로 둘러싸인 부분의 넓이는 1학년과 2학년이 서로 같다.

② 독서 시간이 3시간 미만인 학생의 비율은 1학년이 2학년보다 높다.

③ 독서 시간이 3시간 이상 4시간 미만인 학생 수는 1학년과 2학년이 같다.

④ 2학년에서 독서 시간이 5시간 이상 6시간 미만인 학생은 2학년 전체의 28 %이다.

⑤ 2학년이 1학년보다 독서 시간이 긴 편이다.

서술형 문제

118 유형 08

오른쪽은 어느 중학교 1학년 학생들이 일주일 동안 대중가요를 듣는 시간을 조사하여 나타낸 도수분포다각형인데 일부가 찢어져 보이지 않는다. 듣는 시간이 3시간 미만인 학생이 전체의 30 %일 때, 듣는 시간이 4시간 이상 6시간 미만인 학생은 몇 명인지 구하시오.

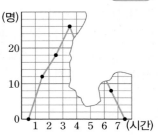

119 유형 12

다음 상대도수의 분포표는 어느 학교 1학년 학생들의 제자리 멀리뛰기 기록을 조사하여 나타낸 것이다. 이때 기록이 좋은 쪽에서 15번째인 학생이 속하는 계급의 상대도수를 구하시오.

기록(cm)	도수(명)	상대도수
130^{이상} ~ 150^{미만}	3	
150 ~ 170	12	0.2
170 ~ 190		0.25
190 ~ 210	18	
210 ~ 230		
230 ~ 250	6	
합계		1

120 유형 16

오른쪽은 윤경이네 반 학생들의 하루 동안의 운동 시간에 대한 상대도수의 분포를 나타낸 그래프이다. 상대도수가 가장 높은 계급의 도수가 14명일 때, 운동 시간이 20분 이상 40분 미만인 학생은 몇 명인지 구하시오.

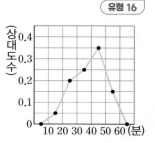

·정답과 해설 94쪽

121 다음 도수분포표는 지영이네 반 학생들의 원반던지기 기록을 조사하여 나타낸 것이다. $A<B$일 때, A, B의 값을 각각 구하시오.

(단위: m)

21	33	29	x
27	y	35	42
31	34	25	28
35	40	37	32
36	41		

➡

기록(m)	도수(명)
$20^{이상}$ ~ $25^{미만}$	1
25 ~ 30	A
30 ~ 35	5
35 ~ 40	B
40 ~ 45	3
합계	18

122 다음 도수분포표는 이수와 동훈이가 어느 학교 1학년 2반 학생들의 일주일 동안의 가족과의 대화 시간을 조사하여 계급의 크기가 다른 두 개의 표로 각각 나타낸 것이다. 보기 중 옳은 것을 모두 고르시오.

[이수]

대화 시간(시간)	도수(명)
$1^{이상}$ ~ $3^{미만}$	1
3 ~ 5	4
5 ~ 7	8
7 ~ 9	6
9 ~ 11	A
11 ~ 13	2
합계	30

[동훈]

대화 시간(시간)	도수(명)
$1^{이상}$ ~ $4^{미만}$	3
4 ~ 7	B
7 ~ 10	C
10 ~ 13	4
합계	30

보기

ㄱ. 두 개의 도수분포표의 계급의 크기는 같다.
ㄴ. $A=9$, $B=10$, $C=13$이다.
ㄷ. 대화 시간이 9시간 이상 10시간 미만인 학생은 7명이다.

123 오른쪽 도수분포다각형 은 성재네 반 학생들의 면담 시 간을 조사하여 나타낸 것이다. 색칠한 5개의 삼각형의 넓이를 각각 A, B, C, D, E라 할 때, 다음 중 옳은 것을 모두 고르 면? (정답 2개)

① $A+B=3$ ② $A=2C$ ③ $3B=2D$

④ $D-B=1$ ⑤ $C=E$

124 오른쪽은 어느 중학교의 역사 동아리 학생들의 1년 동안 의 박물관 방문 횟수를 조사하 여 나타낸 도수분포다각형인데 일부가 찢어져 보이지 않는다. 다음 조건을 모두 만족시킬 때, 박물관 방문 횟수가 6회 이상 8 회 미만인 학생은 몇 명인지 구하시오.

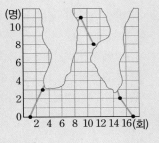

조건

㈎ 박물관 방문 횟수가 4회 이상 6회 미만인 학생 수는 2회 이상 4회 미만인 학생 수의 2배이다.
㈏ 박물관 방문 횟수가 6회 이상인 학생 수는 6회 미만인 학 생 수의 4배이다.
㈐ 박물관 방문 횟수가 12회 이상인 학생은 전체의 20 %이다.

만점 문제 뛰어넘기

• 정답과 해설 95쪽

125 오른쪽 도수분포표는 윤정이네 반 학생 40명이 한 달 동안 읽은 책의 수를 조사하여 나타낸 것이다. 한 달 동안 9권 이상 읽은 학생이 전체의 30 %일 때, 한 달 동안 읽은 책의 수가 3권 이상 6권 미만인 계급의 상대도수를 구하시오.

책의 수(권)	도수(명)
0^{이상} ~ 3^{미만}	2
3 ~ 6	
6 ~ 9	6
9 ~ 12	
12 ~ 15	4
합계	40

126 오른쪽 상대도수의 분포표는 규리네 중학교 1학년 1반과 1학년 전체 학생들의 50 m 달리기 기록을 조사하여 함께 나타낸 것이다. 기록이 7초 이상 8초 미만인 학생이 1반에서 12명, 1학년 전체에서 153명일 때, 1반에서 6번째로 빠른 학생은 1학년 전체에서 적어도 몇 번째로 빠른지 구하시오.

기록(초)	상대도수	
	1반	전체
5^{이상} ~ 6^{미만}	0.2	0.07
6 ~ 7	0.3	0.18
7 ~ 8	0.4	0.51
8 ~ 9	0.1	0.24
합계	1	1

127 오른쪽은 어느 중학교 1학년 학생들의 앉아 윗몸 앞으로 굽히기 기록에 대한 상대도수의 분포를 나타낸 그래프이다. 기록이 8 cm 미만인 학생이 10 cm 이상인 학생보다 8명 더 많을 때, 전체 학생은 몇 명인지 구하시오.

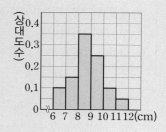

128 다음은 희주네 학교 1학년 학생들의 키에 대한 상대도수의 분포를 나타낸 그래프인데 일부가 얼룩져 보이지 않는다. 키가 145 cm인 학생이 속하는 계급의 도수가 키가 155 cm인 학생이 속하는 계급의 도수보다 20명이 적다고 할 때, 전체 학생은 몇 명인지 구하시오.

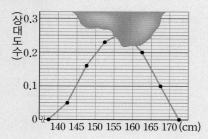

129 다음은 A, B 두 과수원에서 수확한 토마토의 무게에 대한 상대도수의 분포를 함께 나타낸 그래프인데, 세로축은 찢어지고 가운데 부분은 얼룩져 보이지 않는다. 물음에 답하시오.

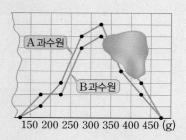

⑴ B 과수원에서 무게가 350 g 이상 400 g 미만인 계급의 상대도수를 구하시오.

⑵ A 과수원에서 수확한 토마토의 총 개수가 450이고 B 과수원에서 수확한 토마토의 총 개수가 400일 때, 무게가 350 g 이상인 토마토는 어느 과수원이 몇 개 더 많은지 구하시오.

15개정 교육과정

내신 만점 **유형서**

만렙

정답과 해설

중등수학 1·2

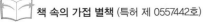
책 속의 가접 별책 (특허 제 0557442호)

'정답과 해설'은 본책에서 쉽게 분리할 수 있도록 제작되었으므로
유통 과정에서 분리될 수 있으나 파본이 아닌 정상 제품입니다.

우리는 남다른 상상과 혁신으로
교육 문화의 새로운 전형을 만들어
모든 이의 행복한 경험과 성장에 기여한다

ABOVE IMAGINATION

우리는 남다른 상상과 혁신으로
교육 문화의 새로운 전형을 만들어
모든 이의 행복한 경험과 성장에 기여한다

1 점, 선, 면, 각

01 20	**02** ①, ⑤	**03** 3, 6, 3	**04** ③
05 18 cm	**06** 16 cm	**07** 5	**08** 찬호
09 ④, ⑤	**10** ③, ④	**11** ①	**12** ④, ⑤
13 3개	**14** ②, ⑤	**15** 18	**16** ④
17 13	**18** (1) 4 (2) 10		**19** ②
20 (가) 2 (나) 4 (다) $\frac{1}{4}$	**21** ⑤	**22** ④
23 10 cm	**24** 12 cm	**25** 6 cm	**26** ③
27 ①	**28** 6 cm	**29** 10 cm	**30** 16 cm
31 ②	**32** 33°	**33** 27°	**34** 45°
35 ③	**36** 105°	**37** ②, ⑤	**38** ㄹ, ㅂ, ㄴ
39 ②, ⑤	**40** 31°	**41** 55°	**42** ②
43 100°	**44** 14	**45** ∠x=60°, ∠y=30°	
46 100°	**47** 65°	**48** 60°	**49** 72°
50 ④	**51** 45°	**52** ③	**53** 40°
54 ④	**55** 113.5°	**56** 7시 $\frac{60}{11}$분	**57** ④
58 ③	**59** 6쌍	**60** ⑤	**61** ③
62 140°	**63** 125	**64** 80°	**65** ②
66 ①	**67** 111°	**68** ④	**69** 20
70 ④	**71** ④	**72** ③	**73** ③
74 ③	**75** 17	**76** ④	**77** ⑤
78 ㄱ	**79** ③	**80** 11 cm	**81** ③
82 10 cm	**83** ②	**84** 35°	**85** 40°
86 36°	**87** 42°	**88** ①	**89** ③
90 20쌍	**91** ㄱ, ㄹ	**92** 12 cm	**93** 120
94 19	**95** 13	**96** ④	
97 3 cm, 6 cm		**98** ②	**99** 180°
100 144°			

01 답 **20**

교점의 개수는 8이므로 $a=8$
교선의 개수는 12이므로 $b=12$
∴ $a+b=8+12=20$

02 답 **①, ⑤**

① $\overrightarrow{AB}=\overrightarrow{BC}$
⑤ $\overrightarrow{CA}=\overrightarrow{CB}$

03 답 **3, 6, 3**

직선은 $\overleftrightarrow{AB}$, $\overleftrightarrow{AC}$, $\overleftrightarrow{BC}$의 3개이다.
반직선은 $\overrightarrow{AB}$, $\overrightarrow{AC}$, $\overrightarrow{BA}$, $\overrightarrow{BC}$, $\overrightarrow{CA}$, $\overrightarrow{CB}$의 6개이다.
선분은 $\overline{AB}$, $\overline{AC}$, $\overline{BC}$의 3개이다.

다른 풀이
(반직선의 개수)=(직선의 개수)×2=3×2=6
(선분의 개수)=(직선의 개수)=3

참고 어느 세 점도 한 직선 위에 있지 않은 n개의 점에 대하여 두 점을
이어서 만들 수 있는 서로 다른 직선, 반직선, 선분의 개수는 다음과 같다.

(1) (직선의 개수)=$\dfrac{n(n-1)}{2}$

(2) (반직선의 개수)=(직선의 개수)×2=$n(n-1)$

(3) (선분의 개수)=(직선의 개수)

04 답 **③**

$\overline{AM}=\overline{MB}$, $\overline{MN}=\overline{NB}$이므로

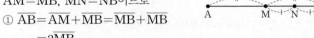

① $\overline{AB}=\overline{AM}+\overline{MB}=\overline{MB}+\overline{MB}$
　　$=2\overline{MB}$

② $\overline{MN}=\dfrac{1}{2}\overline{MB}=\dfrac{1}{2}×\dfrac{1}{2}\overline{AB}=\dfrac{1}{4}\overline{AB}$

③ $\overline{NB}=\dfrac{1}{2}\overline{MB}=\dfrac{1}{2}×\dfrac{1}{2}\overline{AB}=\dfrac{1}{4}\overline{AB}$

④ $\overline{NB}=\dfrac{1}{2}\overline{MB}=\dfrac{1}{2}\overline{AM}$

⑤ $\overline{AN}=\overline{AM}+\overline{MN}=\dfrac{1}{2}\overline{AB}+\dfrac{1}{2}\overline{MB}$

　　　$=\dfrac{1}{2}\overline{AB}+\dfrac{1}{2}×\dfrac{1}{2}\overline{AB}$

　　　$=\dfrac{1}{2}\overline{AB}+\dfrac{1}{4}\overline{AB}=\dfrac{3}{4}\overline{AB}$

　∴ $\overline{AB}=\dfrac{4}{3}\overline{AN}$

따라서 옳지 않은 것은 ③이다.

05 답 **18 cm**

$\overline{AM}=\dfrac{1}{2}\overline{AB}=\dfrac{1}{2}×24=12(cm)$

$\overline{AN}=\dfrac{1}{2}\overline{AM}=\dfrac{1}{2}×12=6(cm)$

∴ $\overline{NB}=\overline{AB}-\overline{AN}=24-6=18(cm)$

06 답 16 cm

$\overline{BC}=2\overline{MC}=2\times 5=10(cm)$

$5\overline{AB}=3\overline{BC}$에서 $\overline{AB}=\dfrac{3}{5}\overline{BC}$이므로

$\overline{AB}=\dfrac{3}{5}\times 10=6(cm)$

$\therefore \overline{AC}=\overline{AB}+\overline{BC}=6+10=16(cm)$

07 답 5

교점의 개수는 10이므로 $a=10$

교선의 개수는 15이므로 $b=15$

$\therefore b-a=15-10=5$

08 답 찬호

수진: 삼각기둥에서 교점의 개수는 6, 육각뿔에서 교점의 개수는 7
이므로 같지 않다.

태현: 육각뿔에서 교선의 개수는 12이다.

따라서 바르게 말한 학생은 찬호이다.

09 답 ④, ⑤

④ 교점은 선과 선 또는 선과 면이 만나는 경우에 생긴다.

⑤ 사각뿔에서 교점의 개수와 교선의 개수는 각각 5, 8이므로 같지
않다.

10 답 ③, ④

③ $\overrightarrow{AC}$와 $\overrightarrow{BC}$는 뻗어 나가는 방향은 같지만 시작점이 같지 않으므로
서로 다른 반직선이다.

④ $\overrightarrow{AC}$와 $\overrightarrow{CA}$는 시작점과 뻗어 나가는 방향이 모두 같지 않으므로
서로 다른 반직선이다.

11 답 ①

① $\overrightarrow{AB}$와 $\overrightarrow{AC}$는 시작점과 뻗어 나가는 방향이 모두 같으므로
$\overrightarrow{AB}=\overrightarrow{AC}$

12 답 ④, ⑤

④ $\overrightarrow{CA}$와 $\overrightarrow{CB}$는 시작점과 뻗어 나가는 방향이 모두 같으므로
$\overrightarrow{CA}=\overrightarrow{CB}$

⑤ 세 점 A, D, E는 한 직선 위에 있으므로 $\overrightarrow{DA}=\overrightarrow{ED}$

13 답 3개

$\overrightarrow{AC}$, $\overrightarrow{BC}$, $\overrightarrow{BE}$의 3개이다.

14 답 ②, ⑤

① 한 점을 지나는 직선은 무수히 많다.

③, ④ 두 반직선이 같으려면 시작점과 뻗어 나가는 방향이 모두 같
아야 한다.

⑥ 반직선은 한쪽 방향으로 뻗어 나가는 모양이고, 직선은 양쪽 방
향으로 뻗어 나가는 모양이므로 반직선과 직선은 길이를 생각할
수 없다.

따라서 옳은 것은 ②, ⑤이다.

15 답 18

반직선은 $\overrightarrow{AB}$, $\overrightarrow{AC}$, $\overrightarrow{AD}$, $\overrightarrow{BA}$, $\overrightarrow{BC}$, $\overrightarrow{BD}$, $\overrightarrow{CA}$, $\overrightarrow{CB}$, $\overrightarrow{CD}$, $\overrightarrow{DA}$,
$\overrightarrow{DB}$, $\overrightarrow{DC}$의 12개이므로 $a=12$

선분은 $\overline{AB}$, $\overline{AC}$, $\overline{AD}$, $\overline{BC}$, $\overline{BD}$, $\overline{CD}$의 6개이므로 $b=6$

$\therefore a+b=12+6=18$

16 답 ④

직선은 $\overleftrightarrow{AB}$, $\overleftrightarrow{AC}$, $\overleftrightarrow{AD}$, $\overleftrightarrow{AE}$, $\overleftrightarrow{BC}$, $\overleftrightarrow{BD}$, $\overleftrightarrow{BE}$, $\overleftrightarrow{CD}$, $\overleftrightarrow{CE}$, $\overleftrightarrow{DE}$의
10개이다.

반직선은 $\overrightarrow{AB}$, $\overrightarrow{AC}$, $\overrightarrow{AD}$, $\overrightarrow{AE}$, $\overrightarrow{BA}$, $\overrightarrow{BC}$, $\overrightarrow{BD}$, $\overrightarrow{BE}$, $\overrightarrow{CA}$, $\overrightarrow{CB}$,
$\overrightarrow{CD}$, $\overrightarrow{CE}$, $\overrightarrow{DA}$, $\overrightarrow{DB}$, $\overrightarrow{DC}$, $\overrightarrow{DE}$, $\overrightarrow{EA}$, $\overrightarrow{EB}$, $\overrightarrow{EC}$, $\overrightarrow{ED}$의 20개이다.

17 답 13

직선은 직선 l의 1개이므로 $x=1$　　　　　　　… (i)

반직선은 $\overrightarrow{AB}$, $\overrightarrow{BA}$, $\overrightarrow{BC}$, $\overrightarrow{CB}$, $\overrightarrow{CD}$, $\overrightarrow{DC}$의 6개이므로

$y=6$　　　　　　　　　　　　　… (ii)

선분은 $\overline{AB}$, $\overline{AC}$, $\overline{AD}$, $\overline{BC}$, $\overline{BD}$, $\overline{CD}$의 6개이므로

$z=6$　　　　　　　　　　　　　… (iii)

$\therefore x+y+z=1+6+6=13$　　　… (iv)

채점 기준

(i) x의 값 구하기	30%
(ii) y의 값 구하기	30%
(iii) z의 값 구하기	30%
(iv) $x+y+z$의 값 구하기	10%

18 답 (1) 4　(2) 10

(1) 세 점 A, B, C가 한 직선 위에 있으므로 세 점 A, B, C로 만들
수 있는 직선은 $\overleftrightarrow{AB}$의 1개이다.

　　따라서 서로 다른 직선은 $\overleftrightarrow{AB}$, $\overleftrightarrow{AD}$, $\overleftrightarrow{BD}$, $\overleftrightarrow{CD}$의 4개이다.

(2) $\overrightarrow{AB}$, $\overrightarrow{AD}$, $\overrightarrow{BA}$, $\overrightarrow{BC}$, $\overrightarrow{BD}$, $\overrightarrow{CB}$, $\overrightarrow{CD}$, $\overrightarrow{DA}$, $\overrightarrow{DB}$, $\overrightarrow{DC}$의 10개이다.

주의 한 직선 위에 세 점 이상이 있는 경우 반직선의 개수는 직선의 개
수의 2배가 아니다. 이 문제에서 $\overleftrightarrow{AB}$에는 $\overrightarrow{AB}$, $\overrightarrow{BA}$뿐 아니라 $\overrightarrow{BC}$, $\overrightarrow{CB}$도
포함되어 있으므로 반직선의 개수를 직선의 개수 4의 2배인 8로 생각하지
않도록 주의한다.

19 답 ②

ㄴ. $\overline{BD}=\overline{BC}+\overline{CD}=\overline{BC}+\overline{AB}=\overline{AC}$

ㄹ. $\overline{BD}=\overline{BC}+\overline{CD}=\dfrac{1}{3}\overline{AD}+\dfrac{1}{3}\overline{AD}=\dfrac{2}{3}\overline{AD}$

따라서 옳은 것은 ㄱ, ㄷ이다.

20 답 (개) 2　(내) 4　(대) $\dfrac{1}{4}$

점 B는 $\overline{AC}$의 중점이므로 $\overline{AC}=2\overline{AB}$　　$\therefore$ (개) 2

점 C는 $\overline{AD}$의 중점이므로 $\overline{AD}=2\overline{AC}=2\times 2\overline{AB}=4\overline{AB}$

$\therefore$ (내) 4

$\overline{AD}=4\overline{AB}$이고 $\overline{AB}=\overline{BC}$이므로

$\overline{AD}=4\overline{AB}=4\overline{BC}$에서 $\overline{BC}=\dfrac{1}{4}\overline{AD}$　　$\therefore$ (대) $\dfrac{1}{4}$

21 답 ⑤

$\overline{AM}=\overline{MN}=\overline{NB}$, $\overline{AO}=\overline{OB}$이므로

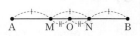

$\overline{MO}=\overline{AO}-\overline{AM}=\overline{OB}-\overline{NB}=\overline{ON}$

$\therefore \overline{MO}=\overline{ON}=\dfrac{1}{2}\overline{MN}$

① $\overline{AB}=3\overline{AM}$

② $\overline{AN}=\overline{AM}+\overline{MN}=\overline{NB}+\overline{MN}=\overline{MB}$

③ $\overline{AO}=\overline{AM}+\overline{MO}=\overline{NB}+\dfrac{1}{2}\overline{MN}=\overline{NB}+\dfrac{1}{2}\overline{NB}=\dfrac{3}{2}\overline{NB}$

④ $\overline{MN}=\dfrac{1}{2}\overline{AN}$

⑤ $\overline{OB}=\overline{ON}+\overline{NB}=\overline{MO}+\overline{MN}=\overline{MO}+2\overline{MO}=3\overline{MO}$

　　$\therefore \overline{MO}=\dfrac{1}{3}\overline{OB}$

따라서 옳은 것은 ⑤이다.

22 답 ④

$\overline{AM}=\overline{MB}=\dfrac{1}{2}\overline{AB}=\dfrac{1}{2}\times12=6(\text{cm})$

$\overline{MN}=\dfrac{1}{2}\overline{MB}=\dfrac{1}{2}\times6=3(\text{cm})$

$\therefore \overline{AN}=\overline{AM}+\overline{MN}=6+3=9(\text{cm})$

23 답 **10 cm**

$\overline{AB}=2\overline{MB}$, $\overline{BC}=2\overline{BN}$이므로

$\overline{AC}=\overline{AB}+\overline{BC}=2\overline{MB}+2\overline{BN}=2(\overline{MB}+\overline{BN})$

　　$=2\overline{MN}=2\times5=10(\text{cm})$

24 답 **12 cm**

$\overline{AB}=\overline{BC}=\overline{CD}=\dfrac{1}{3}\overline{AD}=\dfrac{1}{3}\times18=6(\text{cm})$이므로

$\overline{MB}=\dfrac{1}{2}\overline{AB}=\dfrac{1}{2}\times6=3(\text{cm})$,

$\overline{CN}=\dfrac{1}{2}\overline{CD}=\dfrac{1}{2}\times6=3(\text{cm})$

$\therefore \overline{MN}=\overline{MB}+\overline{BC}+\overline{CN}=3+6+3=12(\text{cm})$

25 답 **6 cm**

점 M이 $\overline{AB}$의 중점이므로 $\overline{AM}=\overline{MB}$

$\overline{NB}=\overline{NM}+\overline{MB}=\overline{AN}+\overline{AM}$

　　$=\dfrac{1}{2}\overline{AM}+\overline{AM}=\dfrac{3}{2}\overline{AM}$

따라서 $\overline{AM}=\dfrac{2}{3}\overline{NB}$이므로 $\overline{AM}=\dfrac{2}{3}\times9=6(\text{cm})$

26 답 ③

$\overline{BC}=2\overline{BM}=2\times9=18(\text{cm})$

$\overline{AB}:\overline{BC}=2:3$에서 $2\overline{BC}=3\overline{AB}$

$\therefore \overline{AB}=\dfrac{2}{3}\overline{BC}=\dfrac{2}{3}\times18=12(\text{cm})$

$\therefore \overline{AC}=\overline{AB}+\overline{BC}=12+18=30(\text{cm})$

다른 풀이

$\overline{BC}=2\overline{BM}=2\times9=18(\text{cm})$

$\overline{AB}:\overline{BC}=2:3$에서 $\overline{BC}=\dfrac{3}{2+3}\times\overline{AC}=\dfrac{3}{5}\overline{AC}$

$\therefore \overline{AC}=\dfrac{5}{3}\overline{BC}=\dfrac{5}{3}\times18=30(\text{cm})$

27 답 ①

$\overline{AB}=2\overline{MB}$, $\overline{BC}=2\overline{BN}$이므로

$\overline{AC}=\overline{AB}+\overline{BC}=2\overline{MB}+2\overline{BN}=2(\overline{MB}+\overline{BN})$

　　$=2\overline{MN}=2\times20=40(\text{cm})$

$\overline{AC}=\overline{AB}+\overline{BC}=\overline{AB}+3\overline{AB}=4\overline{AB}$

$\therefore \overline{AB}=\dfrac{1}{4}\overline{AC}=\dfrac{1}{4}\times40=10(\text{cm})$

28 답 **6 cm**

$\overline{AD}=\overline{AC}+\overline{CD}=2\overline{CD}+\overline{CD}=3\overline{CD}$이므로

$\overline{CD}=\dfrac{1}{3}\overline{AD}=\dfrac{1}{3}\times27=9(\text{cm})$　　　　　$\cdots$ (i)

$\therefore \overline{AC}=2\overline{CD}=2\times9=18(\text{cm})$　　　　　$\cdots$ (ii)

$\overline{AC}=\overline{AB}+\overline{BC}=2\overline{BC}+\overline{BC}=3\overline{BC}$이므로

$\overline{BC}=\dfrac{1}{3}\overline{AC}=\dfrac{1}{3}\times18=6(\text{cm})$　　　　　$\cdots$ (iii)

채점 기준	
(i) $\overline{CD}$의 길이 구하기	40%
(ii) $\overline{AC}$의 길이 구하기	20%
(iii) $\overline{BC}$의 길이 구하기	40%

29 답 **10 cm**

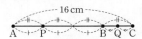

$\overline{AB}:\overline{BC}=3:1$에서 $\overline{AB}=3\overline{BC}$, 즉 $\overline{BC}=\dfrac{1}{3}\overline{AB}$

$\overline{AC}=\overline{AB}+\overline{BC}=\overline{AB}+\dfrac{1}{3}\overline{AB}=\dfrac{4}{3}\overline{AB}$이므로

$\overline{AB}=\dfrac{3}{4}\overline{AC}=\dfrac{3}{4}\times16=12(\text{cm})$

$\overline{AP}:\overline{PB}=1:2$에서 $\overline{PB}=2\overline{AP}$, 즉 $\overline{AP}=\dfrac{1}{2}\overline{PB}$

$\overline{AB}=\overline{AP}+\overline{PB}=\dfrac{1}{2}\overline{PB}+\overline{PB}=\dfrac{3}{2}\overline{PB}$이므로

$\overline{PB}=\dfrac{2}{3}\overline{AB}=\dfrac{2}{3}\times12=8(\text{cm})$

$\overline{AC}=\overline{AB}+\overline{BC}=3\overline{BC}+\overline{BC}=4\overline{BC}$이므로

$\overline{BC}=\dfrac{1}{4}\overline{AC}=\dfrac{1}{4}\times16=4(\text{cm})$

$\overline{BQ}=\dfrac{1}{2}\overline{BC}=\dfrac{1}{2}\times4=2(\text{cm})$

$\therefore \overline{PQ}=\overline{PB}+\overline{BQ}=8+2=10(\text{cm})$

30 답 **16 cm**

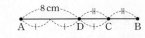

(다)에서 $\overline{AD}=\dfrac{2}{3}\overline{AC}$이므로

$\overline{AC}=\dfrac{3}{2}\overline{AD}$

(가)에서 $\overline{AD}=8\,\text{cm}$이므로 $\overline{AC}=\dfrac{3}{2}\overline{AD}=\dfrac{3}{2}\times8=12(\text{cm})$

즉, $\overline{DC}=\dfrac{1}{3}\overline{AC}=\dfrac{1}{3}\times12=4(\text{cm})$이므로

(나)에서 $\overline{CB}=\overline{DC}=4\,\text{cm}$

$\therefore \overline{AB}=\overline{AC}+\overline{CB}=12+4=16(\text{cm})$

참고 오른쪽 그림과 같이 네 점 A, B, C,
D를 한 직선 위에 나타낼 수도 있다.

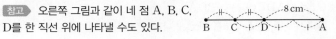

14~18쪽

31 답 ②

ㄹ. $\angle CBA = 60°$

32 답 $33°$

$60° + \angle x + (3\angle x - 12°) = 180°$이므로

$4\angle x = 132°$ $\therefore \angle x = 33°$

33 답 $27°$

$\angle x + (3\angle x - 18°) = 90°$이므로

$4\angle x = 108°$ $\therefore \angle x = 27°$

34 답 $45°$

$\angle a = 180° \times \dfrac{3}{3+4+5}$

$\quad = 180° \times \dfrac{1}{4} = 45°$

35 답 ③

$\angle AOC + \angle COE = 180°$이므로

$\angle AOC + \angle COE = 2\angle BOC + 2\angle COD$

$\qquad\qquad = 2(\angle BOC + \angle COD)$

$\qquad\qquad = 180°$

즉, $\angle BOC + \angle COD = 90°$

$\therefore \angle BOD = 90°$

36 답 $105°$

시침이 시계의 12를 가리킬 때부터 2시간 30분
동안 움직인 각도는

$30° \times 2 + 0.5° \times 30 = 60° + 15° = 75°$

또 분침이 시계의 12를 가리킬 때부터 30분
동안 움직인 각도는

$6° \times 30 = 180°$

따라서 구하는 각의 크기는

$180° - 75° = 105°$

37 답 ②, ⑤

② $\angle ADC = 90°$

⑤ $\angle CDA = 90°$

38 답 ㄹ, ㅂ, ㄴ

$\angle a = \angle CAD$(또는 $\angle DAC$),

$\angle b = \angle EBD$(또는 $\angle DBE$),

$\angle c = \angle ADB$(또는 $\angle BDA$)

따라서 $\angle a$, $\angle b$, $\angle c$를 바르게 나타낸 것은 각각 ㄹ, ㅂ, ㄴ이다.

39 답 ②, ⑤

① $\angle AOC \Rightarrow$ 직각

② $\angle AOD = 90° + \angle COD \Rightarrow$ 둔각

③ $\angle AOE \Rightarrow$ 평각

④ $\angle BOC = 90° - \angle AOB \Rightarrow$ 예각

⑤ $\angle BOE = 90° + \angle BOC \Rightarrow$ 둔각

따라서 둔각인 것은 ②, ⑤이다.

40 답 $31°$

$\angle x + (4\angle x - 20°) + 45° = 180°$이므로

$5\angle x = 155°$ $\therefore \angle x = 31°$

41 답 $55°$

$(3x + 20) + 5x + (7x - 5) = 180$이므로

$15x = 165$ $\therefore x = 11$

$\therefore \angle BOC = 5x° = 5 \times 11° = 55°$

42 답 ②

$(x + y) + (2x - y) = 180$이므로

$3x = 180$ $\therefore x = 60$

$(x + y) + 55 = 180$이므로

$60 + y + 55 = 180$ $\therefore y = 65$

$\therefore y - x = 65 - 60 = 5$

43 답 $100°$

$\angle a + 90° = 120°$이므로 $\angle a = 30°$ ⋯ (i)

$25° + \angle b + 120° = 180°$이므로 $\angle b = 35°$ ⋯ (ii)

$\therefore \angle a + 2\angle b = 30° + 2 \times 35° = 100°$ ⋯ (iii)

채점 기준	
(i) $\angle a$의 크기 구하기	40%
(ii) $\angle b$의 크기 구하기	40%
(iii) $\angle a + 2\angle b$의 크기 구하기	20%

44 답 14

$(2x + 40) + (3x - 20) = 90$이므로

$5x = 70$ $\therefore x = 14$

45 답 $\angle x = 60°$, $\angle y = 30°$

$\angle y + 60° = 90°$ $\therefore \angle y = 30°$

$\angle x + \angle y = 90°$이므로

$\angle x + 30° = 90°$ $\therefore \angle x = 60°$

46 답 $100°$

$25° + \angle x = 90°$ $\therefore \angle x = 65°$

$60° + 90° + \angle y = 180°$ $\therefore \angle y = 30°$

$\therefore 2\angle x - \angle y = 2 \times 65° - 30° = 100°$

47 답 **65°**

$\angle AOB + \angle BOC = 90°$, $\angle BOC + \angle COD = 90°$이므로

$(\angle AOB + \angle BOC) + (\angle BOC + \angle COD) = 180°$

$\angle AOB + \angle COD + 2\angle BOC = 180°$

$50° + 2\angle BOC = 180°$

$2\angle BOC = 130°$

$\therefore \angle BOC = 65°$

다른 풀이

$\angle AOB + \angle BOC = \angle BOC + \angle COD = 90°$에서

$\angle AOB = \angle COD$이고,

$\angle AOB + \angle COD = 50°$이므로

$\angle AOB = \angle COD = \dfrac{1}{2} \times 50° = 25°$

$\therefore \angle BOC = 90° - 25° = 65°$

48 답 **60°**

$\angle b = 180° \times \dfrac{5}{4+5+6}$

$\quad = 180° \times \dfrac{1}{3}$

$\quad = 60°$

49 답 **72°**

$\angle COD = \angle BOD \times \dfrac{4}{1+4}$

$\quad\quad\quad = 90° \times \dfrac{4}{5}$

$\quad\quad\quad = 72°$

50 답 **④**

$\angle a : \angle b = 2 : 3$에서 $2\angle b = 3\angle a$

$\therefore \angle b = \dfrac{3}{2}\angle a$

$\angle a : \angle c = 1 : 2$에서 $\angle c = 2\angle a$

$\angle a + \angle b + \angle c = \angle a + \dfrac{3}{2}\angle a + 2\angle a = 180°$

$\dfrac{9}{2}\angle a = 180°$ $\quad \therefore \angle a = 40°$

$\therefore \angle c = 2\angle a = 2 \times 40° = 80°$

만렙비법 $\angle b$, $\angle c$의 크기를 $\angle a$를 사용하여 나타내고 $\angle a + \angle b + \angle c = 180°$임을 이용한다.

51 답 **45°**

$\angle AOC + \angle COE = 180°$이므로

$\angle AOC + \angle COE = \angle AOB + \angle BOC + \angle COE$

$\quad\quad\quad\quad\quad\quad = 3\angle BOC + \angle BOC + 4\angle COD$

$\quad\quad\quad\quad\quad\quad = 4\angle BOC + 4\angle COD$

$\quad\quad\quad\quad\quad\quad = 4(\angle BOC + \angle COD)$

$\quad\quad\quad\quad\quad\quad = 180°$

즉, $\angle BOC + \angle COD = 45°$

$\therefore \angle BOD = 45°$

52 답 **③**

$\angle AOB + \angle BOC + \angle COD = 180°$이고

$\angle COD = \dfrac{2}{5}\angle AOB$이므로

$\angle AOB + \angle BOC + \angle COD = \angle AOB + \angle AOB + \dfrac{2}{5}\angle AOB$

$\quad\quad\quad\quad\quad\quad\quad\quad\quad = \dfrac{12}{5}\angle AOB = 180°$

$\therefore \angle AOB = 180° \times \dfrac{5}{12} = 75°$

53 답 **40°**

$\angle BOC = \angle a$라 하면 $\angle AOC = 4\angle BOC = 4\angle a$이므로

$\angle AOB = 3\angle a = 90°$ $\quad \therefore \angle a = 30°$

$\therefore \angle COE = \angle BOE - \angle BOC = 90° - 30° = 60°$

$\angle COD = \angle b$라 하면 $\angle DOE = 5\angle COD = 5\angle b$이므로

$\angle COE = \angle COD + \angle DOE = \angle b + 5\angle b = 6\angle b = 60°$

$\therefore \angle b = 10°$

$\therefore \angle BOD = \angle BOC + \angle COD = \angle a + \angle b = 30° + 10° = 40°$

54 답 **④**

$60° + \angle BOD + \angle DOE = 180°$이므로

$60° + 3\angle DOE + \angle DOE = 180°$

$4\angle DOE = 120°$ $\quad \therefore \angle DOE = 30°$

이때 $\angle COD = \dfrac{1}{2}\angle DOE = \dfrac{1}{2} \times 30° = 15°$이므로

$\angle BOC = 180° - (60° + \angle COD + \angle DOE)$

$\quad\quad\quad = 180° - (60° + 15° + 30°) = 75°$

55 답 **113.5°**

시침이 시계의 12를 가리킬 때부터 8시간 23분
동안 움직인 각도는

$30° \times 8 + 0.5° \times 23 = 240° + 11.5° = 251.5°$

또 분침이 시계의 12를 가리킬 때부터 23분
동안 움직인 각도는 $6° \times 23 = 138°$

따라서 구하는 각의 크기는

$251.5° - 138° = 113.5°$

56 답 **7시 $\dfrac{60}{11}$분**

7시와 8시 사이에 시침과 분침이 서로 반대
방향을 가리키며 평각을 이루는 시각을
7시 x분이라 하면
시침이 시계의 12를 가리킬 때부터
7시간 x분 동안 움직인 각도는

$30° \times 7 + 0.5° \times x$

또 분침이 시계의 12를 가리킬 때부터 x분 동안 움직인 각도는 $6° \times x$

즉, $(30 \times 7 + 0.5 \times x) - 6 \times x = 180$이므로

$5.5x = 30$ $\quad \therefore x = \dfrac{30}{5.5} = \dfrac{60}{11}$

따라서 구하는 시각은 7시 $\dfrac{60}{11}$분이다.

03 맞꼭지각

57 답 ④

맞꼭지각의 크기는 서로 같으므로
$(x+10)+2x+(2x-50)=180$
$5x=220$ $\therefore x=44$

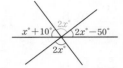

58 답 ③

맞꼭지각의 크기는 서로 같으므로
$x-10=90+(y+40)$
$\therefore x-y=130+10=140$

59 답 6쌍

$\angle AOC$와 $\angle BOD$, $\angle AOF$와 $\angle BOE$, $\angle DOF$와 $\angle COE$,
$\angle AOD$와 $\angle BOC$, $\angle COF$와 $\angle DOE$, $\angle AOE$와 $\angle BOF$
의 6쌍이다.

[다른 풀이]
$\overleftrightarrow{AB}$와 $\overleftrightarrow{CD}$, $\overleftrightarrow{AB}$와 $\overleftrightarrow{EF}$, $\overleftrightarrow{CD}$와 $\overleftrightarrow{EF}$가 만날 때 생기는 맞꼭지각이 각
각 2쌍이므로 $2\times3=6$(쌍)

60 답 ⑤

⑤ 점 D와 $\overline{BC}$ 사이의 거리는 $\overline{AB}$의 길이와 같으므로 8 cm이다.

61 답 ③

맞꼭지각의 크기는 서로 같으므로
$(4x-5)+(x-5)+(2x+15)=180$
$7x=175$ $\therefore x=25$

62 답 140°

맞꼭지각의 크기는 서로 같으므로
$9x-40=6x+20$
$3x=60$ $\therefore x=20$
$\therefore \angle AOC=9x°-40°=9\times20°-40°=140°$

63 답 125

맞꼭지각의 크기는 서로 같으므로
$2x+30=3x+15$ $\therefore x=15$
이때 $(2x+30)+(y+10)=180$이므로
$60+(y+10)=180$ $\therefore y=110$
$\therefore x+y=15+110=125$

64 답 80°

$\angle b+\angle c=200°$이고, 맞꼭지각의 크기는 서로 같으므로
$\angle b=\angle c=\dfrac{1}{2}\times200°=100°$
이때 $\angle a+\angle b=180°$이므로
$\angle a=180°-\angle b=180°-100°=80°$

65 답 ②

맞꼭지각의 크기는 서로 같으므로
$\angle AOF=\angle BOE=2x°+10°$
$(x-6)+(2x+10)+x=180$이므로
$4x=176$ $\therefore x=44$
$\therefore \angle AOF=2x°+10°=2\times44°+10°=98°$

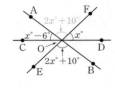

66 답 ①

맞꼭지각의 크기는 서로 같으므로
$\angle x+50°=90°$ $\therefore \angle x=40°$
$60°+\angle y=90°$ $\therefore \angle y=30°$
$\therefore \angle x-\angle y=40°-30°=10°$

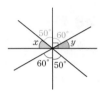

67 답 111°

$\angle a+\angle b=180°-65°=115°$이므로
$\angle b=115°\times\dfrac{2}{3+2}=115°\times\dfrac{2}{5}=46°$
맞꼭지각의 크기는 서로 같으므로 $\angle COE=\angle b=46°$
$\therefore \angle AOE=\angle AOC+\angle COE=65°+46°=111°$

68 답 ④

맞꼭지각의 크기는 서로 같으므로
$x+30=100+(y+20)$
$\therefore x-y=120-30=90$

69 답 20

맞꼭지각의 크기는 서로 같으므로
$x+40=35+90$ $\therefore x=85$
$35+90+(y-10)=180$이므로 $y=65$
$\therefore x-y=85-65=20$

70 답 ④

맞꼭지각의 크기는 서로 같으므로
$\angle x=90°-38°=52°$
$\angle y=\angle x+42°=52°+42°=94°$
$\therefore \angle x+\angle y=52°+94°=146°$

71 답 ④

두 직선 a와 b, a와 c, b와 c가 만날 때 생기는
맞꼭지각이 각각 2쌍이므로
$2\times3=6$(쌍)

72 답 ③

방패연의 가운데에서 만나는 4개의 선분을 각각 a, b, c, d라 하면 두 선분 a와 b, a와 c, a와 d, b와 c, b와 d, c와 d가 만날 때 생기는 맞꼭지각이 각각 2쌍이므로 방패연에서 찾을 수 있는 맞꼭지각은

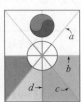

$2 \times 6 = 12$(쌍)

73 답 ③

ㄴ. 점 C에서 $\overline{AB}$에 내린 수선의 발은 점 B이다.
ㄹ. 점 A와 $\overline{CD}$ 사이의 거리는 $\overline{AD}$의 길이와 같으므로 12 cm이다.
따라서 옳은 것은 ㄱ, ㄷ, ㅁ이다.

74 답 ③

점 A와 $\overline{BC}$ 사이의 거리는 $\overline{AC}$의 길이와 같으므로 8 cm이다.
∴ $a = 8$
점 C와 $\overline{AB}$ 사이의 거리는 $\overline{CH}$의 길이와 같으므로 4.8 cm이다.
∴ $b = 4.8$
∴ $a + b = 8 + 4.8 = 12.8$

75 답 17

점 A와 직선 BC 사이의 거리는 $\overline{DE}$의 길이와 같으므로 8 cm이다.
∴ $x = 8$ ···(i)
점 A와 직선 CD 사이의 거리는 $\overline{CF}$의 길이와 같으므로 9 cm이다.
∴ $y = 9$ ···(ii)
∴ $x + y = 8 + 9 = 17$ ···(iii)

채점 기준	
(i) x의 값 구하기	40%
(ii) y의 값 구하기	40%
(iii) $x+y$의 값 구하기	20%

76 답 ④

④ 점 A와 $\overline{PQ}$ 사이의 거리는 $\overline{AH}$의 길이와 같다.

Pick 점검하기
24~26쪽

77 답 ⑤

교점의 개수는 12이므로 $a = 12$
교선의 개수는 18이므로 $b = 18$
면의 개수는 8이므로 $c = 8$
∴ $a + b - c = 12 + 18 - 8 = 22$

78 답 ㄱ

직선 l과 같은 도형: $\overrightarrow{BC}$, $\overrightarrow{AB}$, $\overrightarrow{AC}$
$\overrightarrow{DC}$와 같은 도형: $\overrightarrow{DA}$, $\overrightarrow{DB}$
따라서 해당하는 칸을 모두 색칠하면 나타나는 자음은 ㄱ이다.

$\overrightarrow{BC}$	$\overrightarrow{AB}$	$\overrightarrow{DA}$
$\overrightarrow{AC}$	$\overline{CD}$	$\overrightarrow{AC}$
$\overrightarrow{BA}$	$\overrightarrow{BC}$	$\overrightarrow{DB}$

79 답 ③

$\overline{AC} = \overline{CM} = \overline{MD} = \overline{DB}$이므로
① $\overline{AB} = \overline{AC} + \overline{CM} + \overline{MD} + \overline{DB}$
　　$= \overline{CM} + \overline{CM} + \overline{MD} + \overline{MD}$
　　$= 2(\overline{CM} + \overline{MD}) = 2\overline{CD}$
② $\overline{AD} = \overline{AC} + \overline{CM} + \overline{MD} = \overline{DB} + \overline{CM} + \overline{MD} = \overline{BC}$
③ $\overline{CM} = \frac{1}{2}\overline{AM} = \frac{1}{2} \times \frac{1}{2}\overline{AB} = \frac{1}{4}\overline{AB}$
④ $\overline{AM} = 2\overline{CM} = 2 \times \frac{1}{3}\overline{BC} = \frac{2}{3}\overline{BC}$
⑤ $\overline{AB} = \overline{AC} + \overline{BC} = \frac{1}{3}\overline{BC} + \overline{BC} = \frac{4}{3}\overline{BC}$
따라서 옳지 않은 것은 ③이다.

80 답 11 cm

$\overline{MB} = \frac{1}{2}\overline{AB}$, $\overline{BN} = \frac{1}{2}\overline{BC}$이므로
$\overline{MN} = \overline{MB} + \overline{BN} = \frac{1}{2}\overline{AB} + \frac{1}{2}\overline{BC} = \frac{1}{2}(\overline{AB} + \overline{BC})$
　　$= \frac{1}{2}\overline{AC} = \frac{1}{2} \times 22 = 11$(cm)

81 답 ③

$\overline{AM} = \overline{MB} = 2\overline{MN} = 2 \times 4 = 8$(cm)
∴ $\overline{AN} = \overline{AM} + \overline{MN} = 8 + 4 = 12$(cm)

82 답 10 cm

$\overline{AB} = 4\overline{BC}$에서 $\overline{BC} = \frac{1}{4}\overline{AB}$이고
$\overline{AB} = 2\overline{AM}$이므로
$\overline{BC} = \frac{1}{4}\overline{AB} = \frac{1}{4} \times 2\overline{AM} = \frac{1}{2}\overline{AM} = \frac{1}{2} \times 8 = 4$(cm)
∴ $\overline{MN} = \overline{MB} + \overline{BN} = \overline{AM} + \frac{1}{2}\overline{BC}$
　　$= 8 + \frac{1}{2} \times 4 = 8 + 2 = 10$(cm)

83 답 ②

$2x + (x + 65) + (2x - 35) = 180$이므로
$5x = 150$ ∴ $x = 30$
∴ $\angle COD = 2x° - 35° = 2 \times 30° - 35° = 25°$

84 답 35°

$35° + \angle BOC = 90°$ ∴ $\angle BOC = 55°$
$\angle BOC + \angle x = 90°$이므로 $55° + \angle x = 90°$ ∴ $\angle x = 35°$

다른 풀이
$\angle AOC = \angle BOD$이므로
$35° + \angle BOC = \angle BOC + \angle x$ ∴ $\angle x = 35°$

85 답 40°

$$\angle BOC = 90° \times \frac{4}{2+4+3} = 90° \times \frac{4}{9} = 40°$$

86 답 36°

$\angle AOC + \angle COE = 180°$이므로

$$\angle AOC + \angle COE = 5\angle BOC + 5\angle COD$$
$$= 5(\angle BOC + \angle COD) = 180°$$

즉, $\angle BOC + \angle COD = 36°$

$\therefore \angle BOD = 36°$

다른 풀이

$$\angle BOD = \angle BOC + \angle COD = \frac{1}{5}\angle AOC + \frac{1}{5}\angle COE$$
$$= \frac{1}{5}(\angle AOC + \angle COE) = \frac{1}{5} \times 180° = 36°$$

87 답 42°

$\angle BOC = \angle a$라 하면

$\angle AOC = 6\angle BOC = 6\angle a$이므로

$\angle AOB = 5\angle a = 90°$ $\therefore \angle a = 18°$

$\angle COE = \angle BOE - \angle BOC = 90° - 18° = 72°$이므로

$$\angle COD = \frac{1}{3}\angle COE = \frac{1}{3} \times 72° = 24°$$

$\therefore \angle BOD = \angle BOC + \angle COD = 18° + 24° = 42°$

88 답 ①

맞꼭지각의 크기는 서로 같으므로

$(x+25) + 90 + (4x+5) = 180$

$5x = 60$ $\therefore x = 12$

89 답 ③

맞꼭지각의 크기는 서로 같으므로

$(2x-20) + 90 = 3x + 30$

$2x + 70 = 3x + 30$ $\therefore x = 40$

90 답 20쌍

5개의 직선을 각각 a, b, c, d, e라 하면 두 직선 a와 b, a와 c, a와 d, a와 e, b와 c, b와 d, b와 e, c와 d, c와 e, d와 e가 만날 때 생기는 맞꼭지각이 각각 2쌍이므로 $2 \times 10 = 20$(쌍)

91 답 ㄱ, ㄹ

ㄴ. $\overline{CH}$와 $\overline{DH}$의 길이가 같은지 알 수 없으므로 $\overline{AB}$는 $\overline{CD}$의 수직이등분선이 아니다.

ㄷ. 점 C와 $\overline{AB}$ 사이의 거리는 $\overline{CH}$의 길이와 같다.
그런데 $\overline{CH}$의 길이는 알 수 없다.

따라서 옳은 것은 ㄱ, ㄹ이다.

92 답 12 cm

$\overline{AD} : \overline{DE} = 2 : 1$에서 $\overline{DE} = \frac{1}{2}\overline{AD}$

$\overline{AE} = \overline{AD} + \overline{DE} = \overline{AD} + \frac{1}{2}\overline{AD} = \frac{3}{2}\overline{AD}$이므로

$\overline{AD} = \frac{2}{3}\overline{AE} = \frac{2}{3} \times 27 = 18$(cm) $\cdots$ (i)

$\therefore \overline{AB} = \frac{1}{2}\overline{AD} = \frac{1}{2} \times 18 = 9$(cm) $\cdots$ (ii)

$\overline{AB} : \overline{BC} = 3 : 1$에서 $\overline{BC} = \frac{1}{3}\overline{AB}$

$\therefore \overline{AC} = \overline{AB} + \overline{BC}$
$$= \overline{AB} + \frac{1}{3}\overline{AB}$$
$$= \frac{4}{3}\overline{AB}$$
$$= \frac{4}{3} \times 9 = 12$$(cm) $\cdots$ (iii)

채점 기준

(i) $\overline{AD}$의 길이 구하기	40 %
(ii) $\overline{AB}$의 길이 구하기	20 %
(iii) $\overline{AC}$의 길이 구하기	40 %

93 답 120

맞꼭지각의 크기는 서로 같으므로

$4x = 5x - 20$

$\therefore x = 20$ $\cdots$ (i)

이때 $4x + y = 180$이므로

$80 + y = 180$

$\therefore y = 100$ $\cdots$ (ii)

$\therefore x + y = 20 + 100 = 120$ $\cdots$ (iii)

채점 기준

(i) x의 값 구하기	40 %
(ii) y의 값 구하기	40 %
(iii) $x + y$의 값 구하기	20 %

94 답 19

점 A와 $\overline{BC}$ 사이의 거리는 $\overline{AB}$의 길이와 같으므로 3 cm이다.

$\therefore x = 3$ $\cdots$ (i)

점 C와 $\overline{AB}$ 사이의 거리는 $\overline{BC}$의 길이와 같으므로 8 cm이다.

$\therefore y = 8$ $\cdots$ (ii)

점 D와 $\overleftrightarrow{AB}$ 사이의 거리는 $\overline{BC}$의 길이와 같으므로 8 cm이다.

$\therefore z = 8$ $\cdots$ (iii)

$\therefore x + y + z = 3 + 8 + 8 = 19$ $\cdots$ (iv)

채점 기준

(i) x의 값 구하기	30 %
(ii) y의 값 구하기	30 %
(iii) z의 값 구하기	30 %
(iv) $x + y + z$의 값 구하기	10 %

95 답 13

세 점 A, B, C가 한 직선 위에 있으므로 세 점 A, B, C로 만들 수 있는 직선은 $\overleftrightarrow{AB}$의 1개이다.

따라서 6개의 점 A, B, C, D, E, F 중 두 점을 이어서 만들 수 있는 서로 다른 직선은 $\overleftrightarrow{AB}$, $\overleftrightarrow{AD}$, $\overleftrightarrow{AE}$, $\overleftrightarrow{AF}$, $\overleftrightarrow{BD}$, $\overleftrightarrow{BE}$, $\overleftrightarrow{BF}$, $\overleftrightarrow{CD}$, $\overleftrightarrow{CE}$, $\overleftrightarrow{CF}$, $\overleftrightarrow{DE}$, $\overleftrightarrow{DF}$, $\overleftrightarrow{EF}$의 13개이다.

96 답 ④

$\overline{AM} : \overline{MB} = 2 : 3$에서

$2\overline{MB} = 3\overline{AM}$이므로 $\overline{MB} = \dfrac{3}{2}\overline{AM}$

$\overline{AB} = \overline{AM} + \overline{MB}$

　　$= \overline{AM} + \dfrac{3}{2}\overline{AM} = \dfrac{5}{2}\overline{AM}$

$\therefore \overline{AM} = \dfrac{2}{5}\overline{AB}$

$\overline{AN} : \overline{NB} = 5 : 2$에서

$5\overline{NB} = 2\overline{AN}$이므로 $\overline{NB} = \dfrac{2}{5}\overline{AN}$

$\overline{AB} = \overline{AN} + \overline{NB}$

　　$= \overline{AN} + \dfrac{2}{5}\overline{AN} = \dfrac{7}{5}\overline{AN}$

$\therefore \overline{AN} = \dfrac{5}{7}\overline{AB}$

$\overline{MN} = \overline{AN} - \overline{AM} = \dfrac{5}{7}\overline{AB} - \dfrac{2}{5}\overline{AB} = \dfrac{11}{35}\overline{AB}$

$\therefore \overline{AB} = \dfrac{35}{11}\overline{MN} = \dfrac{35}{11} \times 22 = 70\,(\text{cm})$

97 답 3 cm, 6 cm

㈐에서 $\overline{AB} = \dfrac{1}{3}\overline{BC}$이므로 $\overline{BC} = 3\overline{AB}$

(i) 점 B가 두 점 A, C 사이에 있는 경우

$\overline{AC} = \overline{AB} + \overline{BC}$

　　$= \overline{AB} + 3\overline{AB}$

　　$= 4\overline{AB}$

이고 ㈑에서 $\overline{AC} = 24\,\text{cm}$이므로

$\overline{AB} = \dfrac{1}{4}\overline{AC} = \dfrac{1}{4} \times 24 = 6\,(\text{cm})$

㈏에서 $\overline{AD} = \dfrac{1}{2}\overline{AB} = \dfrac{1}{2} \times 6 = 3\,(\text{cm})$

(ii) 점 A가 두 점 B, C 사이에 있는 경우

$\overline{AC} = \overline{BC} - \overline{AB}$

　　$= 3\overline{AB} - \overline{AB}$

　　$= 2\overline{AB}$

이고 ㈑에서 $\overline{AC} = 24\,\text{cm}$이므로

$\overline{AB} = \dfrac{1}{2}\overline{AC} = \dfrac{1}{2} \times 24 = 12\,(\text{cm})$

㈏에서 $\overline{AD} = \dfrac{1}{2}\overline{AB} = \dfrac{1}{2} \times 12 = 6\,(\text{cm})$

따라서 (i), (ii)에 의해 $\overline{AD}$의 길이는 3 cm, 6 cm이다.

98 답 ②

6시와 7시 사이에 시침과 분침이 완전히 포개어질 때의 시각을 6시 x분이라 하면

시침이 시계의 12를 가리킬 때부터 6시간 x분 동안 움직인 각도는

$30° \times 6 + 0.5° \times x$

또 분침이 시계의 12를 가리킬 때부터 x분 동안 움직인 각도는

$6° \times x$

시침과 분침이 완전히 포개어지므로

$180 + 0.5x = 6x$, $5.5x = 180$

$\therefore x = \dfrac{180}{5.5} = \dfrac{360}{11}$

따라서 구하는 시각은 6시 $\dfrac{360}{11}$분이다.

99 답 180°

맞꼭지각의 크기는 서로 같으므로

$\angle a + \angle b + \angle c + \angle d + \angle e + \angle f + \angle g$
$= 180°$

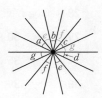

100 답 144°

$\angle AOC = \dfrac{1}{4}\angle AOG$이므로 $\angle AOG = 4\angle AOC$

$\angle GOD = 5\angle FOD$이므로 $\angle GOF = 4\angle FOD$

이때 $\angle AOC + \angle AOG + \angle GOF + \angle FOD = 180°$이므로

$\angle AOC + 4\angle AOC + 4\angle FOD + \angle FOD = 180°$

$5(\angle AOC + \angle FOD) = 180°$

$\therefore \angle AOC + \angle FOD = 180° \times \dfrac{1}{5} = 36°$

따라서 맞꼭지각의 크기는 서로 같으므로

$\angle BOE = \angle AOF = 180° - (\angle AOC + \angle FOD)$

　　　　$= 180° - 36° = 144°$

다른 풀이

$\angle GOD = 5\angle FOD$이므로 $\angle GOF = 4\angle FOD$

즉, $\angle FOD = \dfrac{1}{4}\angle GOF$

이때 $\angle AOC + \angle AOG + \angle GOF + \angle FOD = 180°$이므로

$\dfrac{1}{4}\angle AOG + \angle AOG + \angle GOF + \dfrac{1}{4}\angle GOF = 180°$

$\dfrac{5}{4}(\angle AOG + \angle GOF) = 180°$

$\dfrac{5}{4}\angle AOF = 180°$

$\therefore \angle AOF = 180° \times \dfrac{4}{5} = 144°$

따라서 맞꼭지각의 크기는 서로 같으므로

$\angle BOE = \angle AOF = 144°$

2 위치 관계

01 ②　　**02** ②　　**03** ③　　**04** ①, ②　　**05** $\overline{CD}$

06 ①, ④　　**07** ②, ④　　**08** ㄷ, ㄹ　　**09** 5　　**10** ①, ③

11 ③, ⑤　　**12** ④　　**13** 6　　**14** 1　　**15** 3

16 ④　　**17** ⑤　　**18** ①, ④　　**19** 5　　**20** ③

21 ①, ④　　**22** ③, ⑤　　**23** ③　　**24** 5　　**25** ②

26 면 AEHD, 면 BFGC

27 (1) 2　(2) 4　(3) 4　(4) 5

28 (1) $\overline{CN}$, $\overline{DK}$, $\overline{EJ}$　(2) $\overline{CD}$($\overline{FG}$), $\overline{KN}$, $\overline{DE}$($\overline{EF}$), $\overline{JK}$($\overline{KL}$)

29 ㄷ, ㄹ　　**30** 8　　**31** ③　　**32** ④, ⑤　　**33** ⑤

34 17　　**35** $\overline{AC}$, $\overline{DF}$　　**36** ④　　**37** ①, ⑤

38 5　　**39** ㄱ, ㄴ　　**40** 4쌍　　**41** ③

42 (1) 면 ABNM, 면 ACFM　(2) $\overline{MN}$, $\overline{EF}$　　**43** 2

44 ④　　**45** ②, ⑤　　**46** ①　　**47** ④　　**48** ③

49 ②　　**50** ①, ③　　**51** ㄱ, ㄷ　　**52** ③, ④　　**53** ⑤

54 110°　　**55** 17°　　**56** ㄴ, ㄹ　　**57** ②, ④　　**58** ③

59 235°　　**60** ②　　**61** $\angle d$, $\angle f$, $\angle h$

62 $x=48$, $y=76$　　**63** ②　　**64** 80°

65 $\angle x=110°$, $\angle y=70°$　　**66** 65°　　**67** ③

68 35　　**69** ④　　**70** 240°　　**71** ④　　**72** ②

73 $m /\!/ n$, $p /\!/ q$　　**74** ⑤　　**75** 70°　　**76** 80°

77 ④　　**78** 50°　　**79** 90°　　**80** ②　　**81** 60°

82 ③　　**83** 75°　　**84** 18°　　**85** 80°　　**86** ③

87 ③　　**88** ④　　**89** ②　　**90** 115°　　**91** ⑤

92 ②　　**93** 90°　　**94** 24°　　**95** ③　　**96** 147°

97 80°　　**98** ③　　**99** ②　　**100** 90°

101 (1) 52°　(2) 76°　　**102** 30°　　**103** 86°　　**104** ②

105 ③　　**106** 3

107 (1) 한 점에서 만난다.　(2) 꼬인 위치에 있다.　(3) 평행하다.

108 6, 4　　**109** ②　　**110** 1　　**111** ㄴ　　**112** ②

113 (1) 면 (나), 면 (바)　(2) 면 (다), 면 (마)　**114** ④　　**115** 15°

116 ③　　**117** 277°　　**118** ②　　**119** 140°　　**120** ②

121 255°　　**122** 24　　**123** 80°　　**124** $\overline{AD}$　　**125** ③

126 50°　　**127** ③　　**128** 풀이 참조　　**129** ③

130 19　　**131** 30°　　**132** ④　　**133** ③

유형 모아 보기 & 완성하기　　30~34쪽

01 답 ②

② 점 C는 직선 l 위에 있다.

02 답 ②

$l /\!/ m$, $m \perp n$이면 오른쪽 그림에서
$l \perp n$이다.

03 답 ③

③ 일치하는 두 직선은 평면이 하나로 정해지지 않는다.

04 답 ①, ②

① 모서리 AB와 모서리 CD는 평행하므로 만나지 않는다.
② 모서리 AB와 모서리 GH는 평행하다.

05 답 $\overline{CD}$

06 답 ①, ④

② 직선 m은 점 B를 지난다.
③ 점 C는 직선 m 위에 있고, 점 E는 직선 l 위에 있으므로 두 점 C, E는 한 직선 위에 있지 않다.
⑤ 점 A는 두 점 B, E를 지나는 직선 l 위에 있지 않다.
따라서 옳은 것은 ①, ④이다.

07 답 ②, ④

08 답 ㄷ, ㄹ

ㄱ. 직선 l 위에 있지 않은 점은 점 C, 점 D, 점 E의 3개이다.
ㄴ. 세 점 A, B, C가 평면 P 위에 있다.
따라서 옳은 것은 ㄷ, ㄹ이다.

09 답 5

모서리 AB 위에 있지 않은 꼭짓점은 점 C, 점 D, 점 E의 3개이므로 $a=3$
면 ABC 위에 있지 않은 꼭짓점은 점 D, 점 E의 2개이므로 $b=2$
$\therefore a+b=3+2=5$

10 답 ①, ③

① $l \perp m$, $l \perp n$이면 오른쪽 그림에서
$m /\!/ n$이다.

③ $l \perp m$, $m \,/\!/\, n$이면 오른쪽 그림에서
$l \perp n$이다.

11 답 ③, ⑤

① $\overleftrightarrow{AB}$와 $\overleftrightarrow{CD}$는 오른쪽 그림과 같이 한 점에서
만난다.

② $\overleftrightarrow{AB}$와 $\overleftrightarrow{BC}$는 수직으로 만나지 않는다.

④ $\overleftrightarrow{AD}$와 $\overleftrightarrow{BC}$는 평행하므로 만나지 않는다.

따라서 옳은 것은 ③, ⑤이다.

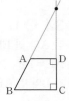

12 답 ④

①, ②, ③, ⑤ 한 점에서 만난다.

④ 평행하다.

따라서 나머지 넷과 위치 관계가 다른 하나는 ④이다.

13 답 6

오른쪽 그림과 같은 정팔각형에서 $\overleftrightarrow{BC}$와
한 점에서 만나는 직선은 $\overleftrightarrow{AB}$, $\overleftrightarrow{AH}$, $\overleftrightarrow{HG}$,
$\overleftrightarrow{CD}$, $\overleftrightarrow{DE}$, $\overleftrightarrow{EF}$의 6개이다.

(만렙비법) 평면에서 두 직선의 위치 관계는
한 점에서 만나거나 일치하거나 평행하므로
$\overleftrightarrow{BC}$와 한 점에서 만나는 직선의 개수는 전체
직선의 개수에서 일치하는 직선($\overleftrightarrow{BC}$)과 평행
한 직선($\overleftrightarrow{GF}$)의 개수를 뺀 $8-2=6$이다.

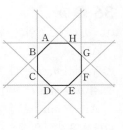

14 답 1

한 직선과 그 직선 밖의 한 점이 주어지면 평면이 하나로 정해진다.

따라서 평면은 1개이다.

15 답 3

평면 ABD, 평면 BCD, 평면 ACD의 3개이다.

16 답 ④

① 모서리 AB와 모서리 BC는 한 점 B에서 만나지만 수직으로 만나
지 않는다.

② 모서리 AC와 모서리 EF는 꼬인 위치에 있다.

③ 모서리 BC와 평행한 모서리는 $\overline{EF}$의 1개이다.

⑤ 모서리 AB와 모서리 AD는 한 점 A에서 만난다.

따라서 옳은 것은 ④이다.

17 답 ⑤

①, ②, ③, ④ 한 점에서 만난다.

⑤ 꼬인 위치에 있다.

따라서 나머지 넷과 위치 관계가 다른 하나는 ⑤이다.

18 답 ①, ④

① 공간에서 서로 만나지 않는 두 직선은 평행하거나 꼬인 위치에
있다.

④ 꼬인 위치에 있는 두 직선은 한 평면 위에 있지 않다.

19 답 5

$\overline{AD}$와 평행한 모서리는 $\overline{BC}$, $\overline{EH}$, $\overline{FG}$의 3개이므로

$a=3$ ⋯ (i)

$\overline{BE}$와 수직으로 만나는 모서리는 $\overline{BC}$, $\overline{EH}$의 2개이므로

$b=2$ ⋯ (ii)

∴ $a+b=3+2=5$ ⋯ (iii)

채점 기준	
(i) a의 값 구하기	40 %
(ii) b의 값 구하기	40 %
(iii) $a+b$의 값 구하기	20 %

20 답 ③

①, ④ 평행하다.

②, ⑤ 한 점에서 만난다.

따라서 모서리 CD와 만나지도 않고 평행하지도 않은 모서리는 ③
이다.

21 답 ①, ④

②, ⑤ 한 점에서 만난다.

③ 평행하다.

따라서 모서리 CD와 꼬인 위치에 있는 모서리는 ①, ④이다.

22 답 ③, ⑤

① $\overline{AB}$, $\overline{BC}$는 한 점에서 만난다.

② $\overline{AC}$, $\overline{DF}$는 평행하다.

④ $\overline{BE}$, $\overline{DE}$는 한 점에서 만난다.

따라서 꼬인 위치에 있는 모서리끼리 짝 지은 것은 ③, ⑤이다.

23 답 ③

$\overline{BH}$와 꼬인 위치에 있는 모서리는 $\overline{AD}$, $\overline{AE}$, $\overline{CD}$, $\overline{CG}$, $\overline{EF}$, $\overline{FG}$의
6개이다.

02 **위치 관계 (2)**

유형 모아 보기 & 완성하기　　　　　35~40쪽

24 답 5

면 ABC와 평행한 모서리는 $\overline{DE}$, $\overline{DF}$, $\overline{EF}$의 3개이므로 $a=3$

면 BEFC와 수직인 모서리는 $\overline{AB}$, $\overline{DE}$의 2개이므로 $b=2$

∴ $a+b=3+2=5$

25 답 ②

점 B와 면 CGHD 사이의 거리는 $\overline{BC}$의 길이와 같으므로
$\overline{BC}=\overline{AD}=4\,\text{cm}$

26 답 면 AEHD, 면 BFGC

27 답 (1) 2 (2) 4 (3) 4 (4) 5

(1) 모서리 FG와 평행한 면은
　면 ABC, 면 ABED의 2개이다.

(2) 모서리 BF와 한 점에서 만나는 면은
　면 ABC, 면 ABED, 면 CFG, 면 DEFG의 4개이다.

(3) 면 ADGC와 수직인 면은
　면 ABC, 면 ABED, 면 CFG, 면 DEFG의 4개이다.

(4) 모서리 CF와 꼬인 위치에 있는 모서리는 $\overline{AB}$, $\overline{AD}$, $\overline{BE}$, $\overline{DE}$,
　$\overline{DG}$의 5개이다.

28 답 (1) $\overline{CN}$, $\overline{DK}$, $\overline{EJ}$
　　(2) $\overline{CD}(\overline{FG})$, $\overline{KN}$, $\overline{DE}(\overline{EF})$, $\overline{JK}(\overline{KL})$

주어진 전개도로 정육면체를 만들면 오른쪽
그림과 같다.

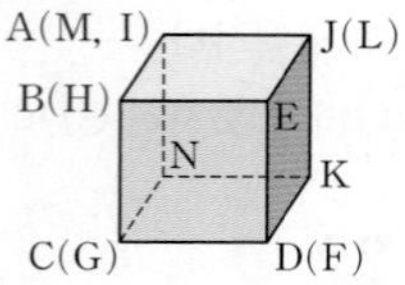

(1) 모서리 AB와 평행한 모서리는
　$\overline{CN}$, $\overline{DK}$, $\overline{EJ}$이다.

(2) 모서리 AB와 꼬인 위치에 있는 모서리는
　$\overline{CD}(\overline{FG})$, $\overline{KN}$, $\overline{DE}(\overline{EF})$, $\overline{JK}(\overline{KL})$이다.

29 답 ㄷ, ㄹ

ㄱ. $l\,/\!/\,P$, $m\,/\!/\,P$이면 두 직선 l, m은 평행하거나 한 점에서 만나
　거나 꼬인 위치에 있다.

ㄴ. $l\perp P$, $P\,/\!/\,Q$이면 $l\perp Q$이다.

따라서 옳은 것은 ㄷ, ㄹ이다.

30 답 8

모서리 AD와 평행한 면은
면 BFGC, 면 EFGH의 2개이므로 $x=2$
모서리 CG와 수직인 면은
면 ABCD, 면 EFGH의 2개이므로 $y=2$
모서리 BF와 꼬인 위치에 있는 모서리는
$\overline{AD}$, $\overline{CD}$, $\overline{EH}$, $\overline{GH}$의 4개이므로 $z=4$
$\therefore x+y+z=2+2+4=8$

31 답 ③

③ 꼬인 위치는 공간에서 두 직선의 위치 관계에서만 존재한다.

32 답 ④, ⑤

② $\overline{BC}$와 수직인 면은 면 ABFE, 면 CGHD의 2개이다.
④ $\overline{BF}$와 평행한 모서리는 $\overline{AE}$, $\overline{CG}$, $\overline{DH}$의 3개이다.
⑤ 면 AEGC와 평행한 모서리는 $\overline{BF}$, $\overline{DH}$의 2개이다.
따라서 옳지 않은 것은 ④, ⑤이다.

33 답 ⑤

① $\overline{AE}$와 수직인 모서리는 $\overline{AF}$, $\overline{EJ}$의 2개이다.
② $\overleftrightarrow{AB}$와 $\overleftrightarrow{CD}$는 한 점에서 만난다.
③ $\overline{AF}$와 평행한 면은 면 BGHC, 면 CHID, 면 DIJE의 3개이다.
④ 면 BGHC에 포함된 모서리는 $\overline{BC}$, $\overline{BG}$, $\overline{CH}$, $\overline{GH}$의 4개이다.
따라서 옳은 것은 ⑤이다.

34 답 17

점 A와 면 EFGH 사이의 거리는 $\overline{AE}$의 길이와 같고
$\overline{AE}=\overline{BF}=7\,\text{cm}$이므로 $a=7$
점 B와 면 AEHD 사이의 거리는 $\overline{AB}$의 길이와 같으므로 $4\,\text{cm}$이다.
$\therefore b=4$
점 C와 면 ABFE 사이의 거리는 $\overline{BC}$의 길이와 같으므로 $6\,\text{cm}$이다.
$\therefore c=6$
$\therefore a+b+c=7+4+6=17$

35 답 $\overline{AC}$, $\overline{DF}$

36 답 ④

①, ②, ③ $l\perp P$이고, 두 직선 m, n은 평면 P 위에 있으므로
　$\overline{AH}\perp n$, $l\perp m$, $l\perp n$
④ 두 직선 m, n은 한 점에서 만나지만 수직인지는 알 수 없다.
⑤ 점 A와 평면 P 사이의 거리가 $5\,\text{cm}$이므로
　$\overline{AH}=5\,\text{cm}$
따라서 옳지 않은 것은 ④이다.

37 답 ①, ⑤

38 답 5

면 AEHD와 만나지 않는 면, 즉 평행한 면은
면 BFGC의 1개이므로 $a=1$
면 AEHD와 수직인 면은
면 ABCD, 면 ABFE, 면 CGHD, 면 EFGH의 4개이므로
$b=4$
$\therefore a+b=1+4=5$

39 답 ㄱ, ㄴ

ㄷ. 면 ADEB와 만나는 면은 면 ABC, 면 ADFC, 면 BEFC,
　면 DEF의 4개이다.
따라서 옳은 것은 ㄱ, ㄴ이다.

40 답 4쌍

서로 평행한 두 면은 면 ABCDEF와 면 GHIJKL, 면 BHGA와
면 DJKE, 면 BHIC와 면 FLKE, 면 CIJD와 면 AGLF의 4쌍
이다.

41 답 ③

③ 면 ADGC와 수직인 면은 면 AED, 면 DEFG, 면 BFGC,
　면 ABC의 4개이다.
④ 면 BEF와 평행한 모서리는 $\overline{AC}$, $\overline{AD}$, $\overline{CG}$, $\overline{DG}$의 4개이다.

42 답 (1) 면 ABNM, 면 ACFM (2) $\overline{MN}$, $\overline{EF}$

43 답 2

모서리 BE와 꼬인 위치에 있는 모서리는 $\overline{AC}$, $\overline{DF}$의 2개이다.

44 답 ④

$\overline{FI}$와 꼬인 위치에 있는 직선은
$\overline{AB}$, $\overline{AE}$, $\overline{CD}$, $\overline{GH}$, $\overline{GJ}$의 5개이므로 $a=5$
면 GHIJ와 평행한 직선은
$\overline{AB}$, $\overline{AE}$, $\overline{BC}$, $\overline{CD}$, $\overline{DE}$의 5개이므로 $b=5$
$\therefore a+b=5+5=10$

45 답 ②, ⑤

주어진 전개도로 정육면체를 만들면 오
른쪽 그림과 같다.
①, ④ 모서리 CN과 평행하다.
③ 모서리 CN과 한 점에서 만난다.
따라서 모서리 CN과 꼬인 위치에 있는
것은 ②, ⑤이다.

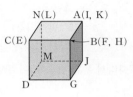

46 답 ①

주어진 전개도로 삼각뿔을 만들면 오른쪽 그림과
같다.
②, ③, ④, ⑤ 모서리 AF와 한 점에서 만난다.
참고 삼각뿔에서 한 모서리와 만나지 않는 모서리는
그 모서리와 꼬인 위치에 있는 모서리이다.

47 답 ④

주어진 전개도로 정육면체를 만들면 오른쪽 그림과
같다.
따라서 면 C와 평행한 면은 면 E이다.

48 답 ③

주어진 전개도로 삼각기둥을 만들면 오른쪽 그
림과 같다.
③ 모서리 AB는 면 HEFG에 포함된다.

49 답 ②

주어진 전개도로 정육면체 모양의 주
사위를 만들면 오른쪽 그림과 같다.
a가 적힌 면과 평행한 면은 3이 적힌
면 ABEN이므로
$a=7-3=4$
b가 적힌 면과 평행한 면은 2가 적힌 면 MLGN이므로
$b=7-2=5$
c가 적힌 면과 평행한 면은 1이 적힌 면 NGFE이므로
$c=7-1=6$
$\therefore a+b-c=4+5-6=3$

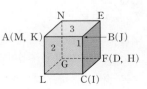

50 답 ①, ③

① $l/\!/m$, $l \perp P$이면 오른쪽 그림과 같이 $m \perp P$
이다.

② $l \perp m$, $m/\!/P$이면 직선 l과 평면 P는 다음 그림과 같이 평행하
거나 한 점에서 만난다.

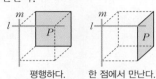

③ $l \perp P$, $m \perp P$이면 오른쪽 그림과 같이 $l/\!/m$이다.

④, ⑤ $l \perp P$, $m/\!/P$이면 두 직선 l, m은 다음 그림과 같이 한 점에
서 만나거나 꼬인 위치에 있다.

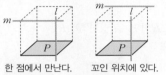

따라서 옳은 것은 ①, ③이다.

51 답 ㄱ, ㄷ

ㄱ. 한 직선에 수직인 서로 다른 두 평면은 오른쪽 그림
과 같이 평행하다.

ㄴ. 한 직선에 평행한 서로 다른 두 평면은 다음 그림과 같이 평행하
거나 한 직선에서 만난다.

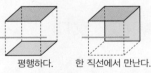

ㄷ. 한 평면에 수직인 서로 다른 두 직선은 오른쪽 그림
과 같이 평행하다.

ㄹ. 한 평면에 평행한 서로 다른 두 직선은 다음 그림과 같이 평행하
거나 한 점에서 만나거나 꼬인 위치에 있다.

따라서 항상 평행한 것은 ㄱ, ㄷ이다.

참고 항상 평행한 위치 관계
(1) 한 직선에 평행한 서로 다른 두 직선
(2) 한 평면에 수직인 서로 다른 두 직선
(3) 한 평면에 평행한 서로 다른 두 평면
(4) 한 직선에 수직인 서로 다른 두 평면

52 답 ③, ④

① $l /\!/ m$, $l /\!/ n$이면 오른쪽 그림과 같이 $m /\!/ n$이다.

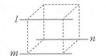

② $l \perp m$, $m \perp n$이면 두 직선 l, n은 다음 그림과 같이 평행하거나 한 점에서 만나거나 꼬인 위치에 있다.

평행하다.　한 점에서 만난다.　꼬인 위치에 있다.

③ $P /\!/ Q$, $Q /\!/ R$이면 오른쪽 그림과 같이 $P /\!/ R$이다.

④ $P /\!/ Q$, $P \perp R$이면 오른쪽 그림과 같이 $Q \perp R$이다.

⑤ $P \perp Q$, $P \perp R$이면 두 평면 Q, R는 다음 그림과 같이 평행하거나 한 직선에서 만난다.

평행하다.　한 직선에서 만난다.

따라서 옳은 것은 ③, ④이다.

---

03 평행선의 성질 (1)

유형 모아 보기 & 완성하기　　41~44쪽

53 답 ⑤

동위각은 $\angle a$와 $\angle e$, $\angle b$와 $\angle f$, $\angle c$와 $\angle g$, $\angle d$와 $\angle h$
엇각은 $\angle c$와 $\angle e$, $\angle d$와 $\angle f$
따라서 바르게 찾은 것은 ⑤이다.

54 답 110°

$l /\!/ m$이므로
$\angle a = 70°$ (동위각), $\angle b = 40°$ (엇각)
$\therefore \angle a + \angle b = 70° + 40° = 110°$

55 답 17°

오른쪽 그림에서 삼각형의 세 각의 크기의 합은 180°이므로
$\angle x + 31° + 132° = 180°$
$\therefore \angle x = 17°$

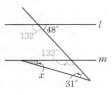

56 답 ㄴ, ㄹ

ㄱ. 오른쪽 그림에서
$\angle a = 180° - 105° = 75°$
즉, 엇각의 크기가 다르므로 두 직선 l, m 은 평행하지 않다.

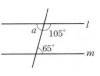

ㄴ. 오른쪽 그림에서
$\angle a = 180° - 130° = 50°$
즉, 엇각의 크기가 같으므로 $l /\!/ m$이다.

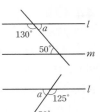

ㄷ. 오른쪽 그림에서
$\angle a = 180° - 125° = 55°$
즉, 엇각의 크기가 다르므로 두 직선 l, m 은 평행하지 않다.

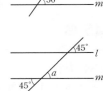

ㄹ. 오른쪽 그림에서
$\angle a = 45°$ (맞꼭지각)
즉, 동위각의 크기가 같으므로 $l /\!/ m$이다.

따라서 두 직선 l, m이 평행한 것은 ㄴ, ㄹ이다.

57 답 ②, ④

①, ② $\angle a$의 엇각은 $\angle i$이다.
③ $\angle a$의 동위각은 $\angle e$와 $\angle g$이다.
⑤ $\angle a$의 크기와 $\angle f$의 크기가 같은지는 알 수 없다.
따라서 옳은 것은 ②, ④이다.

58 답 ③

① $80° + \angle a = 180°$이므로 $\angle a = 100°$
② $\angle c$의 엇각은 $\angle d$이고 $\angle d + 120° = 180°$이므로 $\angle d = 60°$
③ $\angle e$의 엇각은 $\angle b$이고 $80° + \angle b = 180°$이므로 $\angle b = 100°$
④ $\angle b$의 동위각의 크기는 120°이다.
⑤ $\angle f$의 맞꼭지각은 $\angle d$이므로 $\angle d = 60°$
따라서 옳은 것은 ③이다.

59 답 235°

오른쪽 그림에서 $\angle x$의 엇각은 $\angle a$, $\angle b$이고
$\angle a = 180° - 75° = 105°$
$\angle b = 180° - 50° = 130°$
$\therefore \angle a + \angle b = 105° + 130° = 235°$

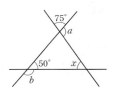

60 답 ②

$l /\!/ m$이므로
$\angle y = 36°$ (동위각)
$\angle x + 36° = 100°$ (동위각)이므로
$\angle x = 64°$
$\therefore \angle x - \angle y = 64° - 36° = 28°$

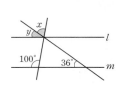

61 답 $\angle d$, $\angle f$, $\angle h$

$\angle d = \angle b$ (맞꼭지각)
$l /\!/ m$이므로 $\angle f = \angle b$ (동위각), $\angle h = \angle b$ (엇각)
따라서 $\angle b$와 크기가 같은 각은 $\angle d$, $\angle f$, $\angle h$이다.

62 답 $x=48$, $y=76$

오른쪽 그림에서 $l /\!/ m$이므로

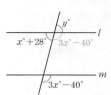

$(x+28)+(3x-40)=180$

$4x=192$ ∴ $x=48$

또 맞꼭지각의 크기는 서로 같으므로

$y=x+28=48+28=76$

63 답 ②

오른쪽 그림에서 $l /\!/ m$이므로

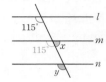

$115°+\angle x=180°$ ∴ $\angle x=65°$

$m /\!/ n$이므로 $\angle y=115°$ (동위각)

∴ $\angle y-\angle x=115°-65°=50°$

64 답 $80°$

오른쪽 그림에서 $\angle a=50°$

직사각형의 마주 보는 변은 서로 평행

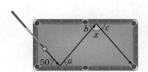

하므로

$\angle b=\angle a=50°$ (엇각)

이때 $\angle c=\angle b=50°$이므로

$50°+\angle x+50°=180°$

∴ $\angle x=180°-(50°+50°)=80°$

65 답 $\angle x=110°$, $\angle y=70°$

오른쪽 그림에서 직사각형의 마주 보는 변은

서로 평행하므로

$\angle x=110°$ (동위각)

$\angle y=180°-110°=70°$ (동위각)

66 답 $65°$

$\angle x=180°-50°=130°$

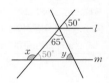

오른쪽 그림에서 삼각형의 세 각의 크기의

합은 $180°$이므로

$65°+50°+\angle y=180°$

∴ $\angle y=65°$

∴ $\angle x-\angle y=130°-65°=65°$

67 답 ③

오른쪽 그림에서 삼각형의 세 각의 크기의

합은 $180°$이므로

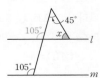

$45°+(180°-105°)+\angle x=180°$

∴ $\angle x=60°$

68 답 35

오른쪽 그림에서 삼각형의 세 각의 크기의

합은 $180°$이므로

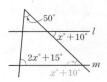

$50+(2x+15)+(x+10)=180$

$3x=105$ ∴ $x=35$

69 답 ④

오른쪽 그림에서 삼각형의 세 각의 크기의

합은 $180°$이므로

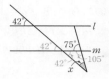

$\angle x+42°+105°=180°$

∴ $\angle x=33°$

70 답 $240°$

오른쪽 그림에서 삼각형의 세 각의 크기의

합은 $180°$이므로

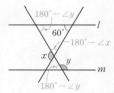

$(180°-\angle y)+(180°-\angle x)+60°=180°$

∴ $\angle x+\angle y=240°$

71 답 ④

오른쪽 그림에서 $l /\!/ m$이고,

정삼각형의 한 각의 크기는 $60°$이므로

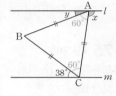

$\angle x=38°+60°=98°$ (엇각)

또 $\angle y+60°+\angle x=180°$이므로

$\angle y+60°+98°=180°$ ∴ $\angle y=22°$

∴ $\angle x-\angle y=98°-22°=76°$

72 답 ②

①, ④ 동위각의 크기가 같으므로 $l /\!/ m$이다.

② 오른쪽 그림에서

　　$\angle a=180°-110°=70°$

　즉, 동위각의 크기가 다르므로 두 직선

　l, m은 평행하지 않다.

③ 오른쪽 그림에서

　　$\angle a=180°-100°=80°$

　즉, 엇각의 크기가 같으므로 $l /\!/ m$이다.

⑤ 오른쪽 그림에서

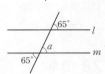

　　$\angle a=65°$ (맞꼭지각)

　즉, 동위각의 크기가 같으므로 $l /\!/ m$이다.

따라서 두 직선 l, m이 평행하지 않은 것은 ②이다.

73 답 $m /\!/ n$, $p /\!/ q$

오른쪽 그림에서

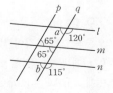

$\angle a=180°-120°=60°$

$\angle b=180°-115°=65°$

따라서 두 직선 m, n에서 동위각의 크기가

같으므로 $m /\!/ n$이다.

또 두 직선 p, q에서 엇각의 크기가 같으므로 $p /\!/ q$이다.

참고　$\angle a \neq 65°$, 즉 동위각의 크기가 다르므로 두 직선 l, m은 평행하

지 않다. 또 $120° \neq 115°$, 즉 동위각의 크기가 다르므로 두 직선 l, n은 평

행하지 않다.

74 답 ⑤

⑤ $l /\!/ m$이면 $\angle d = \angle h$ (동위각)

　이때 $\angle f = \angle h$ (맞꼭지각)이므로 $\angle d = \angle f$

　따라서 $\angle d \neq 90\degree$이면 $\angle d + \angle f \neq 180\degree$

---

04 평행선의 성질 (2)

유형 모아 보기 & 완성하기　　　45~50쪽

75 답 $70\degree$

오른쪽 그림과 같이 두 직선 l, m에 평행한
직선 n을 그으면

$\angle x = 45\degree + 25\degree = 70\degree$

76 답 $80\degree$

오른쪽 그림과 같이 두 직선 l, m에 평행한
직선 p, q를 그으면

$\angle x = 40\degree + 40\degree = 80\degree$

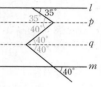

77 답 ④

오른쪽 그림과 같이 두 직선 l, m에 평행한
직선 p, q를 그으면

$120\degree + (\angle x - 30\degree) = 180\degree$

$\therefore \angle x = 90\degree$

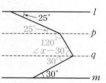

78 답 $50\degree$

오른쪽 그림과 같이 두 직선 l, m에 평행한
직선 p, q를 그으면

$\angle x = 50\degree$

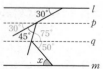

79 답 $90\degree$

오른쪽 그림과 같이 점 C를 지나고 두 직선
l, m에 평행한 직선 n을 긋자.

이때 $\angle BAC = \angle a$, $\angle ABC = \angle b$라 하면
삼각형 ABC에서

$2\angle a + 2\angle b = 180\degree$

$\therefore \angle a + \angle b = 90\degree$

$\therefore \angle x = \angle a + \angle b = 90\degree$

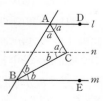

80 답 ②

오른쪽 그림에서

$\angle x + 65\degree + 65\degree = 180\degree$

$\therefore \angle x = 50\degree$

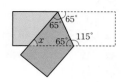

81 답 $60\degree$

오른쪽 그림과 같이 두 직선 l, m에 평행한
직선 n을 그으면

$30\degree + \angle x = 90\degree$　　$\therefore \angle x = 60\degree$

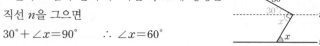

82 답 ③

오른쪽 그림과 같이 두 직선 l, m에 평행한 직
선 n을 그으면

$(2x + 10) + 30 = 130$

$2x = 90$　　$\therefore x = 45$

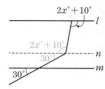

83 답 $75\degree$

오른쪽 그림과 같이 두 직선 l, m에 평행한
직선 n을 그으면

$\angle a = 80\degree$ (동위각)

$\angle b = 135\degree - \angle a$

　　$= 135\degree - 80\degree = 55\degree$　　$\cdots$ (i)

$\angle c = \angle b = 55\degree$ (동위각)이므로

$\angle x + 55\degree + 50\degree = 180\degree$　　$\cdots$ (ii)

$\therefore \angle x = 75\degree$　　$\cdots$ (iii)

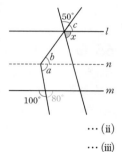

채점 기준	
(i) $\angle a$, $\angle b$의 크기 구하기	40 %
(ii) 평각을 이용하여 식 세우기	40 %
(iii) $\angle x$의 크기 구하기	20 %

84 답 $18\degree$

오른쪽 그림과 같이 점 B를 지나고 두 직선
l, m에 평행한 직선 n을 긋자.

$\angle CBD = \angle a$라 하면 $\angle ABC = 4\angle a$

따라서 $\angle ABD = 5\angle a$이므로

$5\angle a = 15\degree + 75\degree = 90\degree$　　$\therefore \angle a = 18\degree$

$\therefore \angle CBD = 18\degree$

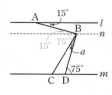

85 답 $80\degree$

오른쪽 그림과 같이 두 직선 l, m에 평행한
직선 p, q를 그으면

$\angle x = 55\degree + 25\degree = 80\degree$

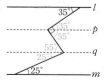

86 답 ③

오른쪽 그림과 같이 두 직선 l, m에 평행한 직선 p, q를 그으면

$\angle x = 45°$

87 답 ③

오른쪽 그림과 같이 두 직선 l, m에 평행한 직선 p, q를 그으면

$2\angle x + 150° = 180°$

$2\angle x = 30°$ $\quad \therefore \angle x = 15°$

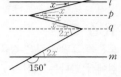

88 답 ④

오른쪽 그림과 같이 두 직선 l, m에 평행한 직선 p, q를 그으면

$(\angle x - 23°) + \angle y = 62°$

$\therefore \angle x + \angle y = 85°$

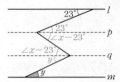

89 답 ②

오른쪽 그림과 같이 두 직선 l, m에 평행한 직선 p, q를 그으면

$(2x+5) + (x-14) = 180$

$3x = 189$ $\quad \therefore x = 63$

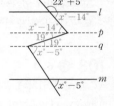

90 답 115°

오른쪽 그림과 같이 두 직선 l, m에 평행한 직선 p, q를 그으면

$(\angle x - 30°) + 95° = 180°$

$\therefore \angle x = 115°$

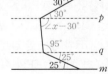

91 답 ⑤

오른쪽 그림과 같이 두 직선 l, m에 평행한 직선 p, q를 그으면

$(\angle x - 25°) + (\angle y - 40°) = 180°$

$\therefore \angle x + \angle y = 245°$

92 답 ②

오른쪽 그림과 같이 두 직선 l, m에 평행한 직선 p, q를 그으면

$(150° - \angle y) + (\angle x - 20°) = 180°$

$\therefore \angle x - \angle y = 50°$

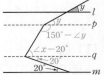

93 답 90°

오른쪽 그림과 같이 두 직선 l, m에 평행한 직선 p, q를 그으면

$\angle x = (25° + 30°) + 35° = 90°$

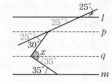

94 답 24°

오른쪽 그림과 같이 두 직선 l, m에 평행한 직선 p, q를 그으면

$(\angle x + 20°) + 86° + 50° = 180°$

$\therefore \angle x = 24°$

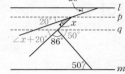

95 답 ③

오른쪽 그림과 같이 두 직선 l, m에 평행한 직선 p, q를 그으면

$\angle a + \angle b + \angle c + \angle d = 180°$

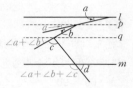

96 답 147°

오른쪽 그림과 같이 두 직선 l, m에 평행한 직선 p, q, r를 그으면

$\angle a + (\angle b + \angle c + \angle d + 33°) = 180°$

$\therefore \angle a + \angle b + \angle c + \angle d = 147°$

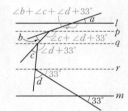

97 답 80°

오른쪽 그림과 같이 점 C를 지나고 $\overline{AB}$, $\overline{DE}$에 평행한 직선 l을 그으면

$45° + \angle x + 55° = 180°$

$\therefore \angle x = 80°$

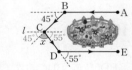

98 답 ③

오른쪽 그림과 같이 점 C를 지나고 두 직선 l, m에 평행한 직선 n을 긋자.

$\angle DAC = \angle a$, $\angle CBE = \angle b$라 하면 삼각형 ACB에서

$4\angle a + 4\angle b = 180°$

$\therefore \angle a + \angle b = 45°$

$\therefore \angle ACB = \angle a + \angle b = 45°$

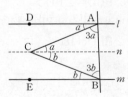

99 답 ②

오른쪽 그림과 같이 점 C를 지나고 두 직선 l, m에 평행한 직선 n을 긋자.

$\angle DAC = \angle a$, $\angle CBE = \angle b$라 하면 삼각형 ABC에서 $3\angle a + 3\angle b = 180°$

$\therefore \angle a + \angle b = 60°$

$\therefore \angle ACB = \angle a + \angle b = 60°$

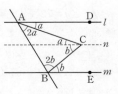

100 답 90°

오른쪽 그림과 같이 두 직선 l, m에 평행한 직선 n을 긋자.

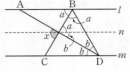

$\angle ABC = \angle a$, $\angle ADC = \angle b$라 하면 삼각형의 세 각의 크기의 합이 180°이므로

$2\angle a + 2\angle b = 180°$ ∴ $\angle a + \angle b = 90°$

∴ $\angle x = \angle a + \angle b = 90°$ (맞꼭지각)

101 답 (1) 52° (2) 76°

(1) 오른쪽 그림에서
$\angle x = 180° - 128° = 52°$

(2) 오른쪽 그림에서
$\angle y + (52° + 52°) = 180°$
∴ $\angle y = 76°$

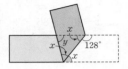

102 답 30°

오른쪽 그림과 같이 접힌 종이의 꼭짓점 E를 지나고 $\overline{AD}$, $\overline{BF}$에 평행한 직선 l을 그으면
$\angle x + 60° = 90°$ ∴ $\angle x = 30°$

 다른 풀이

오른쪽 그림에서
$\angle EFC = 180° - 60° = 120°$이므로
$\angle DFE = \angle DFC$ (접은 각)
$= \dfrac{1}{2}\angle EFC = \dfrac{1}{2} \times 120° = 60°$

따라서 삼각형 DFC에서
$\angle FDC = 180° - (90° + 60°) = 30°$이므로
$\angle FDE = \angle FDC = 30°$ (접은 각)
∴ $\angle x = 90° - (30° + 30°) = 30°$

103 답 86°

오른쪽 그림에서
$\angle BDC' = \angle BDC = 47°$ (접은 각) ··· (i)
$\overline{AB} /\!/ \overline{DC}$이므로
$\angle PBD = \angle BDC = 47°$ (엇각) ··· (ii)
따라서 삼각형 PBD에서
$\angle BPD = 180° - (47° + 47°) = 86°$ ··· (iii)

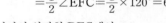 채점 기준

(i) $\angle BDC'$의 크기 구하기	40%
(ii) $\angle PBD$의 크기 구하기	40%
(iii) $\angle BPD$의 크기 구하기	20%

104 답 ②

오른쪽 그림에서
$\angle y + \angle y = 72°$ (접은 각, 동위각)
이므로
$2\angle y = 72°$ ∴ $\angle y = 36°$
$\angle x + \angle x = 72° + 64°$ (접은 각, 엇각)이므로
$2\angle x = 136°$ ∴ $\angle x = 68°$
∴ $\angle x + \angle y = 68° + 36° = 104°$

18 정답과 해설

105 답 ③

모서리 CD 위에 있지 않은 꼭짓점은 점 A, 점 B의 2개이므로
$a = 2$
면 ABD 위에 있지 않은 꼭짓점은 점 C의 1개이므로
$b = 1$
∴ $a + b = 2 + 1 = 3$

106 답 3

오른쪽 그림과 같은 정육각형에서 $\overrightarrow{AF}$와 한 점에서 만나는 직선은 $\overrightarrow{AB}$, $\overrightarrow{BC}$, $\overrightarrow{DE}$, $\overrightarrow{EF}$의 4개이므로 $a = 4$

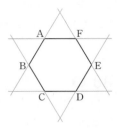

$\overrightarrow{AF}$와 평행한 직선은 $\overrightarrow{CD}$의 1개이므로
$b = 1$
∴ $a - b = 4 - 1 = 3$

107 답 (1) 한 점에서 만난다. (2) 꼬인 위치에 있다. (3) 평행하다.

(1) 모서리 AF와 모서리 AG는 한 점 A에서 만난다.
(2) 모서리 CI와 모서리 DE는 만나지도 않고 평행하지도 않으므로 꼬인 위치에 있다.
(3) 모서리 EF와 모서리 KL은 평행하다.

108 답 6, 4

$\overline{AC}$와 꼬인 위치에 있는 모서리는 $\overline{BF}$, $\overline{DH}$, $\overline{EF}$, $\overline{EH}$, $\overline{FG}$, $\overline{GH}$의 6개이고 $\overline{AD}$와 꼬인 위치에 있는 모서리는 $\overline{BF}$, $\overline{CG}$, $\overline{EF}$, $\overline{GH}$의 4개이다.

109 답 ②

① $\overline{CI}$와 수직인 면은 면 ABCDEF, 면 GHIJKL의 2개이다.
② $\overline{GH}$와 $\overline{IJ}$는 한 점에서 만난다.
④ 면 ABCDEF와 수직인 모서리는 $\overline{AG}$, $\overline{BH}$, $\overline{CI}$, $\overline{DJ}$, $\overline{EK}$, $\overline{FL}$의 6개이다.
⑤ 면 GHIJKL에 포함된 모서리는 $\overline{GH}$, $\overline{HI}$, $\overline{IJ}$, $\overline{JK}$, $\overline{KL}$, $\overline{GL}$의 6개이다.
따라서 옳지 않은 것은 ②이다.

110 답 1

점 C와 면 ADEB 사이의 거리는 $\overline{BC}$의 길이와 같으므로 3 cm이다.
∴ $a = 3$
점 D와 면 BEFC 사이의 거리는 $\overline{DE}$의 길이와 같고
$\overline{DE} = \overline{AB} = 4$ cm이므로 $b = 4$
∴ $b - a = 4 - 3 = 1$

111 답 ㄴ

ㄴ. 면 ACD와 면 CFD는 한 직선에서 만난다.

112 답 ②

② $\overrightarrow{CF}$는 $\overrightarrow{AQ}$와 한 점에서 만난다.

113 답 (1) 면 (나), 면 (바) (2) 면 (다), 면 (마)

주어진 전개도로 정육면체를 만들면 오른쪽 그림과
같다.

(1) 모서리 AB와 평행한 면은 면 (나), 면 (바)이다.
(2) 모서리 AB와 수직인 면은 면 (다), 면 (마)이다.

114 답 ④

ㄱ. $l \perp m$, $l \perp P$이면 다음 그림과 같이 직선 m이 평면 P에 포함
되거나 $m /\!/ P$이다.

포함된다.　　　　평행하다.

ㄴ. $l /\!/ P$, $m \perp P$이면 두 직선 l, m은 다음 그림과 같이 한 점에서
만나거나 꼬인 위치에 있다.

한 점에서 만난다.　　꼬인 위치에 있다.

ㄷ. $P /\!/ Q$, $l \perp P$이면 오른쪽 그림과 같이 $l \perp Q$
이다.

ㄹ. $P /\!/ Q$, $P \perp R$이면 오른쪽 그림과 같이
$Q \perp R$이다.

따라서 옳지 않은 것은 ㄱ, ㄴ, ㄹ이다.

115 답 15°

오른쪽 그림에서 $l /\!/ m$이므로
$\angle x = 50°$ (동위각)
$50° + \angle y = 115°$ (동위각)이므로
$\angle y = 65°$
$\therefore \angle y - \angle x = 65° - 50° = 15°$

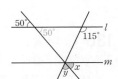

116 답 ③

두 직선 l, n이 다른 한 직선 p와 만날 때,
동위각의 크기가 93°로 같으므로
$l /\!/ n$
두 직선 p, q가 다른 한 직선 n과 만날 때,
엇각의 크기가 87°로 같으므로
$p /\!/ q$

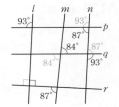

참고　두 직선 l, m이 다른 한 직선 r와 만날 때, 엇각의 크기가 다르므
로 두 직선 l, m은 평행하지 않다.
두 직선 m, n이 다른 한 직선 q와 만날 때, 동위각의 크기가 다르므로 두
직선 m, n은 평행하지 않다.
두 직선 p, r가 다른 한 직선 l과 만날 때, 동위각의 크기가 다르므로 두
직선 p, r는 평행하지 않다.
두 직선 q, r가 다른 한 직선 m과 만날 때, 동위각의 크기가 다르므로 두
직선 q, r는 평행하지 않다.

117 답 277°

오른쪽 그림과 같이 두 직선 l, m에 평행
한 직선 n을 그으면
$\angle x = 143° + 134° = 277°$

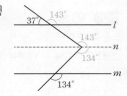

118 답 ③

오른쪽 그림과 같이 두 직선 l, m에 평행한 직
선 p, q를 그으면
$(\angle x - 26°) + \angle y = 106°$
$\therefore \angle x + \angle y = 132°$

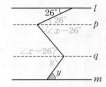

119 답 140°

오른쪽 그림과 같이 두 직선 l, m에 평행한 직
선 p, q를 그으면
$(\angle x - 20°) + 60° = 180°$
$\therefore \angle x = 140°$

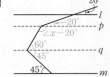

120 답 ②

오른쪽 그림과 같이 두 직선 l, m에 평행한 직
선 p, q를 그으면
$(\angle x + 30°) + 56° + 65° = 180°$
$\therefore \angle x = 29°$

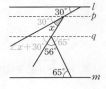

121 답 255°

오른쪽 그림에서
$\angle a = 75°$ (맞꼭지각)
$\angle b = 180° - \angle y$ (엇각)　　　　　… (i)
삼각형의 세 각의 크기의 합은 180°이므로
$75° + (180° - \angle x) + (180° - \angle y) = 180°$
　　　　　　　　　　　　　　　　… (ii)
$\therefore \angle x + \angle y = 255°$　　　　　… (iii)

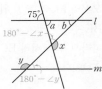

채점 기준

(i) $\angle a$, $\angle b$의 크기 구하기	30%
(ii) 삼각형의 세 각의 크기의 합을 이용하여 식 세우기	40%
(iii) $\angle x + \angle y$의 크기 구하기	30%

122 답 24

오른쪽 그림과 같이 두 직선 l, m에 평행
한 직선 n을 그으면

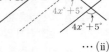

$(x+15)+(4x+5)=140$ ··· (i)

$5x=120$

$\therefore x=24$ ··· (ii)

채점 기준	
(i) 평행선에서 보조선을 그어 식 세우기	80%
(ii) x의 값 구하기	20%

123 답 80°

오른쪽 그림에서

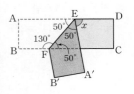

$\angle EFC=180°-130°=50°$

$\overline{AD} /\!/ \overline{BC}$이므로

$\angle AEF=\angle EFC=50°$ (엇각) ··· (i)

$\angle FEA'=\angle AEF=50°$ (접은 각) ··· (ii)

따라서 $50°+50°+\angle x=180°$이므로

$\angle x=80°$ ··· (iii)

채점 기준	
(i) $\angle AEF$의 크기 구하기	40%
(ii) $\angle FEA'$의 크기 구하기	30%
(iii) $\angle x$의 크기 구하기	30%

만점 문제 뛰어넘기

54~55쪽

124 답 $\overline{AD}$

모서리 BC와 꼬인 위치에 있는 모서리는 $\overline{AD}$, $\overline{DG}$, $\overline{EG}$, $\overline{FG}$이고
모서리 FG와 꼬인 위치에 있는 모서리는 $\overline{AB}$, $\overline{AC}$, $\overline{AD}$, $\overline{BC}$, $\overline{BD}$,
$\overline{BE}$이다.

따라서 두 모서리 BC, FG와 동시에 꼬인 위치에 있는 모서리는
$\overline{AD}$이다.

125 답 ③

면 EJIMNF와 수직으로 만나는 면은 면 AKNF, 면 ABCDEF,
면 DGJE, 면 GHIJ, 면 BLMIHC, 면 KLMN의 6개이므로 $a=6$
면 DGJE와 평행한 모서리는 $\overline{AK}$, $\overline{KN}$, $\overline{FN}$, $\overline{AF}$, $\overline{BL}$, $\overline{LM}$, $\overline{IM}$,
$\overline{HI}$, $\overline{CH}$, $\overline{BC}$의 10개이므로 $b=10$

$\therefore a+b=6+10=16$

126 답 50°

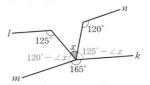

위의 그림에서 $l /\!/ k$, $m /\!/ n$이므로

$(120°-\angle x)+\angle x+(125°-\angle x)+165°=360°$

$410°-\angle x=360°$ $\therefore \angle x=50°$

127 답 ③

오른쪽 그림에서 $l /\!/ m$이므로

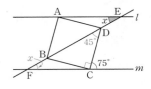

$\angle BFC=\angle x$ (엇각)

$\angle FCD=180°-75°=105°$

$\angle BDC=45°$이므로

삼각형 DFC에서

$45°+\angle x+105°=180°$ $\therefore \angle x=30°$

128 답 풀이 참조

오른쪽 그림과 같이 $\overline{CD}$의 연장선을 그어
$\overline{AB}$와 만나는 점을 O라 하자.

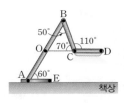

삼각형 BOC에서

$\angle BCO=180°-110°=70°$이므로

$\angle BOC=180°-(50°+70°)=60°$

$\therefore \angle BAE=\angle BOC$

따라서 동위각의 크기가 같으므로 $\overleftrightarrow{AE} /\!/ \overleftrightarrow{CD}$이다.

129 답 ③

오른쪽 그림과 같이 세 직선 l, m, n
에 평행한 직선 p, q를 그으면

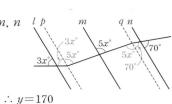

$3x+5x=160$, $8x=160$

$\therefore x=20$

$5x+70=y$, $5×20+70=y$ $\therefore y=170$

$\therefore x+y=20+170=190$

130 답 19

오른쪽 그림과 같이 점 B를 지나고 두 직선
l, m에 평행한 직선 n을 긋자.

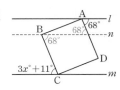

이때 $\overline{BC} /\!/ \overline{AD}$이므로

$3x+11=68$, $3x=57$ $\therefore x=19$

131 답 30°

오른쪽 그림과 같이 직각삼각형의 한 꼭짓점 A를
지나고 각 직각삼각형의 가장 긴 변에 평행한 직
선을 그으면

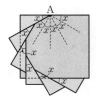

$6\angle x=180°$ $\therefore \angle x=30°$

132 답 ④

$\angle QPR = \angle a$라 하면

$\angle RPS = \angle SPA = \angle a$

$\angle PQR = \angle b$라 하면

$\angle RQS = \angle SQB = \angle b$

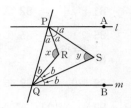

오른쪽 그림에서 $l \ /\!/ \ m$이므로

$3\angle a + 3\angle b = 180°$ ∴ $\angle a + \angle b = 60°$

삼각형 PQR에서

$\angle x = 180° - (\angle a + \angle b) = 180° - 60° = 120°$

삼각형 PQS에서

$\angle y = 180° - 2(\angle a + \angle b) = 180° - 2 \times 60° = 60°$

∴ $\angle x + \angle y = 120° + 60° = 180°$

133 답 ③

오른쪽 그림과 같이 접힌 종이의 꼭짓점을
지나고 평행사변형의 마주 보는 두 변에 평행
한 직선을 그으면

$\angle x + 27° = 63°$ ∴ $\angle x = 36°$

$27° + 2\angle y + 63° = 180°$, $2\angle y = 90°$

∴ $\angle y = 45°$

작도와 합동

01 ⑤　　**02** ③　　**03** ④

04 (1) ㉢ → ㉡ → ㉠ → ㉣ → ㉣ → ㉤

(2) 서로 다른 두 직선이 다른 한 직선과 만날 때, 동위각의 크기가 같으면 두 직선은 평행하다.

05 ㄱ, ㄷ　　**06** ④　　**07** ②, ⑤

08 ㉢ → ㉠ → ㉡　　**09** ①

10 (가) $\overline{AB}$　(나) 정삼각형　**11** ③　　**12** ②

13 ③　　**14** ③　　**15** ⑤　　**16** ②, ③

17 ③　　**18** ①, ④　　**19** ③, ④　　**20** ①

21 3　　**22** 9　　**23** ③　　**24** ②

25 ②　　**26** ㄴ　　**27** ⑤　　**28** ③

29 (가) ∠ADE　(나) ∠AED　(다) ∠A　　**30** 3

31 78　　**32** ㄱ　　**33** ㄱ, ㅁ, ㅂ　　**34** 95

35 ②, ④, ⑥　**36** ③　　**37** ③

38 △IGH, △JLK　　**39** ㄱ, ㄴ, ㄷ

40 ㄷ과 ㅁ, ASA 합동　　**41** ⑤　　**42** ①, ③

43 ③　　**44** ①, ⑤　　**45** ④

46 (가) $\overline{AD}$　(나) $\overline{DC}$　(다) $\overline{AC}$　(라) SSS

47 (가) $\overline{BO}$　(나) $\overline{DO}$　(다) ∠BOD　(라) SAS

48 (가) ∠DMC　(나) 맞꼭지각　(다) ∠C　(라) ASA

49 (가) $\overline{DC}$　(나) $\overline{CB}$　(다) ∠DCB　(라) SAS　**50** ②

51 ①　　**52** △ABC≡△CDA(SSS 합동)

53 (가) $\overline{PC}$　(나) $\overline{PD}$　(다) $\overline{CD}$　(라) SSS

54 (가) $\overline{OC}$　(나) $\overline{OD}$　(다) ∠O　(라) SAS

55 △ACD, SAS 합동　　**56** ③

57 △CDE, △EFA, 정삼각형

58 (가) $\overline{BD}$　(나) ∠CDB　(다) SAS　(라) $\overline{BC}$　**59** ③, ⑤

60 ②　　**61** △DMB, ASA 합동

62 (가) ∠AOP　(나) ∠BPO　(다) ASA　　**63** 250 m

64 (가) $\overline{CE}$　(나) $\overline{EF}$　(다) ∠DEF　(라) 엇각　(마) ASA

65 ⑤　　**66** △CAE　**67** ⑤　　**68** 14 cm

69 60°　　**70** ③　　**71** ③　　**72** ④

73 90°　　**74** ③　　**75** ④　　**76** ⑤

77 ⑤　　**78** ②, ⑤　　**79** ②, ④　　**80** ③

81 ⑤　　**82** ②, ④　　**83** ①, ⑤　　**84** ④

85 ②　　**86** ③

87 △DBA≡△ECA, △DBC≡△ECB

88 120°　　**89** 55°　　**90** ③　　**91** 4개

92 (1) △BAD, ASA 합동　(2) 8 cm　　**93** ③

94 25 cm²　　**95** ②

---

01 간단한 도형의 작도

유형 모아 보기 & 완성하기　　58~61쪽

01 답 ⑤

⑤ 작도할 때는 각도기를 사용하지 않는다.

02 답 ③

㉡ 점 C를 지나는 직선을 그린다.

㉠ 컴퍼스로 $\overline{AB}$의 길이를 잰다.

㉢ 점 C를 중심으로 하고 반지름의 길이가 $\overline{AB}$인 원을 그려 직선과의 교점을 D라 한다.

따라서 작도 순서는 ㉡ → ㉠ → ㉢이다.

03 답 ④

① 점 C는 점 D를 중심으로 하고 반지름의 길이가 $\overline{AB}$인 원 위에 있으므로 $\overline{AB}=\overline{CD}$

② 두 점 A, B는 점 O를 중심으로 하는 같은 원 위에 있으므로 $\overline{OA}=\overline{OB}$

③ 점 D는 점 P를 중심으로 하고 반지름의 길이가 $\overline{OA}$인 원 위에 있으므로 $\overline{OA}=\overline{PD}$

⑤ ∠XOY와 크기가 같은 각을 작도한 것이 ∠CPD이므로 ∠AOB=∠CPD

따라서 옳지 않은 것은 ④이다.

04 답 (1) ㉢ → ㉡ → ㉠ → ㉣ → ㉣ → ㉤

(2) 서로 다른 두 직선이 다른 한 직선과 만날 때, 동위각의 크기가 같으면 두 직선은 평행하다.

(1) ㉢ 점 P를 지나는 직선을 긋고 직선 *l*과의 교점을 Q라 한다.

㉡ 점 Q를 중심으로 하는 원을 그려 $\overrightarrow{PQ}$, 직선 *l*과의 교점을 각각 A, B라 한다.

㉠ 점 P를 중심으로 하고 반지름의 길이가 $\overline{QA}$인 원을 그려 $\overrightarrow{PQ}$와의 교점을 C라 한다.

ⓗ 컴퍼스로 $\overline{AB}$의 길이를 잰다.

ⓔ 점 C를 중심으로 하고 반지름의 길이가 $\overline{AB}$인 원을 그려 ㉠의 원과의 교점을 D라 한다.

ⓜ $\overrightarrow{PD}$를 그으면 직선 l과 $\overrightarrow{PD}$는 평행하다.

따라서 작도 순서는 ㉢ → ㉡ → ㉠ → ㉑ → ㉣ → ㉤이다.

05 답 ㄱ, ㄷ

ㄴ. 선분을 연장할 때는 눈금 없는 자를 사용한다.

ㄹ. 선분의 길이를 다른 직선 위로 옮길 때는 컴퍼스를 사용한다.

따라서 옳은 것은 ㄱ, ㄷ이다.

06 답 ④

07 답 ②, ⑤

08 답 ㉢ → ㉠ → ㉡

09 답 ①

$\overline{AB}$의 길이를 재서 옮길 때는 컴퍼스를 사용한다.

10 답 ㈎ $\overline{AB}$ ㈏ 정삼각형

11 답 ③

두 점 A, B는 점 O를 중심으로 하는 한 원 위에 있고, 두 점 C, D는 점 P를 중심으로 하고 반지름의 길이가 $\overline{OA}$인 원 위에 있으므로 $\overline{OA}=\overline{OB}=\overline{PC}=\overline{PD}$이다.

따라서 길이가 나머지 넷과 다른 하나는 ③이다.

12 답 ②

따라서 작도 순서는 ㉡ → ㉠ → ㉢ → ㉣이다.

13 답 ③

①, ②, ③ 두 점 A, B는 점 O를 중심으로 하는 한 원 위에 있고, 두 점 C, D는 점 P를 중심으로 하고 반지름의 길이가 $\overline{OA}$인 원 위에 있으므로 $\overline{OA}=\overline{OB}=\overline{PC}=\overline{PD}$

점 D는 점 C를 중심으로 하고 반지름의 길이가 $\overline{AB}$인 원 위에 있으므로 $\overline{AB}=\overline{CD}$

따라서 옳지 않은 것은 ③이다.

14 답 ③

㉠ 점 P를 지나는 직선을 긋고 직선 l과의 교점을 Q라 한다.

㉢ 점 Q를 중심으로 하는 원을 그려 $\overrightarrow{PQ}$, 직선 l과의 교점을 각각 A, B라 한다.

㉣ 점 P를 중심으로 하고 반지름의 길이가 $\overline{QA}$인 원을 그려 $\overrightarrow{PQ}$와의 교점을 C라 한다.

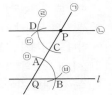

ⓗ 컴퍼스로 $\overline{AB}$의 길이를 잰다.

ⓔ 점 C를 중심으로 하고 반지름의 길이가 $\overline{AB}$인 원을 그려 ㉣의 원과의 교점을 D라 한다.

㉡ $\overrightarrow{PD}$를 그으면 직선 l과 $\overrightarrow{PD}$는 평행하다.

따라서 작도 순서는 ㉠ → ㉢ → ㉣ → ㉑ → ㉤ → ㉡이다.

15 답 ⑤

① 두 점 B, C는 점 A를 중심으로 하는 한 원 위에 있으므로 $\overline{AB}=\overline{AC}$

② 두 점 Q, R는 점 P를 중심으로 하는 한 원 위에 있으므로 $\overline{PQ}=\overline{PR}$

③ 점 R는 점 Q를 중심으로 하고 반지름의 길이가 $\overline{BC}$인 원 위에 있으므로 $\overline{BC}=\overline{QR}$

④ 크기가 같은 각을 작도하였으므로 $\angle BAC=\angle QPR$

따라서 옳지 않은 것은 ⑤이다.

02 삼각형의 작도

유형 모아 보기 & 완성하기   62~64쪽

16 답 ②, ③

삼각형이 되려면 (가장 긴 변의 길이)<(나머지 두 변의 길이의 합)이어야 한다.

① $8=2+6$

② $10<3+9$

③ $12<6+8$

④ $18>7+9$

⑤ $19>8+10$

따라서 삼각형의 세 변의 길이가 될 수 있는 것은 ②, ③이다.

17 답 ③

③ b

18 답 ①, ④

① 세 변의 길이가 주어졌고, $12<7+7$이므로 $\triangle ABC$가 하나로 정해진다.

② $\angle A$는 $\overline{AB}$와 $\overline{BC}$의 끼인각이 아니므로 $\triangle ABC$가 하나로 정해지지 않는다.

③ $\angle B$는 $\overline{BC}$와 $\overline{CA}$의 끼인각이 아니므로 $\triangle ABC$가 하나로 정해지지 않는다.

④ $\angle C=180\degree-(30\degree+40\degree)=110\degree$

즉, 한 변의 길이와 그 양 끝 각의 크기가 주어진 것과 같으므로 $\triangle ABC$가 하나로 정해진다.

⑤ 세 각의 크기가 각각 같은 삼각형은 무수히 많으므로 $\triangle ABC$가 하나로 정해지지 않는다.

따라서 $\triangle ABC$가 하나로 정해지는 것은 ①, ④이다.

19 답 ③, ④

삼각형이 되려면 (가장 긴 변의 길이)<(나머지 두 변의 길이의 합)
이어야 한다.

① $7>2+3$ ② $7=3+4$ ③ $7<3+7$

④ $9<3+7$ ⑤ $12>3+7$

따라서 나머지 한 변의 길이가 될 수 있는 것은 ③, ④이다.

20 답 ①

x의 값을 대입하여 삼각형의 세 변의 길이를 구하면

① 1, 2, 3 ⇨ $3=1+2$

② 2, 3, 4 ⇨ $4<2+3$

③ 3, 4, 5 ⇨ $5<3+4$

④ 4, 5, 6 ⇨ $6<4+5$

⑤ 5, 6, 7 ⇨ $7<5+6$

따라서 x의 값이 될 수 없는 것은 ①이다.

21 답 3

$5<3+4$, $7=3+4$, $7<3+5$, $7<4+5$이므로 만들 수 있는 삼각형
의 세 변의 길이의 쌍은

(3 cm, 4 cm, 5 cm), (3 cm, 5 cm, 7 cm), (4 cm, 5 cm, 7 cm)

따라서 구하는 삼각형은 3개이다.

22 답 9

(i) x cm가 가장 긴 변의 길이일 때, 즉 $x≥10$일 때

     $x<5+10$에서 $x<15$이므로 $x=10, 11, 12, 13, 14$

(ii) 10 cm가 가장 긴 변의 길이일 때, 즉 $x≤10$일 때

     $10<5+x$이므로 $x=6, 7, 8, 9, 10$

따라서 (i), (ii)에 의해 자연수 x는 6, 7, 8, $\cdots$, 14의 9개이다.

23 답 ③

ⓛ → ⓒ → ⓔ 크기가 같은 각의 작도를 이용하여 ∠B를 작도한다.

ⓐ 길이가 같은 선분의 작도를 이용하여 $\overline{AB}$를 작도한다.

ⓜ 길이가 같은 선분의 작도를 이용하여 $\overline{BC}$를 작도한다.

ⓗ $\overline{AC}$를 긋는다.

따라서 작도 순서는 ⓛ → ⓒ → ⓔ → ⓐ → ⓜ → ⓗ이다.

> 참고 두 변의 길이와 그 끼인각의 크기가 주어졌을 때는 다음 두 가지
> 방법으로 삼각형을 작도할 수 있다.
>
> (i) 각을 먼저 작도한 후에 두 선분을 작도한다.
>
>   ⇨ ⓛ → ⓒ → ⓔ → ⓐ → ⓜ → ⓗ 또는
>
>   ⓛ → ⓒ → ⓔ → ⓜ → ⓐ → ⓗ
>
> (ii) 한 선분을 먼저 작도한 후에 각을 작도하고 나서 다른 선분을 작도한다.
>
>   ⇨ ⓜ → ⓛ → ⓒ → ⓔ → ⓐ → ⓗ

24 답 ②

한 변의 길이와 그 양 끝 각의 크기가 주어졌을 때, 다음의 두 가지
방법으로 삼각형을 작도할 수 있다.

(i) 선분을 먼저 작도한 후에 두 각을 작도한다. ⇨ ④, ⑤

(ii) 한 각을 먼저 작도한 후에 선분을 작도하고 나서 다른 각을 작도
한다. ⇨ ①, ③

따라서 작도 순서로 옳지 않은 것은 ②이다.

25 답 ②

ㄱ. 한 변의 길이와 그 양 끝 각의 크기가 주어졌으므로 △ABC가
하나로 정해진다.

ㄴ. ∠A는 $\overline{BC}$와 $\overline{CA}$의 끼인각이 아니므로 △ABC가 하나로 정해
지지 않는다.

ㄷ. $∠A=180°-(40°+65°)=75°$

     즉, 한 변의 길이와 그 양 끝 각의 크기가 주어진 것과 같으므로
△ABC가 하나로 정해진다.

ㄹ. $9>6+2$이므로 △ABC가 만들어지지 않는다.

따라서 △ABC가 하나로 정해지는 것은 ㄱ, ㄷ이다.

26 답 ㄴ

ㄱ. 한 변의 길이와 그 양 끝 각의 크기가 주어졌으므로 △ABC가
하나로 정해진다.

ㄴ. ∠B는 $\overline{AB}$와 $\overline{AC}$의 끼인각이 아니므로 △ABC가 하나로 정해
지지 않는다.

ㄷ. ∠B와 ∠C의 크기가 주어졌으므로 ∠A의 크기를 알 수 있다.

     즉, 한 변의 길이와 그 양 끝 각의 크기가 주어진 것과 같으므로
△ABC가 하나로 정해진다.

ㄹ. 두 변의 길이와 그 끼인각의 크기가 주어졌으므로 △ABC가 하
나로 정해진다.

따라서 필요한 나머지 한 조건이 아닌 것은 ㄴ이다.

27 답 ⑤

① 세 변의 길이가 주어졌고, $5<3+4$이므로 △ABC가 하나로 정
해진다.

② 두 변의 길이와 그 끼인각의 크기가 주어졌으므로 △ABC가 하
나로 정해진다.

③ $∠A=180°-(50°+100°)=30°$

     즉, 한 변의 길이와 그 양 끝 각의 크기가 주어진 것과 같으므로
△ABC가 하나로 정해진다.

④ $∠C=180°-(90°+40°)=50°$

     즉, 한 변의 길이와 그 양 끝 각의 크기가 주어진 것과 같으므로
△ABC가 하나로 정해진다.

⑤ ∠B는 $\overline{AB}$와 $\overline{AC}$의 끼인각이 아니므로 △ABC가 하나로 정해
지지 않는다.

따라서 △ABC가 하나로 정해지지 않는 것은 ⑤이다.

28 답 ③

① 두 변의 길이와 그 끼인각의 크기가 주어졌으므로 △ABC가 하
나로 정해진다.

② 한 변의 길이와 그 양 끝 각의 크기가 주어졌으므로 △ABC가
하나로 정해진다.

③ 세 각의 크기가 각각 같은 삼각형은 무수히 많으므로 △ABC가
하나로 정해지지 않는다.

④ ∠B와 ∠C의 크기가 주어졌으므로 ∠A의 크기를 알 수 있다.

     즉, 한 변의 길이와 그 양 끝 각의 크기가 주어진 것과 같으므로
△ABC가 하나로 정해진다.

⑤ 한 변의 길이와 그 양 끝 각의 크기가 주어졌으므로 △ABC가
하나로 정해진다.
따라서 추가로 필요한 조건이 아닌 것은 ③이다.

29 답 ⑺ ∠ADE ⑷ ∠AED ⒟ ∠A

30 답 3
나머지 한 각의 크기는 $180°-(40°+80°)=60°$ ⋯ ⑴
즉, 한 변의 길이가 $10\,cm$이고 그 양 끝 각의 크기의 쌍은
$(40°, 60°), (40°, 80°), (60°, 80°)$일 수 있다.
따라서 구하는 삼각형의 개수는 3이다. ⋯ ⑵

채점 기준	
⑴ 나머지 한 각의 크기 구하기	30 %
⑵ 삼각형의 개수 구하기	70 %

03 삼각형의 합동 ⑴

유형 모아 보기 & 완성하기
65~67쪽

31 답 78
$\overline{EF}=\overline{BC}=8\,cm$이므로 $x=8$
$\angle E=\angle B=80°$이므로
$\angle D=180°-(30°+80°)=70°$ ∴ $y=70$
∴ $x+y=8+70=78$

32 답 ㄱ
ㄱ. 나머지 한 각의 크기는 $180°-(60°+70°)=50°$
즉, 주어진 삼각형과 대응하는 한 변의 길이가 같고, 그 양 끝 각
의 크기가 각각 같으므로 합동이다. (ASA 합동)

33 답 ㄱ, ㅁ, ㅂ
ㄱ. $\overline{AC}=\overline{DF}$이면 대응하는 두 변의 길이가 각각 같고, 그 끼인각의
크기가 같으므로 합동이다. (SAS 합동)
ㅁ. $\angle B=\angle E$이면 대응하는 한 변의 길이가 같고, 그 양 끝 각의
크기가 각각 같으므로 합동이다. (ASA 합동)
ㅂ. $\angle C=\angle F$이면 $\angle B=\angle E$이다.
즉, 대응하는 한 변의 길이가 같고, 그 양 끝 각의 크기가 각각
같으므로 합동이다. (ASA 합동)

34 답 95
$\overline{HE}=\overline{DA}=5\,cm$이므로 $a=5$
$\angle F=\angle B=90°$이므로 $b=90$
∴ $a+b=5+90=95$

35 답 ②, ④, ⑥
② 다음 그림과 같은 두 직사각형은 넓이가 같지만 합동이 아니다.

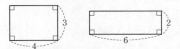

④ 다음 그림과 같은 두 사각형은 네 변의 길이가 같지만 합동이 아
니다.

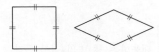

⑥ 다음 그림과 같은 두 삼각형은 둘레의 길이가 같지만 합동이 아
니다.

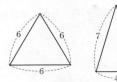

36 답 ③
③ $\overline{BC}$의 대응변은 $\overline{ED}$이므로 $\overline{BC}$의 길이는 $\overline{ED}$의 길이와 같다.
이때 $\overline{BC}$의 길이와 $\overline{EF}$의 길이가 같은지는 알 수 없다.

37 답 ③
① $\overline{AD}=\overline{EH}=2\,cm$
② $\angle B=\angle F=80°$
③ $\angle H=\angle D=110°$
④ $\overline{FG}=\overline{BC}=4\,cm$
⑤ $\overline{EF}=\overline{AB}=3\,cm$
따라서 옳지 않은 것은 ③이다.

38 답 △IGH, △JLK
△ABC와 △IGH에서
$\overline{AB}=\overline{IG}$, $\angle A=\angle I$, $\angle B=\angle G$
∴ △ABC≡△IGH (ASA 합동)
△ABC와 △JLK에서
$\overline{AB}=\overline{JL}$, $\overline{BC}=\overline{LK}$, $\angle B=\angle L$
∴ △ABC≡△JLK (SAS 합동)
따라서 △ABC와 합동인 삼각형은 △IGH, △JLK이다.

39 답 ㄱ, ㄴ, ㄷ
ㄱ. 대응하는 두 변의 길이가 각각 같고, 그 끼인각의 크기가 같으므
로 합동이다. (SAS 합동)
ㄴ. $\angle A=\angle D$, $\angle B=\angle E$이면 $\angle C=\angle F$이다.
즉, 대응하는 한 변의 길이가 같고, 그 양 끝 각의 크기가 각각
같으므로 합동이다. (ASA 합동)
ㄷ. 대응하는 세 변의 길이가 각각 같으므로 합동이다. (SSS 합동)

40 답 ㄷ과 ㅁ, ASA 합동
ㄷ에서 나머지 한 각의 크기는 $180°-(80°+65°)=35°$
즉, ㄷ과 ㅁ은 대응하는 한 변의 길이가 같고, 그 양 끝 각의 크기가
각각 같으므로 합동이다. (ASA 합동)

41 답 ⑤

①에서 나머지 한 각의 크기는 $180^\circ-(60^\circ+77^\circ)=43^\circ$

①과 ③은 대응하는 두 변의 길이가 각각 같고, 그 끼인각의 크기가 같으므로 합동이다. (SAS 합동)

①과 ②, ①과 ④는 대응하는 한 변의 길이가 같고, 그 양 끝 각의 크기가 각각 같으므로 합동이다. (ASA 합동)

따라서 나머지 넷과 합동이 아닌 것은 ⑤이다.

42 답 ①, ③

① $\overline{AC}=\overline{DF}$이면 대응하는 세 변의 길이가 각각 같으므로 합동이다. (SSS 합동)

③ $\angle B=\angle E$이면 대응하는 두 변의 길이가 각각 같고, 그 끼인각의 크기가 같으므로 합동이다. (SAS 합동)

43 답 ③

△ABC와 △DEF에서

$\overline{AB}=\overline{DE}$, $\angle B=\angle E$, $\overline{BC}=\overline{EF}$이면

△ABC≡△DEF (SAS 합동)

44 답 ①, ⑤

$\angle B=\angle F$, $\angle C=\angle E$이면 $\angle A=\angle D$이므로 두 삼각형에서 한 쌍의 대응하는 변의 길이가 같으면 ASA 합동이 된다.

②, ④ 대응변이 아니다.

따라서 필요한 조건은 ①, ⑤이다.

45 답 ④

① $\angle A=\angle D$, $\angle B=\angle E$이면 $\angle C=\angle F$이다.
즉, 대응하는 한 변의 길이가 같고, 그 양 끝 각의 크기가 각각 같으므로 합동이다. (ASA 합동)

②, ⑤ 대응하는 두 변의 길이가 각각 같고, 그 끼인각의 크기가 같으므로 합동이다. (SAS 합동)

③ 대응하는 세 변의 길이가 각각 같으므로 합동이다. (SSS 합동)

따라서 필요한 조건이 아닌 것은 ④이다.

04 삼각형의 합동 (2)

유형 모아 보기 & 완성하기 68~73쪽

46 답 (가) $\overline{AD}$ (나) $\overline{DC}$ (다) $\overline{AC}$ (라) SSS

47 답 (가) $\overline{BO}$ (나) $\overline{DO}$ (다) $\angle BOD$ (라) SAS

48 답 (가) $\angle DMC$ (나) 맞꼭지각 (다) $\angle C$ (라) ASA

49 답 (가) $\overline{DC}$ (나) $\overline{CB}$ (다) $\angle DCB$ (라) SAS

50 답 ②

△BCF와 △GCD에서

사각형 ABCG와 사각형 FCDE가 정사각형이므로

$\overline{BC}=\overline{GC}$, $\overline{CF}=\overline{CD}$,

$\angle BCF=\angle GCD=90^\circ$

따라서 △BCF≡△GCD (SAS 합동) (⑤)이므로

$\overline{BF}=\overline{GD}$ (①), $\angle BFC=\angle GDC$ (③)

이때 $\angle FBC=\angle DGC$이고

$\overline{GC}/\!/\overline{ED}$에서 $\angle DGC=\angle PDE$이므로

$\angle FBC=\angle PDE$ (④)

51 답 ①

52 답 △ABC≡△CDA (SSS 합동)

△ABC와 △CDA에서

$\overline{AB}=\overline{CD}$, $\overline{BC}=\overline{DA}$, $\overline{AC}$는 공통 … (i)

∴ △ABC≡△CDA (SSS 합동) … (ii)

채점 기준

(i) △ABC와 △CDA가 합동임을 보이기	80 %
(ii) 기호 ≡로 나타내고, 합동 조건 말하기	20 %

53 답 (가) $\overline{PC}$ (나) $\overline{PD}$ (다) $\overline{CD}$ (라) SSS

54 답 (가) $\overline{OC}$ (나) $\overline{OD}$ (다) $\angle O$ (라) SAS

55 답 △ACD, SAS 합동

△ABE와 △ACD에서

$\overline{AB}=\overline{AC}$, $\overline{AE}=\overline{AD}$, $\angle A$는 공통

∴ △ABE≡△ACD (SAS 합동)

56 답 ③

△ABM과 △DCM에서

사각형 ABCD가 직사각형이므로

$\overline{AB}=\overline{DC}$, $\angle A=\angle D=90^\circ$, $\overline{AM}=\overline{DM}$

즉, △ABM≡△DCM (SAS 합동)이므로

$\overline{BM}=\overline{CM}$ (ㄱ), $\angle ABM=\angle DCM$ (ㄹ)

따라서 옳지 않은 것은 ㄴ, ㄷ이다.

57 답 △CDE, △EFA, 정삼각형

△ABC, △CDE, △EFA에서

$\overline{AB}=\overline{CD}=\overline{EF}$, $\overline{BC}=\overline{DE}=\overline{FA}$, $\angle B=\angle D=\angle F$

∴ △ABC≡△CDE≡△EFA (SAS 합동)

즉, △ABC와 합동인 삼각형은 △CDE, △EFA이다.

따라서 $\overline{AC}=\overline{CE}=\overline{EA}$이므로 △ACE는 정삼각형이다.

58 답 (가) $\overline{BD}$ (나) $\angle CDB$ (다) **SAS** (라) $\overline{BC}$

59 답 ③, ⑤

① △ABC와 △DCB에서
$\overline{BO}=\overline{CO}$이므로 $\angle ACB=\angle DBC$
$\overline{BC}$는 공통, $\overline{AC}=\overline{AO}+\overline{CO}=\overline{DO}+\overline{BO}=\overline{DB}$
∴ △ABC≡△DCB(SAS 합동)
② △ABD와 △DCA에서
$\overline{AO}=\overline{DO}$이므로 $\angle ADB=\angle DAC$
$\overline{AD}$는 공통, $\overline{BD}=\overline{CA}$
∴ △ABD≡△DCA(SAS 합동)
④ △ABO와 △DCO에서
$\angle AOB=\angle DOC$(맞꼭지각), $\overline{AO}=\overline{DO}$, $\overline{BO}=\overline{CO}$
∴ △ABO≡△DCO(SAS 합동)
따라서 옳지 않은 것은 ③, ⑤이다.

60 답 ②

△AMB와 △DMC에서
$\overline{AM}=\overline{DM}$, $\angle AMB=\angle DMC$(맞꼭지각)
$\overline{AB}/\!/\overline{CD}$이므로 $\angle BAM=\angle CDM$(엇각) (⑤)
따라서 △AMB≡△DMC(ASA 합동)이므로
$\overline{AB}=\overline{CD}$ (①), $\overline{BM}=\overline{CM}$ (③), $\angle ABM=\angle DCM$ (④)

61 답 △DMB, ASA 합동

△AMC와 △DMB에서
점 M이 $\overline{BC}$의 중점이므로 $\overline{MC}=\overline{MB}$
$\angle AMC=\angle DMB$(맞꼭지각)
$\overline{AC}/\!/\overline{BD}$이므로 $\angle ACM=\angle DBM$(엇각)
∴ △AMC≡△DMB(ASA 합동)

62 답 (가) $\angle AOP$ (나) $\angle BPO$ (다) **ASA**

63 답 250 m

△ABC와 △DEC에서
$\overline{BC}=\overline{EC}$, $\angle ABC=\angle DEC$,
$\angle ACB=\angle DCE$(맞꼭지각)
∴ △ABC≡△DEC(ASA 합동) ···(i)
따라서 두 지점 A, B 사이의 거리는
$\overline{AB}=\overline{DE}=250\,m$ ···(ii)

채점 기준	
(i) △ABC와 △DEC가 합동임을 보이기	80%
(ii) 두 지점 A, B 사이의 거리 구하기	20%

64 답 (가) $\overline{CE}$ (나) $\overline{EF}$ (다) $\angle DEF$ (라) 엇각 (마) **ASA**

65 답 ⑤

△ACE와 △DCB에서
△ACD와 △CBE가 정삼각형이므로
$\overline{AC}=\overline{DC}$, $\overline{CE}=\overline{CB}$ (②)
$\angle ACE=\angle ACD+\angle DCE$
$\qquad=60°+\angle DCE=\angle DCB$ (④)
따라서 △ACE≡△DCB(SAS 합동)이므로
$\overline{AE}=\overline{DB}$ (①), $\angle EAC=\angle BDC$ (③)

66 답 △CAE

△ABD와 △CAE에서
$\overline{AD}=\overline{CE}$
△ABC가 정삼각형이므로
$\overline{AB}=\overline{CA}$, $\angle BAD=\angle ACE=60°$
∴ △ABD≡△CAE(SAS 합동)

67 답 ⑤

△ABD와 △ACE에서
△ABC와 △ADE가 정삼각형이므로
$\overline{AB}=\overline{AC}$, $\overline{AD}=\overline{AE}$,
$\angle BAD=\angle BAC-\angle DAC=60°-\angle DAC=\angle CAE$ (④)
따라서 △ABD≡△ACE(SAS 합동)이므로
$\overline{BD}=\overline{CE}$ (①), $\angle ABD=\angle ACE$ (②), $\angle ADB=\angle AEC$ (③)

68 답 14 cm

△ABP와 △ACQ에서
△ABC와 △APQ가 정삼각형이므로
$\overline{AB}=\overline{AC}$, $\overline{AP}=\overline{AQ}$,
$\angle BAP=\angle BAC+\angle CAP=60°+\angle CAP=\angle CAQ$
따라서 △ABP≡△ACQ(SAS 합동)이므로
$\overline{CQ}=\overline{BP}=\overline{BC}+\overline{CP}=6+8=14(cm)$

69 답 60°

△ADF, △BED, △CFE에서
$\overline{AF}=\overline{BD}=\overline{CE}$
△ABC가 정삼각형이므로
$\overline{AD}=\overline{BE}=\overline{CF}$, $\angle A=\angle B=\angle C=60°$
∴ △ADF≡△BED≡△CFE(SAS 합동)
따라서 $\overline{DF}=\overline{ED}=\overline{FE}$이므로 △DEF는 정삼각형이다.
∴ $\angle DEF=60°$

70 답 ③

△BCE와 △DCF에서
사각형 ABCD와 사각형 ECFG가 정사각형이므로
$\overline{BC}=\overline{DC}$, $\overline{EC}=\overline{FC}$,
$\angle BCE=\angle DCF=90°$
따라서 △BCE≡△DCF(SAS 합동)이므로
$\overline{DF}=\overline{BE}=25\,cm$

71 답 ③

△ABP와 △CBQ에서

$\overline{AP}=\overline{CQ}$

사각형 ABCD가 정사각형이므로

$\overline{AB}=\overline{CB}$, $\angle BAP=\angle BCQ=90°$

따라서 △ABP≡△CBQ (SAS 합동)이므로

$\overline{BP}=\overline{BQ}$

즉, △BQP가 $\overline{BP}=\overline{BQ}$인 이등변삼각형이므로

$\angle PBQ=180°-(75°+75°)=30°$

72 답 ④

△EAB와 △EDC에서

사각형 ABCD가 정사각형이므로 $\overline{AB}=\overline{DC}$ (①)

△EBC가 정삼각형이므로 $\overline{EB}=\overline{EC}$ (②)

$\angle ABE=90°-\angle EBC=90°-60°=30°$,

$\angle DCE=90°-\angle ECB=90°-60°=30°$

이므로 $\angle ABE=\angle DCE=30°$ (③)

∴ △EAB≡△EDC (SAS 합동) (⑤)

한편, △ABE는 $\overline{AB}=\overline{EB}$인 이등변삼각형이므로

$\angle EAB=\angle AEB$

이때 $\angle ABE=30°$이므로

$30°+2\angle AEB=180°$ ∴ $\angle AEB=75°$

즉, $\angle AEB=\angle DEC=75°$이므로 옳지 않은 것은 ④이다.

73 답 90°

△ABE와 △BCF에서

$\overline{BE}=\overline{CF}$

사각형 ABCD가 정사각형이므로

$\overline{AB}=\overline{BC}$, $\angle ABE=\angle BCF=90°$

∴ △ABE≡△BCF (SAS 합동)

△BEG에서

$\angle BGE=180°-(\angle GBE+\angle GEB)$

$=180°-(\angle GBE+\angle BFC)=90°$

∴ $\angle AGF=\angle BGE=90°$ (맞꼭지각)

Pick 점검하기
74~76쪽

74 답 ③

컴퍼스로 점 B를 중심으로 하고 반지름의 길이가 $\overline{AB}$인 원을 그려

$\overline{AB}$의 연장선과의 교점을 C라 하면

$\overline{AB}=\overline{BC}$, 즉 $\overline{AC}=2\overline{AB}$

75 답 ④

ㄱ. 작도 순서는 ㉣ → ㉤ → ㉢ → ㉠ → ㉡ → ㉦이다.

ㄷ. $\overline{PA}=\overline{CQ}$이지만 $\overline{AB}=\overline{CQ}$인지는 알 수 없다.

ㄹ. 크기가 같은 각을 작도하였으므로 $\angle APB=\angle CQD$이다.

따라서 옳은 것은 ㄴ, ㄹ이다.

76 답 ⑤

삼각형이 되려면 (가장 긴 변의 길이)<(나머지 두 변의 길이의 합)

이어야 한다.

① $5<3+4$ ② $7<4+6$ ③ $8<5+5$

④ $5<3+3$ ⑤ $9=4+5$

따라서 삼각형의 세 변의 길이가 될 수 없는 것은 ⑤이다.

77 답 ⑤

두 변의 길이와 그 끼인각의 크기가 주어졌을 때, 다음의 두 가지 방

법으로 삼각형을 작도할 수 있다.

(ⅰ) 각을 먼저 작도한 후에 두 선분을 작도한다. ⇨ ①, ②

(ⅱ) 한 선분을 먼저 작도한 후에 각을 작도하고 나서 다른 선분을 작도

한다. ⇨ ③, ④

따라서 작도 순서로 옳지 않은 것은 ⑤이다.

78 답 ②, ⑤

① 세 변의 길이가 주어졌고, $10<6+6$이므로 △ABC가 하나로 정

해진다.

② $\angle A$는 $\overline{AB}$와 $\overline{BC}$의 끼인각이 아니므로 △ABC가 하나로 정해

지지 않는다.

③ 한 변의 길이와 그 양 끝 각의 크기가 주어졌으므로 △ABC가 하

나로 정해진다.

④ $\angle C=180°-(30°+40°)=110°$

즉, 한 변의 길이와 그 양 끝 각의 크기가 주어진 것과 같으므로

△ABC가 하나로 정해진다.

⑤ 세 각의 크기가 각각 같은 삼각형은 무수히 많으므로 △ABC가

하나로 정해지지 않는다.

따라서 △ABC가 하나로 정해지지 않는 것은 ②, ⑤이다.

79 답 ②, ④

① $\angle A$는 $\overline{AB}$와 $\overline{BC}$의 끼인각이 아니므로 △ABC가 하나로 정해

지지 않는다.

② 두 변의 길이와 그 끼인각의 크기가 주어졌으므로 △ABC가 하

나로 정해진다.

③ 세 변의 길이가 주어졌고, $7>4+2$이므로 △ABC가 만들어지지

않는다.

④ 세 변의 길이가 주어졌고, $7<4+4$이므로 △ABC가 하나로 정

해진다.

⑤ 세 변의 길이가 주어졌고, $11=7+4$이므로 △ABC가 만들어지

지 않는다.

따라서 필요한 나머지 한 조건은 ②, ④이다.

80 답 ③

③ 다음 그림과 같은 두 마름모는 한 변의 길이가 같지만 합동이 아니다.

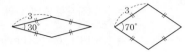

81 답 ⑤

① $\overline{AD}=\overline{PS}=5\,cm$

③ $\overline{QR}=\overline{BC}=10\,cm$

④ $\angle B=\angle Q=55°$

⑤ $\angle S=\angle D=125°$

∴ $\angle R=360°-(55°+100°+125°)=80°$

따라서 옳지 않은 것은 ⑤이다.

82 답 ②, ④

ㄷ에서 나머지 한 각의 크기는 $180°-(55°+85°)=40°$

즉, ㄷ과 ㅁ은 대응하는 두 변의 길이가 각각 같고, 그 끼인각의 크기가 같으므로 합동이다. (SAS 합동)

ㅂ에서 나머지 한 각의 크기는 $180°-(65°+55°)=60°$

즉, ㄱ과 ㅂ은 대응하는 한 변의 길이가 같고, 그 양 끝 각의 크기가 각각 같으므로 합동이다. (ASA 합동)

83 답 ①, ⑤

②, ③ 대응하는 한 변의 길이가 같고, 그 양 끝 각의 크기가 각각 같으므로 합동이다. (ASA 합동)

④ 대응하는 두 변의 길이가 각각 같고, 그 끼인각의 크기가 같으므로 합동이다. (SAS 합동)

따라서 필요한 조건이 아닌 것은 ①, ⑤이다.

84 답 ④

△ABC와 △CDA에서

$\overline{AB}=\overline{CD}$, $\overline{BC}=\overline{DA}$, $\overline{AC}$는 공통

즉, △ABC≡△CDA (SSS 합동)이므로

$\angle ABC=\angle ADC$ (ㄱ), $\angle BAC=\angle DCA$ (ㄷ),

$\angle BCA=\angle DAC$ (ㄹ)

따라서 옳은 것은 ㄱ, ㄷ, ㄹ이다.

85 답 ②

△AOD와 △COB에서

$\overline{OA}=\overline{OC}$, $\overline{OD}=\overline{OC}+\overline{CD}=\overline{OA}+\overline{AB}=\overline{OB}$ (①), $\angle O$는 공통

따라서 △AOD≡△COB (SAS 합동) (⑤)이므로

$\angle BCO=\angle DAO$ (③), $\angle OBC=\angle ODA$ (④)

86 답 ③

△AOD와 △COB에서

$\overline{OA}=\overline{OC}$, $\angle OAD=\angle OCB$, $\angle O$는 공통

따라서 △AOD≡△COB (ASA 합동) (⑤)이므로

$\overline{OB}=\overline{OD}$ (①), $\overline{BC}=\overline{DA}$ (②), $\angle OBC=\angle ODA$ (④)

87 답 △DBA≡△ECA, △DBC≡△ECB

△DBA와 △ECA에서

$\angle DBA=\angle ECA$,

$\overline{AB}=\overline{AC}$,

$\angle DAB=\angle EAC$ (맞꼭지각)

∴ △DBA≡△ECA (ASA 합동) ··· (i)

△DBC와 △ECB에서

△DBA≡△ECA이므로 $\overline{BD}=\overline{CE}$,

$\overline{AB}=\overline{AC}$, 즉 $\angle ABC=\angle ACB$이므로 $\angle DBC=\angle ECB$,

$\overline{BC}$는 공통

∴ △DBC≡△ECB (SAS 합동) ··· (ii)

다른 풀이

△DBC와 △ECB에서

$\overline{AB}=\overline{AC}$이므로 $\angle DCB=\angle EBC$,

$\angle DBC=\angle DBA+\angle ABC$

$\qquad =\angle ECA+\angle ACB=\angle ECB$,

$\overline{BC}$는 공통

∴ △DBC≡△ECB (ASA 합동) ··· (ii)

채점 기준

(i) △DBA≡△ECA임을 설명하기	50%
(ii) △DBC≡△ECB임을 설명하기	50%

88 답 120°

△ABD와 △BCE에서 $\overline{BD}=\overline{CE}$

△ABC가 정삼각형이므로

$\overline{AB}=\overline{BC}$,

$\angle ABD=\angle BCE=60°$

∴ △ABD≡△BCE (SAS 합동) ··· (i)

따라서 $\angle BAD=\angle CBE$이므로

$\angle PBD+\angle PDB=\angle BAD+\angle ADB$

$\qquad\qquad =180°-\angle ABD$

$\qquad\qquad =180°-60°=120°$ ··· (ii)

채점 기준

(i) △ABD≡△BCE임을 설명하기	50%
(ii) $\angle PBD+\angle PDB$의 크기 구하기	50%

89 답 55°

△ABE와 △CBE에서 $\overline{BE}$는 공통

사각형 ABCD가 정사각형이므로

$\overline{AB}=\overline{CB}$,

$\angle ABE=\angle CBE=45°$

∴ △ABE≡△CBE (SAS 합동) ··· (i)

따라서 $\angle BAE=\angle BCE=\angle x$이므로

△ABF에서

$\angle x=180°-(90°+35°)=55°$ ··· (ii)

채점 기준

(i) △ABE≡△CBE임을 설명하기	50%
(ii) $\angle x$의 크기 구하기	50%

90 답 ③

91 답 4개

둘레의 길이가 17인 이등변삼각형에서 길이가 같은 변의 길이를
a라 하면 세 변의 길이는 각각 a, a, $17-2a$이다.

$a=1 \Rightarrow 1, 1, 15 \Rightarrow 15>1+1$
$a=2 \Rightarrow 2, 2, 13 \Rightarrow 13>2+2$
$a=3 \Rightarrow 3, 3, 11 \Rightarrow 11>3+3$
$a=4 \Rightarrow 4, 4, 9 \Rightarrow 9>4+4$
$a=5 \Rightarrow 5, 5, 7 \Rightarrow 7<5+5$
$a=6 \Rightarrow 6, 6, 5 \Rightarrow 6<6+5$
$a=7 \Rightarrow 7, 7, 3 \Rightarrow 7<7+3$
$a=8 \Rightarrow 8, 8, 1 \Rightarrow 8<8+1$

따라서 $a=5$, 6, 7, 8일 때 삼각형의 세 변의 길이가 될 수 있으므로
둘레의 길이가 17인 이등변삼각형은 4개이다.

92 답 (1) △BAD, ASA 합동 (2) 8 cm

(1) △ACE와 △BAD에서 $\overline{AC}=\overline{BA}$
$\angle ACE=180°-(90°+\angle EAC)$
$\qquad =180°-\angle BAE=\angle BAD$
$\angle AEC=\angle BDA=90°$이므로
$\angle CAE=\angle ABD$
$\therefore \triangle ACE \equiv \triangle BAD$ (ASA 합동)

(2) (1)에서 △ACE≡△BAD이므로
$\overline{DE}=\overline{DA}+\overline{AE}=\overline{EC}+\overline{BD}=2+6=8 \text{(cm)}$

93 답 ③

△ACD와 △BCE에서
△ABC와 △ECD가 정삼각형이므로
$\overline{AC}=\overline{BC}$, $\overline{CD}=\overline{CE}$,
$\angle ACD=\angle ACE+60°=\angle BCE$
$\therefore \triangle ACD \equiv \triangle BCE$ (SAS 합동)
이때 $\angle ACD=180°-60°=120°$이므로
$\angle CAD+\angle ADC=180°-120°=60°$
따라서 △PBD에서
$\angle x=180°-(\angle CBE+\angle ADC)$
$\qquad =180°-(\angle CAD+\angle ADC)$
$\qquad =180°-60°=120°$

94 답 25 cm²

△OHB와 △OIC에서
$\overline{OB}=\overline{OC}$, $\angle OBH=\angle OCI=45°$,
$\angle BOH=\angle HOI-\angle BOI$
$\qquad =90°-\angle BOI$
$\qquad =\angle BOC-\angle BOI=\angle COI$
$\therefore \triangle OHB \equiv \triangle OIC$ (ASA 합동)

$\therefore$ (사각형 OHBI의 넓이)$=\triangle OHB+\triangle OBI$
$\qquad\qquad\qquad\qquad\quad =\triangle OIC+\triangle OBI$
$\qquad\qquad\qquad\qquad\quad =\triangle OBC$
$\qquad\qquad\qquad\qquad\quad =\dfrac{1}{4}\times$(사각형 ABCD의 넓이)
$\qquad\qquad\qquad\qquad\quad =\dfrac{1}{4}\times 10\times 10=25 \text{(cm}^2)$

95 답 ②

오른쪽 그림과 같이 $\overline{BG}$를 그으면
△BCG와 △DCE에서
사각형 ABCD와 사각형 GCEF가 정사
각형이므로
$\overline{BC}=\overline{DC}$, $\overline{GC}=\overline{EC}$,
$\angle BCG=90°-\angle GCD=\angle DCE$
$\therefore \triangle BCG \equiv \triangle DCE$ (SAS 합동)
$\therefore \triangle DCE=\triangle BCG=\dfrac{1}{2}\times 8\times 8=32 \text{(cm}^2)$

4 다각형

01 다각형

01 답 ③, ④

① 선분이 아닌 곡선으로 둘러싸여 있으므로 다각형이 아니다.

②, ⑤ 평면도형이 아닌 입체도형이므로 다각형이 아니다.

따라서 다각형인 것은 ③, ④이다.

02 답 **170°**

$\angle x=180°-105°=75°$

$\angle y=180°-85°=95°$

∴ $\angle x+\angle y=75°+95°=170°$

03 답 ④, ⑤

④ 오른쪽 그림과 같이 정육각형에서 대각선의 길이는 다르다.

⑤ 내각의 크기와 외각의 크기가 같은 정다각형은 정사각형뿐이다.

04 답 ④

팔각형의 한 꼭짓점에서 그을 수 있는 대각선의 개수는

$8-3=5$ ∴ $a=5$

이때 생기는 삼각형의 개수는

$8-2=6$ ∴ $b=6$

∴ $a+b=5+6=11$

05 답 ③

주어진 다각형을 n각형이라 하면

$\dfrac{n(n-3)}{2}=20$에서 $n(n-3)=40$

$n(n-3)=8\times5$ ∴ $n=8$

따라서 팔각형의 변의 개수는 8이다.

06 답 ④

① 선분으로 둘러싸여 있지 않으므로 다각형이 아니다.

② 두 개의 선분과 한 개의 곡선으로 둘러싸여 있으므로 다각형이 아니다.

③ 평면도형이 아닌 입체도형이므로 다각형이 아니다.

④ 6개의 선분으로 둘러싸인 평면도형이므로 다각형이다.

⑤ 선분이 아닌 곡선으로 둘러싸여 있으므로 다각형이 아니다.

따라서 다각형인 것은 ④이다.

07 답 ③

③ 다각형을 이루는 각 선분을 변이라 한다.

08 답 190°

(∠A의 외각의 크기)=$180°-100°=80°$
(∠B의 외각의 크기)=$180°-70°=110°$
따라서 두 외각의 크기의 합은
$80°+110°=190°$

09 답 ④

① $\angle x=180°-102°=78°$
② $\angle x=180°-64°=116°$
③ $\angle x=180°-82°=98°$
④ $\angle x=180°-110°=70°$
⑤ $\angle x=180°-47°=133°$
따라서 $\angle x$의 크기가 가장 작은 것은 ④이다.

10 답 $\angle x=65°$, $\angle y=80°$

$115°+\angle x=180°$이므로
$\angle x=180°-115°=65°$
$\angle y+(\angle x+35°)=180°$이므로
$\angle y+100°=180°$
$\therefore \angle y=80°$

11 답 ①

ㄷ. 모든 변의 길이가 같고 모든 내각의 크기가 같은 다각형을 정다
　각형이라 한다.
ㄹ. 한 꼭짓점에서 내각과 외각의 크기의 합은 180°이다.
따라서 옳은 것은 ㄱ, ㄴ이다.

12 답 정십각형

㈎에서 10개의 선분으로 둘러싸여 있으므로 십각형이고,
㈏, ㈐에서 모든 변의 길이가 같고 모든 내각의 크기가 같으므로 정
다각형이다.
따라서 구하는 다각형은 정십각형이다.

13 답 21

십이각형의 한 꼭짓점에서 그을 수 있는 대각선의 개수는
$12-3=9$ 　 $\therefore a=9$
십이각형의 내부의 한 점에서 각 꼭짓점에 선분을 모두 그었을 때
생기는 삼각형의 개수는 12이므로 $b=12$
$\therefore a+b=9+12=21$

14 답 13

주어진 다각형을 n각형이라 하면
$n-3=10$ 　 $\therefore n=13$
따라서 십삼각형의 변의 개수는 13이다.

15 답 ②

내부의 한 점에서 각 꼭짓점에 선분을 모두 그었을 때 생기는 삼각
형의 개수가 8이므로 주어진 다각형은 팔각형이다.
따라서 팔각형의 한 꼭짓점에서 그을 수 있는 대각선의 개수는
$8-3=5$

16 답 22

대각선 AE와 한 점에서 만나도록
꼭짓점 A에서 그을 수 있는 대각선의 개수는
$(9-3)-1=5$
꼭짓점 E에서 그을 수 있는 대각선의 개수는
$(9-3)-1=5$
꼭짓점 B에서 그을 수 있는 대각선의 개수는
$\overline{BI}$, $\overline{BH}$, $\overline{BG}$, $\overline{BF}$의 4
꼭짓점 C에서 그을 수 있는 대각선의 개수는
$\overline{CI}$, $\overline{CH}$, $\overline{CG}$, $\overline{CF}$의 4
꼭짓점 D에서 그을 수 있는 대각선의 개수는
$\overline{DI}$, $\overline{DH}$, $\overline{DG}$, $\overline{DF}$의 4
이때 꼭짓점 F, G, H, I에서 그을 수 있는 대각선은 꼭짓점 A, B,
C, D, E에서 그을 수 있는 대각선과 중복되므로 세지 않는다.
따라서 구하는 대각선의 개수는
$5\times2+4\times3=22$
만렙비법 꼭짓점 B, C, D에서 그을 수 있는 대각선의 개수를 구할 때는
꼭짓점 A, E에서 그을 수 있는 대각선과 중복되는 것은 제외하고 생각한다.

17 답 ④

주어진 다각형을 n각형이라 하면
$\dfrac{n(n-3)}{2}=35$에서 $n(n-3)=70$
$n(n-3)=10\times7$ 　 $\therefore n=10$
따라서 십각형의 한 꼭짓점에서 대각선을 모두 그었을 때 생기는 삼
각형의 개수는
$10-2=8$

18 답 ⑤

① 오각형의 대각선의 개수는 $\dfrac{5\times(5-3)}{2}=5$
② 육각형의 대각선의 개수는 $\dfrac{6\times(6-3)}{2}=9$
③ 칠각형의 대각선의 개수는 $\dfrac{7\times(7-3)}{2}=14$
④ 팔각형의 대각선의 개수는 $\dfrac{8\times(8-3)}{2}=20$
⑤ 구각형의 대각선의 개수는 $\dfrac{9\times(9-3)}{2}=27$
따라서 옳지 않은 것은 ⑤이다.

19 답 44

주어진 다각형은 십일각형이므로 대각선의 개수는
$\dfrac{11\times(11-3)}{2}=44$

20 답 팔각형

오각형의 대각선의 개수는

$$\frac{5 \times (5-3)}{2} = \frac{5 \times 2}{2} = 5 \qquad \cdots \text{(i)}$$

구하는 다각형을 n각형이라 하면 한 꼭짓점에서 그을 수 있는 대각선의 개수는 $n-3$이므로

$$n-3=5 \qquad \therefore n=8$$

따라서 구하는 다각형은 팔각형이다. $\qquad \cdots \text{(ii)}$

채점 기준

(i) 오각형의 대각선의 개수 구하기	50 %
(ii) 조건을 만족시키는 다각형의 이름 말하기	50 %

21 답 정십오각형

구하는 다각형을 n각형이라 하면

㉮에서 대각선의 개수가 90이므로

$$\frac{n(n-3)}{2} = 90 \text{에서 } n(n-3) = 180$$

$$n(n-3) = 15 \times 12 \qquad \therefore n=15$$

즉, 십오각형이다.

㉯에서 모든 변의 길이가 같고 모든 내각의 크기가 같으므로 정다각형이다.

따라서 구하는 다각형은 정십오각형이다.

22 답 (1) 6번 (2) 9번 (3) 15번

(1) 6명의 사람이 이웃한 사람끼리만 서로 한 번씩 악수를 하는 횟수는 육각형의 변의 개수와 같으므로 6번

(2) 6명의 사람이 서로 한 번씩 악수를 하되 이웃한 사람끼리는 하지 않는 횟수는 육각형의 대각선의 개수와 같으므로

$$\frac{6 \times (6-3)}{2} = 9(\text{번})$$

(3) 6명의 사람이 모두 서로 한 번씩 악수를 하는 횟수는 육각형의 변의 개수와 대각선의 개수의 합과 같으므로

$$6+9=15(\text{번})$$

02 삼각형의 내각과 외각

유형 모아 보기 & 완성하기
85~91쪽

23 답 26

삼각형의 세 내각의 크기의 합은 180°이므로

$$(x+35)+(x+20)+(3x-5)=180$$

$$5x=130 \qquad \therefore x=26$$

24 답 25

삼각형의 한 외각의 크기는 그와 이웃하지 않는 두 내각의 크기의 합과 같으므로

$$4x+20=55+(2x+15)$$

$$2x=50 \qquad \therefore x=25$$

25 답 139°

△ABC에서

$$\angle DBC + \angle DCB = 180° - (62° + 34° + 43°) = 41°$$

따라서 △DBC에서

$$\angle x = 180° - (\angle DBC + \angle DCB)$$

$$= 180° - 41° = 139°$$

다른 풀이

오른쪽 그림과 같이 $\overline{AD}$의 연장선을 그으면

$$\angle x = (\angle a + 34°) + (\angle b + 43°)$$

$$= (\angle a + \angle b) + 77°$$

$$= 62° + 77° = 139°$$

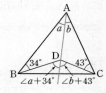

26 답 34°

$\angle ABD = \angle DBC = \angle a$, $\angle ACD = \angle DCE = \angle b$라 하면

△ABC에서 $2\angle b = 68° + 2\angle a$

$$\therefore \angle b = 34° + \angle a \qquad \cdots \text{㉠}$$

△DBC에서

$$\angle b = \angle x + \angle a \qquad \cdots \text{㉡}$$

㉠, ㉡에서 $\angle x = 34°$

27 답 120°

△ABC에서

$\angle ACB = \angle ABC = 40°$이므로

$$\angle CAD = 40° + 40° = 80°$$

△ACD에서 $\angle CDA = \angle CAD = 80°$

따라서 △DBC에서

$$\angle x = 40° + 80° = 120°$$

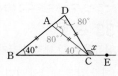

28 답 (1) 60° (2) 85° (3) 35°

(1) △BHE에서

$$\angle DHI = 35° + 25° = 60°$$

(2) △ACI에서

$$\angle DIH = 40° + 45° = 85°$$

(3) △DIH에서

$$\angle x = 180° - (60° + 85°) = 35°$$

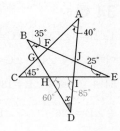

29 답 33

삼각형의 세 내각의 크기의 합은 180°이므로

$$2x+40+(3x-25)=180$$

$$5x=165 \qquad \therefore x=33$$

30 답 35°

$\triangle$CED에서

$\angle$DCE$=180°-(30°+60°)=90°$

$\therefore$ $\angle$ACB$=\angle$DCE$=90°$ (맞꼭지각)

따라서 $\triangle$ABC에서

$\angle x=180°-(90°+55°)=35°$

다른 풀이

삼각형의 세 내각의 크기의 합은 180°이고

$\angle$ACB$=\angle$DCE (맞꼭지각)이므로

$\angle x+55°=30°+60°$ $\therefore$ $\angle x=35°$

31 답 ②

$\overleftrightarrow{DE}/\!/\overleftrightarrow{BC}$이므로 $\angle$C$=\angle x$ (엇각)

따라서 $\triangle$ABC에서

$\angle x=180°-(45°+75°)=60°$

다른 풀이

$\overleftrightarrow{DE}/\!/\overleftrightarrow{BC}$이므로

$\angle$DAB$=\angle$B$=75°$ (엇각)

평각의 크기는 180°이므로

$75°+45°+\angle x=180°$ $\therefore$ $\angle x=60°$

32 답 (1) 30° (2) 100°

(1) $\triangle$ABC에서

$\angle$ABC$=180°-(50°+70°)=60°$

이때 $\overline{BD}$가 $\angle$B의 이등분선이므로

$\angle$ABD$=\frac{1}{2}\angle$ABC$=\frac{1}{2}\times60°=30°$

(2) $\triangle$ABD에서

$\angle x=180°-(50°+30°)=100°$

33 답 ②

삼각형의 세 내각의 크기의 합은 180°이므로

(가장 작은 내각의 크기)$=180°\times\dfrac{3}{3+4+5}$

$=180°\times\dfrac{1}{4}=45°$

34 답 54°

$4\angle$B$=3\angle$C에서 $\angle$C$=\dfrac{4}{3}\angle$B

이때 $\angle$A$+\angle$B$+\angle$C$=180°$이므로

$54°+\angle$B$+\dfrac{4}{3}\angle$B$=180°$

$\dfrac{7}{3}\angle$B$=126°$ $\therefore$ $\angle$B$=54°$

35 답 15

$\triangle$ABC에서

$2x+50=(x+20)+3x$

$2x=30$ $\therefore$ $x=15$

36 답 ④

오른쪽 그림에서

$\angle x=45°+50°=95°$

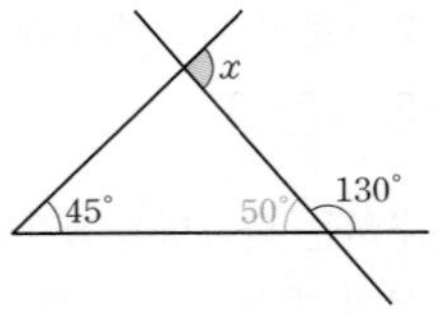

37 답 105°

$\overrightarrow{AB}/\!/\overrightarrow{CD}$이므로

$\angle$ABC$=\angle$BCD$=40°$ (엇각) ⋯ (i)

따라서 $\triangle$AEB에서

$\angle x=\angle$BAE$+\angle$ABE

$=65°+40°=105°$ ⋯ (ii)

채점 기준

(i) $\angle$ABC의 크기 구하기	40 %
(ii) $\angle x$의 크기 구하기	60 %

38 답 118°

$\triangle$DBC에서

$\angle$ADB$=28°+52°=80°$

따라서 $\triangle$AED에서

$\angle x=38°+80°=118°$

39 답 ⑤

$\triangle$ABC에서 $\angle$ACE$=35°+90°=125°$

따라서 $\triangle$CEF에서

$\angle x=125°+30°=155°$

40 답 80°

$\angle$ABD$=180°-130°=50°$

$\angle$BAD$=\dfrac{1}{2}\angle$BAC

$=\dfrac{1}{2}\times(180°-120°)=30°$

따라서 $\triangle$ABD에서

$\angle x=50°+30°=80°$

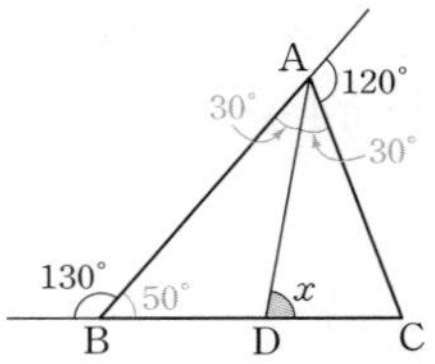

41 답 ③

$\triangle$ABG에서 $\angle$FBC$=20°+45°=65°$

$\triangle$FBC에서 $\angle$ECD$=20°+65°=85°$

따라서 $\triangle$ECD에서

$\angle$EDH$=20°+85°=105°$

42 답 125°

$\triangle$ABC에서

$\angle$DCA$+\angle$DAC$=180°-(53°+28°+44°)=55°$

따라서 $\triangle$ADC에서

$\angle x=180°-(\angle$DCA$+\angle$DAC$)$

$=180°-55°=125°$

43 답 ⑤

오른쪽 그림과 같이 $\overline{BC}$를 그으면

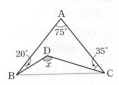

△ABC에서

$\angle DBC + \angle DCB$

$= 180° - (75° + 20° + 35°) = 50°$

따라서 △DBC에서

$\angle x = 180° - (\angle DBC + \angle DCB)$

$\qquad = 180° - 50° = 130°$

44 답 ③

오른쪽 그림과 같이 $\overline{BC}$를 그으면

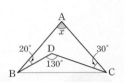

△DBC에서

$\angle DBC + \angle DCB = 180° - 130° = 50°$

따라서 △ABC에서

$\angle x = 180° - (20° + \angle DBC + \angle DCB + 30°)$

$\qquad = 180° - (20° + 50° + 30°) = 80°$

45 답 60°

△DBC에서

$\angle DBC + \angle DCB = 180° - 120° = 60°$이므로

$\angle ABC + \angle ACB = 2(\angle DBC + \angle DCB)$

$\qquad\qquad\qquad\qquad = 2 \times 60° = 120°$

따라서 △ABC에서

$\angle x + \angle ABC + \angle ACB = 180°$이므로

$\angle x + 120° = 180°$ ∴ $\angle x = 60°$

46 답 122°

△ABC에서

$\angle ABC + \angle ACB = 180° - 64° = 116°$이므로

$\angle DBC + \angle DCB = \dfrac{1}{2}(\angle ABC + \angle ACB)$

$\qquad\qquad\qquad\qquad = \dfrac{1}{2} \times 116° = 58°$ ····· (i)

따라서 △DBC에서

$\angle x = 180° - (\angle DBC + \angle DCB)$

$\qquad = 180° - 58° = 122°$ ····· (ii)

채점 기준	
(i) $\angle DBC + \angle DCB$의 크기 구하기	50%
(ii) $\angle x$의 크기 구하기	50%

47 답 ③

△ABC에서

$\angle ABC + \angle ACB = 128°$이므로

$\angle DBC + \angle DCB = \dfrac{1}{2}(\angle ABC + \angle ACB)$

$\qquad\qquad\qquad\qquad = \dfrac{1}{2} \times 128° = 64°$

따라서 △DBC에서

$\angle x = 180° - (\angle DBC + \angle DCB)$

$\qquad = 180° - 64° = 116°$

48 답 ④

$\angle ABD = \angle DBC = \angle a$, $\angle ACD = \angle DCE = \angle b$라 하면

△ABC에서 $2\angle b = 54° + 2\angle a$

∴ $\angle b = 27° + \angle a$ ····· ㉠

△DBC에서

$\angle b = \angle x + \angle a$ ····· ㉡

㉠, ㉡에서 $\angle x = 27°$

49 답 100°

$\angle ABD = \angle DBC = \angle a$, $\angle ACD = \angle DCE = \angle b$라 하면

△ABC에서 $2\angle b = \angle x + 2\angle a$

∴ $\angle b = \dfrac{1}{2}\angle x + \angle a$ ····· ㉠

△DBC에서 $\angle b = 50° + \angle a$ ····· ㉡

㉠, ㉡에서 $\dfrac{1}{2}\angle x = 50°$ ∴ $\angle x = 100°$

50 답 88°

$\angle ABD = \angle DBE = \angle EBP = \angle a$,

$\angle ACD = \angle DCE = \angle ECP = \angle b$라 하면

△ABC에서 $3\angle b = \angle x + 3\angle a$

∴ $\angle b = \dfrac{1}{3}\angle x + \angle a$ ····· ㉠

△DBC에서 $2\angle b = 44° + 2\angle a$

$\angle b = 22° + \angle a$ ····· ㉡

㉠, ㉡에서 $\dfrac{1}{3}\angle x = 22°$ ∴ $\angle x = 66°$

△EBC에서 $\angle b = \angle y + \angle a$ ····· ㉢

㉡, ㉢에서 $\angle y = 22°$

∴ $\angle x + \angle y = 66° + 22° = 88°$

51 답 42°

△ABC에서

$\angle ACB = \angle ABC = \angle x$이므로

$\angle CAD = \angle x + \angle x = 2\angle x$

△ACD에서

$\angle CDA = \angle CAD = 2\angle x$

따라서 △DBC에서

$\angle x + 2\angle x = 126°$

$3\angle x = 126°$ ∴ $\angle x = 42°$

52 답 ③

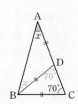

△BCD에서 $\angle BDC = \angle BCD = 70°$

△ABD에서 $\angle DBA = \angle DAB = \angle x$이므로

$\angle x + \angle x = 70°$

$2\angle x = 70°$ ∴ $\angle x = 35°$

53 답 9°

△ABC에서

$\angle C=\dfrac{1}{2}\times(180°-54°)=63°$ ··· (i)

△BCD에서 $\angle BDC=\angle C=63°$ ··· (ii)

△ABD에서 $\angle x+54°=63°$

$\therefore \angle x=9°$ ··· (iii)

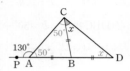

54 답 ④

$\angle CAD=180°-130°=50°$이므로

△CAB에서

$\angle BCA=\angle BAC=50°$

△CBD에서 $\angle D=\angle BCD=\angle x$

따라서 △ADC에서

$(50°+\angle x)+\angle x=130°$

$2\angle x=80°$ $\therefore \angle x=40°$

55 답 (1) 46° (2) 69° (3) 92°

(1) △ABC에서

  $\angle ACB=\angle ABC=23°$이므로

  $\angle CAD=23°+23°=46°$

(2) △ACD에서

  $\angle CDA=\angle CAD=46°$이므로

  △DBC에서 $\angle DCE=23°+46°=69°$

(3) △DCE에서 $\angle DEC=\angle DCE=69°$이므로

  △BED에서 $\angle x=23°+69°=92°$

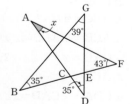

56 답 ⑤

△ACF에서

$\angle ECD=\angle x+43°$

△BEG에서

$\angle CED=35°+39°=74°$

따라서 △CDE에서

$(\angle x+43°)+74°+35°=180°$

$\therefore \angle x=28°$

57 답 10°

△ABD에서

$\angle x=180°-(35°+30°)=115°$

△FBC에서

$\angle ECD=40°+35°=75°$

△ECD에서

$\angle y=75°+30°=105°$

$\therefore \angle x-\angle y=115°-105°=10°$

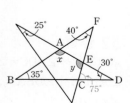

58 답 ③

△FCE에서

$\angle AFG=\angle b+\angle d$

△GBD에서

$\angle AGF=\angle a+\angle c$

△AFG에서

$30°+(\angle b+\angle d)+(\angle a+\angle c)=180°$

$\therefore \angle a+\angle b+\angle c+\angle d=150°$

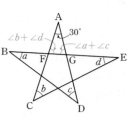

03 다각형의 내각과 외각의 크기의 합

유형 모아 보기 & 완성하기   92~96쪽

59 답 1260°

주어진 다각형을 n각형이라 하면

$n-3=6$ $\therefore n=9$

따라서 구각형의 내각의 크기의 합은

$180°\times(9-2)=1260°$

60 답 120°

육각형의 내각의 크기의 합은 $180°\times(6-2)=720°$이므로

$(\angle x+22°)+103°+106°+\angle x+95°+154°=720°$

$2\angle x+480°=720°$

$2\angle x=240°$ $\therefore \angle x=120°$

61 답 70°

다각형의 외각의 크기의 합은 360°이므로

$60°+(180°-100°)+80°+\angle x+70°=360°$

$290°+\angle x=360°$

$\therefore \angle x=70°$

62 답 ③

오른쪽 그림과 같이 보조선을 그으면

$\angle a+\angle b=\angle x+40°$

사각형의 내각의 크기의 합은 360°이므로

$70°+80°+\angle a+\angle b+60°+80°=360°$

$290°+\angle x+40°=360°$

$\therefore \angle x=30°$

63 답 ④

오른쪽 그림에서 삼각형의 외각의 크기의 합은 360°이므로

$\angle a+\angle b+\angle c+\angle d+\angle e+70°=360°$

$\therefore \angle a+\angle b+\angle c+\angle d+\angle e=290°$

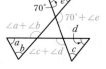

64 답 ③

주어진 다각형을 n각형이라 하면

$\dfrac{n(n-3)}{2}=65$에서 $n(n-3)=130$

$n(n-3)=13\times10$ $\quad\therefore n=13$

따라서 십삼각형의 내각의 크기의 합은

$180°\times(13-2)=1980°$

65 답 8

주어진 다각형을 n각형이라 하면

$180°\times(n-2)=1080°$, $n-2=6$ $\quad\therefore n=8$

따라서 팔각형의 꼭짓점의 개수는 8이다.

66 답 정십이각형

㈎에서 구하는 다각형은 정다각형이다.

구하는 다각형을 정n각형이라 하면 ㈏에서

$180°\times(n-2)=1800°$, $n-2=10$ $\quad\therefore n=12$

따라서 구하는 다각형은 정십이각형이다.

67 답 720°

육각형의 내부의 한 점에서 각 꼭짓점에 선분을 모두 그으면 6개의 삼각형이 생긴다. 이때 내부의 한 점에 모인 각의 크기의 합은 360° 이므로 육각형의 내각의 크기의 합은

$6\times180°-360°=720°$

68 답 100°

오각형의 내각의 크기의 합은 $180°\times(5-2)=540°$이므로

$(\angle x+10°)+130°+100°+\angle x+100°=540°$

$2\angle x+340°=540°$

$2\angle x=200°$ $\quad\therefore \angle x=100°$

69 답 ②

육각형의 내각의 크기의 합은 $180°\times(6-2)=720°$이므로

$105°+120°+90°+(180°-20°)+\angle x+100°=720°$

$\angle x+575°=720°$ $\quad\therefore \angle x=145°$

70 답 72°

오각형의 내각의 크기의 합은 $180°\times(5-2)=540°$이므로 $\quad\cdots$ (i)

$100°+92°+70°+\angle FCD+\angle FDC+60°+110°=540°$

$\angle FCD+\angle FDC+432°=540°$

$\therefore \angle FCD+\angle FDC=108°$ $\quad\cdots$ (ii)

따라서 △FCD에서

$\angle x=180°-(\angle FCD+\angle FDC)$

$\qquad=180°-108°=72°$ $\quad\cdots$ (iii)

채점 기준	
(i) 오각형의 내각의 크기의 합 구하기	30%
(ii) $\angle FCD+\angle FDC$의 크기 구하기	40%
(iii) $\angle x$의 크기 구하기	30%

71 답 217°

△AGE에서 $\angle CGH=31°+29°=60°$

△FBH에서 $\angle DHG=46°+37°=83°$

사각형의 내각의 크기의 합은 360°이므로

사각형 GCDH에서

$\angle x+\angle y+83°+60°=360°$

$\angle x+\angle y+143°=360°$

$\therefore \angle x+\angle y=217°$

72 답 ⑤

오른쪽 그림에서 사각형의 내각의 크기의 합은 360°이므로

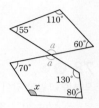

$110°+55°+\angle a+60°=360°$

$\angle a+225°=360°$

$\therefore \angle a=135°$

또 오각형의 내각의 크기의 합은

$180°\times(5-2)=540°$이므로

$135°+70°+\angle x+80°+130°=540°$

$\angle x+415°=540°$ $\quad\therefore \angle x=125°$

73 답 96°

사각형의 내각의 크기의 합은 360°이므로

사각형 ABCD에서

$110°+82°+\angle BCD+\angle ADC=360°$

$\therefore \angle BCD+\angle ADC=168°$

$\therefore \angle ECD+\angle EDC=\dfrac{1}{2}(\angle BCD+\angle ADC)$

$\qquad\qquad\qquad\quad=\dfrac{1}{2}\times168°=84°$

따라서 △DEC에서

$\angle x=180°-(\angle ECD+\angle EDC)$

$\qquad=180°-84°=96°$

74 답 ③

다각형의 외각의 크기의 합은 360°이므로

$\angle x+50°+52°+(180°-2\angle x)+63°+75°=360°$

$420°-\angle x=360°$

$\therefore \angle x=60°$

75 답 (1) 115° (2) 70°

(1) 다각형의 외각의 크기의 합은 360°이므로

$80°+\angle x+95°+70°=360°$

$\angle x+245°=360°$

$\therefore \angle x=115°$

(2) 다각형의 외각의 크기의 합은 360°이므로

$\angle x+77°+63°+54°+96°=360°$

$\angle x+290°=360°$

$\therefore \angle x=70°$

76 답 100°

다각형의 외각의 크기의 합은 360°이므로

$\angle a+(180°-160°)+107°+83°+\angle b+50°=360°$

$\angle a+\angle b+260°=360°$

$\therefore \angle a+\angle b=100°$

77 답 360°

오른쪽 그림과 같이 로봇 청소기가 회전한 각의
크기의 합은 팔각형의 외각의 크기의 합과 같으
므로 360°이다.

78 답 ③

오른쪽 그림과 같이 보조선을 그으면

$\angle a+\angle b=30°+35°=65°$

오각형의 내각의 크기의 합은

$180°\times(5-2)=540°$이므로

$105°+100°+\angle x+\angle a+\angle b+85°+110°$
$=540°$

$400°+\angle x+65°=540°$　$\therefore \angle x=75°$

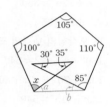

79 답 ③

오른쪽 그림과 같이 보조선을 그으면

$\angle a+\angle b=25°+15°=40°$

삼각형의 내각의 크기의 합은 180°이므로

$75°+30°+\angle a+\angle b+\angle x=180°$

$105°+40°+\angle x=180°$　$\therefore \angle x=35°$

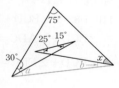

80 답 540°

오른쪽 그림과 같이 보조선을 그으면

$\angle h+\angle i=\angle f+\angle g$

$\therefore \angle a+\angle b+\angle c+\angle d+\angle e+\angle f+\angle g$

　$=\angle a+\angle b+\angle c+\angle d+\angle e+\angle h+\angle i$

　$=$(오각형의 내각의 크기의 합)

　$=180°\times(5-2)$

　$=540°$

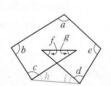

81 답 360°

오른쪽 그림과 같이 보조선을 그으면

$\angle i+\angle j=\angle g+\angle h$,

$\angle k+\angle l=\angle c+\angle d$

$\therefore \angle a+\angle b+\angle c+\angle d+\angle e+\angle f$

　$+\angle g+\angle h$

　$=\angle a+\angle b+\angle k+\angle l+\angle e+\angle f$

　$+\angle i+\angle j$

　$=$(사각형의 내각의 크기의 합)

　$=360°$

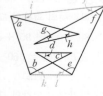

82 답 ③

오른쪽 그림에서 사각형의 외각의 크기의
합은 360°이므로

$\angle a+\angle b+\angle c+\angle d+\angle e+\angle f$

$+\angle g+55°$

$=360°$

$\therefore \angle a+\angle b+\angle c+\angle d+\angle e+\angle f+\angle g=305°$

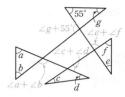

83 답 360°

오른쪽 그림에서

$\angle v=\angle a+\angle b$, $\angle w=\angle c+\angle d$,

$\angle x=\angle e+\angle f$, $\angle y=\angle g+\angle h$,

$\angle z=\angle i+\angle j$

오각형의 외각의 크기의 합은 360°이므로

$\angle v+\angle w+\angle x+\angle y+\angle z=360°$

$\therefore \angle a+\angle b+\angle c+\angle d+\angle e+\angle f+\angle g+\angle h+\angle i+\angle j$

　$=360°$

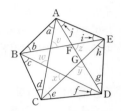

다른 풀이

△BDF에서 $\angle EFG=\angle FBD+\angle FDB$

△ACG에서 $\angle EGF=\angle GAC+\angle ACG$

오각형의 내각의 크기의 합은 540°이므로

$\angle a+\angle b+\angle c+\angle d+\angle e+\angle f+\angle g+\angle h+\angle i+\angle j$

$=540°-(\angle GAC+\angle FBD+\angle ACG+\angle FDB+\angle FEG)$

$=540°-(\angle GAC+\angle ACG+\angle FBD+\angle FDB+\angle FEG)$

$=540°-(\angle EGF+\angle EFG+\angle FEG)$

$=540°-180°=360°$

---

04 정다각형의 한 내각과 한 외각의 크기

유형 모아 보기 & 완성하기

97~99쪽

84 답 ②, ⑤

① 정육각형의 대각선의 개수는 $\dfrac{6\times(6-3)}{2}=9$

② 정육각형의 한 내각의 크기는 $\dfrac{180°\times(6-2)}{6}=120°$

③ 정육각형의 한 외각의 크기는 $\dfrac{360°}{6}=60°$

④ 정육각형의 내각의 크기의 합은 $180°\times(6-2)=720°$

⑤ 정육각형의 한 내각의 크기와 한 외각의 크기의 비는

　$120°:60°=2:1$

따라서 옳은 것은 ②, ⑤이다.

85 답 72°

정오각형의 한 내각의 크기는 $\dfrac{180° \times (5-2)}{5} = 108°$

$\triangle$ABC는 $\overline{BA} = \overline{BC}$인 이등변삼각형이므로

$\angle$BCA $= \dfrac{1}{2} \times (180° - 108°) = 36°$

$\therefore \angle x = 108° - 36° = 72°$

86 답 105°

$\angle x$의 크기는 정육각형의 한 외각의 크기와 정팔각형의 한 외각의 크기의 합이므로

$\angle x = \dfrac{360°}{6} + \dfrac{360°}{8} = 60° + 45° = 105°$

다른 풀이

정육각형의 한 내각의 크기는 $\dfrac{180° \times (6-2)}{6} = 120°$

정팔각형의 한 내각의 크기는 $\dfrac{180° \times (8-2)}{8} = 135°$

$\therefore \angle x = 360° - (120° + 135°) = 105°$

87 답 ③

ㄷ. 주어진 정다각형을 정n각형이라 하면 대각선의 개수가 54이므로

$\dfrac{n(n-3)}{2} = 54$에서 $n(n-3) = 108$

$n(n-3) = 12 \times 9$ $\therefore n = 12$

따라서 주어진 정다각형은 정십이각형이다.

ㄱ. 정십이각형의 한 내각의 크기는 $\dfrac{180° \times (12-2)}{12} = 150°$

ㄴ. 정십이각형의 한 외각의 크기는 $\dfrac{360°}{12} = 30°$

따라서 옳지 않은 것은 ㄷ이다.

88 답 189

정팔각형의 한 외각의 크기는

$\dfrac{360°}{8} = 45°$ $\therefore a = 45$

정십각형의 한 내각의 크기는

$\dfrac{180° \times (10-2)}{10} = 144°$ $\therefore b = 144$

$\therefore a + b = 45 + 144 = 189$

다른 풀이

정십각형의 한 외각의 크기는 $\dfrac{360°}{10} = 36°$

정십각형의 한 내각의 크기는 $180° - 36° = 144°$

89 답 1800°

주어진 정다각형을 정n각형이라 하면

$\dfrac{360°}{n} = 30°$ $\therefore n = 12$

따라서 정십이각형의 내각의 크기의 합은

$180° \times (12-2) = 1800°$

90 답 10

$\triangle$ABC는 $\overline{BA} = \overline{BC}$인 이등변삼각형이므로

$\angle$BCA $= \angle$BAC $= 18°$

$\therefore \angle$ABC $= 180° - (18° + 18°) = 144°$

정n각형의 한 내각의 크기가 144°이므로 $\cdots$ (i)

$\dfrac{180° \times (n-2)}{n} = 144°$

$180° \times (n-2) = 144° \times n$

$36° \times n = 360°$ $\therefore n = 10$ $\cdots$ (ii)

채점 기준

(i) 정n각형의 한 내각의 크기 구하기	50%
(ii) n의 값 구하기	50%

91 답 정오각형

㈎에서 구하는 다각형은 정다각형이다.

한 내각의 크기와 한 외각의 크기의 합은 180°이므로

㈏에서 한 외각의 크기는

$180° \times \dfrac{2}{3+2} = 180° \times \dfrac{2}{5} = 72°$

구하는 정다각형을 정n각형이라 하면

$\dfrac{360°}{n} = 72°$ $\therefore n = 5$

따라서 구하는 다각형은 정오각형이다.

참고 정다각형에서 한 내각의 크기와 한 외각의 크기의 비가 $a : b$이면

$\Rightarrow$ (한 내각의 크기)$= 180° \times \dfrac{a}{a+b}$, (한 외각의 크기)$= 180° \times \dfrac{b}{a+b}$

92 답 (1) 정육각형 (2) 120°

(1) 구하는 정다각형을 정n각형이라 하면

$180° \times (n-2) + 360° = 1080°$

$180° \times n = 1080°$ $\therefore n = 6$

따라서 구하는 정다각형은 정육각형이다.

(2) 정육각형의 한 내각의 크기는 $\dfrac{180° \times (6-2)}{6} = 120°$

93 답 36°

정오각형의 한 내각의 크기는 $\dfrac{180° \times (5-2)}{5} = 108°$

$\triangle$ABC는 $\overline{BA} = \overline{BC}$인 이등변삼각형이므로

$\angle$BAC $= \dfrac{1}{2} \times (180° - 108°) = 36°$

같은 방법으로 하면 $\triangle$ADE에서 $\angle$EAD $= 36°$

$\therefore \angle x = 108° - (36° + 36°) = 36°$

94 답 ④

정오각형의 한 내각의 크기는

$\dfrac{180° \times (5-2)}{5} = 108°$

$\triangle$ABC는 $\overline{BA} = \overline{BC}$인 이등변삼각형이므로

$\angle$BAC $= \dfrac{1}{2} \times (180° - 108°) = 36°$

같은 방법으로 하면 $\triangle$ABE에서 $\angle$ABE $= 36°$

따라서 $\triangle$ABF에서 $\angle x = 36° + 36° = 72°$

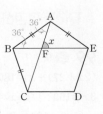

95 답 120°

$\triangle ABP$와 $\triangle BCQ$에서
$\overline{AB}=\overline{BC}$, $\overline{BP}=\overline{CQ}$,
$\angle ABP=\angle BCQ$이므로
$\triangle ABP \equiv \triangle BCQ$(SAS 합동)
$\therefore \angle PAB=\angle QBC$
$\overline{AP}$와 $\overline{BQ}$의 교점을 R라 하면
$\triangle ABR$에서
$\angle x = \angle RAB + \angle ABR$
$\quad = \angle QBC + \angle ABR = \angle ABC$
따라서 $\angle x$의 크기는 정육각형의 한 내각의 크기와 같으므로
$\angle x = \dfrac{180° \times (6-2)}{6} = 120°$

96 답 75°

$\angle c$의 크기는 정육각형의 한 외각의 크기와
정팔각형의 한 외각의 크기의 합이므로
$\angle c = \dfrac{360°}{6} + \dfrac{360°}{8}$
$\quad = 60° + 45° = 105°$
삼각형의 세 내각의 크기의 합은 $180°$이므로
$\angle a + \angle b = 180° - \angle c = 180° - 105° = 75°$

97 답 36°

$\angle PED$와 $\angle PDE$는 정오각형의 한 외각이므로
$\angle PED = \angle PDE = \dfrac{360°}{5} = 72°$
따라서 $\triangle EDP$에서
$\angle x = 180° - (72° + 72°) = 36°$

98 답 ③

$\angle a$의 크기는 정육각형의 한 외각의 크기이므로
$\angle a = \dfrac{360°}{6} = 60°$
$\angle c$의 크기는 정오각형의 한 외각의 크기이므로
$\angle c = \dfrac{360°}{5} = 72°$
$\angle b = \angle a + \angle c = 60° + 72° = 132°$
사각형의 내각의 크기의 합은 $360°$이므로
$\angle d = 360° - (\angle a + \angle b + \angle c) = 360° - (60° + 132° + 72°) = 96°$
$\therefore \angle x = 180° - \angle d = 180° - 96° = 84°$

 점검하기 100~102쪽

99 답 9

$(2x+27) + x = 180$에서
$3x = 153$ $\therefore x = 51$
$y = 180 - 120 = 60$
$\therefore y - x = 60 - 51 = 9$

100 답 ①

ㄱ. 정사각형은 네 변의 길이가 같고 네 내각의 크기가 같은 사각형
   이다.
ㄴ. 직사각형은 모든 내각의 크기가 같지만 정다각형은 아니다.
ㄷ. 마름모는 변의 길이가 모두 같지만 내각의 크기가 모두 같은 것
   은 아니다.
따라서 옳지 않은 것은 ㄱ, ㄴ, ㄷ이다.

101 답 15

십각형의 한 꼭짓점에서 그을 수 있는 대각선의 개수는
$10 - 3 = 7$ $\therefore a = 7$
이때 생기는 삼각형의 개수는
$10 - 2 = 8$ $\therefore b = 8$
$\therefore a + b = 7 + 8 = 15$

102 답 ⑺ 십사각형 ⑷ 12 ⑸ 십일각형 ⒭ 8

⑺ 한 꼭짓점에서 그을 수 있는 대각선의 개수가 11인 다각형을 n각
  형이라 하면
  $n - 3 = 11$ $\therefore n = 14$
  즉, 십사각형이다.
⑷ 십사각형의 한 꼭짓점에서 대각선을 모두 그었을 때 생기는 삼각
  형의 개수는
  $14 - 2 = 12$
⑸ 한 꼭짓점에서 대각선을 모두 그었을 때 생기는 삼각형의 개수가
  9인 다각형을 m각형이라 하면
  $m - 2 = 9$ $\therefore m = 11$
  즉, 십일각형이다.
⒭ 십일각형의 한 꼭짓점에서 그을 수 있는 대각선의 개수는
  $11 - 3 = 8$

103 답 8, 20

이웃하는 학교 사이에 만드는 자전거 도로의 개수는 팔각형의 변의
개수와 같으므로 8
이웃하지 않는 학교 사이에 만드는 자가용 도로의 개수는 팔각형의
대각선의 개수와 같으므로
$\dfrac{8 \times (8-3)}{2} = 20$

104 답 30

삼각형의 세 내각의 크기의 합은 $180°$이므로
$(3x-15) + (x+25) + 50 = 180$
$4x = 120$ $\therefore x = 30$

105 답 ⑤

$\triangle ABC$에서
$\angle ACD = 25° + 40° = 65°$
따라서 $\triangle ECD$에서
$\angle x = 65° + 55° = 120°$

106 답 135°

∠ADB=180°−85°=95°

∠BAD=$\frac{1}{2}$∠BAC

　　　=$\frac{1}{2}$×(180°−100°)

　　　=40°

따라서 △ABD에서

∠x=40°+95°=135°

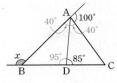

107 답 ③

오른쪽 그림과 같이 $\overline{BC}$를 그으면

△DBC에서

∠DBC+∠DCB=180°−120°=60°

△ABC에서

55°+∠y+∠DBC+∠DCB+∠x=180°

55°+∠y+60°+∠x=180°

∴ ∠x+∠y=65°

108 답 ③

△DBC에서

∠DBC+∠DCB=180°−130°=50°이므로

∠ABC+∠ACB=2(∠DBC+∠DCB)

　　　　　　　=2×50°=100°

따라서 △ABC에서

∠x+∠ABC+∠ACB=180°이므로

∠x+100°=180°

∴ ∠x=80°

109 답 ③

∠ABD=∠DBC=∠a, ∠ACD=∠DCE=∠b라 하면

△ABC에서 2∠b=∠x+2∠a

∴ ∠b=$\frac{1}{2}$∠x+∠a　　　…㉠

△DBC에서 ∠b=36°+∠a　　　…㉡

㉠, ㉡에서 $\frac{1}{2}$∠x=36°

∴ ∠x=72°

110 답 75°

△BAC에서

∠BCA=∠BAC=25°이므로

∠CBD=25°+25°=50°

△DBC에서

∠CDB=∠CBD=50°

따라서 △DAC에서

∠x=25°+50°=75°

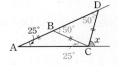

111 답 ④

△ADG에서 ∠a=25°+30°=55°

△ICF에서 ∠b=40°+35°=75°

△DEF에서

∠DFE=∠b=75°이므로

∠c=180°−(55°+75°)=50°

△IBE에서

∠d=180°−(40°+50°)=90°

△HFG에서 ∠e=75°+30°=105°

따라서 옳지 않은 것은 ④이다.

112 답 ②

육각형의 내각의 크기의 합은

180°×(6−2)=720°이므로

∠x+(180°−40°)+2∠x+(∠x+20°)+(180°−60°)

+(∠x+30°)=720°

5∠x+310°=720°, 5∠x=410°　　　∴ ∠x=82°

113 답 31

다각형의 외각의 크기의 합은 360°이므로

51+(180−120)+(2x−40)+101

+(180−105)+(x+20)=360

3x+267=360, 3x=93　　　∴ x=31

114 답 ③

오른쪽 그림과 같이 보조선을 그으면

∠c+∠d=∠e+∠f

사각형의 내각의 크기의 합은 360°이므로

75°+∠a+∠e+∠f+∠b+55°=360°

∠a+∠b+∠e+∠f=230°

∴ ∠a+∠b+∠c+∠d=230°

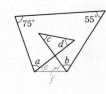

115 답 22.5°

주어진 정다각형을 정n각형이라 하면

180°×(n−2)=2520°

180°×n=2880°　　　∴ n=16

따라서 정십육각형의 한 외각의 크기는 $\frac{360°}{16}$=22.5°

116 답 90

주어진 다각형을 n각형이라 하면

n−3=12　　　∴ n=15　　　　　　…(i)

따라서 십오각형의 대각선의 개수는

$\frac{15×(15−2)}{2}$=90　　　　…(ii)

채점 기준	
(i) 조건을 만족시키는 다각형 구하기	50%
(ii) 대각선의 개수 구하기	50%

117 답 106°

사각형의 내각의 크기의 합은 360°이므로
사각형 ABCD에서
$112° + \angle ABC + \angle DCB + 100° = 360°$
$\therefore \angle ABC + \angle DCB = 148°$ ⋯ (i)
$\therefore \angle EBC + \angle ECB = \frac{1}{2}(\angle ABC + \angle DCB)$
$\qquad\qquad\qquad = \frac{1}{2} \times 148° = 74°$ ⋯ (ii)
따라서 △EBC에서
$\angle x = 180° - (\angle EBC + \angle ECB)$
$\qquad = 180° - 74° = 106°$ ⋯ (iii)

채점 기준	
(i) $\angle ABC + \angle DCB$의 크기 구하기	35 %
(ii) $\angle EBC + \angle ECB$의 크기 구하기	35 %
(iii) $\angle x$의 크기 구하기	30 %

118 답 1440

한 내각의 크기와 한 외각의 크기의 합은 180°이므로
한 외각의 크기는
$180° \times \frac{1}{5+1} = 180° \times \frac{1}{6} = 30°$ ⋯ (i)
주어진 정다각형을 정n각형이라 하면
$\frac{360°}{n} = 30°$ $\therefore n = 12$ ⋯ (ii)
정십이각형의 내각의 크기의 합은
$180° \times (12-2) = 1800°$ $\therefore a = 1800$ ⋯ (iii)
또 외각의 크기의 합은 360°이므로
$b = 360$
$\therefore a - b = 1800 - 360 = 1440$ ⋯ (iv)

채점 기준	
(i) 한 외각의 크기 구하기	20 %
(ii) 주어진 정다각형 구하기	20 %
(iii) a의 값 구하기	30 %
(iv) $a-b$의 값 구하기	30 %

만점 문제 뛰어넘기

103쪽

119 답 44

주어진 다각형을 n각형이라 하면
$a = n-3$, $b = n-2$
이때 $a+b = 17$이므로 $(n-3) + (n-2) = 17$
$2n-5 = 17$, $2n = 22$ $\therefore n = 11$
따라서 십일각형의 대각선의 개수는
$\frac{11 \times (11-3)}{2} = 44$

120 답 48°

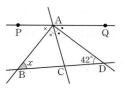

$\angle PAB = \angle CAB$, $\angle QAD = \angle CAD$
이므로
$\angle PAC + \angle QAC$
$= 2\angle BAC + 2\angle CAD$
$= 2(\angle BAC + \angle CAD)$
$= 180°$
$\therefore \angle BAD = \angle BAC + \angle CAD = 90°$
따라서 △ABD에서
$\angle x = 180° - (90° + 42°) = 48°$

121 답 53°

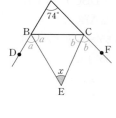

$\angle DBE = \angle CBE = \angle a$,
$\angle BCE = \angle FCE = \angle b$라 하면
$\angle ABC = 180° - 2\angle a$,
$\angle ACB = 180° - 2\angle b$
△ABC에서
$74° + (180° - 2\angle a) + (180° - 2\angle b)$
$= 180°$
$2\angle a + 2\angle b = 254°$ $\therefore \angle a + \angle b = 127°$
따라서 △BEC에서
$\angle x = 180° - (\angle a + \angle b) = 180° - 127° = 53°$

122 답 130°

$\angle ABC = 2\angle a$, $\angle CBF = \angle a$,
$\angle EDC = 2\angle b$, $\angle CDF = \angle b$라 하면
오각형의 내각의 크기의 합은
$180° \times (5-2) = 540°$이므로
오각형 ABFDE에서
$115° + 3\angle a + 45° + 3\angle b + 125° = 540°$
$285° + 3(\angle a + \angle b) = 540°$
$3(\angle a + \angle b) = 255°$
$\therefore \angle a + \angle b = 85°$
오각형 ABCDE에서
$115° + 2\angle a + \angle x + 2\angle b + 125° = 540°$
$240° + 2(\angle a + \angle b) + \angle x = 540°$
$240° + 2 \times 85° + \angle x = 540°$, $410° + \angle x = 540°$
$\therefore \angle x = 130°$

123 답 360°

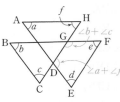

△ADH에서 $\angle EDG = \angle a + \angle f$
△BCG에서 $\angle DGF = \angle b + \angle c$
사각형의 내각의 크기의 합은 360°이므로 사각형 DEFG에서
$(\angle a + \angle f) + \angle d + \angle e + (\angle b + \angle c)$
$= 360°$
$\therefore \angle a + \angle b + \angle c + \angle d + \angle e + \angle f = 360°$

124 답 ②

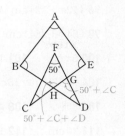

△FCG에서

∠HGD＝50°＋∠C

△GHD에서

∠BHE＝∠HGD＋∠HDG

＝(50°＋∠C)＋∠D

사각형의 내각의 크기의 합은 360°이므로

사각형 ABHE에서

∠A＋∠B＋(50°＋∠C＋∠D)＋∠E＝360°

∴ ∠A＋∠B＋∠C＋∠D＋∠E＝310°

125 답 정구각형

오른쪽 그림과 같이 주어진 직각삼각형의 세 변의 길이를 각각 a, b, c라 하면 구하는 다각형은 모든 변의 길이가 $b-a$로 같고, 모든 외각의 크기가 40°로 같으므로 정다각형이다.

이때 구하는 다각형을 정n각형이라 하면

$\dfrac{360°}{n}=40°$ ∴ $n=9$

따라서 구하는 다각형은 정구각형이다.

5 원과 부채꼴

01 ① 02 $x=9, y=80$ 03 $150°$

04 ④ 05 8 cm 06 6 cm 07 ④

08 $180°$ 09 $60°$ 10 $x=45, y=12$

11 8 12 ② 13 15 cm 14 60 cm

15 30 m 16 ④ 17 ④ 18 $27°$

19 ③ 20 2 cm 21 $\frac{1}{3}$배 22 ⑤

23 ④ 24 2 cm 25 20 cm 26 $1:1:2$

27 12 cm 28 ③ 29 ⑤ 30 12 cm

31 ② 32 12 cm^2 33 $80°$ 34 ㄱ, ㅂ

35 $24°$ 36 ② 37 42 cm^2 38 120 cm^2

39 ② 40 $108°$ 41 $32°$ 42 26 cm

43 $120°$ 44 5 cm 45 ㄱ, ㄷ 46 ②

47 ①, ⑤ 48 10π cm, 15π cm^2

49 6π cm, 24π cm^2 50 5π cm^2

51 $(5\pi+6)$ cm 52 $(8\pi-16)$ cm^2

53 50 cm^2 54 $\frac{3}{2}\pi$ cm 55 18π cm^2

56 (1) 18π cm (2) 27π cm^2 57 ②

58 $(13\pi+6)$ cm 59 32π cm, 32π cm^2

60 $(88\pi+240)$ m^2 61 ②

62 7π cm, 21π cm^2 63 B 64 ③

65 $\frac{15}{2}\pi$ cm^2 66 ② 67 90 cm^2 68 ①

69 10π cm 70 $120°$ 71 ③

72 $(8\pi+8)$ cm 73 $(8\pi+12)$ cm

74 8π cm 75 $(18\pi-36)$ cm^2 76 ③

77 ④ 78 $(36-6\pi)$ cm^2

79 8π cm, $(8\pi-16)$ cm^2 80 $\left(\frac{25}{4}\pi-\frac{25}{2}\right)$ cm^2

81 32 cm^2 82 ③ 83 ④ 84 18 cm^2

85 $\frac{75}{2}\pi$ cm^2 86 2π cm 87 $\pi-2$ 88 ④

89 $\frac{16}{3}\pi$ cm^2 90 ② 91 $(9\pi+18)$ cm^2

92 $(10\pi+30)$ cm 93 $(36\pi+360)$ cm^2

94 $\frac{8}{3}\pi$ cm 95 $(14\pi+42)$ cm

96 $(12\pi+72)$ cm 97 방법 A, 8 cm

98 $(64\pi+384)$ cm^2 99 $(16\pi+136)$ cm^2

100 5π cm 101 12π cm 102 ⑤ 103 20 cm

104 (1) $150°$ (2) 15 cm 105 ①, ⑤ 106 8π cm

107 8배 108 40 cm 109 ④ 110 6 cm

111 20 cm 112 120 cm^2 113 24 cm^2 114 30 cm

115 ②, ④ 116 ②, ④ 117 40π cm, 48π cm^2

118 18π cm, 27π cm^2 119 $\frac{74}{5}\pi$ cm^2 120 ③

121 ① 122 ㄱ과 ㅂ, ㄴ과 ㄹ, ㄷ과 ㅁ 123 ③

124 26 cm^2 125 $(22\pi+16)$ cm

126 $(16\pi+96)$ cm 127 $12°$ 128 84π cm^2

129 12π cm^2 130 $(18\pi-36)$ cm^2 131 6 cm

132 29π m^2

---

01 원과 부채꼴 (1)

유형 모아 보기 & 완성하기
106~111쪽

01 답 ①

ㄷ. 부채꼴은 두 반지름과 호로 이루어진 도형이다.

ㄹ. 원 위의 두 점을 양 끝 점으로 하는 원의 일부분은 호이다.

따라서 옳은 것은 ㄱ, ㄴ이다.

02 답 $x=9, y=80$

부채꼴의 호의 길이는 중심각의 크기에 정비례하므로

$6:x=20°:30°, 6:x=2:3$

$2x=18$ ∴ $x=9$

$6:24=20°:y°, 1:4=20:y$

∴ $y=80$

03 답 $150°$

$\angle AOB : \angle BOC : \angle COA = \overparen{AB} : \overparen{BC} : \overparen{CA}$

$=5:4:3$

∴ $\angle AOB=360°\times\dfrac{5}{5+4+3}=360°\times\dfrac{5}{12}=150°$

04 답 ④

$\overline{AB} \parallel \overline{CD}$이므로

$\angle OCD = \angle AOC = 40°$ (엇각)

$\triangle OCD$에서 $\overline{OC} = \overline{OD}$이므로

$\angle ODC = \angle OCD = 40°$

$\therefore \angle COD = 180° - (40° + 40°) = 100°$

따라서 $\overarc{AC} : \overarc{CD} = \angle AOC : \angle COD$에서

$4 : \overarc{CD} = 40° : 100°$, $4 : \overarc{CD} = 2 : 5$

$2\overarc{CD} = 20$ $\therefore \overarc{CD} = 10 (cm)$

05 답 8 cm

$\overline{AD} \parallel \overline{OC}$이므로

$\angle OAD = \angle BOC = 30°$ (동위각)

오른쪽 그림과 같이 $\overline{OD}$를 그으면

$\triangle ODA$에서 $\overline{OA} = \overline{OD}$이므로

$\angle ODA = \angle OAD = 30°$

$\therefore \angle AOD = 180° - (30° + 30°) = 120°$

따라서 $\overarc{AD} : \overarc{BC} = \angle AOD : \angle BOC$에서

$\overarc{AD} : 2 = 120° : 30°$

$\overarc{AD} : 2 = 4 : 1$ $\therefore \overarc{AD} = 8 (cm)$

06 답 6 cm

$\triangle COP$에서 $\overline{CO} = \overline{CP}$이므로

$\angle COP = \angle CPO = 25°$

$\therefore \angle OCD = \angle CPO + \angle COP$

$\qquad = 25° + 25° = 50°$

$\triangle OCD$에서 $\overline{OC} = \overline{OD}$이므로

$\angle ODC = \angle OCD = 50°$

$\triangle OPD$에서

$\angle BOD = \angle OPD + \angle ODP = 25° + 50° = 75°$

따라서 $\overarc{AC} : \overarc{BD} = \angle AOC : \angle BOD$에서

$\overarc{AC} : 18 = 25° : 75°$, $\overarc{AC} : 18 = 1 : 3$

$3\overarc{AC} = 18$ $\therefore \overarc{AC} = 6 (cm)$

07 답 ④

③ $\overline{AC}$는 원의 중심 O를 지나는 현으로 길이가 가장 긴 현이다.

④ $\overarc{AB}$와 $\overline{AB}$로 이루어진 도형은 활꼴이다.

따라서 옳지 않은 것은 ④이다.

08 답 180°

한 원에서 부채꼴과 활꼴이 같아지는 경우는 반원일 때이므로 중심각의 크기는 180°이다.

09 답 60°

오른쪽 그림에서 $\overline{OA} = \overline{OB} = \overline{AB}$이므로

$\triangle OAB$는 정삼각형이다.

따라서 $\overarc{AB}$에 대한 중심각의 크기는

$\angle AOB = 60°$

10 답 $x=45$, $y=12$

부채꼴의 호의 길이는 중심각의 크기에 정비례하므로

$4 : 6 = 30° : x°$, $2 : 3 = 30 : x$

$2x = 90$ $\therefore x = 45$

$4 : y = 30° : 90°$, $4 : y = 1 : 3$

$\therefore y = 12$

11 답 8

부채꼴의 호의 길이는 중심각의 크기에 정비례하므로

$4 : x = 55° : 110°$, $4 : x = 1 : 2$

$\therefore x = 8$

12 답 ②

부채꼴의 호의 길이는 중심각의 크기에 정비례하므로

$2 : 6 = (x - 10) : (2x + 10)$

$1 : 3 = (x - 10) : (2x + 10)$

$3x - 30 = 2x + 10$ $\therefore x = 40$

13 답 15 cm

$2\angle AOC = \angle BOC$에서 $\angle AOC : \angle BOC = 1 : 2$

부채꼴의 호의 길이는 중심각의 크기에 정비례하므로

$\overarc{AC} : 30 = 1 : 2$

$2\overarc{AC} = 30$ $\therefore \overarc{AC} = 15 (cm)$

14 답 60 cm

원 O의 둘레의 길이를 x cm라 하면 부채꼴의 호의 길이는 중심각의 크기에 정비례하므로

$5 : x = 30° : 360°$ ⋯(i)

$5 : x = 1 : 12$ $\therefore x = 60$

따라서 원 O의 둘레의 길이는 60 cm이다. ⋯(ii)

채점 기준

(i) 부채꼴의 호의 길이가 중심각의 크기에 정비례함을 이용하여 비례식 세우기	60 %
(ii) 원 O의 둘레의 길이 구하기	40 %

15 답 30 m

선호가 탄 관람차가 A 지점에서 B 지점으로 가는 동안 2칸, B 지점에서 C 지점으로 가는 동안 5칸 이동하므로 대관람차의 중심을 O라 하면

$\angle AOB : \angle BOC = 2 : 5$

부채꼴의 호의 길이는 중심각의 크기에 정비례하므로

$12 : \overarc{BC} = 2 : 5$

$2\overarc{BC} = 60$ $\therefore \overarc{BC} = 30 (m)$

따라서 B 지점에서 C 지점으로 가는 동안 이동한 거리는 30 m이다.

16 답 ④

$\angle AOB : \angle BOC : \angle COA = \overarc{AB} : \overarc{BC} : \overarc{CA} = 2 : 3 : 4$

따라서 $\overarc{AB}$에 대한 중심각의 크기는

$\angle AOB = 360° \times \dfrac{2}{2+3+4} = 360° \times \dfrac{2}{9} = 80°$

17 답 ④

$\overset{\frown}{AB}=3\overset{\frown}{BC}$에서 $\overset{\frown}{AB}:\overset{\frown}{BC}=3:1$이므로

$\angle AOB:\angle BOC=\overset{\frown}{AB}:\overset{\frown}{BC}=3:1$

$\therefore \angle AOB=180°\times\dfrac{3}{3+1}=180°\times\dfrac{3}{4}=135°$

18 답 27°

$\angle AOC:\angle BOC=\overset{\frown}{AC}:\overset{\frown}{CB}=3:7$이므로

$\angle BOC=180°\times\dfrac{7}{3+7}=180°\times\dfrac{7}{10}=126°$

따라서 $\triangle OBC$에서 $\overline{OB}=\overline{OC}$이므로

$\angle BCO=\dfrac{1}{2}\times(180°-126°)=27°$

19 답 ③

$\angle AOB+\angle COD=180°-92°=88°$이고

$\angle AOB:\angle COD=\overset{\frown}{AB}:\overset{\frown}{CD}=1:3$이므로

$\angle COD=88°\times\dfrac{3}{1+3}=88°\times\dfrac{3}{4}=66°$

20 답 2 cm

$\triangle AOB$에서 $\overline{OA}=\overline{OB}$이므로

$\angle OAB=\dfrac{1}{2}\times(180°-120°)=30°$

$\overline{AB}/\!/\overline{CD}$이므로 $\angle AOC=\angle OAB=30°$ (엇각)

따라서 $\overset{\frown}{AC}:\overset{\frown}{AB}=\angle AOC:\angle AOB$에서

$\overset{\frown}{AC}:8=30°:120°,\ \overset{\frown}{AC}:8=1:4$

$4\overset{\frown}{AC}=8$ $\therefore \overset{\frown}{AC}=2\,(cm)$

21 답 $\dfrac{1}{3}$배

$\triangle AOB$에서 $\overline{OA}=\overline{OB}$이므로

$\angle OAB=\dfrac{1}{2}\times(180°-108°)=36°$

$\overline{AB}/\!/\overline{CD}$이므로 $\angle AOC=\angle OAB=36°$ (엇각)

따라서 $\overset{\frown}{AC}:\overset{\frown}{AB}=\angle AOC:\angle AOB$에서

$\overset{\frown}{AC}:\overset{\frown}{AB}=36°:108°,\ \overset{\frown}{AC}:\overset{\frown}{AB}=1:3$

$3\overset{\frown}{AC}=\overset{\frown}{AB}$ $\therefore \overset{\frown}{AC}=\dfrac{1}{3}\overset{\frown}{AB}$

따라서 $\overset{\frown}{AC}$의 길이는 $\overset{\frown}{AB}$의 길이의 $\dfrac{1}{3}$배이다.

22 답 ⑤

$\angle BOC=\angle a$라 하면

$\overline{OC}/\!/\overline{AB}$이므로 $\angle OBA=\angle BOC=\angle a$ (엇각)

$\triangle OAB$에서 $\overline{OA}=\overline{OB}$이므로

$\angle OAB=\angle OBA=\angle a$

$\overset{\frown}{AB}:\overset{\frown}{BC}=2:1$이므로 $\angle AOB:\angle BOC=2:1$

$\therefore \angle AOB=2\angle a$

$\triangle OAB$에서 $2\angle a+\angle a+\angle a=180°$

$4\angle a=180°$ $\therefore \angle a=45°$

$\therefore \angle AOB=2\angle a=2\times45°=90°$

23 답 ④

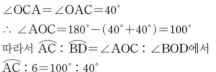

$\overline{AC}/\!/\overline{OD}$이므로

$\angle OAC=\angle BOD=40°$ (동위각)

오른쪽 그림과 같이 $\overline{OC}$를 그으면

$\triangle AOC$에서 $\overline{OA}=\overline{OC}$이므로

$\angle OCA=\angle OAC=40°$

$\therefore \angle AOC=180°-(40°+40°)=100°$

따라서 $\overset{\frown}{AC}:\overset{\frown}{BD}=\angle AOC:\angle BOD$에서

$\overset{\frown}{AC}:6=100°:40°$

$\overset{\frown}{AC}:6=5:2,\ 2\overset{\frown}{AC}=30$

$\therefore \overset{\frown}{AC}=15\,(cm)$

24 답 2 cm

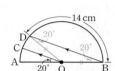

$\overline{OC}/\!/\overline{BD}$이므로

$\angle OBD=\angle AOC=20°$ (동위각)

오른쪽 그림과 같이 $\overline{OD}$를 그으면

$\triangle OBD$에서 $\overline{OB}=\overline{OD}$이므로

$\angle ODB=\angle OBD=20°$

$\therefore \angle BOD=180°-(20°+20°)=140°$

$\overline{OC}/\!/\overline{BD}$이므로

$\angle COD=\angle ODB=20°$ (엇각)

따라서 $\overset{\frown}{CD}:\overset{\frown}{BD}=\angle COD:\angle BOD$에서

$\overset{\frown}{CD}:14=20°:140°$

$\overset{\frown}{CD}:14=1:7,\ 7\overset{\frown}{CD}=14$

$\therefore \overset{\frown}{CD}=2\,(cm)$

25 답 20 cm

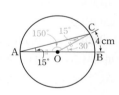

오른쪽 그림과 같이 $\overline{OC}$를 그으면

$\triangle AOC$에서 $\overline{OA}=\overline{OC}$이므로

$\angle OCA=\angle OAC=15°$

$\therefore \angle AOC=180°-(15°+15°)=150°$,

$\angle BOC=180°-150°=30°$

따라서 $\overset{\frown}{AC}:\overset{\frown}{BC}=\angle AOC:\angle BOC$에서

$\overset{\frown}{AC}:4=150°:30°$

$\overset{\frown}{AC}:4=5:1$ $\therefore \overset{\frown}{AC}=20\,(cm)$

26 답 1 : 1 : 2

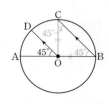

$\overline{OD}/\!/\overline{BC}$이므로

$\angle OBC=\angle AOD=45°$ (동위각)

오른쪽 그림과 같이 $\overline{OC}$를 그으면

$\triangle OBC$에서 $\overline{OB}=\overline{OC}$이므로

$\angle OCB=\angle OBC=45°$

$\therefore \angle BOC=180°-(45°+45°)=90°$

$\overline{OD}/\!/\overline{BC}$이므로 $\angle DOC=\angle OCB=45°$ (엇각)

$\therefore \overset{\frown}{AD}:\overset{\frown}{DC}:\overset{\frown}{CB}=\angle AOD:\angle DOC:\angle COB$

$=45°:45°:90°$

$=1:1:2$

27 답 **12 cm**

$\overline{AE} /\!/ \overline{CD}$이므로

$\angle OAE = \angle BOD = 30°$ (동위각)

오른쪽 그림과 같이 $\overline{OE}$를 그으면

$\triangle AOE$에서 $\overline{OA} = \overline{OE}$이므로

$\angle OEA = \angle OAE = 30°$

$\therefore \angle AOE = 180° - (30° + 30°) = 120°$ ··· (i)

$\angle AOC = \angle BOD = 30°$ (맞꼭지각) ··· (ii)

따라서 $\widehat{AE} : \widehat{AC} = \angle AOE : \angle AOC$에서

$\widehat{AE} : 3 = 120° : 30°$

$\widehat{AE} : 3 = 4 : 1$ $\therefore \widehat{AE} = 12(cm)$ ··· (iii)

채점 기준

(i) $\angle AOE$의 크기 구하기	40%
(ii) $\angle AOC$의 크기 구하기	20%
(iii) $\widehat{AE}$의 길이 구하기	40%

28 답 ③

$\angle BOC = \angle a$라 하면 $\overline{OC} /\!/ \overline{DB}$이므로

$\angle OBD = \angle BOC = \angle a$ (엇각)

오른쪽 그림과 같이 $\overline{OD}$를 그으면

$\triangle OBD$에서 $\overline{OB} = \overline{OD}$이므로

$\angle ODB = \angle OBD = \angle a$

$\therefore \angle AOD = \angle OBD + \angle ODB = \angle a + \angle a = 2\angle a$

따라서 $\widehat{AD} : \widehat{BC} = \angle AOD : \angle BOC$에서

$\widehat{AD} : 5 = 2\angle a : \angle a$

$\widehat{AD} : 5 = 2 : 1$ $\therefore \widehat{AD} = 10(cm)$

29 답 ⑤

① $\triangle COP$에서 $\overline{CO} = \overline{CP}$이므로 $\angle COP = \angle CPO = 20°$

  $\therefore \angle OCD = \angle CPO + \angle COP = 20° + 20° = 40°$

② $\triangle OCD$에서 $\overline{OC} = \overline{OD}$이므로 $\angle ODC = \angle OCD = 40°$

  $\triangle OPD$에서 $\angle BOD = \angle OPD + \angle ODP = 20° + 40° = 60°$

③ $\triangle OCD$에서 $\angle COD = 180° - (40° + 40°) = 100°$

④ $\widehat{AC} : \widehat{BD} = \angle AOC : \angle BOD$에서

  $\widehat{AC} : 15 = 20° : 60°$, $\widehat{AC} : 15 = 1 : 3$

  $3\widehat{AC} = 15$ $\therefore \widehat{AC} = 5(cm)$

⑤ $\widehat{AC} : \widehat{CD} = \angle AOC : \angle COD$에서

  $5 : \widehat{CD} = 20° : 100°$, $5 : \widehat{CD} = 1 : 5$ $\therefore \widehat{CD} = 25(cm)$

따라서 옳지 않은 것은 ⑤이다.

30 답 **12 cm**

$\angle OPD = \angle a$라 하면 $\triangle ODP$에서 $\overline{DO} = \overline{DP}$이므로

$\angle DOP = \angle OPD = \angle a$

$\therefore \angle ODC = \angle OPD + \angle DOP = \angle a + \angle a = 2\angle a$

$\triangle OCD$에서 $\overline{OC} = \overline{OD}$이므로 $\angle OCD = \angle ODC = 2\angle a$

$\triangle OCP$에서 $\angle AOC = \angle OCP + \angle OPC = 2\angle a + \angle a = 3\angle a$

따라서 $\widehat{BD} : \widehat{AC} = \angle BOD : \angle AOC$에서

$4 : \widehat{AC} = \angle a : 3\angle a$, $4 : \widehat{AC} = 1 : 3$ $\therefore \widehat{AC} = 12(cm)$

31 답 ②

$\angle AOC = \angle a$라 하면 $\triangle CPO$에서 $\overline{CP} = \overline{CO}$이므로

$\angle CPO = \angle COP = \angle a$

$\therefore \angle DCO = \angle CPO + \angle COP = \angle a + \angle a = 2\angle a$

오른쪽 그림과 같이 $\overline{OD}$를 그으면

$\triangle ODC$에서 $\overline{OC} = \overline{OD}$이므로

$\angle ODC = \angle OCD = 2\angle a$

$\triangle DPO$에서

$\angle DOB = \angle DPO + \angle PDO = \angle a + 2\angle a = 3\angle a$

$\therefore \widehat{AC} : \widehat{BD} = \angle AOC : \angle BOD = \angle a : 3\angle a = 1 : 3$

02 원과 부채꼴 (2)

유형 모아 보기 & 완성하기
112~114쪽

32 답 **12 cm²**

부채꼴 COD의 넓이를 S cm²라 하면 부채꼴의 넓이는 중심각의 크기에 정비례하므로

$30 : S = 150° : 60°$, $30 : S = 5 : 2$

$5S = 60$ $\therefore S = 12$

따라서 부채꼴 COD의 넓이는 12 cm²이다.

33 답 **80°**

$\overline{AB} = \overline{CD} = \overline{DE}$이므로

$\angle AOB = \angle COD = \angle DOE = 40°$

$\therefore \angle COE = 40° + 40° = 80°$

34 답 ㄱ, ㅂ

ㄱ. 부채꼴의 호의 길이는 중심각의 크기에 정비례하므로

  $\widehat{AB} = 3\widehat{CD}$ $\therefore \widehat{CD} = \dfrac{1}{3}\widehat{AB}$

ㄴ. 현의 길이는 중심각의 크기에 정비례하지 않으므로 $\overline{AB} \neq 3\overline{CD}$이다. 이때 $\overline{AB} < 3\overline{CD}$이다.

ㄷ. $\angle OCD = 3\angle OAB$인지는 알 수 없다.

ㄹ. $\overline{AB} /\!/ \overline{CD}$인지는 알 수 없다.

ㅁ. 삼각형의 넓이는 중심각의 크기에 정비례하지 않으므로

  $(\triangle AOB$의 넓이$) \neq 3 \times (\triangle COD$의 넓이$)$

  이때 $(\triangle AOB$의 넓이$) < 3 \times (\triangle COD$의 넓이$)$이다.

ㅂ. 부채꼴의 넓이는 중심각의 크기에 정비례하므로

  $(부채꼴 AOB의 넓이) = 3 \times (부채꼴 COD의 넓이)$

따라서 옳은 것은 ㄱ, ㅂ이다.

35 답 24°

부채꼴의 넓이는 중심각의 크기에 정비례하므로
$60:12=120°:∠COD$, $5:1=120°:∠COD$
$5∠COD=120°$ ∴ $∠COD=24°$

36 답 ②

부채꼴의 넓이는 중심각의 크기에 정비례하므로
$1:4=2x:(4x+40)$, $8x=4x+40$
$4x=40$ ∴ $x=10$

37 답 42 cm²

부채꼴의 넓이는 중심각의 크기에 정비례하므로 세 부채꼴 AOB, BOC, COA의 넓이의 비는 $4:6:5$이다. ⋯(i)
따라서 부채꼴 BOC의 넓이는
$105×\dfrac{6}{4+6+5}=105×\dfrac{2}{5}=42(cm^2)$ ⋯(ii)

채점 기준	
(i) 세 부채꼴의 넓이의 비 구하기	40%
(ii) 부채꼴 BOC의 넓이 구하기	60%

38 답 120 cm²

원 O의 넓이를 S cm²라 하면 부채꼴의 넓이는 중심각의 크기에 정비례하므로
$S:20=360°:60°$
$S:20=6:1$ ∴ $S=120$
따라서 원 O의 넓이는 120 cm²이다.

39 답 ②

$∠AOD:∠BOE=\widehat{AD}:\widehat{BE}=2:3$
부채꼴 BOE의 넓이를 S cm²라 하면 부채꼴의 넓이는 중심각의 크기에 정비례하므로
$14:S=2:3$
$2S=42$ ∴ $S=21$
따라서 부채꼴 BOE의 넓이는 21 cm²이다.

40 답 108°

부채꼴의 넓이는 중심각의 크기에 정비례하므로
$∠AOB:360°=(부채꼴 AOB의 넓이):(원 O의 넓이)$
  $=5:25=1:5$
$5∠AOB=360°$ ∴ $∠AOB=72°$
따라서 △OPQ에서
$∠x+∠y=180°-∠AOB=180°-72°=108°$

41 답 32°

$\overline{AB}=\overline{CD}=\overline{DE}=\overline{EF}$이므로
$∠x=∠COD=∠DOE=∠EOF$
  $=\dfrac{1}{3}∠COF=\dfrac{1}{3}×96°=32°$

42 답 26 cm

$\widehat{PQ}=\widehat{PR}$이므로 $∠POQ=∠POR$
크기가 같은 중심각에 대한 현의 길이는 같으므로
$\overline{PR}=\overline{PQ}=8$ cm
한 원에서 반지름의 길이는 같으므로
$\overline{OR}=\overline{OQ}=5$ cm
∴ (색칠한 부분의 둘레의 길이)$=\overline{PQ}+\overline{PR}+\overline{OQ}+\overline{OR}$
  $=8+8+5+5=26(cm)$

43 답 120°

△ABC가 정삼각형이므로 $\overline{AB}=\overline{BC}=\overline{CA}$
한 원에서 현의 길이가 같으면 그 중심각의 크기도 같으므로
$∠AOB=∠BOC=∠COA$
이때 $∠AOB+∠BOC+∠COA=360°$이므로
$3∠AOB=360°$ ∴ $∠AOB=120°$
따라서 $\widehat{AB}$에 대한 중심각의 크기는 120°이다.

44 답 5 cm

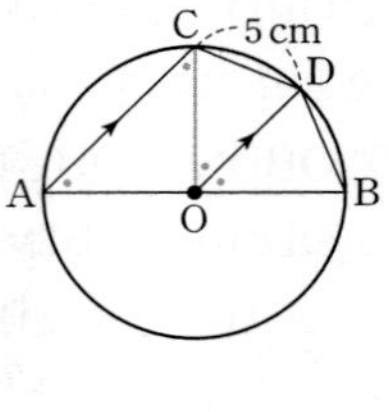

$\overline{AC}∥\overline{OD}$이므로
$∠OAC=∠BOD$ (동위각) ⋯(i)
오른쪽 그림과 같이 $\overline{OC}$를 그으면
△AOC에서 $\overline{OA}=\overline{OC}$이므로
$∠OCA=∠OAC$ ⋯(ii)
이때 $∠COD=∠OCA$ (엇각)이므로
$∠COD=∠BOD$
크기가 같은 중심각에 대한 현의 길이는 같으므로
$\overline{BD}=\overline{CD}=5$ cm ⋯(iii)

채점 기준	
(i) $∠OAC=∠BOD$임을 보이기	30%
(ii) $∠OCA=∠OAC$임을 보이기	30%
(iii) $\overline{BD}$의 길이 구하기	40%

45 답 ㄱ, ㄷ

ㄱ. 크기가 같은 중심각에 대한 현의 길이는 같으므로
$\overline{AB}=\overline{CD}=\overline{DE}$
ㄴ. 현의 길이는 중심각의 크기에 정비례하지 않으므로
$\overline{AB}≠\dfrac{1}{2}\overline{CE}$이다. 이때 $\overline{AB}>\dfrac{1}{2}\overline{CE}$이다.
ㄷ. 부채꼴의 호의 길이는 중심각의 크기에 정비례하므로
$\widehat{AB}=\dfrac{1}{2}\widehat{CE}$
ㄹ. $2×(△AOB의 넓이)=(△AOB의 넓이)+(△AOB의 넓이)$
  $=(△COD의 넓이)+(△DOE의 넓이)$
  $>(△COE의 넓이)$
∴ $(△COE의 넓이)<2×(△AOB의 넓이)$
따라서 옳은 것은 ㄱ, ㄷ이다.

46 답 ②

② 현의 길이는 중심각의 크기에 정비례하지 않는다.

47 답 ①, ⑤

① 부채꼴의 호의 길이는 중심각의 크기에 정비례하므로

$\overset{\frown}{AB} : \overset{\frown}{CD} = 80° : 40°$에서

$\overset{\frown}{AB} : \overset{\frown}{CD} = 2 : 1$ ∴ $\overset{\frown}{AB} = 2\overset{\frown}{CD}$

②, ③, ⑤ 오른쪽 그림에서

$\overline{AB} < 2\overline{CD}$

($\triangle AOB$의 넓이) < $2 \times$ ($\triangle COD$의 넓이)

따라서 옳은 것은 ①, ⑤이다.

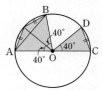

---

03 부채꼴의 호의 길이와 넓이

유형 모아 보기 & 완성하기
115~122쪽

48 답 $10\pi\,cm$, $15\pi\,cm^2$

(색칠한 부분의 둘레의 길이)

$= 2\pi \times 5 \times \dfrac{1}{2} + 2\pi \times 3 \times \dfrac{1}{2} + 2\pi \times 2 \times \dfrac{1}{2}$

$= 5\pi + 3\pi + 2\pi = 10\pi\,(cm)$

(색칠한 부분의 넓이)

$= \pi \times 5^2 \times \dfrac{1}{2} + \pi \times 3^2 \times \dfrac{1}{2} - \pi \times 2^2 \times \dfrac{1}{2}$

$= \dfrac{25}{2}\pi + \dfrac{9}{2}\pi - 2\pi = 15\pi\,(cm^2)$

49 답 $6\pi\,cm$, $24\pi\,cm^2$

(부채꼴의 호의 길이) $= 2\pi \times 8 \times \dfrac{135}{360} = 6\pi\,(cm)$

(부채꼴의 넓이) $= \pi \times 8^2 \times \dfrac{135}{360} = 24\pi\,(cm^2)$

50 답 $5\pi\,cm^2$

(부채꼴의 넓이) $= \dfrac{1}{2} \times 5 \times 2\pi = 5\pi\,(cm^2)$

51 답 $(5\pi+6)\,cm$

(색칠한 부분의 둘레의 길이)

$= 2\pi \times 9 \times \dfrac{60}{360} + 2\pi \times 6 \times \dfrac{60}{360} + (9-6) \times 2$

$= 3\pi + 2\pi + 6 = 5\pi + 6\,(cm)$

52 답 $(8\pi-16)\,cm^2$

구하는 넓이는 오른쪽 그림의 색칠한 부분의
넓이의 8배와 같으므로

$\left(\pi \times 2^2 \times \dfrac{90}{360} - \dfrac{1}{2} \times 2 \times 2 \right) \times 8$

$= (\pi-2) \times 8 = 8\pi - 16\,(cm^2)$

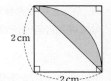

53 답 $50\,cm^2$

오른쪽 그림과 같이 이동시키면 구하는 넓이는
두 변의 길이가 $10\,cm$인 직각이등변삼각형의
넓이와 같으므로

$\dfrac{1}{2} \times 10 \times 10 = 50\,(cm^2)$

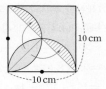

54 답 $\dfrac{3}{2}\pi\,cm$

색칠한 두 부분의 넓이가 같으므로 직사각형 ABCD의 넓이와 부채
꼴 ABE의 넓이가 같다.

따라서 $6 \times \overline{AD} = \pi \times 6^2 \times \dfrac{90}{360}$이므로

$6\overline{AD} = 9\pi$ ∴ $\overline{AD} = \dfrac{3}{2}\pi\,(cm)$

55 답 $18\pi\,cm^2$

(색칠한 부분의 넓이)

= (부채꼴 B′AB의 넓이) + (지름이 $\overline{AB'}$인 반원의 넓이)

  − (지름이 $\overline{AB}$인 반원의 넓이)

= (부채꼴 B′AB의 넓이)

$= \pi \times 12^2 \times \dfrac{45}{360}$

$= 18\pi\,(cm^2)$

56 답 (1) $18\pi\,cm$ (2) $27\pi\,cm^2$

(1) (색칠한 부분의 둘레의 길이)

$= 2\pi \times 9 \times \dfrac{1}{2} + 2\pi \times 6 \times \dfrac{1}{2} + 2\pi \times 3 \times \dfrac{1}{2}$

$= 9\pi + 6\pi + 3\pi$

$= 18\pi\,(cm)$

(2) (색칠한 부분의 넓이)

$= \pi \times 9^2 \times \dfrac{1}{2} + \pi \times 3^2 \times \dfrac{1}{2} - \pi \times 6^2 \times \dfrac{1}{2}$

$= \dfrac{81}{2}\pi + \dfrac{9}{2}\pi - 18\pi$

$= 27\pi\,(cm^2)$

57 답 ②

(색칠한 부분의 넓이)

$= \pi \times 7^2 \times \dfrac{1}{2} - \pi \times 4^2 \times \dfrac{1}{2} - \pi \times 3^2 \times \dfrac{1}{2}$

$= \dfrac{49}{2}\pi - 8\pi - \dfrac{9}{2}\pi$

$= 12\pi\,(cm^2)$

58 답 $(13\pi+6)\,cm$

(색칠한 부분의 둘레의 길이)

$= 2\pi \times 8 \times \dfrac{1}{2} + 2\pi \times 5 \times \dfrac{1}{2} + (8-5) \times 2$

$= 13\pi + 6\,(cm)$

59 답 32π cm, 32π cm²

(색칠한 부분의 둘레의 길이)
= (원 O의 둘레의 길이)
  $+ (\stackrel{\frown}{AC} + \stackrel{\frown}{BD}) + (\stackrel{\frown}{AB} + \stackrel{\frown}{CD})$
= $2\pi \times 8 + 2\pi \times 6 + 2\pi \times 2$
= $16\pi + 12\pi + 4\pi = 32\pi$ (cm)

(색칠한 부분의 넓이)
= (원 O의 넓이) $-$ (지름이 $\overline{AC}$인 원의 넓이)
  $+$ (지름이 $\overline{AB}$인 원의 넓이)
= $\pi \times 8^2 - \pi \times 6^2 + \pi \times 2^2$
= $64\pi - 36\pi + 4\pi = 32\pi$ (cm²)

60 답 $(88\pi + 240)$ m²

(트랙의 넓이)
= (지름의 길이가 26 m인 원의 넓이)
  $-$ (지름의 길이가 18 m인 원의 넓이) $+$ (직사각형의 넓이) $\times 2$
= $\pi \times 13^2 - \pi \times 9^2 + (30 \times 4) \times 2$
= $169\pi - 81\pi + 240 = 88\pi + 240$ (m²)

61 답 ②

작은 원의 반지름의 길이를 r cm라 하면
$\pi r^2 = 9\pi$, $r^2 = 9 = 3^2$ ∴ $r = 3$
즉, 작은 원의 반지름의 길이는 3 cm이므로 큰 원의 반지름의 길이는
$3r = 3 \times 3 = 9$ (cm)
따라서 큰 원의 둘레의 길이는 $2\pi \times 9 = 18\pi$ (cm)

62 답 7π cm, 21π cm²

(부채꼴의 호의 길이) $= 2\pi \times 6 \times \dfrac{210}{360} = 7\pi$ (cm)

(부채꼴의 넓이) $= \pi \times 6^2 \times \dfrac{210}{360} = 21\pi$ (cm²)

63 답 B

두 조각 피자 A, B의 넓이를 각각 구하면
(조각 피자 A의 넓이) $= \pi \times 8^2 \times \dfrac{40}{360} = \dfrac{64}{9}\pi$ (cm²)
(조각 피자 B의 넓이) $= \pi \times 10^2 \times \dfrac{30}{360} = \dfrac{25}{3}\pi$ (cm²)
따라서 조각 피자 B의 양이 더 많다.

64 답 ③

부채꼴의 반지름의 길이를 r cm라 하면
$2\pi r \times \dfrac{30}{360} = \pi$, $\dfrac{1}{6}\pi r = \pi$ ∴ $r = 6$
즉, 부채꼴의 반지름의 길이는 6 cm이다.
따라서 부채꼴의 둘레의 길이는 $\pi + 6 \times 2 = \pi + 12$ (cm)

65 답 $\dfrac{15}{2}\pi$ cm²

정오각형의 한 내각의 크기는 $\dfrac{180° \times (5-2)}{5} = 108°$

따라서 색칠한 부분의 넓이는 $\pi \times 5^2 \times \dfrac{108}{360} = \dfrac{15}{2}\pi$ (cm²)

참고 정n각형의 한 내각의 크기 ⇨ $\dfrac{180° \times (n-2)}{n}$

66 답 ②

부채꼴의 호의 길이는 중심각의 크기에 정비례하므로
$\angle BOC = 360° \times \dfrac{5}{3+5+7} = 360° \times \dfrac{1}{3} = 120°$
따라서 부채꼴 BOC의 호의 길이는
$2\pi \times 4 \times \dfrac{120}{360} = \dfrac{8}{3}\pi$ (cm)

다른 풀이
원의 둘레의 길이는 $2\pi \times 4 = 8\pi$ (cm)
따라서 부채꼴 BOC의 호의 길이는
$8\pi \times \dfrac{5}{3+5+7} = 8\pi \times \dfrac{1}{3} = \dfrac{8}{3}\pi$ (cm)

67 답 90π cm²

정삼각형 ABC의 한 내각의 크기는 $60°$이고
세 원의 반지름의 길이는 각각 $\dfrac{12}{2} = 6$ (cm)이므로
(색칠한 부분의 넓이) $= \left(\pi \times 6^2 \times \dfrac{300}{360}\right) \times 3$
$= 30\pi \times 3 = 90\pi$ (cm²)

68 답 ①

(부채꼴의 넓이) $= \dfrac{1}{2} \times 16 \times 4\pi$
$= 32\pi$ (cm²)

69 답 10π cm

부채꼴의 호의 길이를 l cm라 하면
$\dfrac{1}{2} \times 12 \times l = 60\pi$
$6l = 60\pi$ ∴ $l = 10\pi$
따라서 부채꼴의 호의 길이는 10π cm이다.

다른 풀이
부채꼴의 중심각의 크기를 $x°$라 하면
$\pi \times 12^2 \times \dfrac{x}{360} = 60\pi$
$\dfrac{2}{5}\pi x = 60\pi$ ∴ $x = 150$
즉, 부채꼴의 중심각의 크기는 $150°$이다.
따라서 부채꼴의 호의 길이는
$2\pi \times 12 \times \dfrac{150}{360} = 10\pi$ (cm)

70 답 $120°$

부채꼴의 반지름의 길이를 r cm라 하면
$\dfrac{1}{2} \times r \times 2\pi = 3\pi$ ∴ $r = 3$
즉, 부채꼴의 반지름의 길이는 3 cm이다.
이때 부채꼴의 중심각의 크기를 $x°$라 하면
$\pi \times 3^2 \times \dfrac{x}{360} = 3\pi$ ∴ $x = 120$
따라서 부채꼴의 중심각의 크기는 $120°$이다.

71 답 ③

(색칠한 부분의 둘레의 길이)

$=2\pi\times12\times\dfrac{120}{360}+2\pi\times8\times\dfrac{120}{360}+4\times2$

$=8\pi+\dfrac{16}{3}\pi+8=\dfrac{40}{3}\pi+8\,(\text{cm})$

72 답 $(8\pi+8)\,\text{cm}$

(색칠한 부분의 둘레의 길이)$=2\pi\times8\times\dfrac{90}{360}+2\pi\times4\times\dfrac{1}{2}+8$

$=4\pi+4\pi+8=8\pi+8\,(\text{cm})$

73 답 $(8\pi+12)\,\text{cm}$

(색칠한 부분의 둘레의 길이)

$=2\pi\times6\times\dfrac{1}{2}+2\pi\times12\times\dfrac{30}{360}+12$ ⋯ (ⅰ)

$=6\pi+2\pi+12=8\pi+12\,(\text{cm})$ ⋯ (ⅱ)

채점 기준	
(ⅰ) 색칠한 부분의 둘레의 길이를 구하는 식 세우기	50%
(ⅱ) 색칠한 부분의 둘레의 길이 구하기	50%

74 답 $8\pi\,\text{cm}$

오른쪽 그림과 같이 $\overline{OA}$, $\overline{OB}$, $\overline{O'A}$, $\overline{O'B}$를 긋자. 두 원 O, O'의 반지름의 길이가 6cm 이므로 $\overline{OA}=\overline{O'A}=\overline{OO'}=6\,\text{cm}$

즉, △AOO'은 정삼각형이므로 $\angle AOO'=60°$

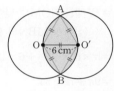

같은 방법으로 하면 △BOO'도 정삼각형이므로 $\angle BOO'=60°$

∴ $\angle AOB=\angle AO'B=60°+60°=120°$

따라서 색칠한 부분의 둘레의 길이는 부채꼴 AOB의 호의 길이의 2배 와 같으므로

$\left(2\pi\times6\times\dfrac{120}{360}\right)\times2=8\pi\,(\text{cm})$

75 답 $(18\pi-36)\,\text{cm}^2$

구하는 넓이는 오른쪽 그림의 색칠한 부분의 넓이의 8배와 같으므로

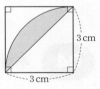

$\left(\pi\times3^2\times\dfrac{90}{360}-\dfrac{1}{2}\times3\times3\right)\times8$

$=\left(\dfrac{9}{4}\pi-\dfrac{9}{2}\right)\times8=18\pi-36\,(\text{cm}^2)$

76 답 ③

(색칠한 부분의 넓이)$=\pi\times16^2\times\dfrac{45}{360}-\pi\times8^2\times\dfrac{45}{360}$

$=32\pi-8\pi=24\pi\,(\text{cm}^2)$

77 답 ④

구하는 넓이는 오른쪽 그림의 색칠한 부분의 넓이의 2배와 같으므로

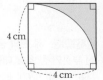

$\left(4\times4-\pi\times4^2\times\dfrac{90}{360}\right)\times2$

$=(16-4\pi)\times2=32-8\pi\,(\text{cm}^2)$

78 답 $(36-6\pi)\,\text{cm}^2$

오른쪽 그림에서 $\overline{EB}=\overline{EC}=\overline{BC}=6\,\text{cm}$이므로 △EBC는 정삼각형이다.

∴ $\angle ABE=\angle DCE$
$=90°-60°=30°$

∴ (색칠한 부분의 넓이)

$=(\text{정사각형 ABCD의 넓이})-(\text{부채꼴 ABE의 넓이})\times2$

$=6\times6-\left(\pi\times6^2\times\dfrac{30}{360}\right)\times2=36-6\pi\,(\text{cm}^2)$

79 답 $8\pi\,\text{cm}$, $(8\pi-16)\,\text{cm}^2$

(색칠한 부분의 둘레의 길이)

$=(\text{반지름의 길이가 8\,cm인 부채꼴의 호의 길이})$
　$+(\text{반지름의 길이가 4\,cm인 부채꼴의 호의 길이})\times2$

$=2\pi\times8\times\dfrac{90}{360}+\left(2\pi\times4\times\dfrac{90}{360}\right)\times2$

$=4\pi+4\pi=8\pi\,(\text{cm})$ ⋯ (ⅰ)

(색칠한 부분의 넓이)

$=(\text{반지름의 길이가 8\,cm인 부채꼴의 넓이})$
　$-(\text{반지름의 길이가 4\,cm인 부채꼴의 넓이})\times2$
　$-(\text{한 변의 길이가 4\,cm인 정사각형의 넓이})$

$=\pi\times8^2\times\dfrac{90}{360}-\left(\pi\times4^2\times\dfrac{90}{360}\right)\times2-4\times4$

$=16\pi-8\pi-16$

$=8\pi-16\,(\text{cm}^2)$ ⋯ (ⅱ)

채점 기준	
(ⅰ) 색칠한 부분의 둘레의 길이 구하기	50%
(ⅱ) 색칠한 부분의 넓이 구하기	50%

80 답 $\left(\dfrac{25}{4}\pi-\dfrac{25}{2}\right)\,\text{cm}^2$

오른쪽 그림과 같이 이동시키면 구하는 넓이는

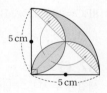

$\pi\times5^2\times\dfrac{90}{360}-\dfrac{1}{2}\times5\times5$

$=\dfrac{25}{4}\pi-\dfrac{25}{2}\,(\text{cm}^2)$

81 답 $32\,\text{cm}^2$

오른쪽 그림과 같이 이동시키면 구하는 넓이는 가로의 길이가 4cm, 세로의 길이가 8cm인 직사각형의 넓이와 같으므로

$4\times8=32\,(\text{cm}^2)$

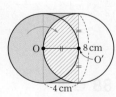

82 답 ③

오른쪽 그림과 같이 이동시키면 구하는 넓이는 한 변의 길이가 5cm인 정사각형 2개의 넓이와 같으므로

$(5\times5)\times2=50\,(\text{cm}^2)$

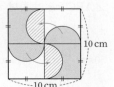

83 답 ④

오른쪽 그림과 같이 이동시키면 구하는 넓이는

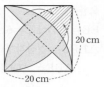

$$\left(\pi \times 20^2 \times \frac{90}{360} - \frac{1}{2} \times 20 \times 20\right) \times 2$$
$$= (100\pi - 200) \times 2$$
$$= 200\pi - 400 (\text{cm}^2)$$

84 답 18 cm²

오른쪽 그림과 같이 이동시키면 구하는
넓이는 사각형 ABCD의 넓이와 같으므로

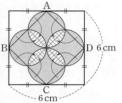

$$6 \times 6 - \left(\frac{1}{2} \times 3 \times 3\right) \times 4 = 36 - 18$$
$$= 18 (\text{cm}^2)$$

다른 풀이

사각형 ABCD는 네 변의 길이가 같은 마름모이므로 구하는 넓이는

$$\frac{1}{2} \times 6 \times 6 = 18 (\text{cm}^2)$$

85 답 $\frac{75}{2}\pi$ cm²

다트판의 색칠한 부분을 적당히 이동시키면 오른
쪽 그림과 같으므로 구하는 넓이는

$$\pi \times 10^2 \times \frac{3}{8} = \frac{75}{2}\pi (\text{cm}^2)$$

86 답 2π cm

색칠한 두 부분의 넓이가 같으므로 직사각형 ABCD의 넓이와 부채
꼴 ABE의 넓이가 같다.

따라서 $8 \times \overline{BC} = \pi \times 8^2 \times \frac{90}{360}$이므로

$$8\overline{BC} = 16\pi \qquad \therefore \overline{BC} = 2\pi (\text{cm})$$

87 답 $\pi - 2$

색칠한 두 부분의 넓이가 같으므로 직각삼각형 ABC의 넓이와 부채
꼴 ABD의 넓이가 같다.

$$\frac{1}{2} \times (x+2) \times 2 = \pi \times 2^2 \times \frac{90}{360}$$

$$x + 2 = \pi \qquad \therefore x = \pi - 2$$

88 답 ④

색칠한 두 부분의 넓이가 같으므로 반원 O의 넓이와 부채꼴 ABC
의 넓이가 같다.

∠ABC=$x°$라 하면

$$\pi \times 10^2 \times \frac{1}{2} = \pi \times 20^2 \times \frac{x}{360}$$

$$50\pi = \frac{10}{9}\pi x \qquad \therefore x = 45$$

$$\therefore \angle ABC = 45°$$

89 답 $\frac{16}{3}\pi$ cm²

(색칠한 부분의 넓이)

= (부채꼴 B′AB의 넓이) + (지름이 $\overline{AB'}$인 반원의 넓이)
  − (지름이 $\overline{AB}$인 반원의 넓이)

= (부채꼴 B′AB의 넓이)

$$= \pi \times 8^2 \times \frac{30}{360}$$

$$= \frac{16}{3}\pi (\text{cm}^2)$$

90 답 ②

(색칠한 부분의 넓이)

= (지름이 $\overline{AB}$인 반원의 넓이) + (지름이 $\overline{AC}$인 반원의 넓이)
  + (삼각형 ABC의 넓이) − (지름이 $\overline{BC}$인 반원의 넓이)

$$= \pi \times 2^2 \times \frac{1}{2} + \pi \times \left(\frac{3}{2}\right)^2 \times \frac{1}{2} + \frac{1}{2} \times 4 \times 3 - \pi \times \left(\frac{5}{2}\right)^2 \times \frac{1}{2}$$

$$= 2\pi + \frac{9}{8}\pi + 6 - \frac{25}{8}\pi$$

$$= 6 (\text{cm}^2)$$

91 답 $(9\pi + 18)$ cm²

(색칠한 부분의 넓이)

= (부채꼴 AOM의 넓이) + (사각형 ABNO의 넓이)
  − (삼각형 MBN의 넓이)

$$= \pi \times 6^2 \times \frac{90}{360} + 6 \times 12 - \frac{1}{2} \times 6 \times 18$$

$$= 9\pi + 72 - 54$$

$$= 9\pi + 18 (\text{cm}^2)$$

---

04 부채꼴의 호의 길이와 넓이의 활용

유형 모아 보기 & 완성하기   123~124쪽

92 답 $(10\pi + 30)$ cm

오른쪽 그림에서 끈의 최소 길이는

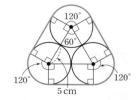

$$\left(2\pi \times 5 \times \frac{120}{360}\right) \times 3 + 10 \times 3$$
$$= 10\pi + 30 (\text{cm})$$

만렙비법 세 원의 중심을 꼭짓점으로 하는 삼각형은 정삼각형이므로 곡
선 부분인 한 호에 대한 중심각의 크기는
$360° - (90° + 60° + 90°) = 120°$

93 답 $(36\pi+360)\ \text{cm}^2$

원이 지나간 자리는 오른쪽 그림과 같고 부
채꼴을 모두 합하면 하나의 원이 되므로
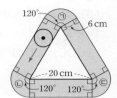
㉠+㉡+㉢$=\pi\times6^2=36\pi(\text{cm}^2)$
따라서 원이 지나간 자리의 넓이는
$36\pi+(20\times6)\times3=36\pi+360(\text{cm}^2)$

94 답 $\dfrac{8}{3}\pi\ \text{cm}$

오른쪽 그림에서 점 A가 움직인 거리는
중심각의 크기가 $120°$이고 반지름의 길이
가 4 cm인 부채꼴의 호의 길이와 같으므로
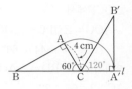
$2\pi\times4\times\dfrac{120}{360}=\dfrac{8}{3}\pi(\text{cm})$

95 답 $(14\pi+42)\ \text{cm}$

오른쪽 그림에서 끈의 최소 길이는
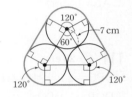
$\left(2\pi\times7\times\dfrac{120}{360}\right)\times3+14\times3$
$=14\pi+42(\text{cm})$

96 답 $(12\pi+72)\ \text{cm}$

오른쪽 그림에서 접착 테이프의 최소 길이는
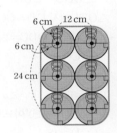
$\left(2\pi\times6\times\dfrac{90}{360}\right)\times4+12\times2+24\times2$
$=12\pi+24+48=12\pi+72(\text{cm})$

97 답 방법 A, 8 cm

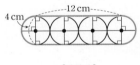
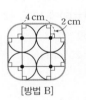

[방법 A]　　　[방법 B]

(방법 A의 끈의 최소 길이)$=\left(2\pi\times2\times\dfrac{1}{2}\right)\times2+12\times2$
$=4\pi+24(\text{cm})$

(방법 B의 끈의 최소 길이)$=\left(2\pi\times2\times\dfrac{90}{360}\right)\times4+4\times4$
$=4\pi+16(\text{cm})$

∴ (방법 A와 방법 B의 끈의 길이의 차)
$=(4\pi+24)-(4\pi+16)=8(\text{cm})$

따라서 방법 A가 끈이 8 cm 더 필요하다.

98 답 $(64\pi+384)\ \text{cm}^2$

원이 지나간 자리는 오른쪽 그림과 같고 부채
꼴을 모두 합하면 하나의 원이 되므로
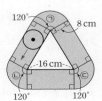
㉠+㉡+㉢$=\pi\times8^2=64\pi(\text{cm}^2)$
따라서 원이 지나간 자리의 넓이는
$64\pi+(16\times8)\times3=64\pi+384(\text{cm}^2)$

99 답 $(16\pi+136)\ \text{cm}^2$

원이 지나간 자리는 오른쪽 그림과 같고 부채
꼴을 모두 합하면 하나의 원이 되므로
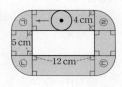
㉠+㉡+㉢+㉣$=\pi\times4^2=16\pi(\text{cm}^2)$
따라서 원이 지나간 자리의 넓이는
$16\pi+(5\times4)\times2+(12\times4)\times2$
$=16\pi+40+96=16\pi+136(\text{cm}^2)$

100 답 $5\pi\ \text{cm}$

오른쪽 그림에서 점 A가 움직인 거리
는 중심각의 크기가 $150°$이고 반지름의
길이가 6 cm인 부채꼴의 호의 길이와
같으므로
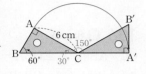
$2\pi\times6\times\dfrac{150}{360}=5\pi(\text{cm})$

101 답 $12\pi\ \text{cm}$

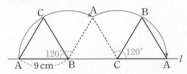

위의 그림에서 점 A가 움직인 거리는 중심각의 크기가 $120°$이고 반
지름의 길이가 9 cm인 부채꼴의 호의 길이의 2배와 같으므로
$\left(2\pi\times9\times\dfrac{120}{360}\right)\times2=12\pi(\text{cm})$

Pick 점검하기 125~128쪽

102 답 ⑤

⑤ 반원일 때는 부채꼴과 활꼴이 같으므로 그 넓이가 같다.

103 답 20 cm

원에서 길이가 가장 긴 현은 지름이므로 반지름의 길이가 10 cm인
원에서 가장 긴 현의 길이는
$10\times2=20(\text{cm})$

104 답 (1) $150°$ (2) 15 cm

(1) ∠DOE$=$∠AOB$=2\angle a$(맞꼭지각)
　　이때 ∠COE$=180°-90°=90°$이므로
　　$(3\angle a+15°)+2\angle a=90°$
　　$5\angle a=75°$　∴ $\angle a=15°$
　　∴ ∠AOE$=180°-$∠AOB
　　　　　　$=180°-2\angle a$
　　　　　　$=180°-2\times15°=150°$

(2) 부채꼴의 호의 길이는 중심각의 크기에 정비례하므로
　　$\overarc{AB}:\overarc{AE}=$∠AOB : ∠AOE에서
　　$3:\overarc{AE}=30°:150°$
　　$3:\overarc{AE}=1:5$　∴ $\overarc{AE}=15(\text{cm})$

105 답 ①, ⑤

① 부채꼴의 호의 길이는 중심각의 크기에 정비례하므로

$\angle AOC : \angle BOC = \overarc{AC} : \overarc{BC} = 1 : 3$

② $\angle BOC = 180° \times \dfrac{3}{1+3} = 180° \times \dfrac{3}{4} = 135°$

③, ④ $\overline{OB} = \overline{OC}$이므로 $\angle OBC = \angle OCB$

⑤ $\triangle OBC$에서 $\overline{OB} = \overline{OC}$이므로

$\angle OBC = \dfrac{1}{2} \times (180° - 135°) = 22.5°$

따라서 옳지 않은 것은 ①, ⑤이다.

106 답 $8\pi\,cm$

$\overline{OC} /\!/ \overline{AB}$이므로 $\angle OBA = \angle BOC = 45°$ (엇각)

$\triangle OAB$에서 $\overline{OA} = \overline{OB}$이므로

$\angle OAB = \angle OBA = 45°$

$\therefore \angle AOB = 180° - (45° + 45°) = 90°$

따라서 $\overarc{AB} : \overarc{BC} = \angle AOB : \angle BOC$에서

$\overarc{AB} : 4\pi = 90° : 45°$

$\overarc{AB} : 4\pi = 2 : 1$ $\therefore \overarc{AB} = 8\pi\,(cm)$

107 답 8배

$\triangle ODC$에서 $\overline{OC} = \overline{OD}$이므로

$\angle OCD = \dfrac{1}{2} \times (180° - 144°) = 18°$

$\overline{AB} /\!/ \overline{CD}$이므로 $\angle AOC = \angle OCD = 18°$ (엇각)

따라서 $\overarc{AC} : \overarc{CD} = \angle AOC : \angle COD$에서

$\overarc{AC} : \overarc{CD} = 18° : 144°$

$\overarc{AC} : \overarc{CD} = 1 : 8$ $\therefore \overarc{CD} = 8\overarc{AC}$

따라서 $\overarc{CD}$의 길이는 $\overarc{AC}$의 길이의 8배이다.

108 답 $40\,cm$

$\overline{AD} /\!/ \overline{OC}$이므로

$\angle OAD = \angle BOC = 15°$ (동위각)

오른쪽 그림과 같이 $\overline{OD}$를 그으면

$\triangle AOD$에서 $\overline{OA} = \overline{OD}$이므로

$\angle ODA = \angle OAD = 15°$

$\therefore \angle AOD = 180° - (15° + 15°) = 150°$

$\overline{AD} /\!/ \overline{OC}$이므로 $\angle COD = \angle ODA = 15°$ (엇각)

따라서 $\overarc{AD} : \overarc{CD} = \angle AOD : \angle COD$에서

$\overarc{AD} : 4 = 150° : 15°$, $\overarc{AD} : 4 = 10 : 1$

$\therefore \overarc{AD} = 40\,(cm)$

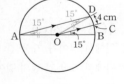

109 답 ④

오른쪽 그림과 같이 $\overline{OC}$를 그으면

$\triangle AOC$에서 $\overline{OA} = \overline{OC}$이므로

$\angle OCA = \angle OAC = 20°$

$\therefore \angle AOC = 180° - (20° + 20°) = 140°$

$\angle BOC = 180° - 140° = 40°$

$\therefore \overarc{AC} : \overarc{BC} = \angle AOC : \angle BOC = 140° : 40° = 7 : 2$

110 답 $6\,cm$

$\triangle ODP$에서 $\overline{DO} = \overline{DP}$이므로

$\angle DOP = \angle DPO = 22°$

$\therefore \angle ODC = \angle DOP + \angle DPO$

$\qquad = 22° + 22° = 44°$

오른쪽 그림과 같이 $\overline{OC}$를 그으면

$\triangle OCD$에서 $\overline{OC} = \overline{OD}$이므로

$\angle OCD = \angle ODC = 44°$

$\triangle OCP$에서

$\angle AOC = \angle OPC + \angle OCP$

$\qquad = 22° + 44° = 66°$

따라서 $\overarc{AC} : \overarc{BD} = \angle AOC : \angle BOD$에서

$\overarc{AC} : 2 = 66° : 22°$

$\overarc{AC} : 2 = 3 : 1$

$\therefore \overarc{AC} = 6\,(cm)$

111 답 $20\,cm$

$\angle DPO = \angle a$라 하면 $\triangle DOP$에서 $\overline{DO} = \overline{DP}$이므로

$\angle DOP = \angle DPO = \angle a$

$\therefore \angle ODC = \angle DOP + \angle DPO = \angle a + \angle a = 2\angle a$

$\triangle OCD$에서 $\overline{OD} = \overline{OC}$이므로

$\angle OCD = \angle ODC = 2\angle a$

$\triangle OPC$에서

$\angle AOC = \angle OCP + \angle OPC = 2\angle a + \angle a = 3\angle a$

$3\angle a = 60°$ $\therefore \angle a = 20°$

즉, $\angle DOP = 20°$이므로

$\angle COD = 180° - (60° + 20°) = 100°$

따라서 $\overarc{AC} : \overarc{CD} = \angle AOC : \angle COD$에서

$12 : \overarc{CD} = 60° : 100°$, $12 : \overarc{CD} = 3 : 5$

$3\overarc{CD} = 60$

$\therefore \overarc{CD} = 20\,(cm)$

112 답 $120\,cm^2$

$\angle AOB + \angle COD = 15° + 75° = 90°$이므로

두 부채꼴 AOB와 COD의 넓이의 합은 중심각의 크기가 $90°$인 부채꼴의 넓이와 같다. 원 O의 넓이를 $S\,cm^2$라 하면 부채꼴의 넓이는 중심각의 크기에 정비례하므로

$30 : S = 90° : 360°$

$30 : S = 1 : 4$ $\therefore S = 120$

따라서 원 O의 넓이는 $120\,cm^2$이다.

다른 풀이

원 O의 반지름의 길이를 $r\,cm$라 하면

두 부채꼴 AOB와 COD의 넓이의 합이 $30\,cm^2$이므로

$\pi r^2 \times \dfrac{15}{360} + \pi r^2 \times \dfrac{75}{360} = 30$에서

$\dfrac{1}{4}\pi r^2 = 30$ $\therefore \pi r^2 = 120$

따라서 원 O의 넓이는 $120\,cm^2$이다.

113 답 $24\ \text{cm}^2$

$\angle AOB : \angle COD = \overparen{AB} : \overparen{CD} = 15 : 8$

부채꼴 COD의 넓이를 $S\ \text{cm}^2$라 하면 부채꼴의 넓이는 중심각의 크기에 정비례하므로

$45 : S = 15 : 8$

$15S = 360$ ∴ $S = 24$

따라서 부채꼴 COD의 넓이는 $24\ \text{cm}^2$이다.

114 답 $30\ \text{cm}$

$\overparen{AB} = \overparen{BC}$이므로 $\angle AOB = \angle BOC$

크기가 같은 중심각에 대한 현의 길이는 같으므로

$\overline{BC} = \overline{AB} = 6\ \text{cm}$

한 원에서 반지름의 길이는 같으므로

$\overline{OC} = \overline{OA} = 9\ \text{cm}$

∴ (색칠한 부분의 둘레의 길이) $= \overline{OA} + \overline{AB} + \overline{BC} + \overline{OC}$

$= 9 + 6 + 6 + 9 = 30\ (\text{cm})$

115 답 ②, ④

① 크기가 같은 중심각에 대한 현의 길이는 같으므로

$\overline{AB} = \overline{BC} = \overline{CD}$

② $\angle AOB = \angle BOC = \angle COD = 180° \times \dfrac{1}{3} = 60°$

즉, $\angle AOC = 60° + 60° = 120°$이므로

$\overparen{AC} : \overparen{CD} = 120° : 60°$

$\overparen{AC} : \overparen{CD} = 2 : 1$ ∴ $\overparen{AC} = 2\overparen{CD}$

③ $\triangle BOC$에서 $\overline{OB} = \overline{OC}$이므로

$\angle OBC = \angle OCB = \dfrac{1}{2} \times (180° - 60°) = 60°$

이때 $\angle OBC = \angle AOB = 60°$(엇각)이므로 $\overline{BC}\,/\!/\,\overline{AD}$이다.

④ 현의 길이는 중심각의 크기에 정비례하지 않으므로

$\overline{BD} \neq 2\overline{AB}$이다. 이때 $\overline{BD} < 2\overline{AB}$이다.

⑤ $\triangle AOB$와 $\triangle COD$에서

$\overline{AO} = \overline{CO}$, $\overline{BO} = \overline{DO}$, $\angle AOB = \angle COD$

∴ $\triangle AOB \equiv \triangle COD$ (SAS 합동)

따라서 옳지 않은 것은 ②, ④이다.

116 답 ②, ④

① $\overline{AB} < 6\overline{BC}$

② $\overparen{AC} : \overparen{BC} = \angle AOC : \angle BOC = 75° : 15° = 5 : 1$이므로

$\overparen{AC} = 5\overparen{BC}$

③ $\overparen{AB} : \overparen{BC} = \angle AOB : \angle BOC = 90° : 15° = 6 : 1$이므로

$\overparen{BC} = \dfrac{1}{6}\overparen{AB}$

④ $\overparen{AB} : \overparen{AC} = \angle AOB : \angle AOC = 90° : 75° = 6 : 5$이므로

$5\overparen{AB} = 6\overparen{AC}$

⑤ 삼각형의 넓이는 중심각의 크기에 정비례하지 않으므로

$(\triangle AOB$의 넓이$) \neq 6 \times (\triangle BOC$의 넓이$)$

따라서 옳은 것은 ②, ④이다.

117 답 $40\pi\ \text{cm}$, $48\pi\ \text{cm}^2$

(색칠한 부분의 둘레의 길이) $= 2\pi \times 10 + 2\pi \times 6 + 2\pi \times 4$

$= 20\pi + 12\pi + 8\pi$

$= 40\pi\ (\text{cm})$

(색칠한 부분의 넓이) $= \pi \times 10^2 - \pi \times 6^2 - \pi \times 4^2$

$= 100\pi - 36\pi - 16\pi$

$= 48\pi\ (\text{cm}^2)$

118 답 $18\pi\ \text{cm}$, $27\pi\ \text{cm}^2$

(색칠한 부분의 둘레의 길이) $= (\overparen{AC} + \overparen{BD}) + (\overparen{AB} + \overparen{CD})$

$= 2\pi \times 6 + 2\pi \times 3$

$= 12\pi + 6\pi$

$= 18\pi\ (\text{cm})$

(색칠한 부분의 넓이) $= \pi \times 6^2 - \pi \times 3^2$

$= 36\pi - 9\pi$

$= 27\pi\ (\text{cm}^2)$

119 답 $\dfrac{74}{5}\pi\ \text{cm}^2$

정팔각형의 한 내각의 크기는 $\dfrac{180° \times (8-2)}{8} = 135°$,

정오각형의 한 내각의 크기는 $\dfrac{180° \times (5-2)}{5} = 108°$,

정사각형의 한 내각의 크기는 $90°$이므로

색칠한 부분은 반지름의 길이가 $4\ \text{cm}$이고 중심각의 크기가

$135° + 108° + 90° = 333°$인 부채꼴이다.

∴ (색칠한 부분의 넓이) $= \pi \times 4^2 \times \dfrac{333}{360}$

$= \dfrac{74}{5}\pi\ (\text{cm}^2)$

120 답 ③

(색칠한 부분의 둘레의 길이)

$= 2\pi \times 12 \times \dfrac{240}{360} + 2\pi \times 3 \times \dfrac{240}{360} + (12-3) \times 2$

$= 16\pi + 4\pi + 18$

$= 20\pi + 18\ (\text{m})$

121 답 ①

오른쪽 그림에서

$\overline{EB} = \overline{EC} = \overline{BC} = 3\ \text{cm}$이므로

$\triangle EBC$는 정삼각형이다.

∴ $\angle ABE = \angle DCE$

$= 90° - 60° = 30°$

∴ (색칠한 부분의 넓이)

$=$ (정사각형 ABCD의 넓이) $-$ (부채꼴 ABE의 넓이) $\times 2$

$= 3 \times 3 - \left(\pi \times 3^2 \times \dfrac{30}{360}\right) \times 2$

$= 9 - \dfrac{3}{2}\pi\ (\text{cm}^2)$

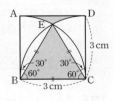

122 답 ㄱ과 ㅂ, ㄴ과 ㄹ, ㄷ과 ㅁ

보기의 그림을 다음 그림과 같이 이동시켜 색칠한 부분의 넓이를 구한다.

ㄱ. $8 \times 4 = 32 (\text{cm}^2)$

ㄴ. $\pi \times 4^2 \times \dfrac{1}{2} = 8\pi (\text{cm}^2)$

ㄷ. $8 \times 8 - \pi \times 4^2 = 64 - 16\pi (\text{cm}^2)$

ㄹ. $\left(\pi \times 4^2 \times \dfrac{90}{360} \right) \times 2 = 8\pi (\text{cm}^2)$

ㅁ. $\left\{ 4 \times 4 - \left(\pi \times 4^2 \times \dfrac{90}{360} \right) \right\} \times 4 = 64 - 16\pi (\text{cm}^2)$

ㅂ. $\dfrac{1}{2} \times 8 \times 8 = 32 (\text{cm}^2)$

따라서 색칠한 부분의 넓이가 같은 것을 짝 지으면 ㄱ과 ㅂ, ㄴ과 ㄹ, ㄷ과 ㅁ이다.

123 답 ③

오른쪽 그림과 같이 이동시키면 구하는 넓이는

(삼각형 AQP의 넓이)
+(정사각형 QBRP의 넓이)
−(부채꼴 BRP의 넓이)

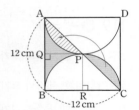

$= \dfrac{1}{2} \times 6 \times 6 + 6 \times 6 - \pi \times 6^2 \times \dfrac{90}{360}$

$= 18 + 36 - 9\pi = 54 - 9\pi (\text{cm}^2)$

124 답 $26 \, \text{cm}^2$

$\overline{AD} /\!/ \overline{OC}$이므로

∠OAD = ∠BOC = 25° (동위각)

△AOD에서 $\overline{OA} = \overline{OD}$이므로

∠ODA = ∠OAD = 25°

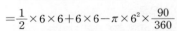

∴ ∠AOD = 180° − (25° + 25°) = 130°   ···(i)

부채꼴 AOD의 넓이를 $S \, \text{cm}^2$라 하면 부채꼴의 넓이는 중심각의 크기에 정비례하므로

$S : 5 = 130° : 25°$ ···(ii)

$S : 5 = 26 : 5$ ∴ $S = 26$

따라서 부채꼴 AOD의 넓이는 $26 \, \text{cm}^2$이다.   ···(iii)

채점 기준

(i) ∠AOD의 크기 구하기	50 %
(ii) 부채꼴의 넓이가 중심각의 크기에 정비례함을 이용하여 비례식 세우기	30 %
(iii) 부채꼴 AOD의 넓이 구하기	20 %

125 답 $(22\pi + 16) \, \text{cm}$

(색칠한 부분의 둘레의 길이)

$= 2\pi \times 8 \times \dfrac{270}{360} + 2\pi \times 5 + 8 \times 2$ ···(i)

$= 12\pi + 10\pi + 16$

$= 22\pi + 16 (\text{cm})$ ···(ii)

채점 기준

(i) 색칠한 부분의 둘레의 길이를 구하는 식 세우기	50 %
(ii) 색칠한 부분의 둘레의 길이 구하기	50 %

126 답 $(16\pi + 96) \, \text{cm}$

끈의 곡선 부분의 길이의 합은

$\left(2\pi \times 8 \times \dfrac{120}{360} \right) \times 3 = 16\pi (\text{cm})$ ···(i)

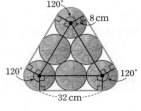

끈의 직선 부분의 길이의 합은

$32 \times 3 = 96 (\text{cm})$ ···(ii)

따라서 필요한 끈의 길이는

$16\pi + 96 (\text{cm})$ ···(iii)

채점 기준

(i) 끈의 곡선 부분의 길이의 합 구하기	40 %
(ii) 끈의 직선 부분의 길이의 합 구하기	40 %
(iii) 필요한 끈의 길이 구하기	20 %

만점 문제 뛰어넘기   129쪽

127 답 $12°$

$\widehat{AB} : \widehat{BC} = 13 : 9$에서 $\widehat{AB} = \dfrac{13}{9} \widehat{BC}$

$\widehat{BC} : \widehat{CD} = 3 : 1$에서 $\widehat{CD} = \dfrac{1}{3} \widehat{BC}$

$\widehat{AB} : \widehat{BC} : \widehat{CD} = \dfrac{13}{9} \widehat{BC} : \widehat{BC} : \dfrac{1}{3} \widehat{BC}$

$\qquad = \dfrac{13}{9} : 1 : \dfrac{1}{3}$

$\qquad = 13 : 9 : 3$

∴ ∠AOB : ∠BOC : ∠COD = $\widehat{AB} : \widehat{BC} : \widehat{CD}$ = 13 : 9 : 3

∴ ∠COD = ∠AOD $\times \dfrac{3}{13 + 9 + 3}$

$\qquad = 100° \times \dfrac{3}{25} = 12°$

128 답 $84\pi \, \text{cm}^2$

정육각형의 한 외각의 크기는 $\dfrac{360°}{6} = 60°$이고

$\overline{AF} = 6 \, \text{cm}$, $\overline{EG} = 6 + 6 = 12 (\text{cm})$, $\overline{DH} = 6 + 12 = 18 (\text{cm})$이므로

(색칠한 부분의 넓이)

=(부채꼴 AFG의 넓이)+(부채꼴 GEH의 넓이)
 +(부채꼴 HDI의 넓이)

$= \pi \times 6^2 \times \dfrac{60}{360} + \pi \times 12^2 \times \dfrac{60}{360} + \pi \times 18^2 \times \dfrac{60}{360}$

$= 6\pi + 24\pi + 54\pi$

$= 84\pi (\text{cm}^2)$

참고 정n각형의 한 외각의 크기는 ⇨ $\dfrac{360°}{n}$

129 답 $12\pi \text{ cm}^2$

$\overset{\frown}{\text{AC}} = \overset{\frown}{\text{CD}} = \overset{\frown}{\text{DB}}$이므로

$\angle \text{COD} = \angle \text{DOB} = 30°$

이때 $\overline{\text{OC}} = \overline{\text{DO}}$, $\angle \text{COE} = \angle \text{ODF} = 60°$,

$\angle \text{OCE} = \angle \text{DOF} = 30°$이므로

$\triangle \text{COE} \equiv \triangle \text{ODF}$ (ASA 합동)

∴ (색칠한 부분의 넓이)

$\quad$ = (부채꼴 COD의 넓이) + (삼각형 DOF의 넓이)

$\qquad$ − (삼각형 COE의 넓이)

$\quad$ = (부채꼴 COD의 넓이)

$\quad = \pi \times 12^2 \times \dfrac{30}{360}$

$\quad = 12\pi \,(\text{cm}^2)$

130 답 $(18\pi - 36) \text{ cm}^2$

(색칠한 부분의 넓이) = (직사각형 ABCD의 넓이)이므로

(직사각형 ABCD의 넓이) + (부채꼴 DCE의 넓이)

− (삼각형 ABE의 넓이)

= (직사각형 ABCD의 넓이)

즉, (부채꼴 DCE의 넓이) = (삼각형 ABE의 넓이)이므로

$\overline{\text{BC}} = x \text{ cm}$라 하면

$\pi \times 6^2 \times \dfrac{90}{360} = \dfrac{1}{2} \times (x + 6) \times 6$

$9\pi = 3(x + 6)$, $3x = 9\pi - 18$ $\quad \therefore x = 3\pi - 6$

∴ (색칠한 부분의 넓이) $= 6 \times (3\pi - 6) = 18\pi - 36 \,(\text{cm}^2)$

131 답 $6\pi \text{ cm}$

점 A는 다음 그림과 같이 움직인다.

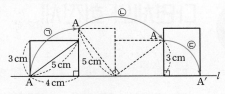

따라서 점 A가 움직인 거리는

$2\pi \times 4 \times \dfrac{90}{360} + 2\pi \times 5 \times \dfrac{90}{360} + 2\pi \times 3 \times \dfrac{90}{360}$

$\quad = 2\pi + \dfrac{5}{2}\pi + \dfrac{3}{2}\pi$

$\quad = 6\pi \,(\text{cm})$

132 답 $29\pi \text{ m}^2$

소가 최대한 움직일 수 있는 영역은 오른쪽 그림의 색칠한 부분과 같으므로 구하는 넓이는

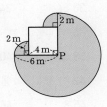

$\pi \times 6^2 \times \dfrac{270}{360} + \left(\pi \times 2^2 \times \dfrac{90}{360} \right) \times 2$

$\quad = 27\pi + 2\pi$

$\quad = 29\pi \,(\text{m}^2)$

01 ㄱ, ㄹ, ㅁ	**02** 37	**03** 30	**04** ②, ⑤
05 ①	**06** 오각뿔대	**07** ③, ⑤	**08** 칠면체
09 ③	**10** ③	**11** ②, ③	**12** 20
13 ③	**14** ③	**15** ④	**16** 8
17 ④	**18** 팔면체	**19** 12	**20** 66
21 ②	**22** ②	**23** ㄷ, ㅂ, ㅇ	**24** ㄴ, ㄷ
25 ④	**26** ②	**27** ②, ⑤	**28** ②
29 구각뿔	**30** ③	**31** 31	**32** ②, ⑤
33 34	**34** 점 B, 점 L	**35** 정육면체	
36 (1) ㄷ (2) ㄱ		**37** ㄱ, ㄷ	**38** ③
39 ⑤	**40** ④	**41** 정팔면체	
42 (1) 3, 4 (2) 풀이 참조		**43** ④	**44** ㄹ, ㄱ
45 8	**46** ③	**47** ③, ⑤	**48** ④
49 ③, ④	**50** (1) 점 H (2) $\overline{\text{ID}}$ (3) $\overline{\text{JA}}(\overline{\text{JI}})$, $\overline{\text{JB}}$, $\overline{\text{EI}}$, $\overline{\text{EH}}$		
51 5	**52** ②, ④	**53** ④	**54** 정사면체
55 ④	**56** 정팔면체	**57** ②	**58** 60°
59 ③	**60** ③	**61** ③	**62** $\overline{\text{BC}}$
63 ②	**64** $9\pi\,\text{cm}^2$	**65** $a=2, b=4, c=6\pi$	
66 ㄱ, ㄷ	**67** ④	**68** ①	**69** ⑤
70 ④	**71** ③	**72** ⑤	**73** ⑤
74 ㄷ	**75** ㄴ	**76** ①, ③	**77** ①
78 원뿔대	**79** ④	**80** ①	**81** $50\,\text{cm}^2$
82 $24\,\text{cm}^2$	**83** $40\,\text{cm}$	**84** $64\pi\,\text{cm}^2$	**85** ④
86 $\dfrac{144}{25}\pi\,\text{cm}^2$		**87** $a=3, b=6\pi, c=8$	
88 ①	**89** ⑤	**90** $2\,\text{cm}$	**91** $81\pi\,\text{cm}^2$
92 ㄱ, ㄹ	**93** ②	**94** ⑤	**95** 2
96 3	**97** ②	**98** 14	**99** ③
100 ③, ④	**101** ㄱ, ㄴ, ㄷ	**102** ③	
103 정이십면체		**104** ④	**105** $\overline{\text{DF}}$
106 ⑤	**107** ③, ⑤	**108** ㄱ, ㄹ	**109** ④
110 ①, ④	**111** 구각기둥	**112** $20\,\text{cm}^2$	
113 $(40\pi+40)\,\text{cm}$		**114** 구면체	**115** 풀이 참조
116 (1) 20 (2) 12		**117** ②	**118** ③
119 풀이 참조	**120** ③	**121** ②	**122** ④

01 다면체

유형 모아 보기 & 완성하기   132~137쪽

01 답 ㄱ, ㄹ, ㅁ

ㄴ. 평면도형이므로 다면체가 아니다.

ㄷ, ㅂ. 원 또는 곡면으로 둘러싸여 있으므로 다면체가 아니다.

따라서 다면체는 ㄱ, ㄹ, ㅁ이다.

02 답 37

육각뿔대의 면의 개수는

$6+2=8$이므로 $a=8$

팔각기둥의 모서리의 개수는

$8\times3=24$이므로 $b=24$

사각뿔의 꼭짓점의 개수는

$4+1=5$이므로 $c=5$

$\therefore a+b+c=8+24+5=37$

03 답 30

주어진 각기둥을 n각기둥이라 하면 꼭짓점의 개수가 14이므로

$2n=14$ $\therefore n=7$

즉, 주어진 각기둥은 칠각기둥이다.

칠각기둥의 면의 개수는

$7+2=9$이므로 $x=9$

칠각기둥의 모서리의 개수는

$7\times3=21$이므로 $y=21$

$\therefore x+y=9+21=30$

04 답 ②, ⑤

① 오각뿔 – 삼각형

③ 칠각뿔 – 삼각형

④ 오각뿔대 – 사다리꼴

따라서 다면체와 그 옆면의 모양을 바르게 짝 지은 것은 ②, ⑤이다.

05 답 ①

① 밑면의 개수는 1이다.

06 답 오각뿔대

㈏, ㈐에서 구하는 입체도형은 각뿔대이다.

구하는 입체도형을 n각뿔대라 하면 ㈎에서 칠면체이므로

$n+2=7$ $\therefore n=5$

따라서 구하는 입체도형은 오각뿔대이다.

07 답 ③, ⑤

① 평면도형이므로 다면체가 아니다.

②, ④ 원 또는 곡면으로 둘러싸여 있으므로 다면체가 아니다.

따라서 다각형인 면으로만 둘러싸인 입체도형, 즉 다면체인 것은 ③, ⑤이다.

08 답 칠면체

주어진 그림의 입체도형은 면의 개수가 7이므로 칠면체이다.

09 답 ③

① $6+2=8$ ② $6\times2=12$ ③ $7\times2=14$

④ $8\times3=24$ ⑤ $8\times2=16$

따라서 표의 빈칸에 들어갈 것으로 옳지 않은 것은 ③이다.

10 답 ③

③ 삼각뿔대의 면의 개수는 $3+2=5$이므로
   삼각뿔대는 오면체이다.

11 답 ②, ③

주어진 그림의 다면체는 면의 개수가 7이고, 각 다면체의 면의 개수는 다음과 같다.

① 6   ② 7   ③ 7   ④ 9   ⑤ 9

따라서 주어진 그림의 다면체와 면의 개수가 같은 것은 ②, ③이다.

12 답 20

십이각기둥의 모서리의 개수는

$12\times3=36$이므로 $a=36$ ⋯ (ⅰ)

팔각뿔의 모서리의 개수는

$8\times2=16$이므로 $b=16$ ⋯ (ⅱ)

$\therefore a-b=36-16=20$ ⋯ (ⅲ)

채점 기준	
(ⅰ) a의 값 구하기	40%
(ⅱ) b의 값 구하기	40%
(ⅲ) $a-b$의 값 구하기	20%

13 답 ③

① 10   ② 7   ③ 14   ④ 12   ⑤ 11

따라서 꼭짓점의 개수가 가장 많은 다면체는 ③이다.

14 답 ③

각 입체도형의 면의 개수와 모서리의 개수를 차례로 구하면 다음과 같다.

① 8, 18   ② 10, 24   ③ 10, 18

④ 11, 27   ⑤ 12, 30

따라서 면의 개수가 10이고 모서리의 개수가 18인 입체도형은 ③이다.

15 답 ④

각 다면체의 꼭짓점의 개수와 면의 개수를 차례로 구하면 다음과 같다.

① 6, 5   ② 8, 6   ③ 10, 7

④ 7, 7   ⑤ 8, 6

따라서 꼭짓점의 개수와 면의 개수가 같은 다면체는 ④이다.

다른 풀이

각기둥, 각뿔, 각뿔대 중 꼭짓점의 개수와 면의 개수가 같은 다면체는 각뿔이다. 따라서 보기의 다면체 중 꼭짓점의 개수와 면의 개수가 같은 다면체는 각뿔인 ④이다.

16 답 8

구각뿔을 밑면에 평행한 평면으로 자를 때 생기는 두 입체도형은 구각뿔과 구각뿔대이다.

구각뿔의 꼭짓점의 개수는

$9+1=10$

구각뿔대의 꼭짓점의 개수는

$9\times2=18$

따라서 두 입체도형의 꼭짓점의 개수의 차는

$18-10=8$

17 답 ④

주어진 각뿔을 n각뿔이라 하면 면의 개수가 8이므로

$n+1=8$ $\therefore n=7$

즉, 주어진 각뿔은 칠각뿔이다.

칠각뿔의 모서리의 개수는

$7\times2=14$이므로 $a=14$

칠각뿔의 꼭짓점의 개수는

$7+1=8$이므로 $b=8$

$\therefore a+b=14+8=22$

18 답 팔면체

주어진 각뿔대를 n각뿔대라 하면

$3n=18$ $\therefore n=6$

즉, 육각뿔대이므로 팔면체이다.

19 답 12

주어진 각뿔을 n각뿔이라 하면 모서리의 개수는 $2n$, 면의 개수는 $n+1$이므로

$2n-(n+1)=10$

$n-1=10$ $\therefore n=11$

즉, 주어진 각뿔은 십일각뿔이다.

따라서 구하는 꼭짓점의 개수는 $11+1=12$

20 답 66

십면체인 각기둥을 a각기둥이라 하면

$a+2=10$ $\therefore a=8$

즉, 팔각기둥이므로 모서리의 개수는

$8\times3=24$

십면체인 각뿔을 b각뿔이라 하면

$b+1=10$ $\therefore b=9$

즉, 구각뿔이므로 모서리의 개수는

$9\times2=18$

십면체인 각뿔대를 c각뿔대라 하면

$c+2=10$ $\therefore c=8$

즉, 팔각뿔대이므로 모서리의 개수는

$8\times3=24$

따라서 모서리의 개수의 합은

$24+18+24=66$

21 답 ②

② 삼각뿔 – 삼각형

22 답 ②

각 다면체의 옆면의 모양은 다음과 같다.

① 사다리꼴　　　　② 삼각형　　　　③ 직사각형

④ 직사각형　　　　⑤ 사다리꼴

따라서 옆면의 모양이 사각형이 아닌 것은 ②이다.

23 답 ㄷ, ㅂ, ㅇ

다면체는 ㄱ, ㄷ, ㄹ, ㅂ, ㅅ, ㅇ이고 각 다면체의 옆면의 모양은 다음과 같다.

ㄱ. 정사각형　　ㄷ, ㅂ, ㅇ. 삼각형　　ㄹ. 직사각형　　ㅅ. 사다리꼴

따라서 옆면의 모양이 삼각형인 다면체는 ㄷ, ㅂ, ㅇ이다.

24 답 ㄴ, ㄷ

ㄱ. 칠각뿔의 밑면의 개수는 1이다.

ㄷ. 칠각뿔의 꼭짓점은 7+1=8(개),

　　육각뿔의 꼭짓점은 6+1=7(개)

　　이므로 칠각뿔은 육각뿔보다 꼭짓점이 1개 더 많다.

ㄹ. 칠각뿔의 모서리의 개수는 $7 \times 2 = 14$,

　　오각뿔대의 모서리의 개수는 $5 \times 3 = 15$

　　이므로 모서리의 개수가 다르다.

따라서 옳은 것은 ㄴ, ㄷ이다.

25 답 ④

④ 육각기둥의 옆면의 모양은 직사각형이지만 모두 합동인 것은 아니다.

26 답 ②

① 각기둥의 밑면의 개수는 2이다.

③ 각뿔대를 밑면에 수직인 평면으로 자른 단면은 사다리꼴 또는 삼각형이다. 예를 들어 사각뿔대를 밑면에 수직인 평면으로 자른 단면은 오른쪽 그림과 같다.

④ 사각기둥은 육면체이다.

⑤ 팔각뿔의 모서리의 개수는 16이다.

따라서 옳은 것은 ②이다.

27 답 ②, ⑤

② n각뿔대의 모서리의 개수는 $3n$, 꼭짓점의 개수는 $2n$이므로 모서리의 개수와 꼭짓점의 개수는 다르다.

⑤ 각뿔대의 두 밑면은 모양은 같지만 크기는 다르다.

28 답 ②

㈎, ㈏에서 구하는 다면체는 각뿔대이다.

구하는 다면체를 n각뿔대라 하면 ㈐에서

$2n = 14$　　∴ $n = 7$

따라서 구하는 다면체는 칠각뿔대이다.

29 답 구각뿔

밑면의 개수가 1이고 옆면의 모양은 삼각형이므로 구하는 다면체는 각뿔이다.

구하는 다면체를 n각뿔이라 하면 면의 개수가 10이므로

$n + 1 = 10$　　∴ $n = 9$

따라서 구하는 다면체는 구각뿔이다.

30 답 ③

㈎, ㈏에서 주어진 다면체는 각기둥이다.

주어진 다면체를 n각기둥이라 하면 ㈐에서 모서리의 개수가 21이므로

$3n = 21$　　∴ $n = 7$

즉, 주어진 다면체는 칠각기둥이다.

따라서 칠각기둥의 꼭짓점의 개수는

$7 \times 2 = 14$

31 답 31

㈎, ㈏에서 주어진 입체도형은 각뿔이다.　　　　　… ⓐ

주어진 입체도형을 n각뿔이라 하면 ㈐에서 꼭짓점의 개수가 11이므로

$n + 1 = 11$　　∴ $n = 10$

즉, 주어진 입체도형은 십각뿔이다.　　　　　… ⓑ

십각뿔의 면의 개수는 $10 + 1 = 11$

십각뿔의 모서리의 개수는 $10 \times 2 = 20$　　… ⓒ

따라서 구하는 합은 $11 + 20 = 31$　　　　　… ⓓ

채점 기준

ⓐ 각뿔임을 알기	20 %
ⓑ 주어진 입체도형 구하기	30 %
ⓒ 입체도형의 면의 개수, 모서리의 개수 구하기	30 %
ⓓ 답 구하기	20 %

02 정다면체

유형 모아 보기 & 완성하기

138~143쪽

32 답 ②, ⑤

① 모든 면이 합동인 정다각형이고, 각 꼭짓점에 모인 면의 개수가 같은 다면체를 정다면체라 한다.

③ 정사면체는 평행한 면이 없다.

④ 면의 모양이 정오각형인 정다면체는 정십이면체이다.

따라서 옳은 것은 ②, ⑤이다.

33 답 **34**

정사면체의 꼭짓점의 개수는 4이므로 $a=4$
정십이면체의 모서리의 개수는 30이므로 $b=30$
∴ $a+b=4+30=34$

34 답 **점 B, 점 L**

주어진 전개도로 만들어지는 정육면체는 다음 그림과 같으므로 점 D와 겹치는 꼭짓점은 점 B와 점 L이다.

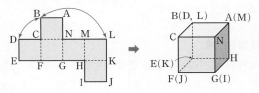

35 답 **정육면체**

정팔면체의 면의 개수는 8이므로 각 면의 중심을 꼭짓점으로 하여 만든 다면체는 꼭짓점의 개수가 8인 정다면체, 즉 정육면체이다.

36 답 (1) ㄷ (2) ㄱ

(1) 오른쪽 그림과 같이 네 점 A, B, G, H를 지나는 평면으로 자를 때 생기는 단면의 모양은 직사각형이다.

(2) 오른쪽 그림과 같이 세 점 B, D, G를 지나는 평면으로 자를 때 생기는 단면의 모양은 정삼각형이다.

37 답 ㄱ, ㄷ

ㄴ. 정다면체의 면의 모양은 정삼각형, 정사각형, 정오각형의 3가지이다.
ㄷ. 정삼각형인 면으로 이루어진 정다면체는 정사면체, 정팔면체, 정이십면체의 3가지이다.
ㄹ. 정육각형인 면으로 이루어진 정다면체는 없다.
ㅁ. 한 꼭짓점에 모인 면의 개수가 가장 많은 정다면체는 그 개수가 5인 정이십면체이다.
따라서 옳은 것은 ㄱ, ㄷ이다.

38 답 ③

정다면체는 정사면체, 정육면체, 정팔면체, 정십이면체, 정이십면체의 다섯 가지뿐이다.
따라서 정다면체가 아닌 것은 ③이다.

39 답 ⑤

① 정사면체 – 정삼각형 – 3   ② 정육면체 – 정사각형 – 3
③ 정팔면체 – 정삼각형 – 4   ④ 정십이면체 – 정오각형 – 3
따라서 정다면체와 그 면의 모양, 한 꼭짓점에 모인 면의 개수를 바르게 짝 지은 것은 ⑤이다.

40 답 ④

면의 모양이 정삼각형인 정다면체는
정사면체, 정팔면체, 정이십면체의 3가지이므로 $a=3$
한 꼭짓점에 모인 면의 개수가 3인 정다면체는
정사면체, 정육면체, 정십이면체의 3가지이므로 $b=3$
∴ $a+b=3+3=6$

41 답 **정팔면체**

㈎를 만족시키는 정다면체는 정사면체, 정팔면체, 정이십면체이고, 이 중 ㈏를 만족시키는 정다면체는 정팔면체이다.

42 답 (1) 3, 4 (2) 풀이 참조

(1) 꼭짓점 A에 모인 면의 개수는 3이고, 꼭짓점 B에 모인 면의 개수는 4이다.
(2) 주어진 다면체는 각 꼭짓점에 모인 면의 개수가 다르므로 정다면체가 아니다.

43 답 ④

④ 정십이면체의 꼭짓점의 개수는 20이다.

44 답 ㄹ, ㄱ

ㄱ. 4   ㄴ. 12   ㄷ. 8   ㄹ. 30   ㅁ. 12
따라서 그 값이 가장 큰 것은 ㄹ, 가장 작은 것은 ㄱ이다.

45 답 **8**

㈎, ㈏에서 모든 면이 합동인 정다각형이고, 각 꼭짓점에 모인 면의 개수가 같으므로 정다면체이다.
㈏에서 주어진 정다면체는 정이십면체이다.   ⋯ (i)
정이십면체의 면의 개수는 20이므로 $a=20$
정이십면체의 꼭짓점의 개수는 12이므로 $b=12$ ⋯ (ii)
∴ $a-b=20-12=8$ ⋯ (iii)

채점 기준	
(i) 조건을 만족시키는 정다면체 구하기	40%
(ii) a, b의 값 구하기	40%
(iii) $a-b$의 값 구하기	20%

46 답 ③

꼭짓점의 개수가 가장 많은 정다면체는 정십이면체이고, 정십이면체의 모서리의 개수는 30이므로 $a=30$
모서리의 개수가 가장 적은 정다면체는 정사면체이고, 정사면체의 면의 개수는 4이므로 $b=4$
∴ $a-b=30-4=26$

47 답 ③, ⑤

주어진 전개도로 만들어지는 정다면체는 오른쪽 그림과 같은 정육면체이다.
③ $\overline{FG}$와 겹치는 모서리는 $\overline{DC}$이다.
⑤ 면 ABEN과 면 GHIL은 한 직선에서 만난다.

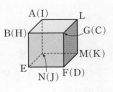

48 답 ④

주어진 전개도로 만들어지는 정사면체는 오른
쪽 그림과 같으므로 $\overline{AB}$와 겹치는 모서리는
$\overline{ED}$이다.

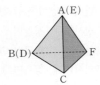

49 답 ③, ④

다음 그림에서 • 표시한 두 면이 겹치므로 정육면체가 만들어지지 않는다.

③   ④

50 답 (1) 점 H (2) $\overline{ID}$ (3) $\overline{JA(JI)}$, $\overline{JB}$, $\overline{EI}$, $\overline{EH}$

주어진 전개도로 만들어지는 정팔면체는
오른쪽 그림과 같다.

(1) 점 B와 겹치는 꼭짓점은 점 H이다.

(2) $\overline{BC}$와 평행한 모서리는 $\overline{ID}$이다.

(3) $\overline{CD}$와 꼬인 위치에 있는 모서리는 $\overline{JA}$,
$\overline{JB}$, $\overline{EI}$, $\overline{EH}$이다.

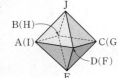

51 답 5

면 A와 마주 보는 면에 있는 점의 개수가 3이므로
$a=7-3=4$ ⋯ (ⅰ)

면 B와 마주 보는 면에 있는 점의 개수가 1이므로
$b=7-1=6$ ⋯ (ⅱ)

면 C와 마주 보는 면에 있는 점의 개수가 2이므로
$c=7-2=5$ ⋯ (ⅲ)

$\therefore a+b-c=4+6-5=5$ ⋯ (ⅳ)

채점 기준	
(ⅰ) a의 값 구하기	30 %
(ⅱ) b의 값 구하기	30 %
(ⅲ) c의 값 구하기	30 %
(ⅳ) $a+b-c$의 값 구하기	10 %

52 답 ②, ④

주어진 전개도로 만들어지는 정다면체는 정십이면체이다.

② 정십이면체의 한 꼭짓점에 모인 면의 개수는 3이다.

④ 정십이면체의 꼭짓점의 개수는 20이다.

53 답 ④

④ 정십이면체의 면의 개수는 12이므로 각 면의 중심을 연결하여 만든
다면체는 꼭짓점의 개수가 12인 정다면체, 즉 정이십면체이다.

54 답 정사면체

구하는 정다면체는 면의 개수와 꼭짓점의 개수가 같아야 하므로 정
사면체이다.

55 답 ④

주어진 입체도형은 꼭짓점의 개수가 6인 정다면체이므로 정팔면체
이다.

② 칠각뿔의 면의 개수는 $7+1=8$이므로 정팔면체와 면의 개수가
같다.

③ 정육면체의 모서리의 개수는 12이므로 정팔면체와 모서리의 개
수가 같다.

④ 정팔면체의 한 꼭짓점에 모인 면의 개수는 4이다.

따라서 옳지 않은 것은 ④이다.

56 답 정팔면체

정사면체의 각 모서리의 중점을 연결하여 만든 입
체도형은 오른쪽 그림과 같이 모든 면이 합동인
정삼각형이고, 각 꼭짓점에 모인 면의 개수가 4로
같다.

따라서 구하는 입체도형은 정팔면체이다.

참고 정사면체의 모서리의 개수는 6이므로 각 모서리의 중점을 연결하
여 만든 다면체는 꼭짓점의 개수가 6인 정다면체, 즉 정팔면체이다.

57 답 ②

①   ③   ④   ⑤

따라서 정육면체를 한 평면으로 자를 때 생기는 단면의 모양이 될
수 없는 것은 ②이다.

58 답 60°

$\overline{AC}=\overline{AF}=\overline{CF}$이므로 △AFC는 정삼각형이다.

$\therefore \angle AFC=60°$

59 답 ③

오른쪽 그림과 같이 세 점 D, M, F를 지나는 평
면은 $\overline{GH}$의 중점 N을 지난다.

이때 △DAM, △FBM, △FGN, △DHN이
모두 합동이므로 $\overline{DM}=\overline{MF}=\overline{FN}=\overline{ND}$이다.

따라서 사각형 DMFN은 네 변의 길이가 같으므로 마름모이다.

참고 $\angle MFN \neq 90°$이므로 사각형 DMFN은 정사각형이 아니다.

03 회전체

유형 모아 보기 & 완성하기
144~150쪽

60 답 ③

ㄱ, ㄷ, ㄹ, ㅁ. 다면체

따라서 회전체는 ㄴ, ㅂ이다.

61 답 ③

주어진 평면도형을 직선 *l*을 회전축으로 하여 1회전
시킬 때 생기는 입체도형은 오른쪽 그림과 같다.

62 답 $\overline{BC}$

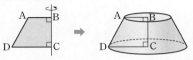

따라서 회전축이 될 수 있는 변은 $\overline{BC}$이다.

63 답 ②

② 반구 – 반원

64 답 $9\pi\,\mathrm{cm}^2$

회전체는 오른쪽 그림과 같은 원기둥이고, 회전축
에 수직인 평면으로 자를 때 생기는 단면은 항상
합동인 원이므로
(단면의 넓이)$=\pi\times3^2=9\pi\,(\mathrm{cm}^2)$

65 답 $a=2$, $b=4$, $c=6\pi$

$c=2\pi\times3=6\pi$

66 답 ㄱ, ㄷ

ㄴ. 반원의 지름을 회전축으로 하여 1회전 시키면 구가 된다.
따라서 옳은 것은 ㄱ, ㄷ이다.

67 답 ④

④ 다면체

68 답 ①

다면체는 ㄱ, ㄴ, ㄹ, ㅇ의 4개이므로 $a=4$
회전체는 ㄷ, ㅁ, ㅅ, ㅈ의 4개이므로 $b=4$
$\therefore a-b=4-4=0$

69 답 ⑤

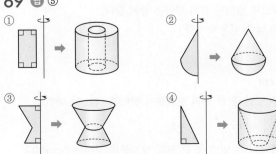

70 답 ④

71 답 ③

③

72 답 ⑤

⑤

73 답 ⑤

직사각형 ABCD를 대각선 AC를 회전축으로 하
여 1회전 시킬 때 생기는 입체도형은 오른쪽 그림
과 같다.

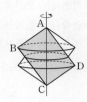

74 답 ㄷ

[그림 2]의 회전체는 오른쪽 그림과 같이 $\overline{CD}$를 회전
축으로 하여 1회전 시킨 것이다.

75 답 ㄴ

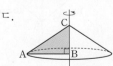 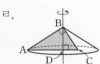

따라서 원뿔의 회전축이 될 수 없는 것은 ㄴ이다.

76 답 ①, ③

① 원기둥을 회전축을 포함하는 평면으로 자르면 단면의 모양은 합
동인 직사각형이다.
③ 구를 회전축에 수직인 평면으로 자르면 단면의 모양은 다양한 크
기의 원이다.

77 답 ①

어떤 평면으로 잘라도 그 단면이 항상 원인 회전체는 구이다.

78 답 원뿔대

원뿔대를 회전축에 수직인 평면으로 자를 때 생기는 단면은 원이고,
회전축을 포함하는 평면으로 자를 때 생기는 단면은 사다리꼴이다.

79 답 ④

④

80 답 ①

②, ③, ④, ⑤는 원뿔대를 오른쪽 그림과 같이
각각 자를 때 생기는 단면의 모양이다.

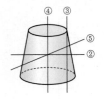

81 답 $50\,cm^2$

회전체는 오른쪽 그림과 같은 원뿔대이고, 회
전축을 포함하는 평면으로 자를 때 생기는 단
면은 사다리꼴이므로

(단면의 넓이)$=\left\{\dfrac{1}{2}\times(4+6)\times5\right\}\times2$
$\qquad\qquad\ =50(cm^2)$

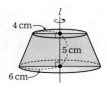

만렙비법 회전축을 포함하는 평면으로 자를 때 생기는 단면의 넓이는 회
전시키기 전의 평면도형의 넓이의 2배와 같다.

82 답 $24\,cm^2$

회전축을 포함하는 평면으로 자를 때 생기는 단면은
오른쪽 그림과 같은 이등변삼각형이므로

(단면의 넓이)$=\dfrac{1}{2}\times8\times6=24(cm^2)$

83 답 $40\,cm$

회전체는 오른쪽 그림과 같고 회전축을 포함하는
평면으로 자를 때 생기는 단면은 마름모이므로

(단면의 둘레의 길이)$=10\times4$
$\qquad\qquad\qquad\ =40(cm)$

 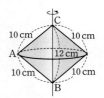

84 답 $64\pi\,cm^2$

구는 어떤 평면으로 잘라도 그 단면의 모양이 항상 원이다.
이때 가장 큰 단면은 구의 중심을 지나는 평면으로 자를 때 생기므
로 가장 큰 단면의 넓이는

$\pi\times8^2=64\pi(cm^2)$

85 답 ④

회전축을 포함하는 평면으로 자를 때 생
기는 단면은 오른쪽 그림과 같으므로

(단면의 넓이)$=(3\times6)\times2$
$\qquad\qquad\ =36(cm^2)$

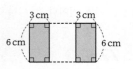

86 답 $\dfrac{144}{25}\pi\,cm^2$

회전체는 오른쪽 그림과 같고, 회전축에 수직인
평면으로 자를 때 생기는 단면의 모양은 모두 원
이다. ···(i)
이때 가장 큰 단면의 반지름의 길이를 $r\,cm$라
하면

$\dfrac{1}{2}\times4\times3=\dfrac{1}{2}\times5\times r$

$\therefore r=\dfrac{12}{5}$

즉, 가장 큰 단면의 반지름의 길이는 $\dfrac{12}{5}\,cm$이다. ···(ii)
따라서 가장 큰 단면의 넓이는

$\pi\times\left(\dfrac{12}{5}\right)^2=\dfrac{144}{25}\pi(cm^2)$ ···(iii)

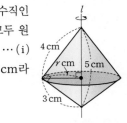

채점 기준

(i) 단면의 모양이 원임을 알기	30 %
(ii) 가장 큰 단면의 반지름의 길이 구하기	40 %
(iii) 가장 큰 단면의 넓이 구하기	30 %

87 답 $a=3,\ b=6\pi,\ c=8$

회전체는 밑면의 반지름의 길이가 $3\,cm$, 높이가 $8\,cm$인 원기둥이
므로
$a=3,\ c=8$
전개도에서 직사각형의 가로의 길이는 원의 둘레의 길이와 같으므로
$b=2\pi\times3=6\pi$

88 답 ①

주어진 평면도형을 직선 l을 회전축으로 하여 1회전 시킬 때 생기는
입체도형은 원뿔대이고, 원뿔대의 전개도는 ①이다.

89 답 ⑤

③ $2\pi\times9\times\dfrac{x}{360}=2\pi\times4$

$\therefore x=160$

즉, 부채꼴의 중심각의 크기는 $160°$이다.
④ (부채꼴의 호의 길이)=(원의 둘레의 길이)
$\qquad\qquad\qquad\quad\ =2\pi\times4=8\pi(cm)$
⑤ (부채꼴의 넓이)$=\pi\times9^2\times\dfrac{160}{360}=36\pi(cm^2)$

(원의 넓이)$=\pi\times4^2=16\pi(cm^2)$

즉, 부채꼴의 넓이와 원의 넓이는 같지 않다.
따라서 옳지 않은 것은 ⑤이다.

90 답 $2\,cm$

원뿔대의 두 밑면 중 큰 원의 반지름의 길이를 $r\,cm$라 하면

$2\pi\times6\times\dfrac{120}{360}=2\pi r$ $\therefore r=2$

따라서 원뿔대의 두 밑면 중 큰 원의 반지름의 길이는 $2\,cm$이다.

91 답 $81\pi\,cm^2$

주어진 전개도로 만들어지는 입체도형은 원뿔이다.
밑면인 원의 반지름의 길이를 $r\,cm$라 하면
$$2\pi\times12\times\frac{270}{360}=2\pi r \qquad \therefore r=9$$
따라서 밑면인 원의 넓이는
$$\pi\times9^2=81\pi\,(cm^2)$$

92 답 ㄱ, ㄹ

ㄴ. 구의 회전축은 무수히 많다.
ㄷ. 구는 어떤 평면으로 잘라도 그 단면은 원이지만 그 크기는 다를
　수 있으므로 항상 합동인 것은 아니다.
따라서 옳은 것은 ㄱ, ㄹ이다.

93 답 ②

② 원기둥의 전개도에서 옆면의 모양은 직사각형이다.

94 답 ⑤

① 회전체는 원뿔대이다.
② 회전체의 높이는 $4\,cm$이다.
③ 회전축에 수직인 평면으로 자른 단면은 모
　두 원이지만 그 크기는 다르므로 합동인 것
　은 아니다.
④ 회전축을 포함하는 평면으로 자른 단면은 사다리꼴이다.
⑤ 회전축을 포함하는 평면으로 자른 단면의 넓이는
$$\left\{\frac{1}{2}\times(2+5)\times4\right\}\times2=28(cm^2)$$
따라서 옳은 것은 ⑤이다.

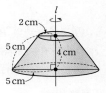

PᎥck 점검하기　　　　　　　151~153쪽

95 답 2

ㄱ. 평면도형이므로 다면체가 아니다.
ㄴ, ㄹ, ㅂ. 원 또는 곡면으로 둘러싸여 있으므로 다면체가 아니다.
따라서 다면체는 ㄷ, ㅁ의 2개이다.

96 답 3

ㄱ. 육면체　　　ㄴ, ㄷ, ㄹ. 칠면체　　　ㅁ, ㅂ. 팔면체
따라서 칠면체는 3개이다.

97 답 ②

① $3\times2=6$　　　② $4\times3=12$　　　③ $7+2=9$
④ $8+1=9$　　　⑤ $5\times2=10$
따라서 그 값이 가장 큰 것은 ②이다.

98 답 14

주어진 각뿔대를 n각뿔대라 하면 모서리의 개수는 $3n$, 면의 개수는
$n+2$이므로
$$3n+(n+2)=30$$
$$4n=28 \qquad \therefore n=7$$
즉, 주어진 각뿔대는 칠각뿔대이다.
따라서 구하는 꼭짓점의 개수는
$$7\times2=14$$

99 답 ③

	다면체	밑면의 모양	옆면의 모양
①	사각뿔	사각형	삼각형
②	구각기둥	구각형	직사각형
③	삼각뿔대	삼각형	사다리꼴
④	팔각뿔대	팔각형	사다리꼴
⑤	십각뿔	십각형	삼각형

따라서 옳은 것은 ③이다.

100 답 ③, ④

③ ㈐는 사각뿔대이므로 두 밑면은 평행하지만 합동은 아니다.
④ ㈐는 밑면이 사각형인 사각뿔대이므로 사각뿔을 밑면에 평행한
　평면으로 잘라서 생긴 입체도형이다.
⑤ ㈎, ㈐의 꼭짓점의 개수는 8로 같다.
따라서 옳지 않은 것은 ③, ④이다.

101 답 ㄱ, ㄴ, ㄷ

ㄹ. 정삼각형이 한 꼭짓점에 3개씩 모인 정다면체는 정사면체이다.

102 답 ③

면의 모양이 정오각형인 정다면체는 정십이면체이고, 정십이면체의
한 꼭짓점에 모인 면의 개수는 3이므로 $a=3$
한 꼭짓점에 모인 면이 가장 많은 정다면체는 정이십면체이므로
$b=20$
$$\therefore a+b=3+20=23$$

103 답 정이십면체

㈎를 만족시키는 정다면체는 정사면체, 정팔면체, 정이십면체이고,
이 중 ㈏를 만족시키는 정다면체는 정이십면체이다.

104 답 ④

한 꼭짓점에 모인 면의 개수가 4인 정다면체는 정팔면체이고, 정팔면체의 꼭짓점의 개수는 6이므로 $a=6$

면의 개수가 가장 많은 정다면체는 정이십면체이고, 정이십면체의 모서리의 개수는 30이므로 $b=30$

$\therefore a+b=6+30=36$

105 답 $\overline{DF}$

주어진 전개도로 만들어지는 정사면체는 오른쪽 그림과 같으므로 $\overline{AC}$와 꼬인 위치에 있는 모서리는 $\overline{DF}$이다.

106 답 ⑤

주어진 전개도로 만들어지는 정육면체는 오른쪽 그림과 같으므로 $\overline{AB}$와 꼬인 위치에 있는 모서리가 아닌 것은 ⑤이다.

107 답 ③, ⑤

③, ⑤ 다면체

108 답 ㄱ, ㄹ

ㄴ 　　　ㄷ

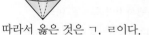

따라서 옳은 것은 ㄱ, ㄹ이다.

109 답 ④

① 　② 　③ 　⑤

따라서 단면의 모양이 삼각형이 될 수 없는 입체도형은 ④이다.

110 답 ①, ④

② 팔면체는 ㄴ, ㅂ이다.

③ 정삼각형인 면으로만 이루어진 입체도형은 ㄱ, ㄴ이다.

⑤ 전개도를 그릴 수 없는 입체도형은 ㅈ이다.

따라서 옳은 것은 ①, ④이다.

111 답 구각기둥

㈎, ㈏에서 구하는 다면체는 각기둥이다. ⋯ (i)

구하는 다면체를 n각기둥이라 하면 ㈐에서 십일면체이므로

$n+2=11$　　$\therefore n=9$ ⋯ (ii)

따라서 구하는 다면체는 구각기둥이다. ⋯ (iii)

---

112 답 $20\,cm^2$

직선 l을 회전축으로 하여 1회전 시킬 때 생기는 회전체는 오른쪽 그림과 같다. ⋯ (i)

따라서 구하는 단면의 넓이는

$\left\{\dfrac{1}{2}\times(2+3)\times4\right\}\times2=20\,(cm^2)$ ⋯ (ii)

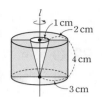

113 답 $(40\pi+40)\,cm$

주어진 원뿔대의 전개도는 오른쪽 그림과 같고 옆면은 색칠한 부분이다. ⋯ (i)

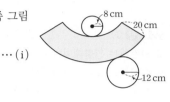

$\therefore$ (옆면의 둘레의 길이)

$=2\pi\times8+2\pi\times12+20\times2$

$=40\pi+40\,(cm)$ ⋯ (ii)

만점 문제 뛰어넘기　　154~155쪽

114 답 구면체

밑면의 모양을 n각형이라 하자.

이때 n각형의 대각선의 개수는 $\dfrac{n(n-3)}{2}$이므로

$\dfrac{n(n-3)}{2}=20$에서 $n(n-3)=40$

$n(n-3)=8\times5$　　$\therefore n=8$

즉, 밑면의 모양은 팔각형이다.

따라서 밑면의 모양이 팔각형인 각뿔은 팔각뿔이고 팔각뿔의 면의 개수는 $8+1=9$이므로 구면체이다.

115 답 정다면체는 입체도형이므로 한 꼭짓점에서 3개 이상의 면이 만나야 하고 한 꼭짓점에 모인 각의 크기의 합이 $360°$보다 작아야 한다. 이때 정육각형의 한 내각의 크기는 $120°$이므로 한 꼭짓점에 정육각형이 3개 모이면 모인 각의 크기의 합이 $360°$가 된다. 따라서 평면이 되어 정다면체를 만들 수 없다.

116 답 ⑴ 20 ⑵ 12

정이십면체의 각 모서리를 삼등분한 점을 이어서 잘라 내면 원래의 정삼각형 모양의 면은 정육각형이 되고, 잘라 낸 꼭짓점이 있는 부분은 정오각형이 된다.

⑴ 정육각형 모양인 면의 개수는 정이십면체의 면의 개수와 같으므로 20이다.

⑵ 정오각형 모양인 면의 개수는 정이십면체의 꼭짓점의 개수와 같으므로 12이다.

117 답 ②

주어진 전개도로 만들어지는 정육면체는 오른쪽 그림과 같다.

이때 정육면체를 이루는 면은 모두 합동인 정사각형이고, $\overline{AB}$, $\overline{BC}$, $\overline{CA}$는 각각 합동인 정사각형의 대각선이므로 그 길이가 같다.

즉, 세 점 A, B, C를 지나는 평면으로 자를 때 생기는 단면인 △ABC는 세 변의 길이가 같으므로 정삼각형이다.

따라서 정삼각형의 한 내각의 크기는 60°이므로
∠ABC=60°

118 답 ③

점 M에서 시작하여 세 모서리 AC, CD, BD를 거쳐 다시 점 M까지 오는 최단 거리는 지나는 세 모서리의 중점을 지나야 한다.

주어진 정사면체의 전개도의 일부를 이용하여 오른쪽 그림과 같이 나타내면 구하는 최단 거리는 $\overline{MM'}$의 2배이다.

∴ 2×5=10(cm)

119 답 풀이 참조

(i) $\overline{AB}$를 회전축으로 하여 1회전 시킬 때 생기는 회전체는 오른쪽 그림과 같다.

(ii) $\overline{BD}$를 회전축으로 하여 1회전 시킬 때 생기는 회전체는 오른쪽 그림과 같다.

120 답 ③

주어진 평면도형을 직선 l을 회전축으로 하여 1회전 시킬 때 생기는 회전체는 오른쪽 그림과 같다.

이때 보기의 ①, ②, ④, ⑤는 회전체를 오른쪽 그림과 같이 각각 평면 ①, ②, ④, ⑤로 자른 단면의 모양이다.

121 답 ②

회전체는 도넛 모양이고, 이 회전체를 원의 중심 O를 지나면서 회전축에 수직인 평면으로 자른 단면은 오른쪽 그림과 같다.

∴ (단면의 넓이)$=\pi \times 8^2 - \pi \times 2^2$
$\qquad\qquad\quad =60\pi(\text{cm}^2)$

122 답 ④

점 A에서 겉면을 따라 점 B까지 실로 연결할 때 실의 길이가 가장 짧게 되는 경로는 주어진 원기둥의 전개도에서 옆면인 직사각형의 대각선과 같다.

01 236 cm²   **02** 72π cm²   **03** 495 cm³   **04** ③

05 (40π+64) cm², $\dfrac{160}{3}$π cm³

06 224π cm², 320π cm³   **07** 464 cm², 620 cm³

08 224 cm²   **09** 3 cm   **10** 7   **11** 72 cm²

12 ②   **13** 66π cm²   **14** ③   **15** ③

16 96π cm²   **17** 700π cm²   **18** ②   **19** 432 cm³

20 (1) 36 cm² (2) 9 cm   **21** ③   **22** 288π cm³

23 108π cm³   **24** ②   **25** ③   **26** ④

27 (32π+30) cm², 30π cm³   **28** ⑤   **29** ②

30 (20π+48) cm², 24π cm³   **31** 18π cm³

32 ④   **33** 64   **34** ②

35 (288π+72) cm², (640π−40) cm³   **36** 376 cm²

37 ⑤   **38** ③   **39** 120 cm²   **40** 90π cm²

41 50 cm³   **42** ①   **43** 340 cm²   **44** ④

45 6   **46** ③   **47** 70π cm²   **48** ③

49 ③   **50** 11 cm   **51** 5바퀴   **52** ①

53 ②   **54** 72 cm³   **55** ②   **56** ②

57 63π cm³   **58** 9 cm   **59** ③   **60** 5400원

61 $\dfrac{9}{2}$ cm³   **62** 100 cm³   **63** 81분   **64** 36π cm²

65 90π cm²   **66** 168π cm³   **67** 96π cm²   **68** 4 cm³

69 ④   **70** 975 cm³   **71** 9 cm³   **72** ②

73 3   **74** 5   **75** 40분

76 (1) $\dfrac{4}{3}$π cm³ (2) 189분   **77** 65π cm²   **78** ③

79 6 cm   **80** 205 cm²   **81** 58   **82** ③

83 ④   **84** $\dfrac{212}{3}$π cm³   **85** ③

86 ①   **87** 78π cm³   **88** 192π cm³   **89** ②

90 $\dfrac{48}{5}$π cm³   **91** ③   **92** 30π cm³   **93** ④

94 (1) 432π cm³, 288π cm³, 144π cm³ (2) 3 : 2 : 1

95 (1) 36π (2) 36 (3) π   **96** 64π cm²   **97** $\dfrac{49}{2}$π cm²

98 576π cm²   **99** 190π cm²   **100** ③   **101** ②

102 $\dfrac{500}{3}$π cm³   **103** 24   **104** ④

105 $\dfrac{4}{3}$ cm   **106** 126π cm³   **107** 42π cm³   **108** ②

109 18π cm³, 54π cm³   **110** ②   **111** 2 cm

112 288 cm³   **113** 2   **114** ④   **115** ③

116 112π cm²   **117** 성훈   **118** 72 cm³   **119** 7 cm

120 ③   **121** ④   **122** 46 cm²   **123** ③

124 64π cm²   **125** 9 cm   **126** ②   **127** ④

128 6   **129** 300°   **130** ②   **131** 28π cm³

132 36π cm³   **133** 66π cm²   **134** 6 cm

135 279π cm², 630π cm³   **136** $\dfrac{256}{3}$π cm³

137 $\dfrac{27}{4}$ cm   **138** 1 : 5   **139** $\dfrac{32}{3}$ cm³   **140** 21

141 10000   **142** 550π cm³   **143** ④   **144** ③

145 ①   **146** $\dfrac{1}{3}$ **147** (64π−128) cm²

148 ②   **149** $\left(64000−\dfrac{32000}{3}π\right)$ cm³

01 기둥의 겉넓이와 부피

유형 모아 보기 & 완성하기
158~164쪽

01 답 **236 cm²**

(겉넓이)=(6×5)×2+(6+5+6+5)×8
　　　　=60+176=236(cm²)

02 답 **72π cm²**

(겉넓이)=(π×4²)×2+2π×4×5
　　　　=32π+40π=72π(cm²)

03 답 **495 cm³**

(부피)=$\left(\dfrac{1}{2}×11×6\right)$×15=495(cm³)

04 답 ③

(부피)=(π×5²)×7=175π(cm³)

05 답 $(40\pi+64)\,\text{cm}^2$, $\dfrac{160}{3}\pi\,\text{cm}^3$

(밑넓이)$=\pi\times4^2\times\dfrac{150}{360}=\dfrac{20}{3}\pi\,(\text{cm}^2)$

(옆넓이)$=\left(2\pi\times4\times\dfrac{150}{360}+4\times2\right)\times8$

$\qquad\quad=\dfrac{80}{3}\pi+64\,(\text{cm}^2)$

$\therefore$ (겉넓이)$=\dfrac{20}{3}\pi\times2+\dfrac{80}{3}\pi+64=40\pi+64\,(\text{cm}^2)$

$\quad$ (부피)$=\dfrac{20}{3}\pi\times8=\dfrac{160}{3}\pi\,(\text{cm}^3)$

06 답 $224\pi\,\text{cm}^2$, $320\pi\,\text{cm}^3$

(밑넓이)$=\pi\times6^2-\pi\times2^2$

$\qquad\quad=36\pi-4\pi=32\pi\,(\text{cm}^2)$

(옆넓이)$=2\pi\times6\times10+2\pi\times2\times10$

$\qquad\quad=120\pi+40\pi=160\pi\,(\text{cm}^2)$

$\therefore$ (겉넓이)$=32\pi\times2+160\pi=224\pi\,(\text{cm}^2)$

$\quad$ (부피)$=$(큰 원기둥의 부피)$-$(작은 원기둥의 부피)

$\qquad\quad=(\pi\times6^2)\times10-(\pi\times2^2)\times10$

$\qquad\quad=360\pi-40\pi=320\pi\,(\text{cm}^3)$

다른 풀이

(부피)$=$(밑넓이)$\times$(높이)

$\qquad\quad=32\pi\times10=320\pi\,(\text{cm}^3)$

07 답 $464\,\text{cm}^2$, $620\,\text{cm}^3$

(밑넓이)$=(7+2)\times(5+3)-2\times5$

$\qquad\quad=72-10=62\,(\text{cm}^2)$

(옆넓이)$=(7+5+2+3+9+8)\times10$

$\qquad\quad=34\times10=340\,(\text{cm}^2)$

$\therefore$ (겉넓이)$=62\times2+340=464\,(\text{cm}^2)$

$\quad$ (부피)$=(7+2)\times(5+3)\times10-5\times2\times10$

$\qquad\quad=720-100=620\,(\text{cm}^3)$

08 답 $224\,\text{cm}^2$

(겉넓이)$=\left\{\dfrac{1}{2}\times(3+9)\times4\right\}\times2+(5+3+5+9)\times8$

$\qquad\quad=48+176=224\,(\text{cm}^2)$

09 답 $3\,\text{cm}$

정육면체의 한 모서리의 길이를 $a\,\text{cm}$라 하면 정육면체의 겉넓이는 정사각형인 면 6개의 넓이의 합과 같으므로

$(a\times a)\times6=54$, $a^2=9=3^2$ $\quad\therefore a=3$

따라서 정육면체의 한 모서리의 길이는 $3\,\text{cm}$이다.

10 답 7

$\left(\dfrac{1}{2}\times5\times12\right)\times2+(13+12+5)\times h=270$이므로

$60+30h=270$, $30h=210$ $\quad\therefore h=7$

11 답 $72\,\text{cm}^2$

주어진 입체도형의 겉넓이는 한 변의 길이가 $2\,\text{cm}$인 정사각형 18개의 넓이의 합과 같으므로

(겉넓이)$=2^2\times18=72\,(\text{cm}^2)$

만렙비법 각 면에서 보이는 정사각형의 개수를 세어 본다.

12 답 ②

밑면의 반지름의 길이는 $\dfrac{8}{2}=4\,(\text{cm})$이므로

(겉넓이)$=(\pi\times4^2)\times2+2\pi\times4\times10$

$\qquad\quad=32\pi+80\pi=112\,(\text{cm}^2)$

13 답 $66\pi\,\text{cm}^2$

(겉넓이)$=(\pi\times3^2)\times2+2\pi\times3\times8$

$\qquad\quad=18\pi+48\pi=66\pi\,(\text{cm}^2)$

14 답 ③

원기둥의 높이를 $h\,\text{cm}$라 하면

$(\pi\times5^2)\times2+2\pi\times5\times h=140\pi$

$50\pi+10\pi h=140\pi$, $10\pi h=90\pi$ $\quad\therefore h=9$

따라서 원기둥의 높이는 $9\,\text{cm}$이다.

15 답 ③

주어진 직사각형을 직선 l을 회전축으로 하여 1회전 시킬 때 생기는 회전체는 오른쪽 그림과 같으므로

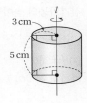

(겉넓이)$=(\pi\times3^2)\times2+2\pi\times3\times5$

$\qquad\quad=18\pi+30\pi=48\pi\,(\text{cm}^2)$

16 답 $96\pi\,\text{cm}^2$

원기둥을 회전축을 포함하는 평면으로 자를 때 생기는 단면은 오른쪽 그림과 같으므로

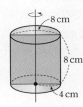

(겉넓이)$=(\pi\times4^2)\times2+2\pi\times4\times8$

$\qquad\quad=32\pi+64\pi$

$\qquad\quad=96\pi\,(\text{cm}^2)$

17 답 $700\pi\,\text{cm}^2$

롤러를 두 바퀴 굴릴 때, 페인트가 칠해지는 부분의 넓이는 원기둥 모양의 롤러의 옆넓이의 두 배와 같다.

이때 롤러의 옆넓이는 $2\pi\times5\times35=350\pi\,(\text{cm}^2)$

따라서 페인트가 칠해지는 부분의 넓이는

$2\times350\pi=700\pi\,(\text{cm}^2)$

18 답 ②

(부피)$=\left\{\dfrac{1}{2}\times(4+8)\times3\right\}\times9=162\,(\text{cm}^3)$

19 답 **432 cm³**

주어진 전개도로 만든 입체도형은 오른쪽 그림과 같은 사각기둥이므로

$(\text{부피})=\left\{\dfrac{1}{2}\times(6+12)\times4\right\}\times12$

$\qquad\quad=432(\text{cm}^3)$

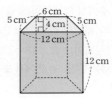

20 답 **(1) 36 cm² (2) 9 cm**

(1) 주어진 오각형을 오른쪽 그림과 같이 삼각형과 직사각형으로 나누면

$(\text{밑넓이})=(\text{삼각형의 넓이})$

$\qquad\qquad\quad+(\text{직사각형의 넓이})$

$\qquad\qquad=\dfrac{1}{2}\times8\times3+8\times3$

$\qquad\qquad=12+24=36(\text{cm}^2)$ $\qquad\cdots$ (i)

(2) 오각기둥의 높이를 h cm라 하면

$36\times h=324$ $\qquad\therefore h=9$

따라서 오각기둥의 높이는 9 cm이다. $\qquad\cdots$ (ii)

채점 기준

(i) 밑넓이 구하기	50%
(ii) 높이 구하기	50%

21 답 **③**

삼각기둥의 높이를 h cm라 하면

$\left(\dfrac{1}{2}\times15\times8\right)\times h=360$

$60h=360$ $\qquad\therefore h=6$

따라서 삼각기둥의 높이는 6 cm이다.

22 답 **288π cm³**

원기둥의 밑면의 반지름의 길이를 r cm라 하면

$2\pi r=12\pi$ $\qquad\therefore r=6$

즉, 원기둥의 밑면의 반지름의 길이는 6 cm이다.

$\therefore(\text{부피})=(\pi\times6^2)\times8=288\pi(\text{cm}^3)$

23 답 **108π cm³**

$(\text{부피})=(\text{작은 원기둥의 부피})+(\text{큰 원기둥의 부피})$

$\qquad\quad=(\pi\times2^2)\times3+(\pi\times4^2)\times6$

$\qquad\quad=12\pi+96\pi=108\pi(\text{cm}^3)$

24 답 **②**

원기둥의 밑면의 반지름의 길이를 r cm라 하면

$(\pi\times r^2)\times5=180\pi$

$r^2=36=6^2$ $\qquad\therefore r=6$

따라서 원기둥의 밑면의 반지름의 길이는 6 cm이다.

25 답 **③**

원기둥의 높이를 h cm라 하면

$(\pi\times3^2)\times2+2\pi\times3\times h=78\pi$

$18\pi+6\pi h=78\pi,\ 6\pi h=60\pi$ $\qquad\therefore h=10$

즉, 원기둥의 높이는 10 cm이다.

$\therefore(\text{부피})=(\pi\times3^2)\times10=90\pi(\text{cm}^3)$

26 답 **④**

원기둥 B의 부피는 $(\pi\times4^2)\times9=144\pi(\text{cm}^3)$

원기둥 A의 높이를 h cm라 하면

$(\pi\times6^2)\times h=144\pi$ $\qquad\therefore h=4$

따라서 원기둥 A의 옆넓이는

$2\pi\times6\times4=48\pi(\text{cm}^2)$

27 답 **$(32\pi+30)$ cm², 30π cm³**

$(\text{밑넓이})=\pi\times3^2\times\dfrac{240}{360}=6\pi(\text{cm}^2)$

$(\text{옆넓이})=\left(2\pi\times3\times\dfrac{240}{360}+3\times2\right)\times5$

$\qquad\qquad=20\pi+30(\text{cm}^2)$

$\therefore(\text{겉넓이})=6\pi\times2+20\pi+30=32\pi+30(\text{cm}^2)$

$\quad(\text{부피})=6\pi\times5=30\pi(\text{cm}^3)$

28 답 **⑤**

$(\text{밑넓이})=\pi\times4^2\times\dfrac{1}{2}=8\pi(\text{cm}^2)$

$(\text{옆넓이})=\left(2\pi\times4\times\dfrac{1}{2}+8\right)\times12$

$\qquad\qquad=48\pi+96(\text{cm}^2)$

$\therefore(\text{겉넓이})=8\pi\times2+48\pi+96=64\pi+96(\text{cm}^2)$

29 답 **②**

밑면이 부채꼴인 기둥의 높이를 h cm라 하면

$\left(\pi\times2^2\times\dfrac{270}{360}\right)\times h=36\pi$

$3\pi h=36\pi$ $\qquad\therefore h=12$

따라서 기둥의 높이는 12 cm이다.

30 답 **$(20\pi+48)$ cm², 24π cm³**

밑면의 중심각의 크기는 $\dfrac{360°}{6}=60°$이므로

$(\text{밑넓이})=\pi\times6^2\times\dfrac{60}{360}=6\pi(\text{cm}^2)$ $\qquad\cdots$ (i)

$(\text{옆넓이})=\left(2\pi\times6\times\dfrac{60}{360}+6\times2\right)\times4$

$\qquad\qquad=8\pi+48(\text{cm}^2)$ $\qquad\cdots$ (ii)

$\therefore(\text{겉넓이})=6\pi\times2+8\pi+48=20\pi+48(\text{cm}^2)$

$\quad(\text{부피})=6\pi\times4=24\pi(\text{cm}^3)$ $\qquad\cdots$ (iii)

채점 기준

(i) 밑넓이 구하기	30%
(ii) 옆넓이 구하기	20%
(iii) 겉넓이와 부피 구하기	50%

31 답 $18\pi\,\mathrm{cm}^3$

주어진 직사각형을 직선 l을 회전축으로 하여 $120°$ 만큼 회전시킬 때 생기는 입체도형은 오른쪽 그림과 같으므로

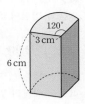

$(\text{부피})=\left(\pi\times3^2\times\dfrac{120}{360}\right)\times6=18\pi(\mathrm{cm}^3)$

32 답 ④

$(\text{밑넓이})=\pi\times8^2\times\dfrac{120}{360}-\pi\times4^2\times\dfrac{120}{360}$

$\qquad\quad=\dfrac{64}{3}\pi-\dfrac{16}{3}\pi=16\pi(\mathrm{cm}^2)$

$(\text{옆넓이})=\left(2\pi\times8\times\dfrac{120}{360}+2\pi\times4\times\dfrac{120}{360}+4\times2\right)\times6$

$\qquad\quad=48\pi+48(\mathrm{cm}^2)$

$\therefore\ (\text{겉넓이})=16\pi\times2+48\pi+48=80\pi+48(\mathrm{cm}^2)$

33 답 64

$(\text{밑넓이})=6\times6-2\times2=36-4=32(\mathrm{cm}^2)$

$(\text{옆넓이})=(6+6+6+6)\times7+(2+2+2+2)\times7$

$\qquad\quad=168+56=224(\mathrm{cm}^2)$

$\therefore\ (\text{겉넓이})=32\times2+224=288(\mathrm{cm}^2)$

$\therefore\ a=288$

$(\text{부피})=(\text{큰 사각기둥의 부피})-(\text{작은 사각기둥의 부피})$

$\qquad\quad=(6\times6)\times7-(2\times2)\times7$

$\qquad\quad=252-28=224(\mathrm{cm}^3)$

$\therefore\ b=224$

$\therefore\ a-b=288-224=64$

34 답 ②

주어진 직사각형을 직선 l을 회전축으로 하여 1회전 시킬 때 생기는 입체도형은 오른쪽 그림과 같으므로

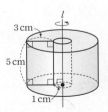

(부피)
$=(\text{큰 원기둥의 부피})-(\text{작은 원기둥의 부피})$
$=(\pi\times4^2)\times5-(\pi\times1^2)\times5$
$=80\pi-5\pi=75\pi(\mathrm{cm}^3)$

35 답 $(288\pi+72)\,\mathrm{cm}^2,\ (640\pi-40)\,\mathrm{cm}^3$

$(\text{밑넓이})=\pi\times8^2-2\times2=64\pi-4(\mathrm{cm}^2)$

$(\text{옆넓이})=2\pi\times8\times10+(2+2+2+2)\times10$

$\qquad\quad=160\pi+80(\mathrm{cm}^2)$

$\therefore\ (\text{겉넓이})=(64\pi-4)\times2+160\pi+80=288\pi+72(\mathrm{cm}^2)$

$(\text{부피})=(\text{원기둥의 부피})-(\text{사각기둥의 부피})$

$\qquad\quad=(\pi\times8^2)\times10-(2\times2)\times10$

$\qquad\quad=640\pi-40(\mathrm{cm}^3)$

36 답 $376\,\mathrm{cm}^2$

오른쪽 그림과 같이 잘린 부분의 면을 이동하여 생각하면 주어진 입체도형의 겉넓이는 가로, 세로의 길이가 각각 $10\,\mathrm{cm}$, $6\,\mathrm{cm}$이고, 높이가 $8\,\mathrm{cm}$인 직육면체의 겉넓이와 같으므로

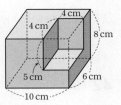

$(\text{겉넓이})=(10\times6)\times2+(10+6+10+6)\times8$

$\qquad\quad=120+256=376(\mathrm{cm}^2)$

37 답 ⑤

오른쪽 그림과 같이 잘라 낸 부분은 밑면의 반지름의 길이가 $5\,\mathrm{cm}$, 높이가 $4\,\mathrm{cm}$인 원기둥의 절반이므로

$(\text{부피})=(\pi\times5^2)\times12-\{(\pi\times5^2)\times4\}\times\dfrac{1}{2}$

$\qquad\quad=300\pi-50\pi=250\pi(\mathrm{cm}^3)$

〔다른 풀이〕

$(\text{부피})=(\pi\times5^2)\times8+\{(\pi\times5^2)\times4\}\times\dfrac{1}{2}$

$\qquad\quad=200\pi+50\pi=250\pi(\mathrm{cm}^3)$

38 답 ③

잘라 낸 부분은 밑면이 직각삼각형인 삼각기둥이므로

$(\text{부피})=8\times8\times8-\left(\dfrac{1}{2}\times4\times8\right)\times8$

$\qquad\quad=512-128=384(\mathrm{cm}^3)$

〔다른 풀이〕

$(\text{부피})=\left\{\dfrac{1}{2}\times(4+8)\times8\right\}\times8=384(\mathrm{cm}^3)$

02 뿔의 겉넓이와 부피 (1)

유형 모아 보기 & 완성하기

165~168쪽

39 답 $120\,\mathrm{cm}^2$

$(\text{겉넓이})=6\times6+\left(\dfrac{1}{2}\times6\times7\right)\times4$

$\qquad\quad=36+84$

$\qquad\quad=120(\mathrm{cm}^2)$

40 답 $90\pi\,\mathrm{cm}^2$

$(\text{겉넓이})=\pi\times5^2+\pi\times5\times13$

$\qquad\quad=25\pi+65\pi$

$\qquad\quad=90\pi(\mathrm{cm}^2)$

41 답 **50 cm³**

$(\text{부피})=\dfrac{1}{3}\times(5\times5)\times6$

$\qquad\qquad=50(\text{cm}^3)$

42 답 ①

$(\text{부피})=\dfrac{1}{3}\times(\pi\times5^2)\times12$

$\qquad\qquad=100\pi(\text{cm}^3)$

43 답 **340 cm²**

$(\text{겉넓이})=10\times10+\left(\dfrac{1}{2}\times10\times12\right)\times4$

$\qquad\qquad=100+240$

$\qquad\qquad=340(\text{cm}^2)$

44 답 ④

$(\text{겉넓이})=5\times5+\left(\dfrac{1}{2}\times5\times4\right)\times4$

$\qquad\qquad=25+40$

$\qquad\qquad=65(\text{cm}^2)$

45 답 **6**

$(\text{밑넓이})=7\times7=49(\text{cm}^2)$ $\qquad\qquad\cdots$ (i)

$(\text{옆넓이})=\left(\dfrac{1}{2}\times7\times x\right)\times4=14x(\text{cm}^2)$ $\quad\cdots$ (ii)

이때 포장 상자의 겉넓이가 133 cm²이므로

$49+14x=133$

$14x=84$ $\qquad\therefore x=6$ $\qquad\qquad\cdots$ (iii)

채점 기준	
(ⅰ) 밑넓이 구하기	20 %
(ⅱ) 옆넓이 구하기	30 %
(ⅲ) x의 값 구하기	50 %

46 답 ③

$(\text{겉넓이})=\pi\times3^2+\pi\times3\times7$

$\qquad\qquad=9\pi+21\pi=30\pi(\text{cm}^2)$

47 답 **70π cm²**

원뿔의 밑면의 반지름의 길이를 r cm라 하면

$\pi\times r\times9=45\pi$ $\quad\therefore r=5$

즉, 원뿔의 밑면의 반지름의 길이는 5 cm이다.

$\therefore (\text{겉넓이})=\pi\times5^2+45\pi$

$\qquad\qquad\quad=25\pi+45\pi=70\pi(\text{cm}^2)$

48 답 ③

원뿔의 모선의 길이를 l cm라 하면

$\pi\times5^2+\pi\times5\times l=75\pi$

$25\pi+5\pi l=75\pi,\ 5\pi l=50\pi$ $\qquad\therefore l=10$

따라서 원뿔의 모선의 길이는 10 cm이다.

49 답 ③

원뿔의 밑면의 반지름의 길이를 r cm라 하면 모선의 길이는 $2r$ cm
이므로

$\pi r^2+\pi\times r\times2r=48\pi$

$3\pi r^2=48\pi,\ r^2=16=4^2$ $\quad\therefore r=4$

따라서 원뿔의 밑면의 반지름의 길이는 4 cm이다.

50 답 **11 cm**

$(\text{원기둥의 겉넓이})=(\pi\times3^2)\times2+2\pi\times3\times4$

$\qquad\qquad\qquad\quad=18\pi+24\pi=42\pi(\text{cm}^2)$

원뿔의 모선의 길이를 l cm라 하면

$(\text{원뿔의 겉넓이})=\pi\times3^2+\pi\times3\times l$

$\qquad\qquad\qquad=9\pi+3\pi l(\text{cm}^2)$

이때 원기둥의 겉넓이와 원뿔의 겉넓이가 서로 같으므로

$9\pi+3\pi l=42\pi$

$3\pi l=33\pi$ $\qquad\therefore l=11$

따라서 원뿔의 모선의 길이는 11 cm이다.

51 답 **5바퀴**

원뿔의 모선의 길이를 l cm라 하면

$\pi\times4^2+\pi\times4\times l=96\pi$

$16\pi+4\pi l=96\pi,\ 4\pi l=80\pi$ $\qquad\therefore l=20$

즉, 원뿔의 모선의 길이는 20 cm이다.

원뿔이 제자리로 돌아올 때는 바닥에 페인트가 칠해지는 부분이 원
모양이 될 때이므로

$(\text{페인트가 칠해지는 원의 둘레의 길이})=2\pi\times20=40\pi(\text{cm})$,

$(\text{원뿔의 밑면의 둘레의 길이})=2\pi\times4=8\pi(\text{cm})$

에서 $40\pi\div8\pi=5(\text{바퀴})$

따라서 원뿔은 5바퀴를 돈 후에 제자리로 돌아온다.

52 답 ①

$(\text{부피})=\dfrac{1}{3}\times\left(\dfrac{1}{2}\times5\times4\right)\times6=20(\text{cm}^3)$

53 답 ②

사각뿔의 높이를 h cm라 하면

$\dfrac{1}{3}\times(9\times5)\times h=90$

$15h=90$ $\qquad\therefore h=6$

따라서 사각뿔의 높이는 6 cm이다.

54 답 **72 cm³**

주어진 정사각형 ABCD로 만들어지는 입체
도형은 오른쪽 그림과 같은 삼각뿔이므로

$(\text{부피})=\dfrac{1}{3}\times\left(\dfrac{1}{2}\times6\times6\right)\times12$

$\qquad\qquad=72(\text{cm}^3)$

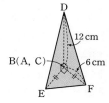

55 답 ②

$$(\text{부피}) = \frac{1}{3} \times (\pi \times 4^2) \times 6 = 32\pi \, (\text{cm}^3)$$

56 답 ②

(가) $(\text{부피}) = \frac{1}{3} \times (\pi \times 5^2) \times 12 = 100\pi \, (\text{cm}^3)$

(나) $(\text{부피}) = (\pi \times 4^2) \times 8 = 128\pi \, (\text{cm}^3)$

(다) $(\text{부피}) = \frac{1}{3} \times (\pi \times 6^2) \times 9 = 108\pi \, (\text{cm}^3)$

따라서 부피가 작은 것부터 차례로 나열하면 (가), (다), (나)이다.

57 답 $63\pi \, \text{cm}^3$

$(\text{부피}) = (\text{원뿔의 부피}) + (\text{원기둥의 부피})$
$$= \frac{1}{3} \times (\pi \times 3^2) \times 3 + (\pi \times 3^2) \times 6$$
$$= 9\pi + 54\pi$$
$$= 63\pi \, (\text{cm}^3)$$

58 답 9 cm

원뿔의 높이를 h cm라 하면
$$\frac{1}{3} \times (\pi \times 5^2) \times h = 75\pi$$
$$\frac{25}{3}\pi h = 75\pi \qquad \therefore h = 9$$
따라서 원뿔의 높이는 9 cm이다.

59 답 ③

원뿔의 밑면의 반지름의 길이를 r cm라 하면
$2\pi r = 10\pi \qquad \therefore r = 5$
따라서 원뿔의 밑면의 반지름의 길이는 5 cm이므로
$$(\text{부피}) = \frac{1}{3} \times (\pi \times 5^2) \times 12 = 100\pi \, (\text{cm}^3)$$

60 답 5400원

$(\text{유리잔 A에 담긴 음료수의 부피}) = \frac{1}{3} \times (\pi \times 4^2) \times 9$
$$= 48\pi \, (\text{cm}^3)$$

$(\text{유리잔 B에 담긴 음료수의 부피}) = \frac{1}{3} \times (\pi \times 6^2) \times 12$
$$= 144\pi \, (\text{cm}^3)$$

음료수의 가격은 음료수의 부피에 정비례하므로 B 한 잔의 판매 가격을 x원이라 하면
$48\pi : 144\pi = 1800 : x$
$1 : 3 = 1800 : x \qquad \therefore x = 5400$
따라서 B 한 잔의 판매 가격은 5400원이다.

유형 모아 보기 & 완성하기　　169~174쪽

61 답 $\frac{9}{2} \, \text{cm}^3$

$\triangle \text{BCD}$를 밑면으로 생각하면 높이는 $\overline{\text{CG}}$의 길이이므로 삼각뿔 $\text{C} - \text{BGD}$의 부피는
$$\frac{1}{3} \times \left(\frac{1}{2} \times 3 \times 3 \right) \times 3 = \frac{9}{2} \, (\text{cm}^3)$$

62 답 $100 \, \text{cm}^3$

$$(\text{부피}) = \frac{1}{3} \times \left(\frac{1}{2} \times 10 \times 12 \right) \times 5 = 100 \, (\text{cm}^3)$$

63 답 81분

원뿔 모양의 그릇의 부피는
$$\frac{1}{3} \times (\pi \times 9^2) \times 12 = 324\pi \, (\text{cm}^3)$$
1분에 $4\pi \, \text{cm}^3$씩 물을 넣으므로 빈 그릇을 가득 채우려면
$324\pi \div 4\pi = 81(\text{분})$ 동안 물을 넣어야 한다.

만렙비법 원뿔 모양의 그릇에 물을 가득 채우는 데 걸리는 시간은
$(\text{원뿔 모양의 그릇의 부피}) \div (\text{1분에 넣는 물의 양})$으로 구한다.

64 답 $36\pi \, \text{cm}^2$

원뿔의 밑면의 반지름의 길이를 r cm라 하면
$$2\pi \times 9 \times \frac{120}{360} = 2\pi r$$
$6\pi = 2\pi r \qquad \therefore r = 3$
즉, 원뿔의 밑면의 반지름의 길이는 3 cm이다.
$\therefore (\text{원뿔의 겉넓이}) = \pi \times 3^2 + \pi \times 3 \times 9$
$$= 9\pi + 27\pi$$
$$= 36\pi \, (\text{cm}^2)$$

65 답 $90\pi \, \text{cm}^2$

$(\text{두 밑넓이의 합}) = \pi \times 3^2 + \pi \times 6^2$
$$= 9\pi + 36\pi = 45\pi \, (\text{cm}^2)$$
$(\text{옆넓이}) = \pi \times 6 \times 10 - \pi \times 3 \times 5$
$$= 60\pi - 15\pi = 45\pi \, (\text{cm}^2)$$
$\therefore (\text{겉넓이}) = 45\pi + 45\pi = 90\pi \, (\text{cm}^2)$

66 답 $168\pi \, \text{cm}^3$

$(\text{부피}) = (\text{큰 원뿔의 부피}) - (\text{작은 원뿔의 부피})$
$$= \frac{1}{3} \times (\pi \times 6^2) \times 16 - \frac{1}{3} \times (\pi \times 3^2) \times 8$$
$$= 192\pi - 24\pi$$
$$= 168\pi \, (\text{cm}^3)$$

67 답 $96\pi\,\text{cm}^2$

주어진 직각삼각형을 직선 l을 회전축으로 하여 1회전 시킬 때 생기는 회전체는 오른쪽 그림과 같으므로

(겉넓이) $=\pi\times6^2+\pi\times6\times10$
$=36\pi+60\pi$
$=96\pi\,(\text{cm}^2)$

68 답 $4\,\text{cm}^3$

$\triangle$BCD를 밑면으로 생각하면 높이는 $\overline{\text{CG}}$의 길이이므로 삼각뿔 C$-$BGD의 부피는

$\dfrac{1}{3}\times\left(\dfrac{1}{2}\times3\times2\right)\times4=4\,(\text{cm}^3)$

69 답 ④

$\overline{\text{AB}}=x\,\text{cm}$라 하면 $\overline{\text{CD}}=x\,\text{cm}$이므로

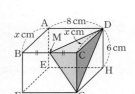

(삼각뿔의 부피)
$=\dfrac{1}{3}\times(\triangle\text{MCD의 넓이})\times\overline{\text{CG}}$
$=\dfrac{1}{3}\times\left(\dfrac{1}{2}\times\dfrac{8}{2}\times x\right)\times6$
$=4x\,(\text{cm}^3)$

이때 삼각뿔의 부피가 $28\,\text{cm}^3$이므로
$4x=28$ $\therefore x=7$
따라서 $\overline{\text{AB}}$의 길이는 $7\,\text{cm}$이다.

70 답 $975\,\text{cm}^3$

(정육면체의 부피) $=10\times10\times10$
$=1000\,(\text{cm}^3)$ $\cdots$ (i)

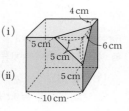

(잘라 낸 삼각뿔의 부피)
$=\dfrac{1}{3}\times\left(\dfrac{1}{2}\times5\times6\right)\times5=25\,(\text{cm}^3)$ $\cdots$ (ii)
$\therefore$ 구하는 입체도형의 부피)
$=1000-25=975\,(\text{cm}^3)$ $\cdots$ (iii)

채점 기준

(i) 정육면체의 부피 구하기	30 %
(ii) 잘라 낸 삼각뿔의 부피 구하기	40 %
(iii) 입체도형의 부피 구하기	30 %

71 답 $9\,\text{cm}^3$

(삼각뿔 C$-$AFH의 부피)
$=$(정육면체의 부피)$-$(삼각뿔 C$-$FGH의 부피)$\times4$
$=3\times3\times3-\left\{\dfrac{1}{3}\times\left(\dfrac{1}{2}\times3\times3\right)\times3\right\}\times4$
$=27-18=9\,(\text{cm}^3)$

72 답 ②

(부피) $=\dfrac{1}{3}\times\left(\dfrac{1}{2}\times10\times8\right)\times3=40\,(\text{cm}^3)$

73 답 3

(물의 부피) $=\left(\dfrac{1}{2}\times6\times x\right)\times4=12x\,(\text{cm}^3)$

이때 물의 부피가 $36\,\text{cm}^3$이므로
$12x=36$ $\therefore x=3$

74 답 5

(그릇 A의 부피) $=12\times20\times4=960\,(\text{cm}^3)$

(그릇 A에 남은 물의 부피) $=\dfrac{1}{3}\times\left(\dfrac{1}{2}\times12\times20\right)\times4=160\,(\text{cm}^3)$

$\therefore$ (그릇 B에 담은 물의 부피) $=960-160=800\,(\text{cm}^3)$

이때 그릇 B에 담은 물의 높이가 $h\,\text{cm}$이므로
$16\times10\times h=800$ $\therefore h=5$

75 답 40분

원뿔 모양의 그릇의 부피는

$\dfrac{1}{3}\times(\pi\times6^2)\times10=120\pi\,(\text{cm}^3)$

1분에 $3\pi\,\text{cm}^3$씩 물을 넣으므로 빈 그릇을 가득 채우려면
$120\pi\div3\pi=40$(분) 동안 물을 넣어야 한다.

76 답 (1) $\dfrac{4}{3}\pi\,\text{cm}^3$ (2) 189분

(1) (그릇에 담긴 물의 부피) $=\dfrac{1}{3}\times(\pi\times2^2)\times3=4\pi\,(\text{cm}^3)$ $\cdots$ (i)

$4\pi\,\text{cm}^3$의 물을 채우는 데 3분이 걸렸으므로 1분 동안 채워지는 물의 부피는 $\dfrac{4}{3}\pi\,\text{cm}^3$이다. $\cdots$ (ii)

(2) (그릇의 부피) $=\dfrac{1}{3}\times(\pi\times8^2)\times12=256\pi\,(\text{cm}^3)$ $\cdots$ (iii)

따라서 $256\pi\div\dfrac{4}{3}\pi=256\pi\times\dfrac{3}{4\pi}=192$(분)이므로

앞으로 $192-3=189$(분) 동안 물을 더 넣어야 한다. $\cdots$ (iv)

채점 기준

(i) 그릇에 담긴 물의 부피 구하기	20 %
(ii) 1분 동안 채워지는 물의 부피 구하기	30 %
(iii) 그릇의 부피 구하기	20 %
(iv) 물을 더 넣어야 하는 시간 구하기	30 %

77 답 $65\pi\,\text{cm}^2$

원뿔의 밑면의 반지름의 길이를 $r\,\text{cm}$라 하면

$2\pi\times8\times\dfrac{225}{360}=2\pi r$, $10\pi=2\pi r$ $\therefore r=5$

즉, 원뿔의 밑면의 반지름의 길이는 $5\,\text{cm}$이다.
$\therefore$ (원뿔의 겉넓이) $=\pi\times5^2+\pi\times5\times8$
$=25\pi+40\pi=65\pi\,(\text{cm}^2)$

78 답 ③

원뿔의 밑면의 반지름의 길이를 $r\,\text{cm}$라 하면

$\pi\times r\times12=48\pi$, $12\pi r=48\pi$ $\therefore r=4$
따라서 원뿔의 밑면의 반지름의 길이는 $4\,\text{cm}$이다.

79 답 6 cm

주어진 부채꼴을 옆면으로 하는 원뿔은 오른 쪽 그림과 같다.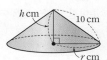
원뿔의 밑면의 반지름의 길이를 r cm라 하면
$$2\pi \times 10 \times \frac{288}{360} = 2\pi r,\ 16\pi = 2\pi r \qquad \therefore r = 8$$
즉, 원뿔의 밑면의 반지름의 길이는 8 cm이다.
이때 원뿔의 높이를 h cm라 하면
$$\frac{1}{3} \times (\pi \times 8^2) \times h = 128\pi,\ \frac{64}{3}\pi h = 128\pi \qquad \therefore h = 6$$
따라서 원뿔의 높이는 6 cm이다.

80 답 205 cm²

(두 밑넓이의 합)$= 3 \times 3 + 8 \times 8 = 9 + 64 = 73 (\text{cm}^2)$
(옆넓이)$= \left\{ \frac{1}{2} \times (3+8) \times 6 \right\} \times 4 = 132 (\text{cm}^2)$
$\therefore$ (겉넓이)$= 73 + 132 = 205 (\text{cm}^2)$

81 답 58

부채꼴의 중심각의 크기를 $x°$라 하면
$$2\pi \times 12 \times \frac{x}{360} = 2\pi \times 4 \qquad \therefore x = 120$$
즉, 부채꼴의 중심각의 크기는 120°이므로
$$2\pi \times 6 \times \frac{120}{360} = 2\pi \times a$$
$4\pi = 2\pi a \qquad \therefore a = 2$
$\therefore$ (겉넓이)$= (\pi \times 2^2 + \pi \times 4^2) + (\pi \times 4 \times 12 - \pi \times 2 \times 6)$
$\qquad = 4\pi + 16\pi + 48\pi - 12\pi = 56\pi (\text{cm}^2)$
$\therefore b = 56$
$\therefore a + b = 2 + 56 = 58$

82 답 ③

주어진 입체도형의 전개도는 오른쪽 그림과 같다.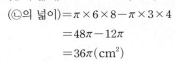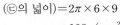
(㉠의 넓이)$= \pi \times 3^2 = 9\pi (\text{cm}^2)$
(㉡의 넓이)$= \pi \times 6 \times 8 - \pi \times 3 \times 4$
$\qquad = 48\pi - 12\pi$
$\qquad = 36\pi (\text{cm}^2)$
(㉢의 넓이)$= 2\pi \times 6 \times 9$
$\qquad = 108\pi (\text{cm}^2)$
(㉣의 넓이)$= \pi \times 6^2 = 36\pi (\text{cm}^2)$
$\therefore$ (겉넓이)$=$(㉠의 넓이)$+$(㉡의 넓이)$+$(㉢의 넓이)$+$(㉣의 넓이)
$\qquad = 9\pi + 36\pi + 108\pi + 36\pi = 189\pi (\text{cm}^2)$

83 답 ④

(부피)$=$(큰 사각뿔의 부피)$-$(작은 사각뿔의 부피)
$\qquad = \frac{1}{3} \times (6 \times 4) \times 8 - \frac{1}{3} \times (3 \times 2) \times 4$
$\qquad = 64 - 8 = 56 (\text{cm}^3)$

84 답 $\frac{212}{3}\pi$ cm³

(부피)$=$(원뿔대의 부피)$+$(원뿔의 부피)
$\qquad = \left\{ \frac{1}{3} \times (\pi \times 4^2) \times 6 - \frac{1}{3} \times (\pi \times 2^2) \times 3 \right\} + \frac{1}{3} \times (\pi \times 4^2) \times 8$
$\qquad = 28\pi + \frac{128}{3}\pi = \frac{212}{3}\pi (\text{cm}^3)$

85 답 ③

(큰 원뿔의 부피)$= \frac{1}{3} \times (\pi \times 8^2) \times 12 = 256\pi (\text{cm}^3)$
(작은 원뿔의 부피)$= \frac{1}{3} \times (\pi \times 4^2) \times 6 = 32\pi (\text{cm}^3)$
(원뿔대의 부피)$= 256\pi - 32\pi = 224\pi (\text{cm}^3)$
따라서 위쪽 원뿔과 아래쪽 원뿔대의 부피의 비는
$32\pi : 224\pi = 1 : 7$

86 답 ①

주어진 직각삼각형을 직선 l을 회전축으로 하여 1회전 시킬 때 생기는 회전체는 오른쪽 그림과 같으므로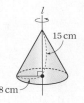
(부피)$= \frac{1}{3} \times (\pi \times 8^2) \times 15 = 320\pi (\text{cm}^3)$

87 답 78π cm³

주어진 사다리꼴을 직선 l을 회전축으로 하여 1회전 시킬 때 생기는 회전체는 오른쪽 그림과 같으므로
(부피)$=$(큰 원뿔의 부피)$-$(작은 원뿔의 부피)
$\qquad = \frac{1}{3} \times (\pi \times 5^2) \times 10 - \frac{1}{3} \times (\pi \times 2^2) \times 4$
$\qquad = \frac{250}{3}\pi - \frac{16}{3}\pi = 78\pi (\text{cm}^3)$

88 답 192π cm³

주어진 평면도형을 직선 l을 회전축으로 하여 1회전 시킬 때 생기는 회전체는 오른쪽 그림과 같으므로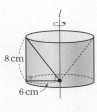
(부피)$=$(원기둥의 부피)$-$(원뿔의 부피)
$\qquad = (\pi \times 6^2) \times 8 - \frac{1}{3} \times (\pi \times 6^2) \times 8$
$\qquad = 288\pi - 96\pi$
$\qquad = 192\pi (\text{cm}^3)$

89 답 ②

주어진 평면도형을 직선 l을 회전축으로 하여 1회전 시킬 때 생기는 회전체는 오른쪽 그림과 같으므로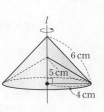
(겉넓이)$=$(큰 원뿔의 옆넓이)
$\qquad\quad + $(작은 원뿔의 옆넓이)
$\qquad = \pi \times 4 \times 6 + \pi \times 4 \times 5$
$\qquad = 24\pi + 20\pi$
$\qquad = 44\pi (\text{cm}^2)$

90 답 $\frac{48}{5}\pi\,\mathrm{cm^3}$

주어진 직각삼각형 ABC를 $\overline{AC}$를 회전축으로
하여 1회전 시킬 때 생기는 회전체는 오른쪽 그
림과 같다.

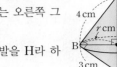

꼭짓점 B에서 $\overline{AC}$에 내린 수선의 발을 H라 하
고 $\overline{BH}$의 길이를 $r\,\mathrm{cm}$라 하면

$$\frac{1}{2}\times3\times4=\frac{1}{2}\times5\times r$$

$$\therefore r=\frac{12}{5} \qquad\qquad\qquad \cdots\text{(i)}$$

$\therefore$ (부피)＝(높이가 $\overline{AH}$인 원뿔의 부피)

$\qquad\qquad +$(높이가 $\overline{CH}$인 원뿔의 부피) $\qquad \cdots\text{(ii)}$

$$=\frac{1}{3}\times\pi r^2\times\overline{AH}+\frac{1}{3}\times\pi r^2\times\overline{CH}$$

$$=\frac{1}{3}\pi r^2\times(\overline{AH}+\overline{CH})$$

$$=\frac{1}{3}\pi r^2\times\overline{AC}$$

$$=\frac{1}{3}\pi\times\left(\frac{12}{5}\right)^2\times5$$

$$=\frac{48}{5}\pi\,(\mathrm{cm^3}) \qquad\qquad \cdots\text{(iii)}$$

채점 기준	
(i) $\overline{BH}$의 길이 구하기	30 %
(ii) 회전체의 부피 구하는 식 알기	20 %
(iii) 회전체의 부피 구하기	50 %

---

04 구의 겉넓이와 부피

유형 모아 보기 & 완성하기　　175~179쪽

91 답 ③

(겉넓이)＝(구의 겉넓이)$\times\dfrac{1}{2}+$(원의 넓이)

$$=(4\pi\times8^2)\times\frac{1}{2}+\pi\times8^2$$

$$=128\pi+64\pi=192\pi\,(\mathrm{cm^2})$$

92 답 $30\pi\,\mathrm{cm^3}$

(부피)＝(반구의 부피)＋(원뿔의 부피)

$$=\left(\frac{4}{3}\pi\times3^3\right)\times\frac{1}{2}+\frac{1}{3}\times(\pi\times3^2)\times4$$

$$=18\pi+12\pi=30\pi\,(\mathrm{cm^3})$$

93 답 ④

주어진 평면도형을 직선 l을 회전축으로 하여
1회전 시킬 때 생기는 회전체는 오른쪽 그림
과 같으므로

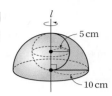

(부피)＝(반구의 부피)－(구의 부피)

$$=\left(\frac{4}{3}\pi\times10^3\right)\times\frac{1}{2}-\frac{4}{3}\pi\times5^3$$

$$=\frac{2000}{3}\pi-\frac{500}{3}\pi$$

$$=500\pi\,(\mathrm{cm^3})$$

94 답 (1) $432\pi\,\mathrm{cm^3}$, $288\pi\,\mathrm{cm^3}$, $144\pi\,\mathrm{cm^3}$ (2) $3:2:1$

(1) (원기둥의 부피)$=(\pi\times6^2)\times12=432\pi\,(\mathrm{cm^3})$

　 (구의 부피)$=\dfrac{4}{3}\pi\times6^3=288\pi\,(\mathrm{cm^3})$

　 (원뿔의 부피)$=\dfrac{1}{3}\times(\pi\times6^2)\times12=144\pi\,(\mathrm{cm^3})$

(2) 원기둥, 구, 원뿔의 부피의 비는

　 $432\pi:288\pi:144\pi=3:2:1$

95 답 (1) 36π (2) 36 (3) π

(1) (구의 부피)$=\dfrac{4}{3}\pi\times3^3=36\pi\,(\mathrm{cm^3})$　　$\therefore V_1=36\pi$

(2) 정팔면체의 부피는 밑면의 대각선의 길이가 $6\,\mathrm{cm}$이고 높이가
　 $3\,\mathrm{cm}$인 정사각뿔의 부피의 2배와 같으므로

　 $\left\{\dfrac{1}{3}\times\left(\dfrac{1}{2}\times6\times6\right)\times3\right\}\times2=36\,(\mathrm{cm^3})$　　$\therefore V_2=36$

(3) $\dfrac{V_1}{V_2}=\dfrac{36\pi}{36}=\pi$

96 답 $64\pi\,\mathrm{cm^2}$

잘라 낸 단면의 넓이의 합은 반지름의 길이가 $4\,\mathrm{cm}$인 원의 넓이와
같으므로

(겉넓이)＝(구의 겉넓이)$\times\dfrac{3}{4}+$(원의 넓이)

$$=(4\pi\times4^2)\times\frac{3}{4}+\pi\times4^2$$

$$=48\pi+16\pi=64\pi\,(\mathrm{cm^2})$$

97 답 $\frac{49}{2}\pi\,\mathrm{cm^2}$

(가죽 한 조각의 넓이)＝(야구공의 겉넓이)$\times\dfrac{1}{2}$

$$=\left\{4\pi\times\left(\frac{7}{2}\right)^2\right\}\times\frac{1}{2}=\frac{49}{2}\pi\,(\mathrm{cm^2})$$

98 답 $576\pi\,\mathrm{cm^2}$

구의 반지름의 길이를 $r\,\mathrm{cm}$라 하면 구의 중심을 지나는 평면으로 자
른 단면의 넓이가 $144\pi\,\mathrm{cm^2}$이므로

$\pi r^2=144\pi$, $r^2=144=12^2$　　$\therefore r=12$

즉, 구의 반지름의 길이는 $12\,\mathrm{cm}$이다.

$\therefore$ (겉넓이)$=4\pi\times12^2=576\pi\,(\mathrm{cm^2})$

99 답 $190\pi\,\text{cm}^2$

(겉넓이)=(원뿔의 옆넓이)+(원기둥의 옆넓이)+(구의 겉넓이)$\times\dfrac{1}{2}$

$\qquad =\pi\times5\times8+2\pi\times5\times10+(4\pi\times5^2)\times\dfrac{1}{2}$

$\qquad =40\pi+100\pi+50\pi=190\pi(\text{cm}^2)$

100 답 ③

(부피)=(반구의 부피)+(원기둥의 부피)

$\qquad =\left(\dfrac{4}{3}\pi\times9^3\right)\times\dfrac{1}{2}+(\pi\times9^2)\times10$

$\qquad =486\pi+810\pi=1296\pi(\text{cm}^3)$

101 답 ②

구의 반지름의 길이를 $r\,\text{cm}$라 하면

$\dfrac{7}{8}\times\left(\dfrac{4}{3}\pi\times r^3\right)=252\pi$

$r^3=216=6^3 \qquad \therefore r=6$

따라서 구의 반지름의 길이는 $6\,\text{cm}$이다.

102 답 $\dfrac{500}{3}\pi\,\text{cm}^3$

구의 반지름의 길이를 $r\,\text{cm}$라 하면

$4\pi r^2=100\pi,\ r^2=25=5^2 \qquad \therefore r=5$

따라서 구의 반지름의 길이는 $5\,\text{cm}$이므로 $\qquad\cdots$(i)

(부피)=$\dfrac{4}{3}\pi\times5^3=\dfrac{500}{3}\pi(\text{cm}^3)$ $\qquad\cdots$(ii)

채점 기준	
(i) 구의 반지름의 길이 구하기	50%
(ii) 구의 부피 구하기	50%

103 답 24

(구의 부피)=$\dfrac{4}{3}\pi\times6^3=288\pi(\text{cm}^3)$

(원뿔의 부피)=$\dfrac{1}{3}\times(\pi\times6^2)\times x=12\pi x(\text{cm}^3)$

이때 구의 부피와 원뿔의 부피가 서로 같으므로

$288\pi=12\pi x \qquad \therefore x=24$

104 답 ④

지름의 길이가 $18\,\text{cm}$인 쇠구슬 1개의 부피는

$\dfrac{4}{3}\pi\times9^3=972\pi(\text{cm}^3)$

지름의 길이가 $2\,\text{cm}$인 쇠구슬 1개의 부피는

$\dfrac{4}{3}\pi\times1^3=\dfrac{4}{3}\pi(\text{cm}^3)$

따라서 만들 수 있는 쇠구슬은 최대

$972\pi\div\dfrac{4}{3}\pi=972\pi\times\dfrac{3}{4\pi}=729(\text{개})$

105 답 $\dfrac{4}{3}\,\text{cm}$

반지름의 길이가 $4\,\text{cm}$인 구의 부피는

$\dfrac{4}{3}\pi\times4^3=\dfrac{256}{3}\pi(\text{cm}^3)$

더 올라간 물의 높이를 $x\,\text{cm}$라 하면

$\pi\times8^2\times x=\dfrac{256}{3}\pi$

$64\pi x=\dfrac{256}{3}\pi \qquad \therefore x=\dfrac{4}{3}$

따라서 더 올라간 물의 높이는 $\dfrac{4}{3}\,\text{cm}$이다.

106 답 $126\pi\,\text{cm}^3$

주어진 평면도형을 직선 l을 회전축으로 하여 1회전 시킬 때 생기는 회전체는 오른쪽 그림과 같으므로

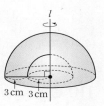

(부피)=(큰 반구의 부피)-(작은 반구의 부피)

$\qquad =\left(\dfrac{4}{3}\pi\times6^3\right)\times\dfrac{1}{2}-\left(\dfrac{4}{3}\pi\times3^3\right)\times\dfrac{1}{2}$

$\qquad =144\pi-18\pi$

$\qquad =126\pi(\text{cm}^3)$

107 답 $42\pi\,\text{cm}^3$

주어진 평면도형을 직선 l을 회전축으로 하여 1회전 시킬 때 생기는 회전체는 오른쪽 그림과 같으므로

(원기둥의 부피)=$(\pi\times3^2)\times4$

$\qquad\qquad =36\pi(\text{cm}^3)$ $\qquad\cdots$(i)

(반구의 부피)=$\left(\dfrac{4}{3}\pi\times3^3\right)\times\dfrac{1}{2}$

$\qquad\qquad =18\pi(\text{cm}^3)$ $\qquad\cdots$(ii)

(원뿔의 부피)=$\dfrac{1}{3}\times(\pi\times3^2)\times4$

$\qquad\qquad =12\pi(\text{cm}^3)$ $\qquad\cdots$(iii)

$\therefore$ (구하는 부피)=$36\pi+18\pi-12\pi$

$\qquad\qquad\qquad =42\pi(\text{cm}^3)$ $\qquad\cdots$(iv)

채점 기준	
(i) 원기둥의 부피 구하기	30%
(ii) 반구의 부피 구하기	30%
(iii) 원뿔의 부피 구하기	30%
(iv) 회전체의 부피 구하기	10%

108 답 ②

주어진 평면도형을 직선 l을 회전축으로 하여 1회전 시킬 때 생기는 회전체는 오른쪽 그림과 같으므로

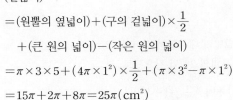

(겉넓이)

$=$(원뿔의 옆넓이)+(구의 겉넓이)$\times\dfrac{1}{2}$

$\quad +$(큰 원의 넓이)-(작은 원의 넓이)

$=\pi\times3\times5+(4\pi\times1^2)\times\dfrac{1}{2}+(\pi\times3^2-\pi\times1^2)$

$=15\pi+2\pi+8\pi=25\pi(\text{cm}^2)$

109 답 $18\pi\,\mathrm{cm^3},\ 54\pi\,\mathrm{cm^3}$

구의 반지름의 길이를 $r\,\mathrm{cm}$라 하면

$\dfrac{4}{3}\pi r^3=36\pi$

$r^3=27=3^3$　∴ $r=3$

즉, 구의 반지름의 길이는 $3\,\mathrm{cm}$이다.

∴ (원뿔의 부피)$=\dfrac{1}{3}\times(\pi\times3^2)\times6=18\pi\,(\mathrm{cm^3})$

　(원기둥의 부피)$=(\pi\times3^2)\times6=54\pi\,(\mathrm{cm^3})$

다른 풀이

(원뿔의 부피) : (구의 부피) : (원기둥의 부피)$=1:2:3$이므로

(원뿔의 부피)$=\dfrac{1}{2}\times$(구의 부피)

$\qquad\qquad\quad=\dfrac{1}{2}\times36\pi=18\pi\,(\mathrm{cm^3})$

(원기둥의 부피)$=3\times$(원뿔의 부피)

$\qquad\qquad\qquad=3\times18\pi=54\pi\,(\mathrm{cm^3})$

110 답 ②

구의 반지름의 길이를 $r\,\mathrm{cm}$라 하면 원기둥의 부피
가 $384\pi\,\mathrm{cm^3}$이므로

$\pi r^2\times6r=384\pi$

$r^3=64=4^3$　∴ $r=4$

즉, 구의 반지름의 길이는 $4\,\mathrm{cm}$이다.

∴ (구 3개의 겉넓이의 총합)$=(4\pi\times4^2)\times3$

$\qquad\qquad\qquad\qquad\qquad=192\pi\,(\mathrm{cm^2})$

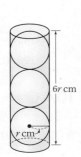

111 답 $2\,\mathrm{cm}$

원기둥 모양의 그릇의 밑면의 반지름의 길이는 $3\,\mathrm{cm}$, 높이는
$3\times2=6\,(\mathrm{cm})$이므로

(남아 있는 물의 부피)

$=$(원기둥 모양의 그릇의 부피)$-$(쇠공의 부피)

$=(\pi\times3^2)\times6-\dfrac{4}{3}\pi\times3^3$

$=54\pi-36\pi$

$=18\pi\,(\mathrm{cm^3})$

이때 남아 있는 물의 높이를 $h\,\mathrm{cm}$라 하면

$(\pi\times3^2)\times h=18\pi$

$9\pi h=18\pi$　∴ $h=2$

따라서 원기둥 모양의 그릇에 남아 있는 물의 높이는 $2\,\mathrm{cm}$이다.

다른 풀이

(구의 부피) : (원기둥의 부피)$=2:3$이므로 쇠공의 부피는

원기둥 모양의 그릇의 부피의 $\dfrac{2}{3}$이다.

즉, 남아 있는 물의 부피는 원기둥 모양의 그릇의 부피의 $\dfrac{1}{3}$이다.

따라서 남아 있는 물의 높이는

(원기둥 모양의 그릇의 높이)$\times\dfrac{1}{3}=6\times\dfrac{1}{3}=2\,(\mathrm{cm})$

112 답 $288\,\mathrm{cm^3}$

정팔면체의 부피는 밑면의 대각선의 길이가 $12\,\mathrm{cm}$이고 높이가
$6\,\mathrm{cm}$인 정사각뿔의 부피의 2배와 같으므로

$\left\{\dfrac{1}{3}\times\left(\dfrac{1}{2}\times12\times12\right)\times6\right\}\times2=288\,(\mathrm{cm^3})$

113 답 2

(반구의 부피)$=\left(\dfrac{4}{3}\pi\times6^3\right)\times\dfrac{1}{2}=144\,(\mathrm{cm^3})$

∴ $V_1=144\pi$

(원뿔의 부피)$=\dfrac{1}{3}\times(\pi\times6^2)\times6=72\pi\,(\mathrm{cm^3})$

∴ $V_2=72\pi$

∴ $\dfrac{V_1}{V_2}=\dfrac{144\pi}{72\pi}=2$

114 답 ④

정육면체의 한 모서리의 길이를 a라 하면

(정육면체의 부피)$=a\times a\times a=a^3$

(사각뿔의 부피)$=\dfrac{1}{3}\times(a\times a)\times a=\dfrac{1}{3}a^3$

(구의 부피)$=\dfrac{4}{3}\pi\times\left(\dfrac{a}{2}\right)^3=\dfrac{1}{6}\pi a^3$

따라서 정육면체, 사각뿔, 구의 부피의 비는

$a^3:\dfrac{1}{3}a^3:\dfrac{1}{6}\pi a^3=6:2:\pi$

Pick 점검하기　　　　　　180~183쪽

115 답 ③

(겉넓이)$=\left\{\dfrac{1}{2}\times(10+20)\times12\right\}\times2+(10+13+20+13)\times8$

$\qquad\quad=360+448=808\,(\mathrm{cm^2})$

116 답 $112\pi\,\mathrm{cm^2}$

원기둥의 밑면의 반지름의 길이를 $r\,\mathrm{cm}$라 하면

$2\pi\times r=8\pi$　∴ $r=4$

즉, 원기둥의 밑면의 반지름의 길이는 $4\,\mathrm{cm}$이다.

∴ (겉넓이)$=(\pi\times4^2)\times2+8\pi\times10$

$\qquad\qquad=32\pi+80\pi=112\pi\,(\mathrm{cm^2})$

117 답 성훈

변 AD를 회전축으로 하여 1회전 시킬 때 생
기는 회전체는 오른쪽 그림과 같은 원기둥이
므로

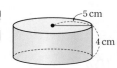

(겉넓이)$=(\pi\times5^2)\times2+2\pi\times5\times4$

$\qquad\quad=50\pi+40\pi=90\pi\,(\mathrm{cm^2})$

변 CD를 회전축으로 하여 1회전 시킬 때 생기
는 회전체는 오른쪽 그림과 같은 원기둥이므로

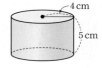

(겉넓이)$=(\pi\times4^2)\times2+2\pi\times4\times5$

$\qquad\quad=32\pi+40\pi=72\pi\,(\mathrm{cm^2})$

따라서 변 AD가 회전축인 회전체의 겉넓이가 더 크므로 바르게 말
한 학생은 성훈이다.

118 답 72 cm³

(부피)$=(10-6)\times(12-6)\times3$
$\qquad=4\times6\times3=72(\text{cm}^3)$

119 답 7 cm

원기둥의 높이를 h cm라 하면
$(\pi\times3^2)\times h=63\pi,\ 9\pi h=63\pi \qquad \therefore h=7$
따라서 원기둥의 높이는 7 cm이다.

120 답 ③

(밑넓이)$=\pi\times6^2\times\dfrac{120}{360}=12\pi(\text{cm}^2)$

(옆넓이)$=\left(2\pi\times6\times\dfrac{120}{360}+6\times2\right)\times10=40\pi+120(\text{cm}^2)$

$\therefore$ (겉넓이)$=12\pi\times2+40\pi+120$
$\qquad\qquad\quad=64\pi+120(\text{cm}^2)$

121 답 ④

(부피)$=$(사각기둥의 부피)$-$(원기둥의 부피)
$\qquad=(8\times6)\times8-(\pi\times2^2)\times8$
$\qquad=384-32\pi(\text{cm}^3)$

122 답 46 cm²

(밑넓이)$=6\times1+1\times1=7(\text{cm}^2)$
(옆넓이)$=(6+1+1+1+1+1+4+1)\times2$
$\qquad\qquad=16\times2=32(\text{cm}^2)$
$\therefore$ (겉넓이)$=7\times2+32=46(\text{cm}^2)$

123 답 ③

(옆넓이)$=\left(\dfrac{1}{2}\times6\times7\right)\times5=105(\text{cm}^2)$

124 답 64π cm²

포장지의 넓이는 원뿔 모양의 선물 상자의 겉넓이와 같으므로
(포장지의 넓이)$=\pi\times4^2+\pi\times4\times12$
$\qquad\qquad\qquad=16\pi+48\pi=64\pi(\text{cm}^2)$

125 답 9 cm

원뿔의 모선의 길이를 l cm라 하면
$\pi\times3^2+\pi\times3\times l=36\pi$
$9\pi+3\pi l=36\pi,\ 3\pi l=27\pi \qquad \therefore l=9$
따라서 원뿔의 모선의 길이는 9 cm이다.

126 답 ②

삼각뿔의 높이를 h cm라 하면
$\dfrac{1}{3}\times\left(\dfrac{1}{2}\times6\times4\right)\times h=20$
$4h=20 \qquad \therefore h=5$
따라서 삼각뿔의 높이는 5 cm이다.

127 답 ④

(부피)$=$(큰 원뿔의 부피)$+$(작은 원뿔의 부피)
$\qquad=\dfrac{1}{3}\times(\pi\times4^2)\times8+\dfrac{1}{3}\times(\pi\times4^2)\times6$
$\qquad=\dfrac{128}{3}\pi+32\pi=\dfrac{224}{3}\pi(\text{cm}^3)$

128 답 6

(물의 부피)$=\dfrac{1}{3}\times\left(\dfrac{1}{2}\times12\times9\right)\times x=18x(\text{cm}^3)$
이때 물의 부피가 108 cm³이므로
$18x=108 \qquad \therefore x=6$

129 답 300°

원뿔의 모선의 길이를 l cm라 하면
$\pi\times10^2+\pi\times10\times l=220\pi$
$100\pi+10\pi l=220\pi,\ 10\pi l=120\pi \qquad \therefore l=12$
즉, 원뿔의 모선의 길이는 12 cm이다.
주어진 원뿔의 전개도는 오른쪽 그림과 같
으므로 부채꼴의 중심각의 크기를 $x°$라 하면
$2\pi\times12\times\dfrac{x}{360}=2\pi\times10$

$\dfrac{\pi}{15}x=20\pi \qquad \therefore x=300$
따라서 부채꼴의 중심각의 크기는 300°이다.

130 답 ②

(두 밑넓이의 합)$=6\times6+12\times12$
$\qquad\qquad\qquad\ =36+144=180(\text{cm}^2)$
(옆넓이)$=\left\{\dfrac{1}{2}\times(6+12)\times5\right\}\times4=180(\text{cm}^2)$
$\therefore$ (겉넓이)$=180+180=360(\text{cm}^2)$

131 답 28π cm³

(부피)$=$(큰 원뿔의 부피)$-$(작은 원뿔의 부피)
$\qquad=\dfrac{1}{3}\times(\pi\times4^2)\times6-\dfrac{1}{3}\times(\pi\times2^2)\times3$
$\qquad=32\pi-4\pi=28\pi(\text{cm}^3)$

132 답 36π cm³

주어진 평면도형을 직선 l을 회전축으로 하여
1회전 시킬 때 생기는 회전체는 오른쪽 그림과
같으므로
(부피)

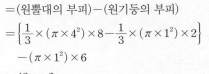

$=$(원뿔대의 부피)$-$(원기둥의 부피)
$=\left\{\dfrac{1}{3}\times(\pi\times4^2)\times8-\dfrac{1}{3}\times(\pi\times1^2)\times2\right\}$
$\quad-(\pi\times1^2)\times6$

$=42\pi-6\pi$
$=36\pi(\text{cm}^3)$

133 답 $66\pi\,\mathrm{cm^2}$

(겉넓이)=(구의 겉넓이)+(원기둥의 옆넓이)

$\qquad=4\pi\times 3^2+(2\pi\times 3)\times 5$

$\qquad=36\pi+30\pi$

$\qquad=66\pi(\mathrm{cm^2})$

134 답 6 cm

(구의 부피)$=\dfrac{4}{3}\pi\times 3^3=36\pi(\mathrm{cm^3})$

원뿔의 높이를 $h\,\mathrm{cm}$라 하면

(원뿔의 부피)$=\dfrac{1}{3}\times(\pi\times 2^2)\times h=\dfrac{4}{3}\pi h(\mathrm{cm^3})$

이때 구의 부피가 원뿔의 부피의 $\dfrac{9}{2}$배이므로

$36\pi=\dfrac{9}{2}\times\dfrac{4}{3}\pi h$

$36\pi=6\pi h$ $\qquad\therefore h=6$

따라서 원뿔의 높이는 $6\,\mathrm{cm}$이다.

135 답 $279\pi\,\mathrm{cm^2}$, $630\pi\,\mathrm{cm^3}$

주어진 평면도형을 직선 l을 회전축으로 하
여 1회전 시킬 때 생기는 회전체는 오른쪽
그림과 같으므로

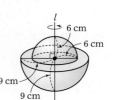

(겉넓이)

$=$(작은 반구의 곡면의 넓이)

$\quad+$(큰 반구의 곡면의 넓이)

$\quad+$(큰 원의 넓이)$-$(작은 원의 넓이)

$=(4\pi\times 6^2)\times\dfrac{1}{2}+(4\pi\times 9^2)\times\dfrac{1}{2}+\pi\times 9^2-\pi\times 6^2$

$=72\pi+162\pi+81\pi-36\pi$

$=279\pi(\mathrm{cm^2})$

(부피)$=$(작은 반구의 부피)$+$(큰 반구의 부피)

$\quad=\left(\dfrac{4}{3}\pi\times 6^3\right)\times\dfrac{1}{2}+\left(\dfrac{4}{3}\pi\times 9^3\right)\times\dfrac{1}{2}$

$\quad=144\pi+486\pi$

$\quad=630\pi(\mathrm{cm^3})$

136 답 $\dfrac{256}{3}\pi\,\mathrm{cm^3}$

원기둥 모양의 케이스의 밑면의 반지름의 길이는 $\dfrac{8}{2}=4(\mathrm{cm})$,

높이는 $8\times 2=16(\mathrm{cm})$이므로

(케이스의 부피)$=(\pi\times 4^2)\times 16=256\pi(\mathrm{cm^3})$

(공 한 개의 부피)$=\dfrac{4}{3}\pi\times 4^3=\dfrac{256}{3}\pi(\mathrm{cm^3})$

$\therefore$ (빈 공간의 부피)$=256\pi-\dfrac{256}{3}\pi\times 2$

$\qquad\qquad\qquad\qquad=\dfrac{256}{3}\pi(\mathrm{cm^3})$

137 답 $\dfrac{27}{4}$ cm

캔에 가득 담긴 음료수의 부피는

$(\pi\times 3^2)\times 12=108\pi(\mathrm{cm^3})$ $\qquad\cdots$ (i)

컵에 담긴 음료수의 높이를 $h\,\mathrm{cm}$라 하면

$(\pi\times 4^2)\times h=108\pi$

$16\pi h=108\pi$ $\qquad\therefore h=\dfrac{27}{4}$

따라서 컵에 담긴 음료수의 높이는 $\dfrac{27}{4}\,\mathrm{cm}$이다. $\qquad\cdots$ (ii)

채점 기준

(i) 캔에 담긴 음료수의 부피 구하기	40 %
(ii) 컵에 담긴 음료수의 높이 구하기	60 %

138 답 1 : 5

정육면체의 한 모서리의 길이를 a라 하면

(정육면체의 부피)$=a\times a\times a=a^3$

(작은 입체도형의 부피)$=\dfrac{1}{3}\times\left(\dfrac{1}{2}\times a\times a\right)\times a=\dfrac{1}{6}a^3$ $\quad\cdots$ (i)

(큰 입체도형의 부피)$=a^3-\dfrac{1}{6}a^3=\dfrac{5}{6}a^3$ $\quad\cdots$ (ii)

따라서 작은 입체도형과 큰 입체도형의 부피의 비는

$\dfrac{1}{6}a^3:\dfrac{5}{6}a^3=1:5$ $\qquad\cdots$ (iii)

채점 기준

(i) 작은 입체도형의 부피를 a를 사용하여 나타내기	50 %
(ii) 큰 입체도형의 부피를 a를 사용하여 나타내기	30 %
(iii) 답 구하기	20 %

139 답 $\dfrac{32}{3}\,\mathrm{cm^3}$

정육면체의 각 면의 중심을 연결하여 만든 입체도형은 정팔면체이고,
정팔면체의 부피는 밑면의 대각선의 길이가 $4\,\mathrm{cm}$이고 높이가 $2\,\mathrm{cm}$인
정사각뿔의 부피의 2배와 같다. $\qquad\cdots$ (i)

따라서 구하는 입체도형의 부피는

$\left\{\dfrac{1}{3}\times\left(\dfrac{1}{2}\times 4\times 4\right)\times 2\right\}\times 2=\dfrac{32}{3}(\mathrm{cm^3})$ $\qquad\cdots$ (ii)

채점 기준

(i) 정팔면체와 정사각뿔의 부피의 관계 알기	50 %
(ii) 답 구하기	50 %

140 답 **21**

칸막이가 있을 때의 물의 부피와 칸막이가 없을 때의 물의 부피는 같으므로

$30 \times 25 \times 6 + 20 \times 25 \times x = 50 \times 25 \times 12$

$4500 + 500x = 15000$, $500x = 10500$ ∴ $x = 21$

141 답 **10000**

이 수로에서 10분 동안 흐른 물의 양은 밑면이 사다리꼴인 사각기둥의 부피와 같다.

(사각기둥의 밑넓이) $= \frac{1}{2} \times (4+6) \times 5 = 25 \,(\text{m}^2)$

물이 분속 40 m로 일정하게 10분 동안 흐르므로

(사각기둥의 높이) $= 40 \times 10 = 400 \,(\text{m})$

∴ (10분 동안 흐른 물의 양) $= 25 \times 400 = 10000 \,(\text{m}^3)$

∴ $a = 10000$

142 답 **$550\pi \text{ cm}^3$**

(높이가 12 cm가 되도록 넣은 물의 부피) $= (\pi \times 5^2) \times 12$
$= 300\pi \,(\text{cm}^3)$

(거꾸로 한 병의 빈 공간의 부피) $= (\pi \times 5^2) \times 10$
$= 250\pi \,(\text{cm}^3)$

따라서 병에 물을 가득 채웠을 때 물의 부피는 높이가 12 cm가 되도록 넣은 물의 부피와 거꾸로 한 병의 빈 공간의 부피의 합과 같으므로

$300\pi + 250\pi = 550\pi \,(\text{cm}^3)$

143 답 **④**

그릇을 밑면에 평행한 평면으로 자른 단면은 오른쪽 그림과 같으므로

(색칠한 부분의 넓이)

$= \pi \times 6^2 \times \frac{90}{360} - \frac{1}{2} \times 6 \times 6$

$= 9\pi - 18 \,(\text{cm}^2)$

∴ (남아 있는 물의 부피) $= (9\pi - 18) \times 10$
$= 90\pi - 180 \,(\text{cm}^3)$

144 답 **③**

(처음 휴지의 부피) $= (\pi \times 6^2) \times 12 - (\pi \times 2^2) \times 12$
$= 432\pi - 48\pi = 384\pi \,(\text{cm}^3)$

(15일 후의 휴지의 부피) $= (\pi \times 4^2) \times 12 - (\pi \times 2^2) \times 12$
$= 192\pi - 48\pi = 144\pi \,(\text{cm}^3)$

(15일 동안 사용한 휴지의 부피) $= 384\pi - 144\pi = 240\pi \,(\text{cm}^3)$

따라서 남은 휴지를 x일 동안 사용할 수 있다고 하면

$240\pi : 144\pi = 15 : x$이므로

$5 : 3 = 15 : x$, $5x = 45$ ∴ $x = 9$

따라서 남은 휴지는 9일 동안 사용할 수 있다.

145 답 **①**

(부피) $=$ (원뿔의 부피) $\times \frac{3}{4} +$ (삼각뿔 C$-$OAB의 부피)

$= \left\{ \frac{1}{3} \times (\pi \times 3^2) \times 8 \right\} \times \frac{3}{4} + \frac{1}{3} \times \left(\frac{1}{2} \times 3 \times 3 \right) \times 8$

$= 18\pi + 12 \,(\text{cm}^3)$

146 답 **$\frac{1}{3}$**

[그림 1]과 [그림 2]의 물의 부피가 같으므로 그릇의 높이를 h, [그림 2]에서 물의 높이를 x라 하면

[그림 1]에서 (물의 부피) $= \frac{1}{3} \times (밑넓이) \times h$

[그림 2]에서 (물의 부피) $= (밑넓이) \times x$

따라서 $x = \frac{1}{3}h$이므로 [그림 2]에서 물의 높이는 그릇의 높이의 $\frac{1}{3}$배이다.

147 답 **$(64\pi - 128) \text{ cm}^2$**

주어진 원뿔의 전개도는 오른쪽 그림과 같으므로 점 A에서 출발하여 다시 점 A로 돌아오는 가장 짧은 선은 $\overline{AA'}$이다.

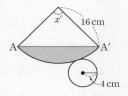

부채꼴의 중심각의 크기를 $x°$라 하면

$2\pi \times 16 \times \frac{x}{360} = 2\pi \times 4$ ∴ $x = 90$

즉, 부채꼴의 중심각의 크기는 90°이다.

∴ (색칠한 부분의 넓이) $= \pi \times 16^2 \times \frac{90}{360} - \frac{1}{2} \times 16 \times 16$

$= 64\pi - 128 \,(\text{cm}^2)$

148 답 **②**

사각뿔 O$-$PQRS의 밑면인 사각형 PQRS의 넓이는 정육면체의 한 면의 넓이의 $\frac{1}{2}$이고, 사각뿔 O$-$PQRS의 높이는 정육면체의 한 모서리의 길이와 같으므로

(부피) $= \frac{1}{3} \times \left(\frac{1}{2} \times 3 \times 3 \right) \times 3 = \frac{9}{2} \,(\text{cm}^3)$

149 답 **$\left(64000 - \frac{32000}{3}\pi \right) \text{ cm}^3$**

필요한 모래의 양은 상자의 부피에서 유리공 8개의 부피의 합을 뺀 것과 같다.

(상자의 부피) $= 40 \times 40 \times 40 = 64000 \,(\text{cm}^3)$

(유리공 한 개의 부피) $= \frac{4}{3}\pi \times 10^3 = \frac{4000}{3}\pi \,(\text{cm}^3)$

∴ (필요한 모래의 양) $= 64000 - \frac{4000}{3}\pi \times 8$

$= 64000 - \frac{32000}{3}\pi \,(\text{cm}^3)$

8 자료의 정리와 해석

01 ④

02 표는 풀이 참조 (1) 55 kg 이상 60 kg 미만 (2) 8명

03 25 % | 04 ①, ④ | 05 ④

06 (1) 3명 (2) 60점 (3) 7명 | 07 ②, ④ | 08 ④

09 ㄱ, ㄷ, ㅁ | 10 18 | 11 ③, ⑤ | 12 ③

13 15명 | 14 30 % | 15 24 % | 16 ②

17 ④ | 18 ⑤ | 19 250

20 (1) 10분 이상 15분 미만 (2) 7명 | 21 1200

22 35 % | 23 ㄷ | 24 ②, ⑤ | 25 17

26 ④ | 27 (1) 70점 이상 80점 미만 (2) 25 %

28 17초 | 29 100 | 30 120 | 31 3배

32 (1) 8 (2) 25명 | 33 ②, ⑤ | 34 7명

35 (1) 28명 (2) 75 % | 36 30 % | 37 ③, ⑤

38 20회 | 39 175 | 40 ③ | 41 ②

42 ① | 43 ③ | 44 (1) 9명 (2) 11명

45 ① | 46 ④ | 47 12명 | 48 60명

49 80 % | 50 ② | 51 ① | 52 ④

53 (1) A팀: 30명, B팀: 30명 (2) 30 %

54 0.25 | 55 7

56 (1) $A=8$, $B=10$, $C=0.15$, $D=40$, $E=1$ (2) 40 %

57 0.12 | 58 남학생 | 59 15 : 8 | 60 ②

61 ④, ⑤ | 62 0.3 | 63 ④ | 64 0.36

65 0.3 | 66 6명 | 67 400명 | 68 10

69 9명 | 70 ③ | 71 10 % | 72 2명

73 40 | 74 200 | 75 ④ | 76 ③

77 0.25 | 78 66 | 79 64 % | 80 45명

81 (1) B 지역 (2) 30세 이상 40세 미만

82 ⑤ | 83 28 : 25 | 84 4 : 3

85 (1) 27명 (2) 0.05 | 86 14명 | 87 3개, 1학년

88 ⑤ | 89 128 | 90 0.2

91 (1) 200명 (2) 124명 | 92 ⑤ | 93 40명

94 9명 | 95 90개 | 96 ㄱ, ㄹ | 97 ④, ⑤

98 ㄷ | 99 44 | 100 ③ | 101 ⑤

102 42명 | 103 39 | 104 ④ | 105 190

106 30 | 107 400 | 108 7명 | 109 ③, ⑤

110 0.1 | 111 ② | 112 8명 | 113 0.2

114 ㄷ | 115 3 : 5 | 116 (1) 200명 (2) 52명

117 ③ | 118 36명 | 119 0.3 | 120 18명

121 $A=4$, $B=5$ | 122 ㄴ, ㄷ | 123 ③, ④

124 8명 | 125 0.5 | 126 21번째 | 127 80명

128 200명 | 129 (1) 0.2 (2) B 과수원, 20개

01 줄기와 잎 그림 / 도수분포표

유형 모아 보기 & 완성하기 188~191쪽

01 답 ④

④ 전체 학생은 $3+5+6+3=17$(명)이다.

02 답 **표는 풀이 참조 (1) 55 kg 이상 60 kg 미만 (2) 8명**

도수분포표를 완성하면 오른쪽과 같다.

몸무게(kg)	도수(명)
45이상 ~ 50미만	2
50 ~ 55	3
55 ~ 60	7
60 ~ 65	6
65 ~ 70	2
합계	20

(1) 도수가 가장 큰 계급은 도수가 7명인 몸무게가 55 kg 이상 60 kg 미만이다.

(2) 몸무게가 60 kg 이상인 학생은 $6+2=8$(명)

03 답 **25 %**

책을 7권 이상 9권 미만 구입한 학생이 전체의 10 %이므로

$60\times\frac{10}{100}=6$(명)

이때 구입한 책이 5권 이상 7권 미만인 학생은

$60-(11+10+6+7+11)=15$(명)

따라서 구입한 책이 5권 이상 7권 미만인 학생은 전체의

$\frac{15}{60}\times100=25(\%)$

04 답 ①, ④

① 잎이 가장 적은 줄기는 잎이 1개인 0이다.

② 줄기가 1인 잎은 0, 1, 5, 6, 8의 5개이다.

③ 조사한 전체 사람은 잎의 총 개수와 같으므로 $1+5+6+4=16$(명)

④ 나이가 24세 미만인 사람은 $1+5+2=8$(명)이다.

⑤ 나이가 가장 적은 사람의 나이는 9세, 나이가 가장 많은 사람의 나이는 37세이므로 그 합은 $9+37=46$(세)이다.

따라서 옳은 것은 ①, ④이다

05 답 ④
최고 기온이 25 ℃ 이상인 지역은 3+4=7(곳)이므로 $a=7$
최고 기온이 23.5 ℃ 이하인 지역은 2+3=5(곳)이므로 $b=5$
∴ $a+b=7+5=12$

06 답 (1) 3명 (2) 60점 (3) 7명
(2) 수학 수행평가 점수가 높은 학생의 점수부터 차례로 나열하면 65점, 62점, 61점, 60점, ⋯이므로 점수가 높은 쪽에서 4번째인 학생의 점수는 60점이다.
(3) 민이보다 수학 수행평가 점수가 높은 학생은
  3+4=7(명)

07 답 ②, ④
① 미세 먼지 농도가 '좋음'인 날은
  2+2+3=7(일)
② 11월에는 미세 먼지 농도가 '보통'인 날이
  6+6+2+2+2=18(일)로 가장 많았다.
④ 미세 먼지 농도가 좋은 쪽에서 5번째인 날의 미세 먼지 농도는
  22 μg/m³이다.
⑤ 미세 먼지 농도가 '보통'인 날은 전체 30일 중 18일이므로 전체의
  $\frac{18}{30} \times 100 = 60(\%)$
따라서 옳지 않은 것은 ②, ④이다.

08 답 ④
① 여학생은 3+4+5+2=14(명)이고
  남학생은 1+4+6+5=16(명)이다.
  즉, 조사한 전체 학생은 14+16=30(명)이다.
② 남학생의 잎이 가장 많은 줄기는 잎이 6개인 3이다.
③ 줄기가 4인 잎은 여학생이 2개, 남학생이 5개이므로 남학생이 여학생보다 많다.
④ 줄넘기 횟수가 여학생 중에서 5번째로 많은 학생은 35회, 남학생 중에서 7번째로 많은 학생은 34회이므로 같지 않다.
⑤ 줄넘기 횟수가 가장 많은 학생은 47회인 남학생이다.
따라서 옳지 않은 것은 ④이다.

09 답 ㄱ, ㄷ, ㅁ
도수분포표를 완성하면 오른쪽과 같다.
ㄴ. 계급의 개수는 5이다.
ㄹ. 키가 155 cm인 학생이 속하는 계급은 155 cm 이상 160 cm 미만이므로 도수는 7명이다.
ㅂ. 키가 155 cm 미만인 학생은
  1+3+4=8(명)
따라서 옳은 것은 ㄱ, ㄷ, ㅁ이다.

키(cm)	도수(명)
140^{이상} ~ 145^{미만}	1
145 ~ 150	3
150 ~ 155	4
155 ~ 160	7
160 ~ 165	5
합계	20

10 답 18
계급의 개수는 4이므로 $a=4$
계급의 크기는 5g이므로 $b=5$
무게가 65g인 귤이 속하는 계급은 65g 이상 70g 미만이므로 도수는 9개이다. 즉, $c=9$
∴ $a+b+c=4+5+9=18$

11 답 ③, ⑤
③, ④ 연착 시간이 1시간 미만인 비행기는 12대, 2시간 미만인 비행기는 12+20=32(대)이므로 연착 시간이 18번째로 짧은 비행기가 속하는 계급은 1시간 이상 2시간 미만이다.
⑤ 연착 시간이 가장 긴 비행기의 정확한 연착 시간은 알 수 없다.
따라서 옳지 않은 것은 ③, ⑤이다.

12 답 ③
① 계급의 크기는 4 kg이다.
② $A=25-(1+2+6+4+3)=9$
④ 몸무게가 46 kg 이상 58 kg 미만인 학생은
  9+6+4=19(명)
⑤ 몸무게가 46 kg 미만인 학생은 1+2=3(명), 50 kg 미만인 학생은 1+2+9=12(명)이므로 몸무게가 10번째로 가벼운 학생이 속하는 계급은 46 kg 이상 50 kg 미만이다.
  즉, 구하는 도수는 9명이다.
따라서 옳은 것은 ③이다.

13 답 15명
50세 이상 60세 미만인 계급의 도수를 x명이라 하면
20세 이상 30세 미만인 계급의 도수는 $3x$명이므로
8+3x+12+9+x+1=50
4x+30=50 ∴ $x=5$
따라서 나이가 23세인 사람이 속하는 계급은 20세 이상 30세 미만이므로 구하는 도수는 3×5=15(명)이다.

14 답 30 %
기록이 20초 이상 25초 미만인 학생은 전체의 20 %이므로
$30 \times \frac{20}{100} = 6$(명)
이때 기록이 15초 이상 20초 미만인 학생은
30-(1+4+7+6+3)=9(명)
따라서 기록이 15초 이상 20초 미만인 학생은 전체의
$\frac{9}{30} \times 100 = 30(\%)$

15 답 24 %
봉사 활동 시간이 4시간 이상 8시간 미만인 학생은 6명이므로 전체의
$\frac{6}{25} \times 100 = 24(\%)$

16 답 ②

나이가 30세 미만인 배우는 $(3+A)$명이고 전체의 35%이므로

$$\frac{3+A}{40}\times100=35$$

$3+A=14$ $\therefore A=11$

$\therefore B=40-(3+11+15+4)=7$

$\therefore A-B=11-7=4$

17 답 ④

㈎에서 앉은키가 $70\,cm$ 이상 $75\,cm$ 미만인 학생은 $4\times2=8$(명)이므로 $A=8$

㈏에서 앉은키가 $75\,cm$ 이상인 학생은 전체의 50%이므로 앉은키가 $75\,cm$ 미만인 학생 수와 앉은키가 $75\,cm$ 이상인 학생 수는 같다.

즉, $3+8=4+5+B$ $\therefore B=2$

$\therefore C=3+8+4+5+2=22$

$\therefore A+B+C=8+2+22=32$

다른 풀이

㈎에서 앉은키가 $70\,cm$ 이상 $75\,cm$ 미만인 학생은 $4\times2=8$(명)이므로 $A=8$

㈏에서 $\dfrac{4+5+B}{3+8+4+5+B}\times100=50$이므로

$18+2B=20+B$ $\therefore B=2$

$\therefore C=3+8+4+5+2=22$

$\therefore A+B+C=8+2+22=32$

만렙비법 특정 계급의 백분율이 전체의 50%이면
(특정 계급에 속하지 않는 계급의 도수)=(특정 계급의 도수)이다.

---

02 히스토그램 / 도수분포다각형

유형 모아 보기 & 완성하기   192~199쪽

18 답 ⑤

② 전체 학생은 $3+4+7+10+6+2=32$(명)이다.

③ 도수가 가장 작은 계급은 105점 이상 120점 미만이므로 도수는 2명이다.

④ 볼링 점수가 90점 이상인 학생은 $6+2=8$(명)이므로 전체의

$$\frac{8}{32}\times100=25(\%)$$

⑤ 볼링 점수가 45점 미만인 학생은 3명, 60점 미만인 학생은 $3+4=7$(명)이므로 볼링 점수가 7번째로 낮은 학생이 속하는 계급은 45점 이상 60점 미만이다.

따라서 옳지 않은 것은 ⑤이다.

19 답 250

(모든 직사각형의 넓이의 합)=(계급의 크기)$\times$(도수의 총합)

$$=10\times(3+5+9+6+2)$$
$$=10\times25=250$$

20 답 (1) 10분 이상 15분 미만 (2) 7명

(2) 등교 시간이 25분 이상인 학생은 6명, 20분 이상인 학생은 $7+6=13$(명)이므로 등교 시간이 8번째로 긴 학생이 속하는 계급은 20분 이상 25분 미만이다.

따라서 구하는 도수는 7명이다.

21 답 1200

(도수분포다각형과 가로축으로 둘러싸인 부분의 넓이)

$=$(계급의 크기)$\times$(도수의 총합)

$=30\times(2+5+7+13+6+4+3)$

$=30\times40=1200$

22 답 35%

자란 키가 $6\,cm$ 이상 $8\,cm$ 미만인 학생은

$40-(6+8+7+4+1)=14$(명)이므로 전체의

$$\frac{14}{40}\times100=35(\%)$$

23 답 ㄷ

ㄱ. 수학 성적이 70점 이상 80점 미만인 학생은 A반이 5명, B반이 4명이므로 A반이 B반보다 1명 더 많다.

ㄴ. 수학 성적이 90점 이상 100점 미만인 계급에 속하는 B반 학생은 3명, A반 학생은 1명인 것은 알 수 있지만 수학 성적이 가장 높은 학생이 어느 반 학생인지는 알 수 없다.

ㄷ. B반에 대한 그래프가 A반에 대한 그래프보다 전체적으로 오른쪽으로 치우쳐 있으므로 B반이 A반보다 수학 성적이 상대적으로 높은 편이다.

따라서 옳은 것은 ㄷ이다.

24 답 ②, ⑤

① 전체 학생은 $2+6+7+9+8+5+3=40$(명)이다.

② 도수가 가장 큰 계급은 8시간 이상 10시간 미만이므로 도수는 9명이다.

③ 취미 활동 시간이 8시간 미만인 학생은 $2+6+7=15$(명)

④ 취미 활동 시간이 14시간 이상인 학생은 3명, 12시간 이상인 학생은 $5+3=8$(명)이므로 취미 활동 시간이 8번째로 많은 학생이 속하는 계급은 12시간 이상 14시간 미만이다.

⑤ 취미 활동 시간이 10시간 이상 14시간 미만인 학생은 $8+5=13$(명)이므로 전체의

$$\frac{13}{40}\times100=32.5(\%)$$

따라서 옳지 않은 것은 ②, ⑤이다.

25 답 17

계급의 크기는 $4-2=6-4=\cdots=12-10=2(℃)$이므로

$a=2$ ⋯⋯ (i)

계급의 개수는 5이므로 $b=5$ ⋯⋯ (ii)

도수가 가장 큰 계급은 6 ℃ 이상 8 ℃ 미만이므로 도수는 10일이다.

$\therefore c=10$ ⋯⋯ (iii)

$\therefore a+b+c=2+5+10=17$ ⋯⋯ (iv)

채점 기준	
(i) a의 값 구하기	30%
(ii) b의 값 구하기	30%
(iii) c의 값 구하기	30%
(iv) $a+b+c$의 값 구하기	10%

26 답 ④

① 전체 학생은 $4+6+8+5+2=25$(명)이다.

② 도수가 가장 작은 계급은 50분 이상 60분 미만이므로 도수는 2명이다.

③ 왕복 통학 시간이 21분인 학생이 속하는 계급은 20분 이상 30분 미만이다.

④ 왕복 통학 시간이 가장 짧은 학생의 정확한 왕복 통학 시간은 알 수 없다.

⑤ 도수가 가장 큰 계급은 30분 이상 40분 미만이고, 이 계급의 백분율은

$\dfrac{8}{25}\times100=32(\%)$

따라서 알 수 없는 것은 ④이다.

27 답 (1) 70점 이상 80점 미만 (2) 25%

(1) 성적이 80점 이상인 학생은 $4+2=6$(명), 70점 이상인 학생은 $8+4+2=14$(명)이므로 성적이 높은 쪽에서 10번째인 학생이 속하는 계급은 70점 이상 80점 미만이다.

(2) 전체 학생은 $4+6+8+4+2=24$(명)이고 성적이 80점 이상인 학생은 6명이므로 전체의

$\dfrac{6}{24}\times100=25(\%)$

28 답 17초

전체 학생은 $3+5+8+10+4=30$(명)이므로

상위 10 % 이내에 드는 학생은

$30\times\dfrac{10}{100}=3$(명)

이때 기록이 16초 이상 17초 미만인 학생이 3명이므로 상위 10 % 이내에 들려면 기록은 17초 미만이어야 한다.

29 답 100

계급의 크기는 5 kg이고 도수가 가장 큰 계급과 가장 작은 계급의 도수가 각각 16명, 4명이므로 직사각형의 넓이의 합은

$5\times16+5\times4=80+20=100$

30 답 120

(모든 직사각형의 넓이의 합)=(계급의 크기)×(도수의 총합)

$\qquad\qquad\qquad\quad=5\times(4+6+8+4+2)$

$\qquad\qquad\qquad\quad=5\times24$

$\qquad\qquad\qquad\quad=120$

31 답 3배

히스토그램에서 각 직사각형의 가로의 길이는 계급의 크기로 모두 같으므로 각 직사각형의 넓이는 직사각형의 세로의 길이, 즉 도수에 정비례한다.

맞힌 개수가 10개 이상 15개 미만인 계급의 도수는 6명이고, 맞힌 개수가 25개 이상 30개 미만인 계급의 도수는 2명이다.

따라서 맞힌 개수가 10개 이상 15개 미만인 계급의 직사각형의 넓이는 25개 이상 30개 미만인 계급의 직사각형의 넓이의 $\dfrac{6}{2}=3$(배)이다.

32 답 (1) 8 (2) 25명

(1) 히스토그램의 각 직사각형의 넓이는 각 계급의 도수에 정비례하므로

$6:a=3:4$ $\therefore a=8$

(2) 가영이네 반 전체 학생은

$2+3+6+8+5+1=25$(명)

33 답 ②, ⑤

① 계급의 크기는 $8-4=12-8=\cdots=32-28=4$(회)이다.

② 계급의 개수는 7이다.

③ 전체 학생은 $1+4+9+7+11+6+2=40$(명)이다.

④ 횟수가 20회인 학생이 속하는 계급은 20회 이상 24회 미만이므로 도수는 11명이다.

⑤ 횟수가 16회 미만인 학생은

$1+4+9=14$(명)

따라서 옳지 않은 것은 ②, ⑤이다.

34 답 7명

가족 간의 대화 시간이 40분 미만인 학생은 5명, 50분 미만인 학생은 $5+7=12$(명)이므로 대화 시간이 짧은 쪽에서 11번째인 학생이 속하는 계급은 40분 이상 50분 미만이다.

따라서 구하는 도수는 7명이다.

35 답 (1) 28명 (2) 75%

(1) 전체 학생은 $2+3+5+11+4+3=28$(명)이다.

(2) 과학 성적이 80점 미만인 학생은 $2+3+5+11=21$(명)이므로 전체의

$\dfrac{21}{28}\times100=75(\%)$

36 답 30%

선유가 입단하면 농구단 전체 선수는

$(1+2+5+6+5)+1=20$(명)

이때 선유의 키가 $180\,\text{cm}$이고, 키가 $180\,\text{cm}$ 이상인 선수는 5명이므로 키가 $180\,\text{cm}$ 이상인 선수는 전체의

$\dfrac{5+1}{20}\times100=30(\%)$

따라서 선유의 키는 상위 30% 이내에 속한다.

37 답 ③, ⑤

① 계급의 크기는 $10-6=14-10=\cdots=26-22=4\,(\text{Brix})$이다.

② 조사한 전체 귤은 $6+14+10+7+3=40$(개)이다.

③ 당도가 $14\,\text{Brix}$ 이상 $18\,\text{Brix}$ 미만인 귤은 10개이므로 등급이 중상인 귤은 전체의 $\dfrac{10}{40}\times100=25(\%)$이다.

④ 당도가 가장 낮은 귤의 정확한 당도는 알 수 없다.

⑤ 등급이 최상인 귤은 3개, 등급이 상인 귤은 7개, 등급이 중상인 귤은 10개, 등급이 중인 귤은 14개, 등급이 하인 귤은 6개이므로 등급이 최상인 귤의 수가 가장 적다.

따라서 옳은 것은 ③, ⑤이다.

38 답 20회

전체 학생은 $2+10+12+6=30$(명)이므로

윗몸일으키기 기록이 상위 20% 이내에 드는 학생은

$30\times\dfrac{20}{100}=6$(명)

따라서 윗몸일으키기 기록이 6번째로 높은 학생이 속하는 계급이 20회 이상 25회 미만이므로 윗몸일으키기 기록이 상위 20% 이내에 들려면 최소 20회를 해야 한다.

39 답 175

(도수분포다각형과 가로축으로 둘러싸인 부분의 넓이)

$=$(계급의 크기)$\times$(도수의 총합)

$=5\times(2+5+10+12+6)$

$=5\times35=175$

40 답 ③

색칠한 두 삼각형은 밑변의 길이와 높이가 각각 같으므로 넓이도 같다.

$\therefore S_1=S_2$

41 답 ②

ㄱ. 히스토그램의 각 직사각형의 넓이는 각 계급의 도수에 정비례하므로 두 직사각형 A, B의 넓이의 비는 $9:6=3:2$

ㄷ. (도수분포다각형과 가로축으로 둘러싸인 부분의 넓이)

　　$=$(계급의 크기)$\times$(도수의 총합)

　　$=2\times(2+4+5+9+6+1)$

　　$=2\times27=54$

따라서 옳은 것은 ㄱ, ㄴ이다.

42 답 ①

(도수분포다각형과 가로축으로 둘러싸인 부분의 넓이)

$=$(계급의 크기)$\times$(도수의 총합)

$=5\times(a+b+c+d+e+f)=350$

$\therefore a+b+c+d+e+f=70$

43 답 ③

국어 성적이 70점 이상 80점 미만인 학생은

$25-(3+7+6)=9$(명)이므로 전체의

$\dfrac{9}{25}\times100=36(\%)$

44 답 (1) 9명 (2) 11명

⑴ 컴퓨터 사용 시간이 11시간 미만인 학생은 전체의 40%이므로

$40\times\dfrac{40}{100}=16$(명)

이때 컴퓨터 사용 시간이 3시간 이상 7시간 미만 학생이 7명이므로 7시간 이상 11시간 미만 학생은

$16-7=9$(명) $\qquad\qquad\qquad\cdots$ (i)

⑵ 컴퓨터 사용 시간이 11시간 이상 15시간 미만인 학생은

$40-(7+9+8+5)=11$(명) $\qquad\cdots$ (ii)

채점 기준

(i) 컴퓨터 사용 시간이 7시간 이상 11시간 미만인 학생 수 구하기	50%
(ii) 컴퓨터 사용 시간이 11시간 이상 15시간 미만인 학생 수 구하기	50%

45 답 ①

칭찬 점수가 15점 이상 20점 미만인 학생과 20점 이상 25점 미만인 학생을 각각 $5a$명, $4a$명이라 하면

$4+8+5a+4a+3=42$, $9a=27$ $\quad\therefore a=3$

따라서 칭찬 점수가 20점 이상 25점 미만인 학생은

$4\times3=12$(명)

다른 풀이

칭찬 점수가 15점 이상 25점 미만인 학생은

$42-(4+8+3)=27$(명)

따라서 칭찬 점수가 20점 이상 25점 미만인 학생은

$27\times\dfrac{4}{5+4}=12$(명)

46 답 ④

기록이 90분 이상 100분 미만인 사람은

$50-(2+5+9+8+4)=22$(명)이므로 전체의

$\dfrac{22}{50}\times100=44(\%)$

47 답 12명

미술 수행평가 점수가 7점 이상 8점 미만인 학생은 전체의 25%이므로

$40\times\dfrac{25}{100}=10$(명)

따라서 미술 수행평가 점수가 6점 이상 7점 미만인 학생은

$40-(4+10+10+3+1)=12$(명)

48 답 60명

물 로켓이 날아간 거리가 $10\,m$ 이상 $12\,m$ 미만인 학생을 x명이라 하면 물 로켓이 날아간 거리가 $8\,m$ 이상 $10\,m$ 미만인 학생은 $(x-5)$명이므로

$5+5+30+(x-5)+x+45=200$

$2x=120$ $\therefore x=60$

따라서 물 로켓이 날아간 거리가 $10\,m$ 이상 $12\,m$ 미만인 학생은 60명이다.

49 답 80%

물 로켓이 날아간 거리가 $8\,m$ 이상 $10\,m$ 미만인 학생은

$60-5=55$(명)이므로   ⋯(i)

물 로켓이 날아간 거리가 $8\,m$ 이상인 학생은

$55+60+45=160$(명)   ⋯(ii)

따라서 물 로켓이 날아간 거리가 $8\,m$인 학생은 상위

$\dfrac{160}{200}\times100=80(\%)$ 이내에 든다.   ⋯(iii)

채점 기준

(i) 물 로켓이 날아간 거리가 $8\,m$ 이상 $10\,m$ 미만인 학생 수 구하기	40%
(ii) 물 로켓이 날아간 거리가 $8\,m$ 이상인 학생 수 구하기	30%
(iii) 답 구하기	30%

다른 풀이

물 로켓이 날아간 거리가 $8\,m$ 미만인 학생은

$5+5+30=40$(명)이므로   ⋯(i)

물 로켓이 날아간 거리가 $8\,m$ 이상인 학생은

$200-40=160$(명)   ⋯(ii)

따라서 물 로켓이 날아간 거리가 $8\,m$인 학생은 상위

$\dfrac{160}{200}\times100=80(\%)$ 이내에 든다.   ⋯(iii)

채점 기준

(i) 물 로켓이 날아간 거리가 $8\,m$ 미만인 학생 수 구하기	40%
(ii) 물 로켓이 날아간 거리가 $8\,m$ 이상인 학생 수 구하기	30%
(iii) 답 구하기	30%

50 답 ②

전체 학생을 x명이라 하면 사용 시간이 4시간 미만인 학생은

$3+6+11=20$(명)이고 전체의 40%이므로

$x\times\dfrac{40}{100}=20$ $\therefore x=50$

즉, 전체 학생은 50명이다.

따라서 사용 시간이 6시간 이상 7시간 미만인 학생은

$50-(3+6+11+12+7+2)=9$(명)

다른 풀이

사용 시간이 6시간 이상 7시간 미만인 학생을 x명이라 하면

전체 학생은

$3+6+11+12+7+x+2=x+41$(명)

사용 시간이 4시간 미만인 학생은 20명이므로

$\dfrac{20}{x+41}\times100=40$

$x+41=50$ $\therefore x=9$

따라서 사용 시간이 6시간 이상 7시간 미만인 학생은 9명이다.

51 답 ①

ㄱ. (남학생)$=2+3+6+9+4+1=25$(명)

　(여학생)$=1+2+5+8+6+3=25$(명)

ㄴ. 수면 시간이 가장 짧은 남학생이 속하는 계급은 4시간 이상 5시간 미만이고, 수면 시간이 가장 짧은 여학생이 속하는 계급은 5시간 이상 6시간 미만이므로 수면 시간이 가장 짧은 학생은 남학생이다.

ㄷ. 여학생에 대한 그래프가 남학생에 대한 그래프보다 전체적으로 오른쪽으로 치우쳐 있으므로 여학생이 남학생보다 수면 시간이 상대적으로 긴 편이다.

ㄹ. 수면 시간이 가장 긴 여학생이 속하는 계급은 10시간 이상 11시간 미만이다.

따라서 옳은 것은 ㄱ, ㄴ이다.

52 답 ④

① (남학생)$=1+3+6+8+4+2=24$(명)

　(여학생)$=1+2+6+7+4+4=24$(명)

　즉, 남학생 수와 여학생 수는 같다.

② 남학생에 대한 그래프가 여학생에 대한 그래프보다 전체적으로 왼쪽으로 치우쳐 있으므로 남학생의 기록이 여학생의 기록보다 상대적으로 좋은 편이다.

③ 계급의 크기가 같고 남학생 수와 여학생 수가 같으므로 각각의 그래프와 가로축으로 둘러싸인 부분의 넓이는 같다.

④ 여학생 중 기록이 16초 미만인 학생은 $1+2=3$(명), 17초 미만인 학생은 $1+2+6=9$(명)이므로 기록이 7번째로 좋은 학생이 속하는 계급은 16초 이상 17초 미만이고, 이 계급의 도수는 6명이다.

⑤ 기록이 가장 좋은 남학생의 기록은 13초 이상 14초 미만이다.

따라서 옳은 것은 ④이다.

53 답 ⑴ A팀: 30명, B팀: 30명   ⑵ 30%

⑴ (A팀의 전체 사람)$=3+6+11+4+5+1=30$(명)

　(B팀의 전체 사람)$=3+5+9+4+2+5+2=30$(명)

⑵ A팀에서 직업에 대한 만족도가 8점 이상인 사람은 $5+1=6$(명), 7점 이상인 사람은 $4+5+1=10$(명)이므로 8번째로 직업에 대한 만족도가 높은 사람이 속하는 계급은 7점 이상 8점 미만이다.

B팀에서 직업에 대한 만족도가 7점 이상인 사람은

$2+5+2=9$(명)이므로 B팀 전체의

$\dfrac{9}{30}\times100=30(\%)$

따라서 A팀에서 8번째로 직업에 대한 만족도가 높은 사람은 B팀에서 적어도 상위 30% 이내에 든다.

54 답 0.25

도수의 총합은 $1+4+8+12+9+2=36$(명)이다.

수면 시간이 8시간인 학생이 속하는 계급은 8시간 이상 9시간 미만

이고, 이 계급의 도수는 9명이다.

따라서 구하는 상대도수는 $\dfrac{9}{36}=0.25$이다.

55 답 7

(계급의 도수)=(도수의 총합)×(계급의 상대도수)

$\qquad\qquad=20\times0.35=7$

56 답 (1) $A=8$, $B=10$, $C=0.15$, $D=40$, $E=1$ (2) 40%

(1) $D=\dfrac{2}{0.05}=40$이므로

$\quad A=40\times0.2=8$

$\quad B=40\times0.25=10$

$\quad C=\dfrac{6}{40}=0.15$

상대도수의 총합은 1이므로 $E=1$

(2) TV 시청 시간이 15시간 이상 25시간 미만인 계급의 상대도수는

$\quad 0.25+0.15=0.4$

따라서 TV 시청 시간이 15시간 이상 25시간 미만인 학생은

전체의 $0.4\times100=40$(%)이다.

57 답 0.12

도수의 총합은 $\dfrac{1}{0.04}=25$(명)이므로 훈련 시간이 14시간 이상 15시

간 미만인 계급의 상대도수는

$\dfrac{3}{25}=0.12$

다른 풀이

구하는 상대도수를 x라 하면 각 계급의 상대도수는 그 계급의 도수

에 정비례하므로

$0.04:x=1:3$ ∴ $x=0.12$

58 답 남학생

횟수가 10회 이상 20회 미만인 계급의 상대도수는

남학생: $\dfrac{6}{30}=0.2$, 여학생: $\dfrac{6}{40}=0.15$

따라서 횟수가 10회 이상 20회 미만인 학생의 비율은 남학생이 더

높다.

59 답 15 : 8

A, B 두 집단의 도수의 총합을 각각 $2a$, $3a$, 어떤 계급의 도수를 각

각 $5b$, $4b$라 하면 이 계급의 상대도수의 비는

$\dfrac{5b}{2a}:\dfrac{4b}{3a}=\dfrac{5}{2}:\dfrac{4}{3}=15:8$

60 답 ②

도수의 총합은 $2+2+4+6+5+1=20$(명)이다.

영어 성적이 60점 이상 70점 미만인 계급의 도수는 6명이므로

이 계급의 상대도수는 $\dfrac{6}{20}=0.3$이다.

61 답 ④, ⑤

④ 각 계급의 상대도수는 그 계급의 도수에 정비례한다.

⑤ 도수의 총합은 어떤 계급의 도수를 그 계급의 상대도수로 나눈

   값이다.

62 답 0.3

종사 기간이 30년 이상 40년 미만인 계급의 도수는

$80-(8+12+20+16)=24$(명)

따라서 구하는 상대도수는 $\dfrac{24}{80}=0.3$이다.

63 답 ④

도수의 총합은 $5+5+15+20+5=50$(명)이다.

도수가 가장 큰 계급은 45분 이상 50분 미만이고, 이 계급의 도수는

20명이다.

따라서 구하는 상대도수는 $\dfrac{20}{50}=0.4$이다.

64 답 0.36

도수의 총합은 $1+5+6+9+4=25$(명)이다.   … (i)

이때 받은 메일이 18개 이상인 학생은 4명, 14개 이상인 학생은

$9+4=13$(명)이므로 받은 메일의 개수가 9번째로 많은 학생이 속하

는 계급은 14개 이상 18개 미만이고, 이 계급의 도수는 9명이다.

    … (ii)

따라서 구하는 상대도수는 $\dfrac{9}{25}=0.36$이다.   … (iii)

채점 기준

(i) 도수의 총합 구하기	30%
(ii) 받은 메일의 개수가 9번째로 많은 학생이 속하는 계급의 도수 구하기	40%
(iii) 답 구하기	30%

65 답 0.3

키가 9 cm 자란 학생이 속하는 계급은 9 cm 이상 12 cm 미만이고,

이 계급의 도수는

$40-(5+7+11+5)=12$(명)

따라서 구하는 상대도수는 $\dfrac{12}{40}=0.3$이다.

66 답 6명

칭찬 스티커의 개수가 20개 이상 30개 미만인 회원은

$30\times0.2=6$(명)

67 답 **400명**

전체 학생은 $\dfrac{80}{0.2}=400$(명)이다.

68 답 **10**

도수가 20인 계급의 상대도수가 0.25이므로 도수의 총합은

$\dfrac{20}{0.25}=80$

따라서 상대도수가 0.125인 계급의 도수는

$80 \times 0.125=10$

69 답 **9명**

가방 무게가 $3\,kg$ 미만인 계급의 상대도수는

$0.48+0.36=0.84$

즉, 가방 무게가 $3\,kg$ 이상인 계급의 상대도수는

$1-0.84=0.16$

이때 가방 무게가 $3\,kg$ 이상인 학생은 4명이므로

전체 학생은 $\dfrac{4}{0.16}=25$(명)

따라서 가방 무게가 $2\,kg$ 미만인 학생은

$25 \times 0.36=9$(명)

70 답 **③**

$D=\dfrac{9}{0.18}=50$이므로

$A=50 \times 0.3=15$

$B=50-(15+9+4+1)=21$

$C=\dfrac{21}{50}=0.42$

상대도수의 총합은 1이므로 $E=1$

따라서 옳지 않은 것은 ③이다.

71 답 **10 %**

상대도수의 총합은 1이므로

등교 시간이 30분 이상 50분 미만인 계급의 상대도수는

$1-(0.3+0.18+0.42)=0.1$

$\therefore 0.1 \times 100=10(\%)$

다른 풀이

등교 시간이 30분 이상 50분 미만인 학생은 $4+1=5$(명)이므로 전체의

$\dfrac{5}{50} \times 100=10(\%)$

72 답 **2명**

상대도수의 총합은 1이므로 몸무게가 $4.0\,kg$ 이상 $4.5\,kg$ 미만인 계급의 상대도수는

$1-(0.08+0.28+0.4+0.2)=0.04$

따라서 구하는 신생아는

$50 \times 0.04=2$(명)

73 답 **40**

상대도수는 그 계급의 도수에 정비례하므로 소음도가 $50\,dB$ 이상 $60\,dB$ 미만인 계급의 상대도수와 $60\,dB$ 이상 $70\,dB$ 미만인 계급의 상대도수의 비는 1 : 2이다.

즉, 두 계급의 상대도수를 각각 a, $2a$라 하면

$0.15+a+2a+0.25=1$

$3a=0.6$ $\therefore a=0.2$

따라서 소음도가 $60\,dB$ 이상 $70\,dB$ 미만인 계급의 상대도수가 $2 \times 0.2=0.4$이므로 구하는 지역의 수는

$100 \times 0.4=40$

74 답 **200**

전력 소비량이 $100\,kWh$ 이상 $150\,kWh$ 미만인 계급의 도수는 20가구이고 상대도수는 0.1이므로 전체 가구 수는

$\dfrac{20}{0.1}=200$

75 답 **④**

전력 소비량이 $250\,kWh$ 이상 $300\,kWh$ 미만인 계급의 상대도수는 0.15이므로 이 계급의 도수는 $200 \times 0.15=30$(가구)이다.

따라서 전력 소비량이 $250\,kWh$ 이상 $350\,kWh$ 미만인 가구 수는

$30+20=50$

76 답 **③**

전력 소비량이 $150\,kWh$ 미만인 가구는 20가구, $200\,kWh$ 미만인 가구는 $20+50=70$(가구)이다.

따라서 전력 소비량이 낮은 쪽에서 35번째인 가구가 속하는 계급은 $150\,kWh$ 이상 $200\,kWh$ 미만이므로 구하는 상대도수는

$\dfrac{50}{200}=0.25$

77 답 **0.25**

도수의 총합은 $\dfrac{18}{0.3}=60$(명)이므로 자습 시간이 1시간 미만인 계급의 상대도수는

$\dfrac{15}{60}=0.25$

78 답 **66**

도수의 총합은 $\dfrac{27}{0.18}=150$(개)이므로

$A=150 \times 0.28=42$, $B=\dfrac{36}{150}=0.24$

$\therefore A+100B=42+100 \times 0.24=66$

79 답 **64 %**

전체 학생은 $\dfrac{4}{0.16}=25$(명)이다.

발 크기가 $245\,mm$ 이상인 학생은 $25-(4+5)=16$(명)이므로

전체의 $\dfrac{16}{25} \times 100=64(\%)$이다.

80 답 45명

도수의 총합은 $\dfrac{60}{0.16}=375$(명)이다.

어깨너비가 45 cm 이상인 학생이 전체의 72 %이므로 어깨너비가 45 cm 이상인 계급의 상대도수는 0.72이다.

이때 어깨너비가 42 cm 이상 45 cm 미만인 계급의 상대도수는 $1-(0.16+0.72)=0.12$

따라서 어깨너비가 42 cm 이상 45 cm 미만인 학생은 $375\times0.12=45$(명)

[다른 풀이]

어깨너비가 45 cm 이상인 학생이 전체의 72 %이므로 어깨너비가 45 cm 미만인 학생은 전체의 28 %이다.

전체 학생이 375명이므로 전체의 28 %에 해당하는 학생은 $375\times\dfrac{28}{100}=105$(명)

이때 어깨너비가 39 cm 이상 42 cm 미만인 학생은 60명이므로 어깨너비가 42 cm 이상 45 cm 미만인 학생은 $105-60=45$(명)

81 답 (1) B 지역 (2) 30세 이상 40세 미만

(1) A 지역의 20대 관광객은 $1800\times0.18=324$(명)이고 B 지역의 20대 관광객은 $2200\times0.17=374$(명)이다.

따라서 20대 관광객 수가 더 많은 지역은 B 지역이다.

(2)

나이(세)	상대도수		도수(명)	
	A 지역	B 지역	A 지역	B 지역
10^{이상} ~ 20^{미만}	0.1	0.16	180	352
20 ~ 30	0.18	0.17	324	374
30 ~ 40	0.22	0.18	396	396
40 ~ 50	0.3	0.26	540	572
50 ~ 60	0.2	0.23	360	506
합계	1	1	1800	2200

따라서 A, B 두 지역의 관광객 수가 같은 계급은 30세 이상 40세 미만이다.

82 답 ⑤

사회 성적(점)	도수(명)		상대도수	
	A 학교	B 학교	A 학교	B 학교
50^{이상} ~ 60^{미만}	6	8	0.12	0.1
60 ~ 70	11	16	0.22	0.2
70 ~ 80	17	26	0.34	0.325
80 ~ 90	11	22	0.22	0.275
90 ~ 100	5	8	0.1	0.1
합계	50	80	1	1

① 전체 도수를 알 수 있으므로 두 집단을 비교할 수 있다.

② 두 학교의 전체 학생은 $50+80=130$(명)이고 두 학교에서 사회 성적이 90점 이상인 학생은 $5+8=13$(명)이므로 전체의 $\dfrac{13}{130}\times100=10(\%)$

③ 사회 성적이 70점 미만인 계급의 상대도수는
  A 학교: $0.12+0.22=0.34$
  B 학교: $0.1+0.2=0.3$
  즉, 사회 성적이 70점 미만인 학생의 비율은 A 학교가 더 높다.

④ 사회 성적이 80점 이상 90점 미만인 계급의 상대도수는
  A 학교: 0.22
  B 학교: 0.275
  즉, 사회 성적이 80점 이상 90점 미만인 학생의 비율은 B 학교가 더 높다.

⑤ B 학교가 A 학교보다 상대도수가 더 큰 계급은 80점 이상 90점 미만의 1개이다.

따라서 옳은 것은 ⑤이다.

83 답 28 : 25

1반과 2반의 전체 학생을 각각 $5a$명, $7a$명, 혈액형이 A형인 학생을 각각 $4b$명, $5b$명이라 하면 구하는 상대도수의 비는 $\dfrac{4b}{5a}:\dfrac{5b}{7a}=\dfrac{4}{5}:\dfrac{5}{7}=28:25$

84 답 4 : 3

키가 140 cm 이상 150 cm 미만인 남학생과 여학생을 각각 a명이라 하면 전체 남학생과 여학생은 각각 300명, 400명이므로 이 계급의 남학생과 여학생의 상대도수의 비는 $\dfrac{a}{300}:\dfrac{a}{400}=\dfrac{1}{300}:\dfrac{1}{400}=4:3$

---

04 상대도수의 분포를 나타낸 그래프

유형 모아 보기 & 완성하기   206~208쪽

85 답 (1) 27명 (2) 0.05

(1) 나이가 30세 이상 40세 미만인 계급의 상대도수는 0.45이므로 구하는 회원은 $60\times0.45=27$(명)

(2) 상대도수가 가장 작은 계급의 도수가 가장 작으므로 도수가 가장 작은 계급의 상대도수는 0.05이다.

86 답 14명

수면 시간이 8시간 이상 9시간 미만인 계급의 상대도수는 $1-(0.05+0.15+0.2+0.15+0.1)=0.35$

따라서 구하는 학생은 $40\times0.35=14$(명)

87 답 3개, 1학년

1학년보다 2학년의 비율이 더 높은 계급은 2시간 이상 4시간 미만, 4시간 이상 6시간 미만, 6시간 이상 8시간 미만의 3개이다.
또 1학년에 대한 그래프가 2학년에 대한 그래프보다 전체적으로 오른쪽으로 치우쳐 있으므로 1학년이 2학년보다 운동 시간이 상대적으로 더 긴 편이다.

88 답 ⑤

② 상대도수가 가장 큰 계급의 도수가 가장 크므로 도수가 가장 큰 계급은 15분 이상 20분 미만이다.
③ 면담 시간이 10분 이상 20분 미만인 학생은 전체의
$(0.28+0.4) \times 100 = 68 (\%)$
④ 면담 시간이 20분 이상인 학생은
$50 \times (0.16+0.04) = 10 (명)$
⑤ 면담 시간이 10분 미만인 학생은 $50 \times 0.12 = 6 (명)$,
면담 시간이 15분 미만인 학생은 $50 \times (0.12+0.28) = 20 (명)$이므로 면담 시간이 8번째로 짧은 학생이 속하는 계급은 10분 이상 15분 미만이다.
따라서 옳지 않은 것은 ⑤이다.

89 답 128

매점 이용 횟수가 10회 이상 20회 미만인 학생은
$200 \times (0.22+0.34) = 112 (명)$ ∴ $a=112$
매점 이용 횟수가 25회 이상 30회 미만인 학생은
$200 \times 0.08 = 16 (명)$ ∴ $b=16$
∴ $a+b = 112+16 = 128$

90 답 0.2

자유투 성공 수가 12개 이상인 학생은 $50 \times 0.16 = 8 (명)$,
자유투 성공 수가 10개 이상인 학생은 $50 \times (0.2+0.16) = 18 (명)$이다.
따라서 자유투 성공 수가 많은 쪽에서 10번째인 학생이 속하는 계급은 10개 이상 12개 미만이므로 구하는 상대도수는 0.2이다.

91 답 (1) 200명 (2) 124명

(1) 상대도수가 가장 낮은 계급은 50점 이상 60점 미만이고, 이 계급의 도수는 20명이므로 전체 학생은 $\frac{20}{0.1} = 200 (명)$이다.
(2) 체육 성적이 70점 이상 90점 미만인 계급의 상대도수는
$0.38+0.24 = 0.62$
따라서 구하는 학생은 $200 \times 0.62 = 124 (명)$이다.

92 답 ⑤

① 계급의 개수는 5이다.
② 습도가 50 % 이상 60 % 미만인 계급의 상대도수가 0.3이므로 도수의 총합은 $\frac{24}{0.3} = 80 (곳)$이다.
③ 습도가 70 % 이상 80 % 미만인 지역은
$80 \times 0.15 = 12 (곳)$
④ 습도가 60 % 이상인 지역은 전체의
$(0.2+0.15) \times 100 = 35 (\%)$

⑤ 습도가 40 % 미만인 지역은 $80 \times 0.1 = 8 (곳)$,
습도가 50 % 미만인 지역은 $80 \times (0.1+0.25) = 28 (곳)$이다.
즉, 습도가 12번째로 낮은 지역이 속하는 계급은 40 % 이상 50 % 미만이고, 이 계급의 도수는 $80 \times 0.25 = 20 (곳)$이다.
따라서 옳은 것은 ⑤이다.

93 답 40명

필기구 수가 8자루 이상 10자루 미만인 계급의 상대도수는
$1 - (0.05+0.15+0.3+0.1) = 0.4$
따라서 구하는 학생은
$100 \times 0.4 = 40 (명)$

94 답 9명

에코 마일리지 점수가 50점 이상 60점 미만인 계급의 상대도수가 0.2이고, 이 계급의 도수가 10명이므로 전체 학생은
$\frac{10}{0.2} = 50 (명)$
이때 에코 마일리지 점수가 30점 이상 40점 미만인 계급의 상대도수는
$1 - (0.04+0.12+0.3+0.2+0.16) = 0.18$
따라서 구하는 학생은
$50 \times 0.18 = 9 (명)$

95 답 90개

무게가 100 g 이상인 감자가 전체의 14 %이므로 이 계급의 상대도수는 0.14이다.
즉, 무게가 90 g 이상 100 g 미만인 계급의 상대도수는
$1 - (0.04+0.18+0.34+0.14) = 0.3$ ⋯(i)
따라서 무게가 90 g 이상 100 g 미만인 감자는
$300 \times 0.3 = 90 (개)$ ⋯(ii)

채점 기준

(i) 무게가 90 g 이상 100 g 미만인 계급의 상대도수 구하기	60 %
(ii) 무게가 90 g 이상 100 g 미만인 감자의 수 구하기	40 %

96 답 ㄱ, ㄹ

ㄱ. 여학생에 대한 그래프가 남학생에 대한 그래프보다 전체적으로 오른쪽으로 치우쳐 있으므로 여학생이 남학생보다 상대적으로 책을 많이 대출한 편이다.
ㄴ. 대출한 책의 수가 6권 이상 9권 미만인 계급에서 남학생의 상대도수가 여학생의 상대도수보다 크지만 남학생과 여학생의 전체 학생 수를 알 수 없으므로 정확한 학생 수는 알 수 없다.
ㄷ. 명수는 대출한 책의 수가 12권 이상 15권 미만인 계급에 속하고, 남학생 중 책을 12권 이상 대출한 학생은 전체의
$(0.15+0.05) \times 100 = 20 (\%)$이므로 명수는 남학생 중 책을 많이 대출한 쪽에서 20 % 이내에 든다.
ㄹ. 계급의 크기가 같고, 상대도수의 총합이 같으므로 각 그래프와 가로축으로 둘러싸인 부분의 넓이는 서로 같다.
따라서 옳은 것은 ㄱ, ㄹ이다.

97 답 ④, ⑤

① 기록이 20회 이상 25회 미만인 계급의 상대도수는
축구부: 0.3, 농구부: 0.2
즉, 기록이 20회 이상 25회 미만인 학생의 비율은 축구부가 농구부보다 높다.

② 농구부에서 기록이 15회 이상 20회 미만인 학생은
$25 \times 0.16 = 4$(명)

③ 축구부에서 기록이 15회 미만인 학생은 축구부 학생 전체의
$(0.04 + 0.16) \times 100 = 20(\%)$

④, ⑤ 농구부에 대한 그래프가 축구부에 대한 그래프보다 전체적으로 오른쪽으로 치우쳐 있으므로 농구부가 축구부보다 기록이 상대적으로 좋은 편이다.

따라서 옳지 않은 것은 ④, ⑤이다.

Pick 점검하기　209~212쪽

98 답 ㄷ

ㄱ. 자책점이 50점 이상인 선수는
$4 + 2 = 6$(명)

ㄴ. 자책점이 가장 적은 선수의 자책점은 32점이고, 가장 많은 선수의 자책점은 61점이므로 구하는 자책점의 차는
$61 - 32 = 29$(점)

ㄷ. 자책점이 47점인 선수보다 자책점이 많은 선수는
$4 + 2 = 6$(명)

따라서 옳은 것은 ㄷ이다.

99 답 44

$A = 3$, $B = 11$
$C = 3 + 3 + 7 + 11 + 4 + 2 = 30$
$\therefore A + B + C = 3 + 11 + 30 = 44$

100 답 ③

③ 도수가 가장 큰 계급은 15 m 이상 20 m 미만이므로 도수는 11명이다.

④ 기록이 10 m 미만인 학생은 $3 + 3 = 6$(명)이다.

⑤ 기록이 20 m 이상인 학생은 $4 + 2 = 6$(명), 15 m 이상인 학생은 $11 + 4 + 2 = 17$(명)이므로 기록이 좋은 쪽에서 7번째인 학생이 속하는 계급은 15 m 이상 20 m 미만이다.

따라서 옳지 않은 것은 ③이다.

101 답 ⑤

② $A = 40 - (5 + 13 + 7 + 4) = 11$

④ 배구공 토스 기록이 30개 미만인 학생은 $5 + 11 + 13 = 29$(명)이다.

⑤ 배구공 토스 기록이 40개 이상인 학생은 4명, 30개 이상인 학생은 $4 + 7 = 11$(명)이므로 배구공 토스 기록이 10번째로 많은 학생이 속하는 계급은 30개 이상 40개 미만이다.
즉, 구하는 도수는 7명이다.

따라서 옳지 않은 것은 ⑤이다.

102 답 42명

구내식당 이용 횟수가 16회 이상 20회 미만인 계급의 도수를 a명이라 하면 8회 이상 12회 미만인 계급의 도수는 $4a$명이므로
$2 + 24 + 4a + 34 + a = 100$
$5a = 40$　$\therefore a = 8$
따라서 구내식당 이용 횟수가 12회 이상인 직원은
$34 + 8 = 42$(명)

103 답 39

TV 시청 시간이 60분 이상인 학생은 $(B + 26)$명이고 전체의 70%이므로
$\dfrac{B + 26}{50} \times 100 = 70$
$B + 26 = 35$　$\therefore B = 9$
$\therefore A = 50 - (19 + 9 + 7) = 15$
$\therefore 2A + B = 2 \times 15 + 9 = 39$

104 답 ④

② 전체 학생은
$2 + 6 + 12 + 16 + 10 + 4 = 50$(명)

③ 도수가 가장 큰 계급은 50 kg 이상 55 kg 미만이므로 도수는 16명이다.

④ 몸무게가 55 kg 이상인 학생은 $10 + 4 = 14$(명)이므로 전체의
$\dfrac{14}{50} \times 100 = 28(\%)$

⑤ 몸무게가 40 kg 미만인 학생은 2명, 45 kg 미만인 학생은 $2 + 6 = 8$(명)이므로 몸무게가 7번째로 가벼운 학생이 속하는 계급은 40 kg 이상 45 kg 미만이다.

따라서 옳지 않은 것은 ④이다.

105 답 190

도수가 가장 큰 계급은 20분 이상 25분 미만이므로
$A = 5 \times 8 = 40$
$B = ($계급의 크기$) \times ($도수의 총합$)$
　$= 5 \times (3 + 5 + 7 + 8 + 6 + 1)$
　$= 5 \times 30 = 150$
$\therefore A + B = 40 + 150 = 190$

106 답 30

상영 시간이 40분 이상인 영화는

$10+9+2=21$(편)이므로 $a=21$

상영 시간이 60분 이상인 영화는 2편, 50분 이상인 영화는

$9+2=11$(편)이므로 상영 시간이 10번째로 긴 영화가 속하는 계급은
50분 이상 60분 미만이고, 이 계급의 도수는 9편이다.

$\therefore b=9$

$\therefore a+b=21+9=30$

107 답 400

$A=$ (히스토그램의 모든 직사각형의 넓이의 합)

$\quad=$ (계급의 크기) $\times$ (도수의 총합)

$\quad=10\times(3+8+4+2+3)$

$\quad=10\times20=200$

도수분포다각형과 가로축으로 둘러싸인 부분의 넓이는 히스토그램의
모든 직사각형의 넓이의 합과 같으므로

$B=A=200$

$\therefore A+B=200+200=400$

108 답 7명

기록이 16초 이상 18초 미만인 학생은 전체의 60 %이므로

$25\times\dfrac{60}{100}=15$(명)

이때 기록이 17초 이상 18초 미만인 학생이 6명이므로 16초 이상
17초 미만인 학생은

$15-6=9$(명)

따라서 기록이 15초 이상 16초 미만인 학생은

$25-(2+9+6+1)=7$(명)

109 답 ③, ⑤

① 남학생에 대한 그래프가 여학생에 대한 그래프보다 전체적으로
  오른쪽으로 치우쳐 있으므로 남학생이 여학생보다 상대적으로
  무거운 편이다.

② 여학생 중 가장 가벼운 학생의 몸무게는 30 kg 이상 35 kg 미만
  이고, 남학생 중 가장 가벼운 학생의 몸무게는 35 kg 이상 40 kg
  미만이므로 가장 가벼운 학생은 여학생이다.

③ (여학생)$=1+5+11+7+4+2=30$(명)

  (남학생)$=1+4+7+9+6+3=30$(명)

  즉, 남학생 수와 여학생 수가 같고 계급의 크기가 같으므로 각각
  의 그래프와 가로축으로 둘러싸인 부분의 넓이는 서로 같다.

④ 여학생 중 몸무게가 55 kg 이상인 학생은 2명, 50 kg 이상인 학
  생은 $4+2=6$(명)이므로 여학생 중 6번째로 무거운 학생이 속하
  는 계급은 50 kg 이상 55 kg 미만이다.

⑤ 남학생 수와 여학생 수의 합이 가장 큰 계급은 도수의 합이
  $11+4=15$(명)인 40 kg 이상 45 kg 미만이다.

따라서 옳지 않은 것은 ③, ⑤이다.

110 답 0.1

독서 시간이 40분 이상 50분 미만인 계급의 도수는

$30-(4+8+10+5)=3$(명)

따라서 구하는 상대도수는 $\dfrac{3}{30}=0.1$이다.

111 답 ②

도수가 10인 계급의 상대도수가 0.25이므로 도수의 총합은

$\dfrac{10}{0.25}=40$

따라서 상대도수가 0.325인 계급의 도수는

$40\times0.325=13$

112 답 8명

상대도수의 총합은 1이므로 대기 시간이 15분 이상 20분 미만인 계
급의 상대도수는

$1-(0.05+0.25+0.35+0.15)=0.2$

따라서 구하는 환자는

$40\times0.2=8$(명)

113 답 0.2

도수의 총합은 $\dfrac{4}{0.1}=40$(명)이므로 영어 성적이 60점 이상 70점 미만

인 계급의 상대도수는

$\dfrac{8}{40}=0.2$

114 답 ㄷ

ㄱ. 두 학교의 전체 학생은 $30+40=70$(명)이고

  두 학교에서 기록이 18초 미만인 학생은

  $5+6+12+14=37$(명)이므로 전체의

  $\dfrac{37}{70}\times100=52.8\cdots(\%)$

ㄴ. ㄱ에서 기록이 18초 미만인 학생이 37명이므로 두 학교 전체 학
  생 중에서 기록이 40번째로 좋은 학생이 속하는 계급은 18초 이
  상 20초 미만이다.

ㄷ. 기록이 16초 이상 18초 미만인 계급의 상대도수는

  A 학교: $\dfrac{12}{30}=0.4$

  B 학교: $\dfrac{14}{40}=0.35$

  즉, 기록이 16초 이상 18초 미만인 학생의 비율은 A 학교가 B
  학교보다 높다.

따라서 옳은 것은 ㄷ이다.

115 답 3 : 5

A, B 두 동아리의 학생을 각각 $5a$명, a명, A, B 두 동아리에서 안
경을 쓴 학생을 각각 $3b$명, b명이라 하면 구하는 상대도수의 비는

$\dfrac{3b}{5a}:\dfrac{b}{a}=\dfrac{3}{5}:1=3:5$

116 답 (1) 200명 (2) 52명

(1) 기록이 25회 미만인 계급의 상대도수는

$0.02+0.05+0.11+0.22=0.4$이므로 전체 학생은

$\dfrac{80}{0.4}=200$(명)

(2) 기록이 25회 이상 30회 미만인 계급의 상대도수는

$1-(0.02+0.05+0.11+0.22+0.18+0.1+0.06)=0.26$

따라서 구하는 학생은

$200\times0.26=52$(명)

117 답 ③

① 계급의 크기가 같고, 상대도수의 총합이 같으므로 각 그래프와 가로축으로 둘러싸인 부분의 넓이는 1학년과 2학년이 서로 같다.

③ 전체 도수를 알 수 없으므로 독서 시간이 3시간 이상 4시간 미만인 학생 수가 같은지는 알 수 없다.

⑤ 2학년에 대한 그래프가 1학년에 대한 그래프보다 전체적으로 오른쪽으로 치우쳐 있으므로 2학년이 1학년보다 독서 시간이 상대적으로 긴 편이다.

따라서 옳지 않은 것은 ③이다.

118 답 36명

전체 학생을 x명이라 하면 대중가요를 듣는 시간이 3시간 미만인 학생은 $12+18=30$(명)이고 전체의 30 %이므로

$x\times\dfrac{30}{100}=30$ ∴ $x=100$

즉, 전체 학생은 100명이다. ··· (i)

따라서 대중가요를 듣는 시간이 4시간 이상 6시간 미만인 학생은

$100-(12+18+26+8)=36$(명) ··· (ii)

채점 기준	
(i) 전체 학생 수 구하기	50 %
(ii) 답 구하기	50 %

119 답 0.3

도수의 총합은 $\dfrac{12}{0.2}=60$(명)이므로 ··· (i)

기록이 170 cm 이상 190 cm 미만인 계급의 도수는

$60\times0.25=15$(명) ··· (ii)

기록이 210 cm 이상 230 cm 미만인 계급의 도수는

$60-(3+12+15+18+6)=6$(명) ··· (iii)

즉, 기록이 230 cm 이상인 학생은 6명,

기록이 210 cm 이상인 학생은 $6+6=12$(명),

기록이 190 cm 이상인 학생은 $18+6+6=30$(명)이다.

따라서 기록이 좋은 쪽에서 15번째인 학생이 속하는 계급은 190 cm 이상 210 cm 미만이고, 이 계급의 상대도수는

$\dfrac{18}{60}=0.3$ ··· (iv)

채점 기준	
(i) 도수의 총합 구하기	20 %
(ii) 기록이 170 cm 이상 190 cm 미만인 계급의 도수 구하기	20 %
(iii) 기록이 210 cm 이상 230 cm 미만인 계급의 도수 구하기	30 %
(iv) 답 구하기	30 %

120 답 18명

상대도수가 가장 높은 계급은 40분 이상 50분 미만이고, 이 계급의 도수는 14명이므로 전체 학생은

$\dfrac{14}{0.35}=40$(명) ··· (i)

운동 시간이 20분 이상 40분 미만인 계급의 상대도수는

$0.2+0.25=0.45$

따라서 구하는 학생은

$40\times0.45=18$(명) ··· (ii)

채점 기준	
(i) 전체 학생 수 구하기	50 %
(ii) 운동 시간이 20분 이상 40분 미만인 학생 수 구하기	50 %

만점 문제 뛰어넘기   213~214쪽

121 답 $A=4$, $B=5$

x, y를 제외한 변량을 도수분포표에 나타내면 원반던지기 기록이 30 m 이상 35 m 미만인 학생은 4명이므로 x, y 중 변량 1개는 30 m 이상 35 m 미만인 계급에 속하고, $A<B$이므로 나머지 변량 1개는 35 m 이상 40 m 미만인 계급에 속한다.

∴ $A=4$, $B=5$

122 답 ㄴ, ㄷ

ㄱ. 이수의 계급의 크기는 2시간이고, 동훈이의 계급의 크기는 3시간이다.

ㄴ. $A=30-(1+4+8+6+2)=9$

대화 시간이 7시간 미만인 학생 수는 같으므로

$1+4+8=3+B$ ∴ $B=10$

$C=30-(3+10+4)=13$

ㄷ. 이수의 표에서 7시간 이상 9시간 미만인 학생은 6명이고, 동훈이의 표에서 7시간 이상 10시간 미만인 학생은 13명이므로 대화 시간이 9시간 이상 10시간 미만인 학생은

$13-6=7$(명)

따라서 옳은 것은 ㄴ, ㄷ이다.

123 답 ③, ④

$A=B=\dfrac{1}{2}\times2\times2=2$,

$C=\dfrac{1}{2}\times2\times\dfrac{1}{2}=\dfrac{1}{2}$,

$D=E=\dfrac{1}{2}\times2\times3=3$이므로

① $A+B=4$ ② $A=4C$ ⑤ $C=\dfrac{1}{6}E$

124 답 8명

박물관 방문 횟수가 2회 이상 4회 미만인 학생은 3명이므로 ㈎에서

박물관 방문 횟수가 4회 이상 6회 미만인 학생은

$3 \times 2 = 6$(명)

박물관 방문 횟수가 6회 미만인 학생은 $3 + 6 = 9$(명)이므로 ㈏에서

박물관 방문 횟수가 6회 이상인 학생은

$9 \times 4 = 36$(명)

이때 전체 학생은 6회 미만인 학생 수와 6회 이상인 학생 수의 합이므로

$9 + 36 = 45$(명)

㈐에서 박물관 방문 횟수가 12회 이상인 학생은

$45 \times \dfrac{20}{100} = 9$(명)

따라서 박물관 방문 횟수가 6회 이상 8회 미만인 학생은

$45 - (3 + 6 + 11 + 8 + 9) = 8$(명)

125 답 0.5

읽은 책의 수가 9권 이상 12권 미만인 계급의 도수를 x명이라 하면

$\dfrac{x+4}{40} \times 100 = 30$, $x + 4 = 12$ $\therefore x = 8$

즉, 읽은 책의 수가 9권 이상 12권 미만인 계급의 도수는 8명이다.

읽은 책의 수가 3권 이상 6권 미만인 계급의 도수는

$40 - (2 + 6 + 8 + 4) = 20$(명)

따라서 구하는 상대도수는 $\dfrac{20}{40} = 0.5$이다.

126 답 21번째

1반에서 기록이 7초 이상 8초 미만인 학생은 12명이고, 이 계급의 상대도수는 0.4이므로 1반의 전체 학생은

$\dfrac{12}{0.4} = 30$(명)

1반에서 기록이 5초 이상 6초 미만인 계급의 상대도수가 0.2이므로 이 계급의 학생은

$30 \times 0.2 = 6$(명)

즉, 1반에서 6번째로 빠른 학생이 속하는 계급은 5초 이상 6초 미만이다.

1학년 전체에서 기록이 7초 이상 8초 미만인 학생은 153명이고, 이 계급의 상대도수는 0.51이므로 1학년 전체 학생은

$\dfrac{153}{0.51} = 300$(명)

1학년 전체에서 기록이 5초 이상 6초 미만인 계급의 상대도수가 0.07이므로 이 계급의 학생은

$300 \times 0.07 = 21$(명)

따라서 1반에서 6번째로 빠른 학생은 1학년 전체에서 적어도 21번째로 빠르다.

127 답 80명

1학년 전체 학생을 x명이라 하면

기록이 8 cm 미만인 학생은 $x \times (0.1 + 0.15) = 0.25x$(명)

기록이 10 cm 이상인 학생은 $x \times (0.1 + 0.05) = 0.15x$(명)

$0.25x = 0.15x + 8$, $0.1x = 8$ $\therefore x = 80$

따라서 전체 학생은 80명이다.

128 답 200명

키가 155 cm 이상 160 cm 미만인 계급의 상대도수는

$1 - (0.05 + 0.16 + 0.23 + 0.2 + 0.1) = 0.26$

전체 학생을 x명이라 하면

키가 145 cm인 학생이 속하는 계급은 145 cm 이상 150 cm 미만이므로 도수는 $0.16x$명

키가 155 cm인 학생이 속하는 계급은 155 cm 이상 160 cm 미만이므로 도수는 $0.26x$명

즉, $0.16x = 0.26x - 20$, $0.1x = 20$ $\therefore x = 200$

따라서 전체 학생은 200명이다.

129 답 ⑴ 0.2 ⑵ B 과수원, 20개

⑴ 그래프에서 세로축의 한 눈금의 크기를 a라 하면 상대도수의 총합은 1이므로 A 과수원의 그래프에서

$a + 3a + 7a + 8a + 4a + 2a = 1$

$25a = 1$ $\therefore a = 0.04$

따라서 B 과수원에서 무게가 350 g 이상 400 g 미만인 계급의 상대도수는

$1 - (0.08 + 0.08 + 0.24 + 0.28 + 0.12) = 0.2$

⑵ 무게가 350 g 이상인 토마토는

A 과수원이 $450 \times (0.16 + 0.08) = 108$(개)이고

B 과수원이 $400 \times (0.2 + 0.12) = 128$(개)이므로

B 과수원이 $128 - 108 = 20$(개) 더 많다.

만렙 출제율 높은 문제로 내 수학 성적을 'Level up'합니다.

대표전화 1544-0554

주소 서울특별시 구로구 디지털로33길 48 대륭포스트타워 7차 20층